学术中国·院士系列

未来网络创新技术研究系列

空间多维协同传输理论与关键技术

Spatial Multidimensional Cooperative Transmission Theories and Key Technologies

白琳　梁仙灵　肖振宇　金荣洪　于全　编著

人民邮电出版社
北京

图书在版编目（C I P）数据

空间多维协同传输理论与关键技术 / 白琳等编著
. -- 北京 : 人民邮电出版社, 2018.9(2023.1重印)
国之重器出版工程. 学术中国•院士系列. 未来网络创新技术研究系列
ISBN 978-7-115-48562-5

Ⅰ. ①空… Ⅱ. ①白… Ⅲ. ①移动网－无线传输技术
Ⅳ. ①TN929.5

中国版本图书馆CIP数据核字(2018)第102679号

内 容 提 要

本书从空间多维信号传输以及多天线系统的原理出发，分别介绍了在地基、空基以及天基协同传输系统中如何最大程度利用空间维度资源提升系统性能以及频谱效率。本书主要内容包括自适应天线系统、MIMO 多天线系统中的空间多维信号发送、接收，多天线设计以及迭代信号处理等基础理论与关键技术。基于以上理论与技术，本书还从实际应用角度出发，分别介绍了空间多维协同传输在地基、空基以及天基通信系统中的特点及应用。

本书内容丰富、结构清晰，是一本理论与实践并重的技术书籍，可作为移动互联网通信相关专业研究生的教材，也适合从事相关领域研究的科研工作者阅读与参考。

◆ 编　　著　白　琳　梁仙灵　肖振宇　金荣洪　于　全
　责任编辑　代晓丽
　责任印制　杨林杰
◆ 人民邮电出版社出版发行　　北京市丰台区成寿寺路 11 号
　邮编　100164　　电子邮件　315@ptpress.com.cn
　网址　http://www.ptpress.com.cn
　固安县铭成印刷有限公司印刷
◆ 开本：700×1000　1/16
　印张：24.5　　　　2018 年 9 月第 1 版
　字数：453 千字　　2023 年 1 月河北第 3 次印刷

定价：178.00 元

读者服务热线：(010)81055493　印装质量热线：(010)81055316
反盗版热线：(010)81055315

《国之重器出版工程》编辑委员会

李伯虎 中国工程院院士

李应红 中国科学院院士

李春明 中国兵器工业集团首席专家

李莹辉 国际宇航科学院院士

李得天 国际宇航科学院院士

李新亚 国家制造强国建设战略咨询委员会委员、中国机械工业联合会副会长

杨绍卿 中国工程院院士

杨德森 中国工程院院士

吴伟仁 中国工程院院士

宋爱国 国家杰出青年科学基金获得者

张　彦 电气电子工程师学会会士、英国工程技术学会会士

张宏科 北京交通大学下一代互联网互联设备国家工程实验室主任

陆　军 中国工程院院士

陆建勋 中国工程院院士

陆燕荪 国家制造强国建设战略咨询委员会委员、原机械工业部副部长

陈　谋 国家杰出青年科学基金获得者

陈一坚 中国工程院院士

陈懋章 中国工程院院士

金东寒 中国工程院院士

周立伟 中国工程院院士

郑纬民	中国工程院院士
郑建华	中国科学院院士
屈贤明	国家制造强国建设战略咨询委员会委员、工业和信息化部智能制造专家咨询委员会副主任
项昌乐	中国工程院院士
赵沁平	中国工程院院士
郝　跃	中国科学院院士
柳百成	中国工程院院士
段海滨	“长江学者奖励计划”特聘教授
侯增广	国家杰出青年科学基金获得者
闻雪友	中国工程院院士
姜会林	中国工程院院士
徐德民	中国工程院院士
唐长红	中国工程院院士
黄　维	中国科学院院士
黄卫东	“长江学者奖励计划”特聘教授
黄先祥	中国工程院院士
康　锐	“长江学者奖励计划”特聘教授
董景辰	工业和信息化部智能制造专家咨询委员会委员
焦宗夏	“长江学者奖励计划”特聘教授
谭春林	航天系统开发总师

前言

移动通信技术发展至今主要经历了 4 个时代。1995 年问世的第一代（1G）移动终端只能进行语音通信；而 1996 年至 1997 年出现的第二代（2G）移动终端便增加了数据收发功能，如收发电子邮件或网页浏览；随着通信和计算机两大产业的快速发展，从第三代（3G）移动通信引入互联网接入服务，移动通信技术开始了以数据业务为主导的移动互联网飞速发展时期；随之而来的第四代（4G）移动通信则更加体现了人们对以高速数据流为主的类互联网通信业务的需求。赛迪网数据显示，至 2012 年 6 月，手机上网用户数量首次超过了计算机上网用户数量，移动互联网正在前所未有地改变着人们的社交和生活方式，成为现代人类信息交互的必要手段之一。

面对日益增长的宽带通信需求和移动互联网产业的井喷式发展，如何实现随时、随地的大容量数据传输已成为当前无线通信面临的重要问题。根据香农理论，其对无线频谱资源的需求也相应增长，从而导致适用于无线通信的频谱资源变得日益紧张，成为制约无线通信发展的主要瓶颈。从第一代到第三代移动通信的核心技术可以依次体现为 FDMA、TDMA 以及 CDMA 技术，分别利用了频率、时间、码元等资源来提高系统的频谱效率。在人们想方设法挖掘时、频、码资源来提高频谱利用率的同时，空间资源的合理利用以及相应的多天线技术的发展将成为未来移动通信的核心问题和关键技术。

与此同时，随着航空航天技术的不断进步，天基、空基平台种类和数量的快速增长，以卫星、平流层气球、多种航空飞行器组成的天空地一体化信息网络正在飞速发展。随之孕育而生的天空地一体化移动互联网则将成为未来人类认识空间、进入空间、利用空间以及开发空间的信息桥梁。合理利用多天线技术实现高效空间多维信号协同传输是未来天空地一体化移动互联网能够健康发展的前提，也为其发展提供理论基础和技术保障。本书从空间多维信号传输以及多天线系统的原理出发，分别介绍了在地基、空基以及天基协同传输系统中如何最大限度地利用空间维度资源提升系统性能以及频谱效率。

本书在第 1 章首先概述了移动通信发展历史以及地基、空基和天基协同通信系统的特点。随后在第一部分就多天线系统以及信号发送、接收关键技术展开讨论，并在第 2 ~ 5 章围绕这些问题，介绍了向量空间与多天线系统、自适应天线系统、MIMO 多天线系统以及空间多维信号接收与迭代处理技术。基于以上理论与技术，本书最后从实际应用角度出发，在第二部分的第 6 ~ 8 章分别介绍了空间多维协同传输在地基、空基以及天基通信系统中的应用以及相应关键技术。

本书作者所在的团队多年来一直致力于天、空、地一体化协同传输方面的相关研究工作，承担过众多国家级重点科研项目，具有从理论到工程实践的相关基础。本书内容取自我们多年的研究积累，所阐述的原理方法较好地结合了理论与工程实践，具有由浅入深的行文风格，非常适用于具有一定专业基础的高校研究生以及企事业研发机构的科研工作者与工程师。

在此，我们需要感谢很多一起奋斗的同事，包括张军教授、刘锋教授、陈晨副教授等，他们对本书的完成给予了诸多建议和帮助。此外，还需要特别感谢为本书的整理及校对而辛勤工作的学生们，包括窦圣跃、张敏、李瑶、张昕、潘圣森、白文杰、赵乐文、党尚、李业振、祝贺等。

另外，感谢国家自然科学基金项目（编号：91338106、61231011、61231013、61201189）以及科技部重大专项课题“高速移动环境下的谱效率提升技术的研究和开发”（编号：2011ZX03001-007-03）对本书的资助。

最后，十分感谢家人对作者工作的大力支持和理解。

作 者

目 录

第1章 绪论

伴随着无线宽带通信和互联网产业的高速发展，移动互联网呈井喷式发展，前所未有地改变着人们的社交和生活方式，成为现代人类信息交互的必要手段之一。传统的无线通信多以地基蜂窝通信为主，然而随着航空航天技术的不断进步，天基、空基平台总类和数量的快速增长，以卫星、平流层气球、多种航空飞行器组成的天空地一体化信息网络正在飞速发展。随之产生的天空地一体化移动互联网将成为未来人类认识空间、进入空间、利用空间以及开发空间的信息桥梁。

从无线通信诞生至今，频谱资源紧缺一直是制约其发展的最大瓶颈。频谱资源的高效利用以及相应的空间多维协同传输技术的发展给未来无线通信带来了新的增长点，也为未来天空地一体化移动互联网的健康发展提供了理论和技术保障。本章将分别从地基、空基和天基3方面概述无线通信的特点和发展历程。

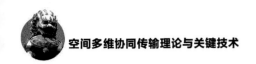

1.1 地基无线通信系统概述

从 1947 年美国贝尔实验室提出移动通信的概念[1]至今，移动通信技术在近三十年取得了突飞猛进的发展，成为现代地基通信网中不可缺少的通信手段之一。本节我们将首先概述地基移动通信的 4 个时代的发展历程及其关键技术。

1.1.1 第一代移动通信系统

第一代（1G）移动通信系统诞生于集成电路、微型计算机和微处理器技术得到快速发展的 20 世纪 70 年代至 80 年代。1978 年，美国贝尔实验室推出了蜂窝式模拟移动通信系统，使得移动通信进入了个人领域。1983 年，美国的高级移动电话业务（Advanced Mobile Phone Service，AMPS）[1]投入商用。AMPS 系统采用 7 小区复用模式，并可在需要时采用“扇区化”和“小区分裂”来提高容量。与此同时，欧洲和日本也相继建立了各自的移动通信网络，其中包括英国的扩展式全向访问通信系统（Extended Total Access Communication System，ETACS）和日本的窄带完全接入通信系统（Narrowband Total Access Communication System，NTACS）等。这个时期的无线通信系统主要采用的是模拟调制和频分多址（Frequency Division Multiple Access，FDMA）技术。毫无疑问，第一代移动通信系统存在着诸多缺点，如用户容量受限制、系统扩容困难、调制方式混杂、不能实现国际漫游、保密性差、通话质量不高和不能提供数据业务等。

1.1.2 第二代移动通信系统

1992年，随着第一个数字蜂窝移动通信网络——全球移动通信系统（Global System for Mobile communications，GSM）的问世，移动通信跨入了第二代（2G）。由于性能优越，使其在全球范围内迅速扩张。1993年，中国的第一个全数字移动电话GSM系统建成开通，之后中国电信和中国联通都采用了GSM。GSM系统主要有以下几个特点：微蜂窝小区结构、语音信号数字化、采用新的调制方式（GMSK、QPSK等）、采用频分多址（FDMA）或时分多址（TDMA）、具有很高的频谱利用率、高保密性等。

1995年，美国的高通公司（Qualcomm）提出了另一种采用码分多址（Code Division Multiple Access，CDMA）方式的数字蜂窝系统技术解决方案——IS-95 CDMA[1]，目前分别在中国香港、韩国、北美等国家和地区投入使用，用户反映良好。CDMA系统主要有以下几个特点：用户的接入方式采用码分多址；软容量、软切入、系统容量大；抗多径衰落；可采用语音激活、分集接收等先进技术。

相较于1G系统，2G系统具有更高的频谱利用率、更强的保密性能、更好的语音质量。发展至今，2G体制标准日趋完善，技术也相对成熟。但随着人们对数据业务的需求不断提高，2G系统所提供的速率已不能满足需求，从而需要有更强的系统支持高速的移动通信。

1.1.3 第三代移动通信系统

第三代（3G）移动通信系统的概念由国际电信联盟（International Telecommunication Uninn），ITU于1985年提出，命名为未来公共陆地移动通信系统（Future Public Land Mobile Telecommunications System，FPLMTS）；1996年更名为国际移动通信-2000（International Mobile Telecommunications 2000，IMT-2000）系统，即该系统工作在2 000 MHz频段，且能提供最高2 000 kbit/s的数据传输速率。3G的目的是实现蜂窝移动通信的统一标准，建立全球普及的无缝漫游系统，同时支持高质量的多媒体业务，增强网络容量以及多种用户管理的能力。因此，IMT-2000对3G技术提出的要求有：高数据传输速率——卫星链路的速率最小 9.6 kbit/s、市内环境至少 2 Mbit/s、室外步行和车辆环境分别至少是 384 kbit/s 和 144 kbit/s；传输速率按需分配；上下行链路能适应不对称业务的需求；简单的小区结构和易于管理的信道结构；灵活的频率和无线资源管理、系统配置和服务设施；能够将无线网和有线网结合起来，试图达到与有线网一样的传输质量。

2007 年 10 月 19 日，ITU 正式批准了基于 IEEE 802.16 的全球微波互联接入（Worldwide Interoperability for Microwave Access，WiMAX）系统成为 3G 的标准。WCDMA 和 cdma 2000 已经在全球范围内规模化商用，我国也于 2008 年开始了基于 TD-SCDMA 3G 系统的商用。可是 3G 还是有其局限性：由于受多用户干扰，CDMA 难以达到很高的通信速率；由于空中接口对核心网的限制，3G 所能提供服务速率的动态范围不大，不能满足各种业务类型的要求；分配给 3G 的频率资源已经趋于饱和；3G 所采用的语音交换架构仍承袭了 2G 的电路交换，而不是纯 IP 方式；流媒体的应用也不尽如人意等。因此，需要引入更先进的技术来进一步提升移动业务的质量。

1.1.4 第四代移动通信系统

伴随着前三代移动通信系统和智能移动终端的迅猛发展，用户对于业务的需求也从以话音为主转变为以高速数据流为主的类互联网通信模式。随着用户对传输速率需求的不断增长，人们开始在前三代移动通信系统的基础上开发新一代系统以更好地支持高速宽带移动通信服务。2007 年世界无线电大会为 IMT-Advanced 分配了频谱，并于 2008 年 3 月开始征集 IMT-Advanced 标准，至 2009 年 10 月一共征集到 6 个候选提案，可分别归为 3GPP 的 LTE-Advanced[2] 和 IEEE 802.16m[3] 两大阵营。目前 4G 移动通信技术国际标准主要有 FDD-LTE、FDD-LTE-Advance、TD-LTE 以及 TD-LTE-Advanced。其中，TD-LTE 和 TD-LTE-Advanced 是中国主导制定的 4G 国际标准。

LTE 是 3G 的演进，它改进并增强了 3G 的空中接入技术，采用正交频分复用（Orthogonal Frequency Division Multiplexing，OFDM）和多输入多输出（Multiple Input Multiple Output，MIMO）技术作为其无线演进技术，LTE 移动通信系统在 20 MHz 频谱带宽下能提供下行 100 Mbit/s（TD-LTE）或 150 Mbit/s（FDD-LTE）、上行 50 Mbit/s（TD-LTE）或 40 Mbit/s（FDD-LTE）的峰值速率。TD-LTE 是我国主导的 4G 国际标准，中国移动就采用了 TD-LTE。

LTE-Advanced 分为 FDD-LTE-Advanced 和 TD-LTE-Advanced，它针对室内环境进行了技术优化，并采用了载波聚合等技术，能够弹性分配频谱，以获得更宽的频谱带宽，能有效支持新频段和大带宽应用。其在 100 MHz 频谱带宽下能提供下行 1 Gbit/s、上行 500 Mbit/s 的峰值速率。

WiMAX 是 IEEE 802.16 标准，能提供最高接入速度 70 Mbit/s，其工作频段范围为无须授权的 2 ～ 66 GHz 频段。WiMAX 的主要优点有：①有利于避开已知干扰；②有利于节省频谱资源；③灵活的带宽调整能力有利于运营商协调频谱资源；④能够实现无线信号传输距离达 50 km。但其在移动性能方面无法满足高速下的无线网络无缝衔接。因此 WiMAX 并不能算是无线移动通信技术，而只能算是无线宽带局域网技术。

Wireless MAN-Advanced 是 WiMAX 的升级版，即 IEEE 802.16m 标准，其具有在高速移动下无缝切换的能力，能有效解决 WiMAX 的移动性能问题。IEEE 802.16m 兼容 4G 网络，其优势在于：①扩大网络覆盖面，实现网络无缝衔接；②提高频谱效率；③在漫游模式或高效率 / 强信号模式下可提供 1 Gbit/s 的无线传输速率等。

1.1.5 第五代移动通信系统

第五代（5G）移动通信系统是继 4G 之后，为了满足智能终端的快速普及和移动互联网的高速发展而正在研发的下一代无线移动通信系统，是面向 2020 年以后人类信息社会需求的无线移动通信系统。

5G 已经成为国内外移动通信系统领域的研究热点。2013 年，由包括我国华为公司等在内的 29 个参加方共同承担的第 7 框架计划启动了面向 5G 研发的 METIS（Mobile and Wireless Communications Enablers for the 2020 Information Society）项目[4]。国家高技术研究发展计划（“863”计划）也分别于 2013 年 6 月和 2014 年 3 月启动了 5G 重大项目一期和二期研发课题。目前，世界各国正就 5G 的发展愿景、应用需求、候选频段、关键技术指标等进行广泛的研讨。并于 2016 年后启动有关标准化进程[5]。

对于 5G 的未来愿景和应用，学术界和产业界都进行了相关的描述，从中可总结出人们对未来 5G 的技术需求。相对于传统的移动通信网络，5G 应具备如下基本特征：①数据流量增长 1 000 倍；②联网设备数目扩大 100 倍；③峰值速率至少为 10 Gbit/s；④用户可获得速率达 10 Mbit/s，特殊用户需求达 100 Mbit/s；⑤时延短，可靠性高；⑥频谱利用率高；⑦网络耗能低等。

目前，关于 5G 的关键技术仍处于研究和发展阶段，如大规模 MIMO 技术、波束成形技术以及协同无线通信技术等都将可能成为 5G 的关键技术。

MIMO 技术可以有效提升无线通信的频谱效率，获得接收分集增益（Receive

Diversity Gain，RDG），因而被公认为下一代移动通信系统的核心技术。一个典型的 $M\times N$ 的 MIMO 系统如图 1-1 所示。

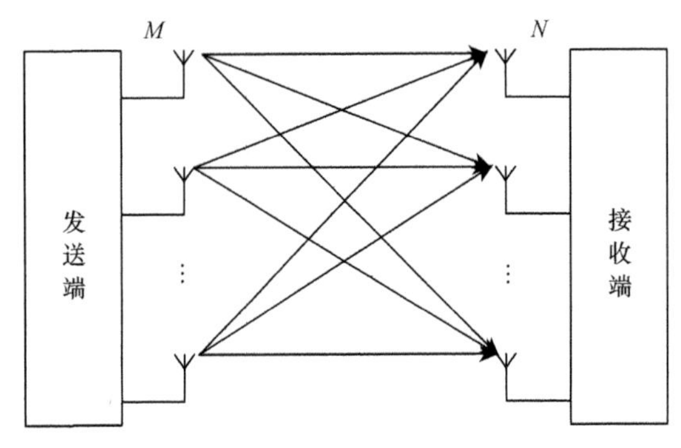

图 1-1 MIMO 系统

由于每根接收天线都会收到来自所有发射天线信号的叠加，因此接收信号可以表示为

$$\boldsymbol{y}=\begin{bmatrix} y_1 \\ y_2 \\ \vdots \\ y_n \end{bmatrix}=\begin{bmatrix} h_{11} & h_{12} & \cdots & h_{1m} \\ h_{21} & h_{22} & \cdots & h_{2m} \\ \vdots & \vdots & & \vdots \\ h_{n1} & h_{n2} & \cdots & h_{nm} \end{bmatrix}\begin{bmatrix} s_1 \\ s_2 \\ \vdots \\ s_m \end{bmatrix}+\begin{bmatrix} n_1 \\ n_2 \\ \vdots \\ n_n \end{bmatrix}=\boldsymbol{Hs}+\boldsymbol{n} \tag{1-1}$$

其中，y_n、h_{nm}、s_m 以及 n_n 分别表示第 n 根接收天线的接收信号、第 m 根发送天线到第 n 根接收天线的信道增益、第 m 根发送天线的发送信号以及第 n 根接收天线的噪声。从式（1-1）可以看出，每一个发送信号在接收端都会有 N 个备份，这就是所谓的接收分集。但是，来自不同发送天线的信号在接收端就形成了干扰。为了在接收端检测出所发送的信号，必须把来自不同发送天线的信号提取出来。因此，MIMO 接收机的检测算法是 MIMO 系统不可或缺的重要组成部分。

除此之外，波束成形（Beamforming）技术也是实现空间分集增益的关键技术。波束成形技术在方向性天线阵雷达、声呐水生定位和分类、超声波光学成像、地球物理勘探以及石油探测、生物医学和无线通信领域都有着广泛的应用。在发送端，利用波束成形技术对天线阵列中的各个天线发送信号进行适当加权，以产生具有指向性的虚拟波束，从而达到增强期望信号并抑制干扰，提高通信容量和质量的目的；在接收端，来自不同接收天线的信号在接收机中进行组合，从而达到相干叠加，提高信号的接收质量。波束成形技术可划分为两大类，即基于天线阵列（Antenna Array）的阵列波束成形和基于信号预处理（Pre-Processing）的多天线波束成形，它们分别利用了不同天线信道的空间相关性和独立性。阵列波束成形技术利用空间信道的强相关性以及电磁波的干涉原理，通过对多根天线输出信号的相关性进行幅度和相位加权，使信号在某个方向形成同相叠加，在其他方向形成相位抵消，以增强目标信号的同时抑制干扰；多天线波束成形技术则利用了不同天线信道间的独立性提高系统的空间分集增益。

对于蜂窝通信系统来说，当用户处于小区边缘时，将收到来自相邻小区基站的信号，传统的方法是简单地将相邻小区基站的信号视为干扰信号。由于这种导致竞争的策略会大幅降低通信性能，因此在5G通信系统中，协作多点（Coordinated Multipoint，CoMP）技术引起了广泛关注。CoMP技术是通过相邻基站间移动用户信道信息和数据信息的交互，对被干扰用户采取一定的干扰避免策略或者多个基站对移动用户进行联合传输，从而增加边缘用户的吞吐量和高数据传输率的覆盖面积，减少边缘用户的干扰，提高小区吞吐量。下行CoMP可分为两类：联合处理（Joint Processing，JP）和联合传输（Joint Transmission，JT）。在联合处理中，协作簇不仅共享信道信息，还共享数据信息，对用户数据进行联合预处理，消除基站间的干扰；在联合传输中，用户终端同时接收由多个传输节点发送的数据信息，并对这些信息进行合并，从而提高接收信号的质量。

综上所述，1G ～ 5G的核心技术可以依次体现为FDMA、TDMA、CDMA、OFDMA以及MIMO技术，分别利用了频率、时间、码元、空间等资源来提高系统的频谱效率。面对未来日益增长的通信需求，用户对多媒体业务需求的增大和互联网技术的迅猛发展，如何实现随时随地的大容量数据传输已成为当前无线通信面临的重要问题。考虑到未来对空基、天基无线通信系统的利用方面仍存在较广阔的空间，如何从天空地一体化角度出发构建天空地一体化移动互联网已成为当前移动通信网络发展的主要趋势。下面我们将概述天基与空基通信系统。

1.2 空基协同传输系统概述

随着当前无线通信系统的快速发展，越来越需要更高的频谱利用率、更大的系统容量、更灵活的网络覆盖和更低的建设成本等。然而目前的无线通信平台主要有地面平台和卫星平台，都存在各自的缺陷。例如，地面平台实现大范围覆盖的投资大、建设成本高、配置不灵活，在城市建设密集区存在严重的信道衰落；卫星平台则存在着终端成本高、星载设备更新维修困难、系统容量有限等问题。在这样的背景下，全新的高空通信平台的研究得到了日益广泛的关注，成为无线通信领域的一个研究热点。

基于高空平台的空基无线通信系统是目前国际上正处于研究阶段的新型通信系统。高空平台的载体主要有系留气球和飞艇两种，前者的高度一般在 10 km 以下，后者一般位于 20 ～ 50 km 高空的平流层。平流层位于大气层中的对流层之上，这个区域空气稀薄，密度为海平面的百分之几，浮力很小，但气流比较稳定，且风力较小，是比较理想的部署高空悬停飞艇的空域。

平流层通信的概念提出于第二次世界大战期间，20 世纪 70 年代开始引起广大科技工作者的重视。随着若干关键技术的突破和科技水平的整体进步，平流层通信近几年成了研究、开发热点。美国 NASA、SKYTOWER 等公司在政府的大力支持下，计划部署平流层平台，用于安全等目的。日本以平流层通信平台开发协会为主导，利用平流层平台进行数字高清晰度电视转播并进行 IMT-2000 的网络搭建。欧洲的平流层通信项目受到了欧洲航天局和各国政府的资助，进行着平流层宽带通信方面的研究。德国航空航天中心已于 2004 年成功实现从大气平流层中飘浮的气球到地面之间的大数据量传输。韩国与美国合作，将平流层通信的研究分为 3 个阶段，进展迅速。在我国，清华大学使用氦气飞艇在 300 m 高空持续飞行 2 h 来演示视频会议系统 [6]。北京大学成立了专门研究太阳能飞行器的专业机构，迄今已经完成开发具有独立知识产权的太阳能平流层悬浮平台系统。虽然在该领域的研究已有不少成果，但目前尚未推出统一的国际标准。

和通信卫星相比，平流层平台与地面的距离是同步卫星的 1/1 800，自由空间衰减和延迟时间大为减少，利于通信终端的小型化、宽带化，且成本低、建设快、可回收、维护和维修方便。与地面蜂窝系统相比，平流层平台的覆盖范围远大于地面蜂窝系统，而且信道条件（按莱斯衰减）优于地面系统（按瑞利衰减)。平流层平台既适用于城市，成为地面移动通信系统的有效补充，也可用于海洋、山区等地面移动通信系统不便部署的地区，还可以迅速转移，用于战场区域或者发生自然灾害地区（如洪水）的监测和通信。从长远来看，高空平台通信系统还有可能成为除地面移动通信系统和卫星通信系统之外的第三个无线通信系统。

目前的高空平台移动通信研究一般以第三代移动通信技术为背景 [7]，主要采用 CDMA 技术。第三代移动通信在空中接口、系统架构、开放性等诸多问题上仍然存在很多不足。随着通信用户数的不断增多，业务量不断上升以及对通信质量的要求不断提高，使得制定更高速率、更大容量、系统更加完备和开放的新一代移动通信体制迫在眉睫，一般称新一代的移动通信系统为后三代

（B3G）或第四代（4G）。

图 1-2 描述了一个典型的高空平台通信场景，下面具体分析高空平台的优势[8]。

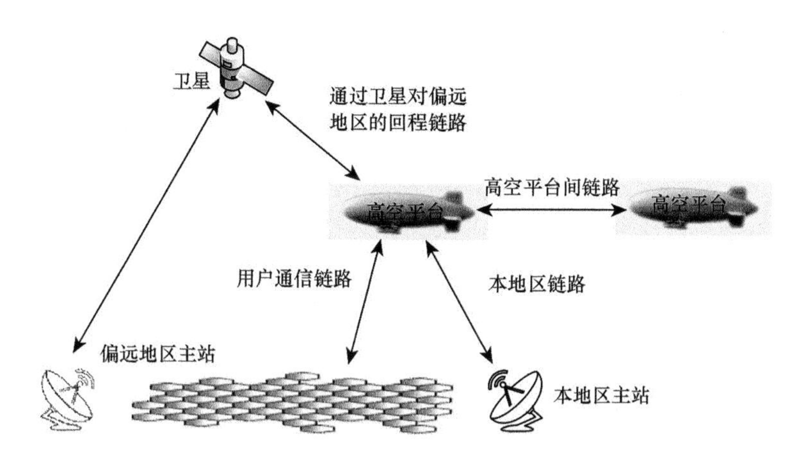

图 1-2　高空平台通信场景示意

（1）覆盖范围大（相对于地面移动系统）

一般高空平台覆盖范围的半径为几十千米，然而地面移动系统的覆盖范围半径为几千米左右。

（2）灵活应对大容量的需求

因为高空平台可以在覆盖范围内集中支持蜂窝系统架构，并且可以灵活地进行频率复用和设置蜂窝尺寸大小。因此，在高空平台系统中可以合理地采用分配资源的方式，以应对系统网络大容量的需求。

（3）成本较低（相对于卫星系统）

相对于地球静止轨道卫星和低轨卫星组成的星座网络，高空平台在网络组建和平台发射的成本会大大降低。同时，对于某些需要建设大量基站设施的地面移动通信网络，高空平台的成本也相对较低。

（4）迅速部署

高空平台能够在几天之内甚至几小时之内快速地发射和部署。这种优势使得高空平台非常适合在应急和受灾环境中使用。

（5）平台和载荷更新升级

高空平台能够在平流层使用若干年，其间平台可以降落至地面进行维护和升级，显然这种优势在卫星系统中较难实现。

然而，高空平台的工程实现和商业化进程也面临着一些困难和挑战。

（1）载荷的质量和体积

相对于地面移动系统，高空平台系统有效载荷的体积和质量非常有限。有效载荷的限制会使得高空平台提供的系统容量受限，即使其能够覆盖较大的地理范围。

（2）动力供应

对于任何航空系统，动力供应都是一个普遍的约束条件。对于无人机类型的高空平台主要是靠燃料提供动力。那么动力系统如何满足通信载荷的需要是高空平台面临的一大挑战。长时间运行的飞艇类型的高空平台系统主要靠太阳能提供动力。在白天，光能发电板会将太阳能转换为电能以维持高空平台的稳定性和通信载荷，多余的电量会存储起来在夜间使用。然而，当前的燃料电池技术还不够成熟，光能发电板的效率也有待提高。

为了支持高空平台的部署和实现，ITU 已经将高空平台通信系统作为实现 IMT-2000 系统无线通信服务的备选方案。关于高空平台的频谱分配情况具体见表 1-1，可以看出 ITU 已经将 48 GHz 频段（世界范围）和 31/28 GHz 频段（部分选定的国家）分配给高空平台通信系统 [9-10]。同时，ITU 还将 3G 系统使用的频段分配给高空平台系统使用 [11]。因此，将高空平台融入最终的 3G 通信部署的网络中是一项新兴的、具有前瞻性的工作。

表 1-1　高空平台频谱分配情况

分配频率	描述	适用范围
48/47 GHz	上行链路和下行链路为 300 MHz 带宽	全世界
31/28 GHz	在世界无线电通信大会上修订为 31/28 GHz，带宽为 300 MHz	超过 40 个国家，包括北美和南美的所有国家，不包括欧洲
2 GHz	高空平台系统被纳入了 IMT-2000 无线通信服务的备选方案	全世界
6 GHz	WRC 正在考虑高空平台使用该频段作为 IMT-2000 的网关链路	暂无说明

高空平台能够为固定的或移动的、个人的或集团的用户提供各种各样的服务和应用，因此也要符合现有的无线标准协议或是制定与自身相符的协议，这样才能使得更多的用户终端使用高空平台。目前，关于高空平台还没有确定的标准协议，国际电信联盟无线电通信组（ITU-R）规定了高空平台在作为 3G 基站提供通信服务时的使用频率为 2 GHz。然而，现实的宽带固定接入和移动无线接入的频段都提高到了毫米波频段。更确切地说，频率是 31/28 GHz 和 48/47 GHz。在这些频段内有一些候选标准可以采纳 [12]，特别是 IEEE 802 系列标准

（IEEE 802.11、IEEE 802.16和IEEE802.20），数据业务接口规范标准（Data Over Cable Service Interface Specification，DOCSIS）包括多路微波分配系统（Multichannel Microware Distribution System，MMDS）和本地多点分布式业务（Local Multipoint Distribution Service，LMDS），此外还有一些数字视频广播（Digital Video Broadcasting，DVB）标准，如DVB-S/S2和DVB-RCS。

目前，世界上已有多个国家积极地开展高空平台的科研项目，包括已经完成的HeliNet项目[13]和正在进行的CAPANINA项目。其中，HeliNet项目从2000年1月开始实施，到2003年5月结束，其成果已经写入了第五次欧盟委员会框架计划。同时一个名为Heliplat的大规模计划也已经开始实施，主要实现3个试验性应用：宽带通信、环境监测和远程遥感。这也是有史以来欧盟第一次资助关于高空平台的项目。CAPANINA项目是由欧洲委员会资助，为了进一步开发适用于高空平台系统的无线和光学的宽带技术。它的目标是能够为在偏远地理位置的用户、远离地面通信设施的用户和在高速运行的列车上的用户提供有效的网络覆盖和低成本的宽带通信服务。同时该项目要求在60 km的覆盖范围内传输数据达到120 Mbit/s，毫米波技术和自由空间的光通信技术成为该项目的研究重点。

高空平台目前的角色是作为候选技术，为世界上最好的两个通信系统——地面移动通信系统和卫星系统提供支持和补充。这就要求高空平台系统具有高效的频谱复用技术以保证系统的高频谱效率。因此，将高空平台融入移动蜂窝网络实现频率复用是高空平台研究的热点。另外，上述高空平台使用的频段也会被其余的系统使用，因此也有学者研究了高空平台与其余系统频谱共享的问题[14]。值得强调的是，阵列天线几乎是实现高空平台的最优选择。只有通过天线阵列实现多波束指向，才能保证在高空平台存在随机飘动情况下实现多小区的稳定覆盖。因此，为了让高空平台为地面提供通信服务，更关键的是合理地设计高空平台的多波束天线阵列以及基于天线阵列的多小区规划。与其他系统略有区别的是，高空平台将会面临更差的稳定性和空中定位，这就需要更加精准地设计高空平台和地面接收端，以保证天线的波束能够维持正确的指向，从而维持稳定的通信链路。

相对于地面移动网络，高空平台最显著的优势便是它生成的蜂窝网络可以定期地在一定区域内移动，因此其覆盖范围不会受到地理条件的约束。由于高空平台的覆盖面积大，因此多个蜂窝小区可以同时来源于同一个高空平台，这样可以有效提高通信资源的利用率。另外，高空平台与地面无线网络共存系统将会带来无线电网络规划和避免系统间干扰等新的课题。地面蜂窝的网络覆盖主要会受到建筑物、树木和丘陵等物体的影响，然而高空平台的网络覆盖仅由天线的方向决定。因此，高空平台虽然可以作为辅助通信系统，但代价是它会对地面蜂窝网络造成更强的干扰。这些问题最近被广泛地研究和讨论，比较主流的解决思路是采用认知无线电技术和动态频谱感知技术。这两种技术在避免干扰问题上是极具潜力的解决方案，因此该领域研究发展也会促进高空平台系统的商用化进程。

1.3 天基协同传输系统概述

传统的天基传输系统是以卫星为转发中心的通信系统。由于卫星通常位于远离地面的高空，就覆盖范围而言，天基系统具有无可比拟的优势。卫星通信系统在数据传输和全球信息交互的过程中，尤其是在海事、对地观测、全天候监视等方面起到了至关重要的作用。随着人们对带宽日益增长的需求，服务商和有关机构不得不设法增加卫星数量、带宽和功率。然而，地球同步轨道卫星轨位的缺少和可利用频谱资源的匮乏，以及提高功率引起的复杂程度和运行成本的增加，使得这些针对卫星的改进措施难以实现。天基协同传输系统正是在这种背景下提出的，使用多星共轨协同和多天线技术。多星共轨技术可将多个功能相同或相似的卫星保持在同一轨位内，通过星间链路实现同步并交换数据，形成具有协同传输及转发能力的卫星星群，从而有效提高卫星轨道资源的使用率，弥补单星平台载荷与功率受限的短板。多天线技术则体现在通过配置有源天线阵列，共轨多星不仅可以实现协同多波束的高效传输机制，获得信道容量增益，而且能够根据自身结构的不断变化，自适应地优化传输模式，提高能量效率。

1.3.1 天基协同传输系统的现状及发展趋势

随着航空航天技术的发展，以卫星为骨干网的空间平台种类和功能日趋完善。天基传输技术把空间中用于信息获取、传输、处理等功能的不同卫星系统有机地连接起来，从而建立起了以卫星为核心的空间信息网络。其组网灵活、覆盖面广、建网快、不受地理环境限制等优点，使卫星网络在远距离无线通信方面具有十分显著的优势。许多国家开展了相关研究项目，例如，美国航空航天局和美国空军的先进极高频（Advanced Extremely High Frequency，AEHF）

军用通信卫星和转型卫星通信系统（Transformational Satellite Communications System，TSAT）项目[15]可以实现全球范围内的快速信息获取；此外，德国宇航中心提出了 TanDEM-X 计划[16]；法国空间局提出了干涉车轮（CartWheel）计划[17]；意大利提出了 BISSAT 计划[18]；加拿大提出了 RadarSat-2/3 计划[19]。

AEHF 项目[20-21]是美国国防部的项目，其目标是为美国及其同盟国提供可用于所有级别军事冲突中准全球、高保密性、高通信容量和高生存能力的新一代战略和战术通信卫星以及地面匹配系统。AEHF 空间段卫星除采用“军事星”上已有的扩频、调频、星间链路和星上处理等技术外，还采用了相控阵天线技术和波束成形网络技术[22]。相控阵天线技术可通过电子手段改变射频波束的指向，使用户之间的波束可瞬时跳变，从而提升传输效率和灵活性；波束成形网络则可在为合法用户提供服务的同时利用自动调零的方法抑制干扰信号。

2010 年 6 月 21 日，德国雷达卫星 TanDEM-X 的成功发射，象征着全球数字高程模型（WordDEM）开始了一个新的时代。TanDEM-X 与 TerraSAR-X 共同组成了一个高精度的雷达干涉仪，能够为全球同源数字高程模型获取基础数据。两颗卫星组成一个独特的卫星编队，以精密控制的螺旋式编队飞行，距离很近，最小相对距离只有几百米。其主要任务是制作一个质量好、精度高、覆盖范围广的全球 WorldDEM。该 WorldDEM 的精确性将高于任何现有的基于卫星拍摄的 WorldDEM，并具有以下独特的优势：2 m 的相对垂直精度和 10 m 的绝对垂直精度；12 m × 12 m 的扫描光栅；全球同源性；不需要任何地面控制信息。由德国宇航中心研发的 TerraSAR-X/TanDEM-X 双星系统同样通过主动相控阵天线技术形成灵活的波束指向，以提供阵列增益。其在一定程度上虽然提升了信号功率和传输效率，但并不能大幅度增加信道容量，很大程度上受制于卫星的载荷和功率[23]。

TSAT 计划[24]则由美国空军提出，其核心任务是由编队卫星群协同通信组成的虚拟雷达阵列，完成被动无线电辐射测量、导航、通信（移动战术通信）等任务，借此验证编队卫星群具备通过协作通信实现有效多任务的能力[25]。该卫星能实现大容量全球通信；利用激光链路和互联网协议（IP）等新技术向成千上万用户提供高机动、超视距和受保护的通信；向战术用户提供中速率通信能力，向机载的情报、监视和侦察平台提供更强大的连通能力。由于经费等原因，TSAT 计划于 2009 年暂时搁置，但其全球化组网、构建空间信息网络的理念并没有消失，前期研发积累的空间路由器等技术仍在继续发展。

在 TSAT 计划开展的同时，针对目前装载多种有效载荷的复杂大卫星的质量大、技术复杂、成本高、研制周期长、不可维护等缺点，美国约翰霍普金斯大学应用物理实验室和美国国家安全空间办公室提出了以分离模块方式在地球静止轨道（GEO）执行军事任务的设想，即天基群组[26]。天基群组是利用一颗主卫星为群组提供天地链路等核心服务，利用其他低成本、低技术复杂度、任务专用的子卫星与主卫星组成星群，执行通信、遥感等任务，并且群组中还包含在轨服务卫星，为卫星延寿和系统重构提供支持保障。其关键技术包含高速低功率无线网络技术，由于作用距离只有几千米，无线网络设备的尺寸、质量、功耗比传统星地链路呈数量级降低；IP 路由技术与无线网络结合，带有即插即用接口，需要进行在轨演示验证。在轨服务技术方面，美国国防部先进研究项目局（DARPA）已经利用“轨道快车”项目进行了诸如燃料加注、更换设备等试验。日前，DARPA 又推出一项代号为“Phoneix”的研究项目，又称“僵尸卫星”计划。该项目旨在将成为太空垃圾的报废卫星进行回收，将太空垃圾的零部件，特别是天线等元器件进行整合，形成一个天线阵列，最终成为一个低成本“通信中心”，为地面美军提供信息服务，实现太空资源再利用，降低太空开发成本。该计划首先发射一颗 GEO 卫星，再发射一系列小型卫星，利用发射的 GEO 所搭载的机械手臂将回收来的天线安装在发射的小型卫星上。小型卫星可作为指定移动位置的控制器进行工作。最终，从太空垃圾上拆除下来的可回收零部件可构成一个“僵尸天线阵列”。

为建立起面向未来的、灵活高效的航天器体系结构，美国国防部先进研究项目局提出了 F6 计划[27-28]，其思路是将传统的整体航天器分解成多个可组合的分离模块，不同的模块具有不同的任务和功能。这些互相分离的航天器模块在地面上可以批量制造并独立发射，于卫星轨道上正常运行时则通过编队飞行、无线数据传输和无线能量传输的方式协同工作，从而将分散的模块组合成为一个完整的虚拟航天系统。这种基于分离模块的方式协同工作、完成任务的“天基群组”传输技术，为卫星通信系统的发展提供了新的思路[29]。

通过上述分析，可以将国外天基传输系统发展趋势的特点总结如下。

① 由单颗卫星向空间信息网络方向发展。

② 由单颗卫星完成复杂功能，向多颗功能单一的卫星构成星群，并协同完成复杂功能的方向发展。

③ 由采用相控阵天线以提高接收信噪比，向采用有源天线阵列以提升信道容量与传输效率、实现空间复用增益的方向发展。

1.3.2 天基协同传输系统的基本原理

我们将介绍天基协同传输系统获得空间复用增益的基本原理。基于有源天线阵列，我们以建立在一个由 M_{E} 根接收天线构成的地面接收端和一个由 M_{S} 颗卫星构成的协同星群之间的下行链路为例，如图 1-3 所示。其中，每颗卫星上搭载有 M_{L} 根发射天线阵列。

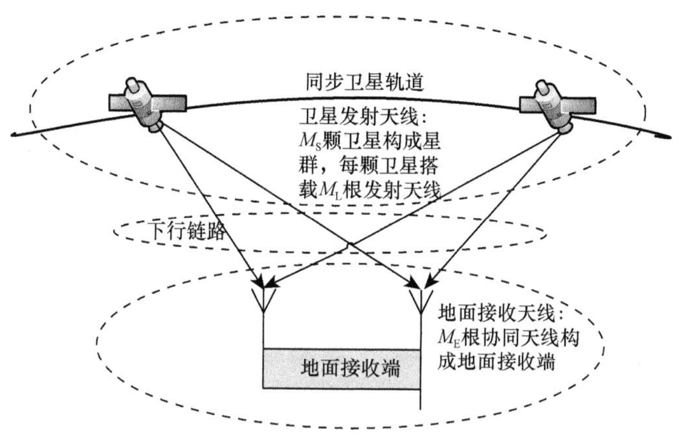

图 1-3 天基协同传输系统下行链路

频选多输入多输出卫星通信信道可以由它的信道矩阵 $\boldsymbol{H}(f)$ 来描述。由于卫星通信系统的特性，该链路实际上是一个无衰落、无阴影的 LOS 信道。在地面无线通信系统中，我们已经证明了 LOS 信道中正交信道可以提供最优的信道容量 [30]，这需要收、发天线之间的信道响应满足特殊的要求且是准静态的。由于地面无线系统终端大都是移动的，准静态信道的假设在地面蜂窝移动系统中不成立。

幸运的是，在卫星通信系统中，多数情况下地面站相对于卫星端的移动速率极低，短时间内收、发天线阵列的几何排布几乎是恒定不变的，因此 LOS 信道可以近似为静态的。可见，卫星信道在实现信道容量优化方面具有得天独厚的优势。通过星群协同多波束传输技术，我们可以实现理论上的天线最优化配置，从而提高卫星通信系统的容量增益。

不考虑信号传播过程中产生的噪声，从卫星星群发射出来的频率平稳信号在 MIMO 信道中的传播过程可以表示为

$$\boldsymbol{y}=\boldsymbol{H}\boldsymbol{x} \tag{1-2}$$

其中，地面接收信号矢量 $\boldsymbol{y}=\left[y_1,\cdots,y_{m_{\mathrm{E}}}\right]^{\mathrm{T}}$，星群发射信号矢量 $\boldsymbol{x}=\left[x_1,\cdots,x_{m_{\mathrm{S}}}\right]^{\mathrm{T}}$。信道矩阵 $\boldsymbol{H}\in\mathbb{C}^{M_{\mathrm{R}}\times M_{\mathrm{T}}}$，记发射天线数目 $M_{\mathrm{T}}=M_{\mathrm{S}}M_{\mathrm{L}}$，接收天线数目 $M_{\mathrm{R}}=M_{\mathrm{E}}$。

对一个 MIMO 系统而言，信道的最高频谱效率可由 Telatar 的著名公式来计算 [31]。

$$C = \mathrm{lb}\,[\det(\boldsymbol{I}_{M_\mathrm{R}} + \rho \cdot \boldsymbol{H}\boldsymbol{H}^\mathrm{H})] \tag{1-3}$$

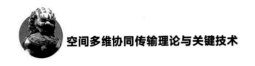

其中，$(\cdot)^\mathrm{H}$ 指矩阵的转置运算，ρ 为信道的线性信噪比。定义信道的信噪比 $SNR = 10\lg(\rho) = EIRP + (G-T) - \kappa - \beta[\mathrm{dB}]$，其中 $EIRP$、G–T、κ 和 β 分别为有效全向辐射功率、品质因数、玻尔兹曼常数和下行链路带宽的对数值。由于星地间距远大于阵列天线之间的间距，传递矩阵 $\boldsymbol{H}$ 中的每一个元素可以认为是幅度相同的。因此，满足最大复用增益的 MIMO 信道的传递矩阵 $\boldsymbol{H}$ 是一个正交矩阵。通过调整天线间距与星群间距，可以达到理论上的最优信道容量。最优信道容量的可达性及条件将在第 8 章进行详细讨论。

1.4 本章小结

传统的无线通信多以地基无线通信系统为主，然而，随着无线通信系统的迅猛发展，无线通信系统越来越追求更高的频谱利用率、更大的系统容量、更灵活的网络覆盖和更低的建设成本等。随着当前航空航天技术的不断进步，天基、空基平台总类和数量的快速增长，以卫星、平流层气球、多种航空飞行器组成的天空地一体化信息网络孕育而生。本章主要概述了天空地无线通信系统的特点与发展历程；在随后的章节中，我们将围绕天空地一体化网络协同传输理论与关键技术展开更加深入的阐述。

参考文献

[1] MACDONALD V H. The cellular concept [J]. Bell System Technical Journal, 1979, 58: 15-41.

[2] YOUNG W R. Advanced mobile phone service: introduction, background, and objectives [J]. Bell System TECHNICAL Journal, 1979, 58: 1-14.

[3] TIA/EIA/IS-95 Interim Standard L. Mobile station-base station compatibility standard for dual-mode wideband spread spectrum cellular system[S]. 1993.

[4] 3GPP TR 36.913 v.8.0.1. Requirements for further advancements for E-UTRA[R]. Tech.rep, 3rd Generation Partnership Project, 2009.

[5] IEEE P802.16m/D3. Part 16: Air interface for broadband wireless access systems, advanced air interface[S]. 2009.
[6] EGUCHI K. Overview of stratospheric platform airship R&D program in Japan[C]// The Proceeding of the First Stratospheric Platform Systems Workshop, Yokosuka, Japan, 1999.
[7] 吴佑寿 . 高空平台通信系统——新一代无线通信体系 [J]. 中国无线电管理 , 2003: 6.
[8] 孙震强 . 发展迅速的高空平台通信系统 [N]. 人民邮电报 , 2004-06-17.
[9] TAHA-AHMCD B, CALM-RAMON M, HARO-ARICT DE. High altitude platforms (HAPs) W-CDMA system over cities[C]// IEEE Vehicular Technology Conference, 2005: 2673-2677.
[10] TOZER T C, GRACE D. High-altitude platforms for wireless communications [J]. IEEE Electronics and Communications Engineering Journal, 2001, 13(3):127-137.
[11] ITU Recommendation ITU-R F.1500. Preferred Characteristics of systems in the fixed service using high altitude platforms operating in the bands 47.2-47.5 GHz and 47.9-48.2 GHz [S]. International Telecommunications Union, Geneva, Switzerland, 2000.
[12] ITU Recommendation ITU-RF.1569. Technical and operational characteristics for the fixed service using high altitude platform stations in the bands 7.5-28.35 GHz and 31-31.3 GHz [S]. International Telecommunications Union, Geneva, Switzerland, 2002.
[13] ITU Recommendation M.1456. Minimum performance characteristics and operational conditions for haps providing imt-2000 in the bands 1885-1980mhz, 2010-2025mhz and 2110-2170mhz in regions 1and 3 and 1885-1980 mhz and 2110- 2160mhz in region 2[S]. International Telecommunications Union, Geneva, Switzerland, 2000.
[14] GRACE D, THORNTON J, KONEFAL T, et al. Broadband communications from high altitude platforms the HeliNet solution [C]// Pers. Multimedia Commun. Conf, Alaborg, Denmark, 2001: 75-80.
[15] GRACE D, CAPSTICK M H, MOHORCIC M, et al. Integrating users into the wider broadband network via high altitude platforms[J]. IEEE Wireless Communications, 2005, 12: 98-105.
[16] OODO M, MIURA R, HORI T, et al. Sharing and compatibility study between

fixed service using high altitude platform stations (HAPs) and other services in 31/28 GHz bands [J]. Wireless Personal Communications, 2002, 23: 3-14.

[17] BURNS R, MCLAUGHLIN C A, LEITNER J, et al. TechSat 21: Formation design, control, and simulation [C]// IEEE Aerospace Conference, 2000, 7:19-25.

[18] KRIEGER G, MOREIRA A, FIEDLER H, et al. TanDEM-X: A satellite formation for high-resolution SAR interferometry[J]. IEEE Transactions on Geoscience and Remote Sensing, 2007, 45(11): 3317-3341.

[19] AMIOT T, DOUCHIN F, THOUVENOT E, et al. The interferometric cartwheel: A multi-purpose formation of passive radar microsatellites[C]// IEEE International Geoscience and Remote Sensing Symposium, 2002, 1: 435-437.

[20] D'ERRICO M, MOCCIA A. The BISSAT mission: a bistatic SAR operating information with COSMO/SkyMed X-band radar [C]// IEEE Aerospace Conference, 2002, 2: 809-818.

[21] GIRARD R, LEE P F, JAMES K. The RADARSAT-2&3 topographic mission: an overview [C]// IEEE International Geoscience and Remote Sensing Symposium, 2002, 3: 1477-1479.

[22] 杨海平，胡向辉，李毅．先进极高频（AEHF）[J]. 数字通信世界，2008, (6): 84-87.

[23] 杭观荣，康小录．美国 AEHF 军事通信卫星推进系统及其在首发星上的应用 [J]. 火箭推进，2011, 37(6): 1-8.

[24] 吴学智，武兵，何如龙．外军新一代卫星通信系统及关键技术研究 [J]. 通信技术，2012, 45(9): 7-12.

[25] ARAPOLOU P D, LIOLIS K, BERTINELLI M, et al. MIMO over satellite: a review [J]. IEEE Communications Surveys & Tutorials, 2011, 13(1): 27-51.

[26] STEYSKAL H, SCHINDLER J K, FRANCHI P, et al. Pattern synthesis for TechSat21—A distributed Space based radar system [J]. IEEE Antennas and Propagation Magazine, 2003, 45(4): 19-25.

[27] 冯少栋，张卫锋，张建幸．美军下一代转型卫星运控系统设计 [J]. 数字通信世界，2009, (9): 59-63.

[28] 刘豪，梁巍．美国国防高级研究计划局 F6 项目发展研究 [J]. 航天器工程，2010, 19(2): 92-98.

[29] 荀亮，魏迎军，申振，等．分离模块航天器研究综述 [J]. 飞行器测控学报，2012, 31(2): 7-12.

[30] TELATAR E. Capacity of multi-antenna Gaussian channels [J]. AT&TBell Technical Memorandum, 1995.
[31] MARAL G, BOUSQUET M. Satellite Communications Systems: Systems, Techniques and Technology [M]. Wiley, 2002.

第2章 多天线信号与系统概述

无线通信面临着有限的可用无线频谱资源和无线通信环境的复杂空时变化等众多问题的挑战，如何有效利用最优的空间信号组合方法来提升无线通信系统的性能及频谱效率，是下一代无线通信领域非常重要且难度较高的一项技术。本章将首先介绍多天线空间信号组合与检测基础理论，然后从信号空间传播的角度出发，介绍阵列天线的相关基础知识，重点讨论阵列天线中的方向图综合技术，最后，还将介绍多天线技术的另一个广泛应用，即多输入多输出系统的基本原理与信号检测方法。

| 2.1 空间信号组合与检测基础 |

接收信号组合是一种将多个接收信号值进行组合、合并的技术，尤其是在无线通信矩阵信号的处理过程中的减弱信号衰落方面具有重大意义。在无线通信系统的接收端配备多个接收天线，可以获得更好的信号接收性能。本节假设接收端多天线均可等效替换，每个接收天线都可视为一个对应特定无线信道的接收设备。由于多个接收天线可以获得多路接收信号，为获取更大的信号增益，我们需要对接收到的多路信号进行适当组合。本节我们将在信号的统计与确定性的基础上考虑背景噪声的统计特性，从而进行接收信号的组合。

目前存在的多种信号组合技术中，最容易实现的是线性信号组合技术，也是我们将重点研究的内容。

2.1.1 空间信号组合

无线通信系统中，假设接收端有 N 副接收天线。一般情况下，接收端接收到的信源信号必定包含有在特定信道中传输时由于信道噪声干扰而产生的信号衰减或失真。因为多个接收天线可以获得多个接收信号的观测值，所以接收信号可由信号向量空间中的一个信号向量表示。随着 N 的增大，信号向量空间的维数也会相应增长。因而，必定会产生一个具有高信号增益的信号向量的子向量空间。

若用 s 表示发送信号，那么此时接收端 N 副天线接收到的信号可表示为

$$\begin{aligned} y_1 &= h_1 s + n_1 \\ y_2 &= h_2 s + n_2 \\ &\vdots \\ y_N &= h_N s + n_N \end{aligned} \tag{2-1}$$

其中，h_k 表示第 k 个接收信号所对应的信道增益，n_k 表示第 k 个接收信号的噪声。若用向量表示，则有

$$\begin{aligned} \boldsymbol{y} &= [y_1\ \ y_2 \cdots y_N]^{\mathrm{T}} = \\ & [h_1\ \ h_2 \cdots h_N]^{\mathrm{T}} s + [n_1\ \ n_2 \cdots\ n_N]^{\mathrm{T}} = \boldsymbol{h}s + \boldsymbol{n} \end{aligned} \tag{2-2}$$

其中，$\boldsymbol{h} = [h_1\ \ h_2\ \ \cdots\ \ h_N]^{\mathrm{T}} \in \mathbb{C}^{N\times 1}$ 为信道增益向量，$\boldsymbol{n} = [n_1\ \ n_2\ \ \cdots\ \ n_N]^{\mathrm{T}} \in \mathbb{C}^{N\times 1}$ 为噪声向量。信道增益 $\boldsymbol{h}$ 描述了信道的传输特性，是接收信号组合中的关键参数之一。

图 2-1 是接收端 N 副天线接收信号的系统模型示意。由于在同一时刻，多个接收天线对同一信号可以接收到多个观测值，因此通过对这些不同的观测值进行恰当组合，能够得出更准确的信号估计值。

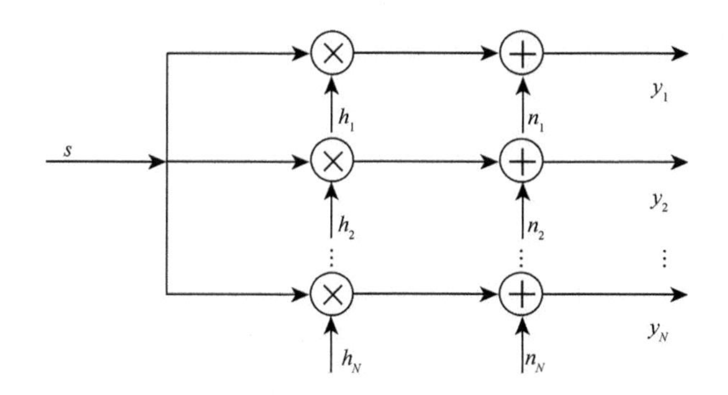

图 2-1 多天线接收信号系统模型示意

对向量 $\boldsymbol{y}$ 进行线性组合，解得 s 的估计

$$\begin{aligned} \hat{s} &= \sum_{k=1}^{N} w_k^* y_k = \\ & [w_1\ w_2 \cdots w_N][y_1\ y_2 \cdots y_N]^{\mathrm{T}} = \boldsymbol{w}^{\mathrm{H}} \boldsymbol{y} \end{aligned} \tag{2-3}$$

其中，$\boldsymbol{w}=[w_1w_2\cdots w_N]^{\mathrm{T}}$ 表示线性组合向量。

由于目前存在的多种信号组合技术中，最容易实现的是线性信号组合技术，且数学分析也比较简单，因此我们将重点讨论线性信号组合技术。

在无线通信系统中，利用某种技术在接收端获得同一个信源信号的多个副本，能够有效提高信号传输的可靠性。例如上文提到的多天线接收技术，或者在发送端多次重复发送同一个信号。如果每一路信号在传输过程中都经过不同的信道，抵达接收端时各自处于不同的接收状态，那么接收端所接收到的每路信号在式（2-1）中的接收信号强度都将大相径庭。也就是说，这些接收信号的信噪比都各不相同。若将接收到的信号分别用向量空间中的对应向量表示，那么根据数学推导，随着向量空间维数的增长，总的信号强度将会随着维数的增长而有所增强，尽管信号强度可能在某一维度变得很弱。

在实际生产过程中，发送机和接收机之间的信道增益会受到多种因素的影响，如传输距离、多径传播等。传输距离决定了信道的平均增益，而多径传播和发送机、接收机的运动则会影响瞬时信道增益。此外，在发送机和接收机之间的移动障碍物也会导致时变的信道增益。在上述多种因素的共同作用下，无线通信系统中的信道往往是衰落信道。在衰落信道环境中，信噪比（SNR）可视为一个时变的随机变量。但当信噪比低于某个门限值时，接收机就不能检测出信号，因此我们应当尽量降低信噪比使其低于该门限值的概率，即减小中断概率。针对该问题，我们可利用多接收天线分集技术来减小中断概率，从而获得更好的信号检测性能。我们称由此分集带来的增益为空间分集增益。

我们称接收信号的向量空间为空间域（Space Domain），称由多维信号（或同一信号的多个副本）产生的信道增益为空间分集增益。接下来将重点讨论无线通信系统中的几种信号组合方式。

1. 已知信道的组合方式

基于式（2-2）和式（2-3）的模型，在信道状态信息 $\boldsymbol{h}$ 已知的前提下，根据不同的线性组合向量 $\boldsymbol{w}$ 最优判别准则，可以分别设计出相应的信号组合方式。以下将依次介绍最小均方误差（Minimum Mean Square Error，MMSE）、最大信噪比、最大似然估计、最大比值以及一般选择分集等接收信号组合方法。

（1）最小均方误差组合

最小均方误差算法通过使发送信号 s 和一个线性组合器输出之间的均方误差（Mean Square Error），MSE 最小化来确定组合信号向量 $\boldsymbol{w}$。

如果信号和噪声都服从高斯分布，那么理想 MMSE 组合也为线性 MMSE 组合。为了实现该线性 MMSE 组合算法，首先要知道 $\boldsymbol{h}$、s 和 $\boldsymbol{n}$ 的统计特性。

普遍假设 $E(\boldsymbol{n})=\boldsymbol{0}$，$E(s)=0$，记 $E(|s|^2)=\sigma_s^2$，$E(\boldsymbol{n}\boldsymbol{n}^H)=\boldsymbol{R}_n$。其中，$E(\cdot)$表示随机变量的数学期望。本节中，我们假设协方差矩阵 $\boldsymbol{R}_n$ 是满秩的。

线性组合器的输出，即信号 s 与其估计$\hat{s}$的 MSE 为

$$E(|s-\hat{s}|^2)=E(|s-\boldsymbol{w}^H y|^2) \tag{2-4}$$

易知，该 MSE 是向量 $\boldsymbol{w}$ 的函数，根据正交准则，最优组合向量为

$$\begin{aligned}\boldsymbol{w}_{\text{MMSE}}=\arg\min_{w} E(|s-\boldsymbol{w}^H\boldsymbol{y}|^2)=\\(E(\boldsymbol{y}\boldsymbol{y}^H))^{-1}E(\boldsymbol{y}s^*)=\boldsymbol{R}_r^{-1}\boldsymbol{c}\end{aligned} \tag{2-5}$$

其中，$\boldsymbol{R}_r=E(\boldsymbol{y}\boldsymbol{y}^H)$为接收信号向量 $\boldsymbol{y}$ 的协方差矩阵，$\boldsymbol{c}=E(\boldsymbol{y}s^*)$为向量 $\boldsymbol{y}$ 和s^*的相关向量。若 s 与 $\boldsymbol{n}$ 不相关，则有 $\boldsymbol{R}_r=\boldsymbol{h}\boldsymbol{h}^H\sigma_s^2+\boldsymbol{R}_n$，$\boldsymbol{c}=\boldsymbol{h}\sigma_s^2$。代入式（2-5），可解得最优的 MMSE 组合向量为

$$\begin{aligned}\boldsymbol{w}_{\text{MMSE}}=(\boldsymbol{h}\boldsymbol{h}^H\sigma_s^2+\boldsymbol{R}_n)^{-1}\boldsymbol{h}\sigma_s^2=\\\frac{\sigma_s^2}{1+\sigma_s^2\boldsymbol{h}^H\boldsymbol{R}_n^{-1}\boldsymbol{h}}\boldsymbol{R}_n^{-1}\boldsymbol{h}=\alpha\boldsymbol{R}_n^{-1}\boldsymbol{h}\end{aligned} \tag{2-6}$$

其中，$\alpha=\dfrac{\sigma_s^2}{1+\sigma_s^2\boldsymbol{h}^H\boldsymbol{R}_n^{-1}\boldsymbol{h}}$。

因此，MMSE 为

$$\begin{aligned}\varepsilon_{\min}^2=E\left(\left|s-\boldsymbol{w}_{\text{MMSE}}^H\boldsymbol{y}\right|^2\right)=\\\sigma_s^2\left(1-\boldsymbol{h}^H\left(\boldsymbol{h}\boldsymbol{h}^H\sigma_s^2+\boldsymbol{R}_n\right)^{-1}\boldsymbol{h}\sigma_s^2\right)=\\\frac{\sigma_s^2}{1+\sigma_s^2\boldsymbol{h}^H\boldsymbol{R}_n^{-1}\boldsymbol{h}}=\alpha\end{aligned} \tag{2-7}$$

由式（2-7）可以看出，MMSE 的大小取决于发送信号 s、信道传输向量 $\boldsymbol{h}$ 和噪声协方差矩阵 $\boldsymbol{R}_n$。以极限值为例，当 $\sigma_s^2\to\infty$ 时，式（2-7）可简化为 $\lim\limits_{\sigma_s^2\to\infty}\varepsilon_{\min}^2=\dfrac{1}{\boldsymbol{h}^H\boldsymbol{R}_n^{-1}\boldsymbol{h}}$。在这种情况下，尽管 $\sigma_s^2\to\infty$，但由于$\boldsymbol{h}^H\boldsymbol{R}_n^{-1}\boldsymbol{h}$有限，MMSE 也永远不可能达到 0。

将式（2-7）代入式（2-6）可得

$$\boldsymbol{w}_{\text{MMSE}}=\varepsilon_{\min}^2\boldsymbol{R}_n^{-1}\boldsymbol{h} \tag{2-8}$$

再将式（2-8）代入式（2-3）可以求得基于 MMSE 的估计信号为

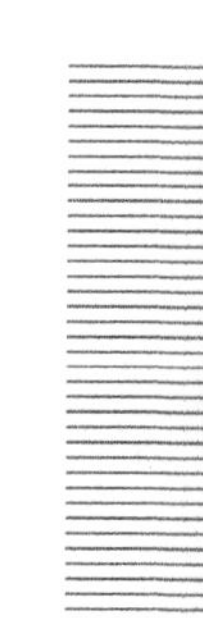

$$\hat{s}_{\text{MMSE}} = \varepsilon_{\min}^2 \boldsymbol{h}^{\text{H}} \boldsymbol{R}_n^{-1} \boldsymbol{r} = \varepsilon_{\min}^2 \boldsymbol{h}^{\text{H}} \boldsymbol{R}_n^{-1} \boldsymbol{h} s + w \tag{2-9}$$

其中，$w = \varepsilon_{\min}^2 \boldsymbol{h}^{\text{H}} \boldsymbol{R}_n^{-1} \boldsymbol{h}$，$\text{E}\left(|w|^2\right) = \varepsilon_{\min}^4 \boldsymbol{h}^{\text{H}} \boldsymbol{R}_n^{-1} \boldsymbol{h}$。于是接收信号的信噪比 SNR 便可定义为

$$SNR = \frac{\text{E}\left(|ws|^2\right)}{\text{E}\left(|w|^2\right)} = \sigma_s^2 \boldsymbol{h}^{\text{H}} \boldsymbol{R}_n^{-1} \boldsymbol{h} = \frac{\sigma_s^2}{\lim\limits_{\sigma_s^2 \to \infty} \varepsilon_{\min}^2} \tag{2-10}$$

（2）最大信噪比组合

若在线性组合中采用信噪比最大化的判别准则，那么对于组合向量 $\boldsymbol{w}$ 而言，组合信号可记作

$$\hat{s} = \boldsymbol{w}^{\text{H}} \boldsymbol{y} = \boldsymbol{w}^{\text{H}} \boldsymbol{h} s + \boldsymbol{w}^{\text{H}} \boldsymbol{n} \tag{2-11}$$

其中，等号右边第一项和第二项分别为信号和噪声，故信噪比为

$$\begin{aligned} SNR &= \frac{\text{E}\left(\left|\boldsymbol{w}^{\text{H}} \boldsymbol{h} s\right|^2\right)}{\text{E}\left(\left|\boldsymbol{w}^{\text{H}} \boldsymbol{n}\right|^2\right)} = \frac{\left|\boldsymbol{w}^{\text{H}} \boldsymbol{h}\right|^2 \sigma_s^2}{\boldsymbol{w}^{\text{H}} \boldsymbol{R}_n \boldsymbol{w}} = \\ &\frac{\left|\left(\boldsymbol{R}_n^{\frac{1}{2}} \boldsymbol{w}\right)^{\text{H}} \left(\left(\boldsymbol{R}_n^{-\frac{1}{2}}\right)^{\text{H}} \boldsymbol{h}\right)\right|^2 \sigma_s^2}{\left(\boldsymbol{R}_n^{\frac{1}{2}} \boldsymbol{w}\right)^{\text{H}} \left(\boldsymbol{R}_n^{\frac{1}{2}} \boldsymbol{w}\right)} \leqslant \\ &\frac{\left\|\boldsymbol{R}_n^{\frac{1}{2}} \boldsymbol{w}\right\|^2 \left\|\left(\boldsymbol{R}_n^{-\frac{1}{2}}\right)^{\text{H}} \boldsymbol{h}\right\|^2 \sigma_s^2}{\left(\boldsymbol{R}_n^{\frac{1}{2}} \boldsymbol{w}\right)^{\text{H}} \left(\boldsymbol{R}_n^{\frac{1}{2}} \boldsymbol{w}\right)} = \left\|\left(\boldsymbol{R}_n^{-\frac{1}{2}}\right)^{\text{H}} \boldsymbol{h}\right\|^2 \sigma_s^2 = \boldsymbol{h}^{\text{H}} \boldsymbol{R}_n^{-1} \boldsymbol{h} \sigma_s^2 \end{aligned} \tag{2-12}$$

其中，满秩协方差矩阵 $\boldsymbol{R}_n$ 必须为正定矩阵（式（2-12）的第 2 行到第 3 行推导利用了矩阵分解$\boldsymbol{R}_n = \left(\boldsymbol{R}_n^{\frac{1}{2}}\right)^{\text{H}} \boldsymbol{R}_n^{\frac{1}{2}}$）。除此之外，当且仅当$\boldsymbol{R}_n^{\frac{1}{2}} \boldsymbol{w} = \alpha \left(\boldsymbol{R}_n^{-\frac{1}{2}}\right)^{\text{H}} \boldsymbol{h}$时（$\alpha$

为非零常数），式（2-12）中的不等式才能取到等号。为使不等式取最大值，应当令

$$w = \alpha R_n^{-\frac{1}{2}} \left(R_n^{-\frac{1}{2}} \right)^{\mathrm{H}} h = \alpha \left(\left(R_n^{\frac{1}{2}} \right)^{\mathrm{H}} R_n^{\frac{1}{2}} \right)^{-1} h = \alpha R_n^{-1} h \tag{2-13}$$

那么，具有最大信噪比（Maximum SNR，MSNR）的组合向量则可表示为

$$w_{\mathrm{MSNR}} = \alpha R_n^{-1} h \tag{2-14}$$

对比式（2-14）和式（2-6）可知，MMSE 组合本质上也是一种 MSNR 组合。

（3）最大似然组合

倘若将发射信号 s 视为被估计的参数，可以利用最大似然（Maximum Likelihood，ML）估计算法对信号 s 进行估计。假设式（2-2）中的向量 n 为零均值 CSCG 随机变量，即 $n \sim \mathcal{CN}(0, R_n)$，则对于式（2-2）中给定的向量 r，信号 s 的概率密度为

$$f(y|s) = \frac{1}{\det(\pi R_n)} \mathrm{e}^{-(y-hs)^{\mathrm{H}} R_n^{-1} (y-hs)} \tag{2-15}$$

因此，信号 s 的最大似然估计为

$$\hat{s}_{\mathrm{ML}} = \arg\max_s f(y|s) = \arg\min_s (y-hs)^{\mathrm{H}} R_n^{-1} (y-hs) = \frac{\left(R_n^{-1} h\right)^{\mathrm{H}} y}{h^{\mathrm{H}} R_n^{-1} h} = \left(\frac{1}{h^{\mathrm{H}} R_n^{-1} h} R_n^{-1} h \right)^{\mathrm{H}} y = w_{\mathrm{ML}}^{\mathrm{H}} y \tag{2-16}$$

其中，最大似然组合向量为

$$w_{\mathrm{ML}} = \frac{1}{h^{\mathrm{H}} R_n^{-1} h} R_n^{-1} h \tag{2-17}$$

易知，最大似然估计实际上是通过一个线性组合操作对权重向量 $\boldsymbol{w}_{\mathrm{ML}}$ 进行调整而实现的，我们称该线性组合操作为最大似然组合。

对比式（2-17）与式（2-14）可知，最大似然组合本质上也是一种MSNR组合。

（4）最大比值组合

最大比值组合（Maximal Ratio Combining，MRC）是衰落信道环境下经常使用的一种线性组合技术，它能够有效提高衰落信道的系统性能。实际上，MRC 可看作 MSNR 组合的一种特殊情况。

为推导出 MRC 算法，我们假设式（2-1）中的噪声项互不相关且方差相等，即$\mathrm{E}(\boldsymbol{n}\boldsymbol{n}^{\mathrm{H}}) = N_0\boldsymbol{I}$。此时，根据式（2-12）可得信噪比为

$$SNR = \frac{\left|\boldsymbol{w}^{\mathrm{H}}\boldsymbol{h}\right|^2 \sigma_s^2}{N_0 \left\|\boldsymbol{w}\right\|^2} \tag{2-18}$$

根据柯西—施瓦茨不等式，容易证明使信噪比最大化的组合向量为 $\boldsymbol{w}=\alpha\boldsymbol{h}$。这同样是式（2-14）中 MSNR 组合向量的一种特殊情况。我们称线性组合向量 $\boldsymbol{w}=\alpha\boldsymbol{h}$ 的线性组合为 MRC。

经过 MRC 算法后，信噪比为

$$SNR_{\mathrm{MRC}} = \frac{\left\|\boldsymbol{h}\right\|^2 \sigma_s^2}{N_0} = \sum_{k=1}^{N} \frac{\left|h_k\right|^2 \sigma_s^2}{N_0} \tag{2-19}$$

（5）一般选择分集组合

在无线通信系统中，选择分集（Selection Diversity，SD）也是一种常见的空间分集技术。不同于 MRC 算法将所有接收信号组合起来使信噪比最大化的原理，SD 算法仅挑选出 N 个接收信号中的最强信号进行处理。由于 SD 只对 N 个接收信号中最强的一个进行处理，所以实现很容易。

SD 算法的信噪比为

$$SNR_{\mathrm{SD}}=\max\{SNR_1,\ SNR_2,\ \cdots,\ SNR_N\} \tag{2-20}$$

其中，$SNR_k = \frac{|h_k|^2 \sigma_s^2}{N_0}$，$k=1,2,\cdots,N$。

为改善 SD 的性能，相关文献提出了一般化 SD 组合（Generalized SD Combining，GSDC）算法。一般化 SD 组合从 N 个接收信号中挑选出 M 个信号。当 $M=N$ 时，GSDC 即可等同于最优的 MRC 组合；当 $M=1$ 时，GSDC 就是普通的 SD 算法。容易看出，GSDC 算法在性能与计算复杂度方面实现了很好的协调。

如果 M 个信号在 MSNR 的标准下获得，那么最终的信噪比则为

$$SNR_{\mathrm{GSDC}} = \sum_{k=1}^{M} SNR_{(k)} \tag{2-21}$$

其中，$SNR_{(k)}$ 为 SNR_k 中第 k 个最大信噪比，$k=1,2,\cdots,N$。

2．未知信道的组合方式

上文中，我们讨论的信号组合技术都是在假设已知信道传输向量 $\boldsymbol{h}$ 的基础上进行的。然而在某些情况下，信道传输向量 $\boldsymbol{h}$ 难以进行准确测算，或者 $\boldsymbol{h}$ 是一个随机变量，并无准确值。在这种情况下，当需要对信道传输向量进行数学估计时，考虑到估计误差不可避免，我们将信道传输向量设为随机变量。

接下来进一步分析在信道传输向量为随机变量时的 MMSE 组合方法。

假设信道传输向量 $\boldsymbol{h}$ 的期望和方差已知，分别为

$$\begin{cases} \mathrm{E}(\boldsymbol{h}) = \overline{\boldsymbol{h}} \\ \mathrm{E}\left(\left(\boldsymbol{h}-\overline{\boldsymbol{h}}\right)\left(\boldsymbol{h}-\overline{\boldsymbol{h}}\right)^{\mathrm{H}}\right) = \boldsymbol{C} \end{cases} \tag{2-22}$$

当对信道传输向量 $\boldsymbol{h}$ 进行估计时，我们可用 $\boldsymbol{h}$ 的估计来代替其均值向量，用 $\boldsymbol{h}$ 的估计错误协方差来代替其协方差矩阵 $\boldsymbol{C}$。在此情况下，MMSE 组合向量为

$$\begin{aligned} \boldsymbol{W}_{\mathrm{MMSE}} = & \mathrm{E}\left(\left|s-\boldsymbol{w}^{\mathrm{H}}\boldsymbol{y}\right|^2\right) = \\ & \left(\mathrm{E}\left(\boldsymbol{h}\boldsymbol{h}^{\mathrm{H}}\right)\sigma_s^2+\boldsymbol{R}_n\right)^{-1}\overline{\boldsymbol{h}}\sigma_s^2 = \\ & \left(\left(\boldsymbol{C}+\overline{\boldsymbol{h}}\overline{\boldsymbol{h}}^{\mathrm{H}}\right)\sigma_s^2+\boldsymbol{R}_n\right)^{-1}\overline{\boldsymbol{h}}\sigma_s^2 \end{aligned} \tag{2-23}$$

如果 $\overline{\boldsymbol{h}}=\boldsymbol{0}$，MMSE 组合向量也就是 $\boldsymbol{0}$，但这也就意味着 MMSE 组合的失败。为避免这样的问题，我们需要对 MMSE 组合方法进行修正。基于不同的应用，MMSE 修正的方法也不尽相同。

下文举例说明 MMSE 组合方法的修正方案。

假设信道传输向量 $\boldsymbol{h}=\mathrm{e}^{\mathrm{j}\phi}\boldsymbol{h}_0$，$\phi$ 为一个随机相位，$\boldsymbol{h}_0$ 是一个非零常数向量。倘若 ϕ 服从均匀分布，$\overline{\boldsymbol{h}}=\boldsymbol{0}$，那么此时信道传输向量增益的幅值也是常数，其相位却是时变的。如果该时变相位变化缓慢，采用一些传统的信号调制技术，就能在未知相位估计的情况下完成接收端的信号检测。

若将接收信号表述为

$$
\begin{aligned}
\boldsymbol{y} &= \mathrm{e}^{\mathrm{j}\phi}\boldsymbol{h}_0 s + \boldsymbol{n} = \\
&\boldsymbol{h}_0 \mathrm{e}^{\mathrm{j}\phi} s + \boldsymbol{n}
\end{aligned} \tag{2-24}
$$

并将$c = \mathrm{e}^{\mathrm{j}\phi} s$视为一个新的检测信号，那么 MMSE 组合向量则为

$$
\begin{aligned}
\boldsymbol{w}_{\text{MMSE}} &= \boldsymbol{w}_{\text{MMSE},0} = \\
&\arg\min_{\boldsymbol{w}} \mathrm{E}\left(\left|\mathrm{e}^{\mathrm{j}\phi} s - \boldsymbol{w}^{\mathrm{H}} \boldsymbol{y}\right|^2\right) = \\
&\left(\boldsymbol{h}_0 \boldsymbol{h}_0^{\mathrm{H}} \sigma_s^2 + \boldsymbol{R}_{\boldsymbol{n}}\right)^{-1} \boldsymbol{h}_0 \sigma_s^2
\end{aligned} \tag{2-25}
$$

然而应当注意到，此处的 MMSE 组合向量并不是时变的。MMSE 组合器的输出为

$$
\begin{aligned}
\hat{c} &= \boldsymbol{w}_{\text{MMSE}}^{\mathrm{H}} \boldsymbol{y} = \\
&\boldsymbol{w}_{\text{MMSE}}^{\mathrm{H}} \boldsymbol{h}_0 c + \boldsymbol{w}_{\text{MMSE}}^{\mathrm{H}} \boldsymbol{n}
\end{aligned} \tag{2-26}
$$

根据$\hat{c}$，接收机便可对信号进行检测。

一般情况下，如果时变随机的信道传输向量能够分解为已知常量和随机变量两部分，那么对已知信号的修正，我们能够实现 MMSE 在实际生产过程中的应用。

2.1.2 接收信号检测

在上一节中，我们简要介绍了如何利用不同的准则来获得最优的线性组合向量，从而设计出不同的信号组合方式。在理想状态下，我们完全可以假设接收端只能收到目标信号；然而在实际生活中，接收端在接收目标信号的同时，往往也会收到来自其他设备的干扰信号。对于这些干扰信号，传统的信号组合方法一般将它们归类于噪声中进行处理，但这样的解决方式缺陷明显，有时会导致较大的性能损失。

于是，人们开始研究在混合信号中提取目标信号的方法，即信号检测方法。一直以来，多信号检测方法都是无线通信中亟待解决的重要问题。如图 2-2 所示，在蜂窝系统中，如果两个蜂窝小区中的用户共用同一传输信道来传递信号，那么基站在既可以收到本基站蜂窝小区内用户信号，也可以收到另外一个蜂窝小区内用户信号的情况下，就需要对不同的信号进行检测。另外，当一个发射机

通过多个发射天线发送信号时，接收端也需要对多个接收信号进行检测。此外，当发射机与接收机都使用多个天线时，由于天线间的干扰，点到点的信号检测同样可以被视为一种虚拟的多信号检测技术。

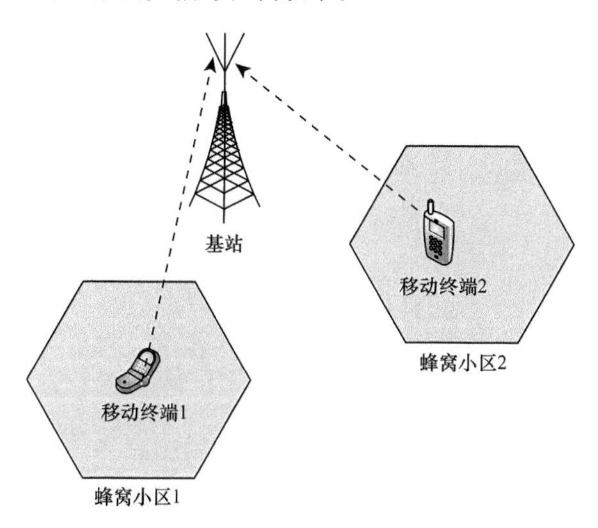

图 2-2　蜂窝系统多用户监测模型

以上几个例子说明了现今常见的几种多信号检测的应用场景。至少在未来相当长的一段时间内，多信号检测技术都将具有不容忽视的重要性。

1. 二进制波形信号检测

在无线通信系统中，信道传输的是模拟信号，而非离散信号。对于二进制波形信号来说，接收信号可写为

$$R(t)=X(t)+N(t),\ 0\leqslant t<T \tag{2-27}$$

其中，T 表示信号的持续时间，$N(t)$ 是高斯白噪声，且 $\mathrm{E}\left(N(t)\right)=0$，$\mathrm{E}(N(t)N(\rho))=\frac{N_0}{2}\delta(t-\rho)$，$\delta(t)$ 表示迪拉克函数，或可称为单位脉冲函数。我们称式（2-27）中的无线信道为加性高斯白噪声（Additive White Gaussian Noise，AWGN）信道。同时，$X(t)$ 为二进制波形信号，即

$$X(t)=\begin{cases}s_0(t),\ S_0\text{成立}\\ s_1(t),\ S_1\text{成立}\end{cases} \tag{2-28}$$

其发送速率为 $1/T$ bit/s。

（1）波形信号检测

首先，我们讨论对波形信号进行检测的一种探试算法，然后再将波形扩展，推广出一种通用的波形检测方法。

若在接收机端，信号的判定结果是根据 $R(t)$（$0 \leqslant t<T$）进行判断的，分别以 $r(t)$ 和 $n(t)$ 来表示 $R(t)$ 和 $N(t)$ 的观测值，并假设我们 对 $r(t)$ 进行了 L 次抽样，再令 $r_l=\int_{(l-1)T/L}^{lT/L} y(t)\mathrm{d}t$、$s_{m,l}=\int_{(l-1)T/L}^{lT/L} s_m(t)\mathrm{d}t$、$n_l=\int_{(l-1)T/L}^{lT/L} n(t)\mathrm{d}t$，于是可以得到

$$\begin{cases} r_l = s_{0,l}+n_l, & S_0\text{成立} \\ r_l = s_{1,l}+n_l, & S_1\text{成立} \end{cases} \tag{2-29}$$

因为 $N(t)$ 是白噪声，且多个 n_l 之间相互独立，所以 n_l 的均值为零，方差为

$$\begin{aligned} \sigma^2 = \mathrm{E}\left(n_l^2\right) = \\ \mathrm{E}\left(\left(\int_{(l-1)T/L}^{lT/L} n(t)\mathrm{d}t\right)^2\right) = \\ \int_{(l-1)T/L}^{lT/L}\int_{(l-1)T/L}^{lT/L} \mathrm{E}\left(N(t)N(\rho)\right)\mathrm{d}t\mathrm{d}\rho = \\ \int_{(l-1)T/L}^{lT/L}\int_{(l-1)T/L}^{lT/L} \frac{N_0}{2}\delta(t-\rho)\,\mathrm{d}t\mathrm{d}\rho = \frac{N_0T}{2L} \end{aligned} \tag{2-30}$$

再令 $\boldsymbol{r}=[r_1\ r_2\cdots r_L]^{\mathrm{T}}$，那么 L 的似然比例为

$$\begin{aligned} LLR(\boldsymbol{r}) = \log\frac{\prod_{l=1}^{L} f(r_l\mid S_0)}{\prod_{l=1}^{L} f(r_l\mid S_1)} = \\ \log\frac{f_0(\boldsymbol{r})}{f_1(\boldsymbol{r})} = \\ \sum_{l=1}^{L}\log\frac{f_0(r_l)}{f_1(r_l)} = \\ \sum_{l=1}^{L}\log\left(\mathrm{e}^{-\frac{1}{N_0}\left(\left(r_l-s_{0,l}\right)^2-\left(r_l-s_{1,l}\right)^2\right)}\right) = \\ \frac{1}{N_0}\sum_{l=1}^{L}\left(\left(r_l-s_{1,l}\right)^2-\left(r_l-s_{0,l}\right)^2\right) = \\ \frac{1}{N_0}\left(2\boldsymbol{r}^{\mathrm{T}}(\boldsymbol{s}_0-\boldsymbol{s}_1)-\left(\boldsymbol{s}_0^{\mathrm{T}}\boldsymbol{s}_0-\boldsymbol{s}_1^{\mathrm{T}}\boldsymbol{s}_1\right)\right) \end{aligned} \tag{2-31}$$

其中，$\boldsymbol{s}_m=[s_{m,1}\ s_{m,2}\cdots s_{m,L}]^{\mathrm{T}}$。

根据 L 似然比例，可得 MAP 判定标准，即

$$\begin{cases} S_0: \boldsymbol{r}^{\mathrm{T}}(\boldsymbol{s}_0-\boldsymbol{s}_1) > \sigma^2 \log\left(\dfrac{P(S_0)}{P(S_1)}\right)+\dfrac{1}{2}\left(\boldsymbol{s}_0^{\mathrm{T}}\boldsymbol{s}_0-\boldsymbol{s}_1^{\mathrm{T}}\boldsymbol{s}_1\right) \\ S_1: \boldsymbol{r}^{\mathrm{T}}(\boldsymbol{s}_0-\boldsymbol{s}_1) < \sigma^2 \log\left(\dfrac{P(S_0)}{P(S_1)}\right)+\dfrac{1}{2}\left(\boldsymbol{s}_0^{\mathrm{T}}\boldsymbol{s}_0-\boldsymbol{s}_1^{\mathrm{T}}\boldsymbol{s}_1\right) \end{cases} \tag{2-32}$$

若考虑基于似然比例的判定标准，我们用门限值 ρ 代替 $\dfrac{P(S_0)}{P(S_1)}$，于是

$$\begin{cases} S_0: \boldsymbol{r}^{\mathrm{T}}(\boldsymbol{s}_0-\boldsymbol{s}_1) > \sigma^2 \log\rho+\dfrac{1}{2}\left(\boldsymbol{s}_0^{\mathrm{T}}\boldsymbol{s}_0-\boldsymbol{s}_1^{\mathrm{T}}\boldsymbol{s}_1\right) \\ S_1: \boldsymbol{r}^{\mathrm{T}}(\boldsymbol{s}_0-\boldsymbol{s}_1) < \sigma^2 \log\rho+\dfrac{1}{2}\left(\boldsymbol{s}_0^{\mathrm{T}}\boldsymbol{s}_0-\boldsymbol{s}_1^{\mathrm{T}}\boldsymbol{s}_1\right) \end{cases} \tag{2-33}$$

（2）相关检测器及其性能

在对 $r(t)$ 进行抽样的过程中，如果信号的持续时间 T 内抽样次数较少，很有可能会因为抽样处理造成信息的缺失。为避免这种失真，我们不妨假设 L 的值足够大，接近于 $\boldsymbol{r}^{\mathrm{T}}\boldsymbol{s}_i \approx \dfrac{1}{T}\int_0^T r(t)s_m(t)\mathrm{d}t$ 。那么，此时基于似然比例的判定标准可改写为

$$\begin{cases} S_0: \int_0^T r(t)(s_0(t)-s_1(t))\mathrm{d}t > \sigma^2 \log\rho+\dfrac{1}{2}\int_0^T\left(s_0^2(t)-s_1^2(t)\right)\mathrm{d}t \\ S_1: \int_0^T r(t)(s_0(t)-s_1(t))\mathrm{d}t < \sigma^2 \log\rho+\dfrac{1}{2}\int_0^T\left(s_0^2(t)-s_1^2(t)\right)\mathrm{d}t \end{cases} \tag{2-34}$$

再令 $V_T=\sigma^2\log\rho+\dfrac{1}{2}\int_0^T\left(s_0^2(t)-s_1^2(t)\right)\mathrm{d}t$，那么式（2-34）中的判定标准就变为

$$\begin{cases} S_0: \int_0^T r(t)(s_0(t)-s_1(t))\mathrm{d}t > V_T \\ S_1: \int_0^T r(t)(s_0(t)-s_1(t))\mathrm{d}t < V_T \end{cases} \tag{2-35}$$

该判定标准可由图2-3所示的模型实现，我们称之为相关检测器。

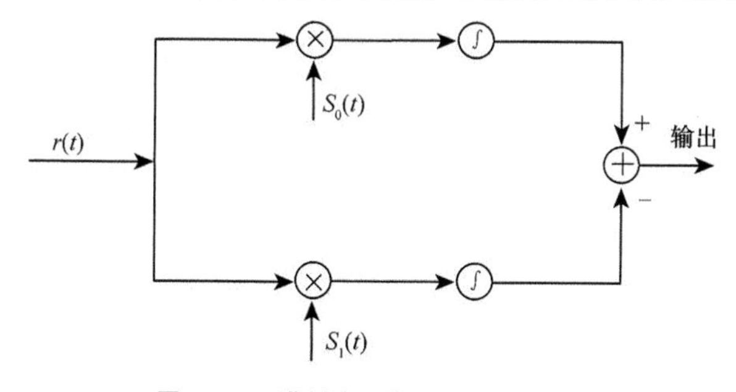

图2-3 二进制波形信号的相关检测器

为分析检测器的性能，首先，考虑最大似然判定标准，即在基于似然比例的

判定标准中令 ρ=1。此时，则有$V_T=\dfrac{1}{2}\int_0^T\left(s_0^2(t)-s_1^2(t)\right)\mathrm{d}t$。再令$X=\int_0^T r(t)(s_0(t)-s_1(t))\,\mathrm{d}t-V_T$，易知

$$\begin{cases}P(D_0\mid S_1)=P\left(X>0\mid S_1\right)\\P(D_1\mid S_0)=P\left(X<0\mid S_0\right)\end{cases}\tag{2-36}$$

其次，利用随机变量 X 的统计特性计算误码率。由于假设中噪声 $N(t)$ 服从高斯随机过程，所以可看出 X 也是一个高斯随机变量。注意，当 S_m 为真时，$R(t)=s_m(t)+N(t)$，故而 X 的统计特性取决于 S_m。为了推导出 X 的统计特性，我们需要确定高斯随机变量 X 的均值和方差，分别为

$$\begin{aligned}\mathrm{E}\left(X\mid S_m\right)=&\int_0^T\mathrm{E}'\left(R(t)\mid S_m\right)\left(s_0(t)-s_1(t)\right)\mathrm{d}t-V_T=\\&\int_0^T s_m(t)\left(s_0(t)-s_1(t)\right)\mathrm{d}t-V_T\end{aligned}\tag{2-37}$$

$$\sigma_m^2=\mathrm{E}\left(\left(X-\mathrm{E}\left(X\mid S_m\right)\right)^2\mid S_m\right)\tag{2-38}$$

信号的平均能量定义为 $E_s=\dfrac{1}{2}\int_0^T\left(s_0^2(t)+s_1^2(t)\right)\mathrm{d}t$。假设 $s_m(t)$ 等概率发送，m=0，1。又令$\tau=\dfrac{1}{E_s}\int_0^T s_0(t)s_1(t)\mathrm{d}t$，则有$\sigma^2=\sigma_0^2=\sigma_1^2=N_0E_s(1-\tau)$，并且

$$\begin{cases}\mathrm{E}\left(X\mid S_0\right)=E_s(1-\tau)\\\mathrm{E}\left(X\mid S_1\right)=-E_s(1-\tau)\end{cases}\tag{2-39}$$

因此，在 S_0 和 S_1 分别成立的情况下，X 的概率密度为

$$\begin{cases}f_0(g)=\dfrac{\mathrm{e}^{-\frac{\left(g-E_s(1-\tau)\right)^2}{2N_0E_s(1-\tau)}}}{\sqrt{2\pi N_0E_s(1-\tau)}}\\[2ex]f_1(g)=\dfrac{\mathrm{e}^{-\frac{\left(g+E_s(1-\tau)\right)^2}{2N_0E_s(1-\tau)}}}{\sqrt{2\pi N_0E_s(1-\tau)}}\end{cases}\tag{2-40}$$

解得信号检测的出错概率为

$$P_{\mathrm{ER}}=Q\left(\sqrt{\frac{E_s(1-\tau)}{N_0}}\right)\tag{2-41}$$

对于一个固定的信号能量 E_s 来说，当 $\tau=-1$ 时，出错概率可降至最小，即

$$P_{\mathrm{ER}}=Q\left(\sqrt{\frac{2E_s}{N_0}}\right) \tag{2-42}$$

容易证明，能够令出错概率最小的信号，其极性恰好相反，即 $s_0(t)=-s_1(t)$。对于正交信号集来说，$\tau=0$，此时其出错概率为

$$P_{\mathrm{ER}}=Q\left(\sqrt{\frac{E_s}{N_0}}\right) \tag{2-43}$$

由式（2-42）和式（2-43）可知，正交信号集与极性恰好相反的信号集之间，信噪比有 3 dB 的差距。

2. M 进制信号检测

上文已经介绍了当 $M=2$ 时二进制波形信号的检测问题，接下来我们分析 M 进制信号的检测问题。

假设在 M 进制通信中，有一个具有 M 个信号波形的集合 $\{s_1(t),s_2(t),\cdots,s_M(t),\}$，$0\leqslant t<T$。此时数据的发送速率为 $\dfrac{\mathrm{lb}M}{T}$ bit/s。可以看出，数据的发送速率随着 M 增大而增大，这说明 M 值越大越好。但是通常而言，信号的检测性能反而会随着 M 值增大而变差。

在有 M 个假设的情况下，假设接收信号为 $R(t)=s_m(t)+N(t)$，$0\leqslant t<T$。L 个抽样的似然函数和对数似然函数分别表示为

$$\begin{cases} f_m(\boldsymbol{r})=\prod\limits_{l=1}^{L}f_m(r_l)=\dfrac{1}{(\pi N_0)^{\frac{L}{2}}}\prod\limits_{l=1}^{L}\mathrm{e}^{-\frac{(r_l-s_{m,l})^2}{N_0}} \\ \log f_m(\boldsymbol{r})=\log\dfrac{1}{(\pi N_0)^{\frac{L}{2}}}+\sum\limits_{l=1}^{L}\log\left[\mathrm{e}^{-\frac{(r_l-s_{m,l})^2}{N_0}}\right]=\log\dfrac{1}{(\pi N_0)^{\frac{L}{2}}}-\dfrac{(r_l-s_{m,l})^2}{N_0} \end{cases} \tag{2-44}$$

若忽略所有假设中的公共项，那么对数似然函数即为

$$\log f_m(\boldsymbol{r})=\frac{1}{N_0}\left(\sum_{l=1}^{L}r_l s_{m,l}-\frac{1}{2}\left|s_{m,l}\right|^2\right) \tag{2-45}$$

用 $r(t)$ 表示 $R(t)$ 的观测值，则当 L 趋于无穷大时，我们有

$$\log f_m(r(t))=\frac{1}{N_0}\left(\int_0^T r(t)s_m(t)\mathrm{d}t-\frac{1}{2}\int_0^T s_m^2(t)\mathrm{d}t\right) \tag{2-46}$$

其中，$E_m=\int_0^T s_m^2(t)\mathrm{d}t$为第 m 个信号 $s_m(t)$ 的能量；$\int_0^T r(t)s_m(t)\mathrm{d}t$为 $r(t)$ 和 $s_m(t)$ 的相关函数。

根据对数似然函数的表达式，对于接受 S_m 的最大似然判定标准应当为：$\log f_m(r(t))\geqslant\log f_{m'}(r(t))$或$\log\dfrac{f_m(r(t))}{f_{m'}(r(t))}\geqslant 0$，$m'\in\{1,2,\cdots,M\}\setminus\{m\}$。符号“\”定义为$A\setminus B=\{x\mid x\in A,x\notin B\}$。

根据上述结论，将一系列相关检测器连接起来实现以最大似然判定标准的流程如图 2-4 所示。

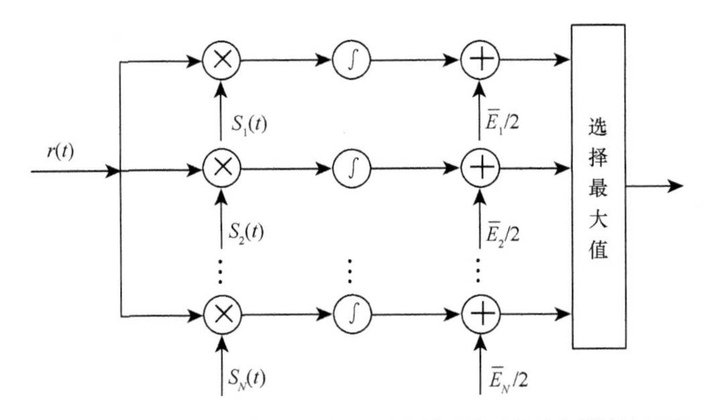

图 2-4　利用一组相关检测器进行 M 进制信号检测的最大似然检测器

3. 向量空间中的信号检测

在无线通信过程中，接收端除了能够收到多路目标信号外，还会受到无线信道及其他设备所产生的噪声的影响。对于这些干扰，传统的信号组合方法将其全部作为噪声处理，这通常会带来较大的性能损失。针对于此，人们开始广泛研究向量空间信号检测技术，以在混合信号中区分和检测出目标信号。在介绍向量空间信号检测之前，我们首先介绍空间向量信号分解展开式——卡忽南—拉维展开式（Karhunen-Loeve Expansion）。

卡忽南—拉维展开式能够将一个函数用多个不同权值的基底函数的和表示。设现有 L 个正交基底函数的集合 $\{\phi_l(t)\}$（l=1,2,⋯,L；$0\leqslant t<T$），如果接收信号可分解为

$$s_m(t)=\sum_{l=1}^{L}s_{m,l}\phi_l(t),\quad 0\leqslant t\leqslant T \tag{2-47}$$

那么我们就称式（2-47）中的系数 $s_{m,l}$ 为卡忽南—拉维展开式系数。根据正交基底函数的特性可得

$$\begin{cases}\int_0^T \phi_l(t)\phi_m^*(t)\mathrm{d}t = 1, & m = l \\ \int_0^T \phi_l(t)\phi_m^*(t)\mathrm{d}t = 0, & \text{其他}\end{cases} \tag{2-48}$$

所以我们有

$$s_{m,l} = \int_0^T s_m(t)\phi_l^*(t)\mathrm{d}t \tag{2-49}$$

如式（2-47）所示，如果 $s_{m,l}$ 已知，那么我们就可重新解得 $s_m(t)$。

定义向量 $\boldsymbol{s}_m=[s_{1,m},s_{2,m},\cdots,s_{L,m}]^{\mathrm{T}}$。显然，$\boldsymbol{s}_m$ 与 $s_m(t)$ 是等价的，只是 $s_m(t)$ 表示函数空间（或波形空间）的第 m 个信号，而 $\boldsymbol{s}_m$ 表示向量空间的第 m 个信号，所以两者信号的能量和信号间的距离都是相同的，分别为

$$\begin{cases}E_m = \int_0^T \left|s_m(t)\right|^2 \mathrm{d}t = \left\|\boldsymbol{s}_m\right\|^2 \\ d_{m,k} = \sqrt{\int_0^T \left|s_m(t) - s_k(t)\right|^2 \mathrm{d}t} = \left\|\boldsymbol{s}_m - \boldsymbol{s}_k\right\|\end{cases} \tag{2-50}$$

其中，$d_{m,k}$ 表示第 m 个信号和第 k 个信号之间的距离。

应用卡忽南—拉维扩展式可得

$$\begin{aligned}y_l &= \int_0^T r(t)\phi_l^*(t)\mathrm{d}t = \\ & s_{m,l} + \int_0^T N(t)\phi_l^*(t)\mathrm{d}t = \\ & s_{m,l} + n_l,\ l=1, 2, \cdots, L\end{aligned} \tag{2-51}$$

再令

$$\boldsymbol{y} = [y_1 y_2 \cdots y_L]^{\mathrm{T}} = \boldsymbol{s}_m + \boldsymbol{n} \tag{2-52}$$

其中，$\boldsymbol{n}=[n_1 n_2 \cdots n_L]^{\mathrm{T}}$。又由于噪声信号可表示为

$$\begin{aligned}N(t) &= \left(\sum_{l=1}^{L} n_l\phi_l(t)\right) + \left(N(t) - \sum_{l=1}^{L} n_l\phi_l(t)\right) = \\ & \bar{N}(t) + \tilde{N}(t),\ 0 \leqslant t < T\end{aligned} \tag{2-53}$$

其中，$\bar{N}(t) = \sum_{l=1}^{L} n_l\phi_l(t)$，且 $\tilde{N}(t)$ 是不能够用卡忽南—拉维展开式展开的噪声部分，即 $\tilde{N}(t) = N(t) - \sum_{l=1}^{L} n_l\phi_l(t)$。值得注意的是，向量 $\boldsymbol{y}$ 中并没有出现噪声部分 $N(t)$，如式（2-52）所示。

由于 $N(t)$ 为加性高斯白噪声，所以 $\boldsymbol{n}_l$ 即为白色高斯随机向量，那么其均值和方差分别为

$$\begin{cases}\mathrm{E}(\boldsymbol{n}_l)=\int_0^T \mathrm{E}\left(N(t)\phi_l^*(t)\right)\mathrm{d}t=0 \\ \mathrm{E}\left(|\boldsymbol{n}_l|^2\right)=\mathrm{E}\left(\left(\int_0^T N(t)\phi_l^*(t)\mathrm{d}t\right)\left(\int_0^T N(\tau)\phi_l^*(\tau)\mathrm{d}\tau\right)^*\right)= \\ \qquad \int_0^T\int_0^T \mathrm{E}\left(N(t)N(\tau)\right)\phi_l^*(t)\phi_l(\tau)\mathrm{d}t\mathrm{d}\tau=\dfrac{N_0}{2}\end{cases} \tag{2-54}$$

其中，$\int_0^T|\phi_l(t)|^2\,\mathrm{d}t=1$，因为我们假设基底函数正交。

根据卡忽南—拉维展开式，我们可假设接收信号能够用空间向量表示，即

$$\boldsymbol{y}=\boldsymbol{s}_m+\boldsymbol{n},\quad m=0,1,\cdots,M-1 \tag{2-55}$$

一般情况下，可假设向量 $\boldsymbol{s}_m$ 和 $\boldsymbol{n}$ 均为复数向量。此外，我们还假设 $\boldsymbol{n}$ 为球对称复高斯（Circularly Symmetric Complex Gaussian，CSCG）随机向量，并有 $\mathrm{E}(\boldsymbol{n})=0$ 以及 $\mathrm{E}(\boldsymbol{n}\boldsymbol{n}^{\mathrm{H}})=\boldsymbol{R}_n$。为方便起见，我们用 $\mathcal{CN}(\boldsymbol{m},\boldsymbol{R}_x)$ 表示一个均值向量为 $\boldsymbol{m}$、协方差矩阵为 $\boldsymbol{R}_x$ 的 CSCG 随机变量的概率密度。

对于给定的向量 $\boldsymbol{y}$，接受 $s_m(t)$ 的最大似然判定标准为 $f_m(\boldsymbol{y})\geqslant f_{m'}(\boldsymbol{y})$ 且 $m'\neq m$，$f_m(\boldsymbol{y})$ 表示第 m 个假设或 $\boldsymbol{s}_m$ 的似然函数。由于我们假设噪声为 CSCG 随机向量，所以 $\boldsymbol{s}_m$ 的似然函数可写为

$$f(\boldsymbol{y}\mid\boldsymbol{s}_m)=\frac{1}{\pi^L\det(\boldsymbol{R}_n)}\exp(-(\boldsymbol{y}-\boldsymbol{s}_m)^{\mathrm{H}}\boldsymbol{R}_n^{-1}(\boldsymbol{y}-\boldsymbol{s}_m)) \tag{2-56}$$

那么其对数似然函数则为

$$\begin{aligned}\log f_m(\boldsymbol{y})&=-(\boldsymbol{y}-\boldsymbol{s}_m)^{\mathrm{H}}\boldsymbol{R}_n^{-1}(\boldsymbol{y}-\boldsymbol{s}_m)+\text{常数} \\ \log f_m(\boldsymbol{y})&=2\mathcal{R}(\boldsymbol{s}_m^{\mathrm{H}}\boldsymbol{R}_n^{-1}\boldsymbol{y})-\boldsymbol{s}_m^{\mathrm{H}}\boldsymbol{R}_n^{-1}\boldsymbol{s}_m+\text{常数}\end{aligned} \tag{2-57}$$

所以，接受 $s_m(t)$ 的最大似然判定标准可化简为 $\mathcal{R}(\boldsymbol{s}_m^{\mathrm{H}}\boldsymbol{R}_n^{-1}\boldsymbol{y})-\dfrac{\boldsymbol{s}_m^{\mathrm{H}}\boldsymbol{R}_n^{-1}\boldsymbol{s}_m}{2}\geqslant\mathcal{R}(\boldsymbol{s}_m^{\mathrm{H}}\boldsymbol{R}_n^{-1}\boldsymbol{y})-\dfrac{\boldsymbol{s}_{m'}^{\mathrm{H}}\boldsymbol{R}_n^{-1}\boldsymbol{s}_{m'}}{2}$ 且 $m'\neq m$。

当 M=2，即为二进制信号时，L 似然比例可写为

$$LLR(\boldsymbol{y})=\log\left(\frac{f_0(\boldsymbol{y})}{f_1(\boldsymbol{y})}\right)= \\ ((\boldsymbol{y}-\boldsymbol{s}_1)^{\mathrm{H}}\boldsymbol{R}_n^{-1}(\boldsymbol{y}-\boldsymbol{s}_1)-(\boldsymbol{y}-\boldsymbol{s}_0)^{\mathrm{H}}\boldsymbol{R}_n^{-1}(\boldsymbol{y}-\boldsymbol{s}_0)) \tag{2-58}$$

作为一种特殊的情况，如果我们假设 n_l 之间相互独立，那么 n_l 之间的方差相同，也就是说 $\boldsymbol{R}_n=N_0\boldsymbol{I}(N_0>0)$，此时 L 似然比例为

$$LLR(y)=\frac{1}{N_0}((\boldsymbol{s}_0^{\mathrm{H}}\boldsymbol{y}+\boldsymbol{y}^{\mathrm{H}}\boldsymbol{s}_0)-(\boldsymbol{s}_1^{\mathrm{H}}\boldsymbol{y}+\boldsymbol{y}^{\mathrm{H}}\boldsymbol{s}_1)+(\boldsymbol{s}_1^{\mathrm{H}}\boldsymbol{s}_1-\boldsymbol{s}_0^{\mathrm{H}}\boldsymbol{s}_0))=$$
$$\frac{1}{N_0}(2\mathcal{R}((\boldsymbol{s}_0-\boldsymbol{s}_1)^{\mathrm{H}}\boldsymbol{y})+\boldsymbol{s}_1^{\mathrm{H}}\boldsymbol{s}_1-\boldsymbol{s}_0^{\mathrm{H}}\boldsymbol{s}_0) \tag{2-59}$$

2.2 阵列天线方向图综合技术

天线是一种用于发射和接收电磁能量的设备。在许多场合，由单个（或称为单个辐射器）就可以很好地完成发射和接收电磁能量的任务，常用的各种天线如振子天线、微带天线、喇叭天线、反射面天线等，其本身就可以独立工作。但这些天线形式一旦选定，其辐射特性便相对固定，如波束指向、波束宽度、增益等。这就造成在某些特殊应用场合，如赋形波束、多波束、扫描波束等，采用单个天线无法实现，需要多个天线联合起来工作才能实现，这种组合造就了阵列天线。

2.2.1 阵列天线排列方式

阵列天线一般按照单元的排列方式进行分类。各单元中心沿直线排列的阵列天线称为线阵，单元间距可以相等或不等；各单元中心排列在一个平面内，则称为平面阵；若平面阵所有单元按矩形栅格排列，则称为矩形阵；若所有单元中心位于同心圆环或椭圆环上，则称为圆形阵或椭圆形阵。

图 2-5 给出了 4 种常见阵列天线的排列方式。线性阵、平面阵和立体阵中组成天线阵的独立单元称为天线单元或阵元。阵元可以是各种类型的天线。

离散阵列天线的分析和综合主要取决于下列 4 个因素：阵元个数、阵元在空间的位置、阵元电流幅度分布以及阵元电流相位分布。

阵列分析是根据上述 4 个因素来求得阵列的辐射特性，包括方向图、增益、阻抗等。综合问题即由其辐射特性设计最佳阵列参数（即上述 4 个因素）。至于阵元类型的选择，主要由工作带宽、方向图特性、极化特性等确定。在相控阵天线中，还与扫描范围有关。

在一般阵列天线理论中，如果阵元间的互耦效应是变动较小的固定因素，则阵列天线的场方向图函数均可用阵因子和阵元方向图函数的乘积表示。下面举一个简单的例子来说明这个问题，图 2-6 所示为天线阵列。

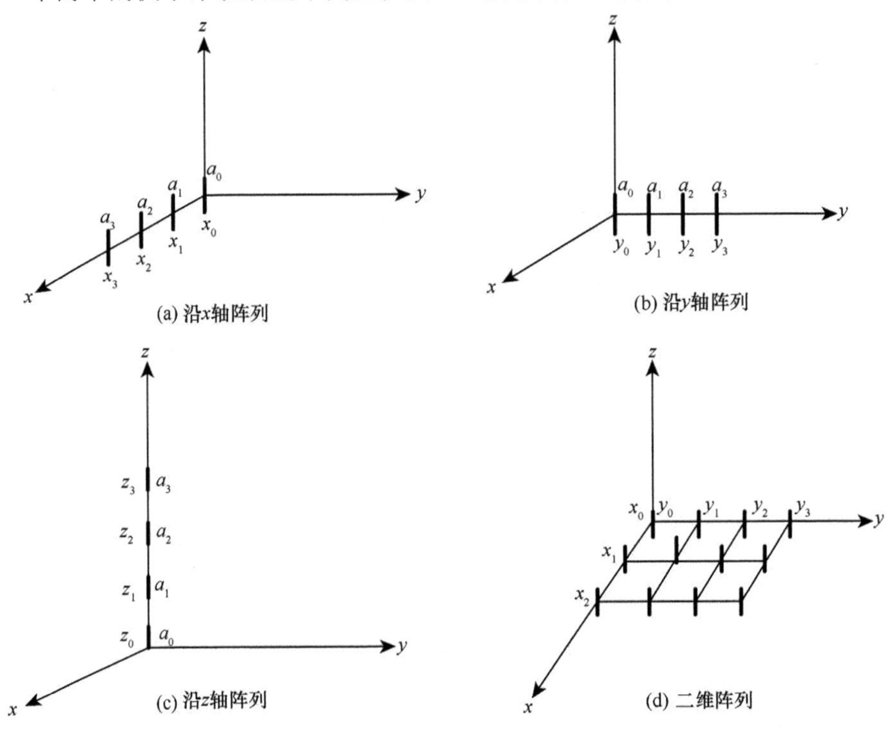

图 2-5　常见阵列天线

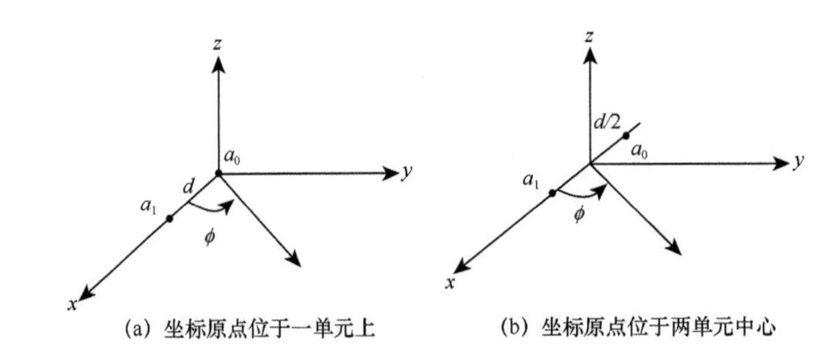

图 2-6　线性阵列天线

相位因子分别为（如图 2-6(a) 所示）

$$e^{jkd_0}=1 \tag{2-60}$$

$$e^{jkd_0}=e^{jk_x d}=e^{jkd\sin\theta\cos\phi} \tag{2-61}$$

或者（如图 2-6（b）所示）

$$\mathrm{e}^{\mathrm{j}\boldsymbol{k}\boldsymbol{d}_0}=\mathrm{e}^{-\mathrm{j}k_x d/2}=\mathrm{e}^{-\mathrm{j}k(d/2)\sin\theta\cos\phi} \tag{2-62}$$

$$\mathrm{e}^{\mathrm{j}\boldsymbol{k}\boldsymbol{d}_1}=\mathrm{e}^{\mathrm{j}k_x d/2}=\mathrm{e}^{\mathrm{j}k(d/2)\sin\theta\cos\phi} \tag{2-63}$$

令 $a=(a_0,a_1)$ 为阵元系数，则图 2-6（a）和图 2-6（b）的阵列因子分别为

$$A_1(\theta,\phi)=a_0+a_1\mathrm{e}^{\mathrm{j}kd\sin\theta\cos\phi} \tag{2-64}$$

$$A_2(\theta,\phi)=a_0\mathrm{e}^{-\mathrm{j}k(d/2)\sin\theta\cos\phi}+a_1\mathrm{e}^{\mathrm{j}k(d/2)\sin\theta\cos\phi} \tag{2-65}$$

以上两个表达式仅相差一个相位常数，因此不会影响方向图。在 $\theta=90°$，即 xoy 平面，上述阵列因子可以写成

$$A(\theta)=|a_0+a_1\mathrm{e}^{\mathrm{j}kd\cos\phi}| \tag{2-66}$$

功率方向图可以表示为

$$g(\phi)=|A(\phi)|^2=|a_0+a_1\mathrm{e}^{\mathrm{j}kd\cos\phi}|^2 \tag{2-67}$$

图 2-7 给出了 $d=0.25\lambda$、$d=0.5\lambda$、$d=\lambda$ 阵列的激励值分别为 $a=(a_0,a_1)=(1,1)$、$a=(a_0,a_1)=(1,-1)$、$a=(a_0,a_1)=(1,-\mathrm{j})$ 时的天线方向图。

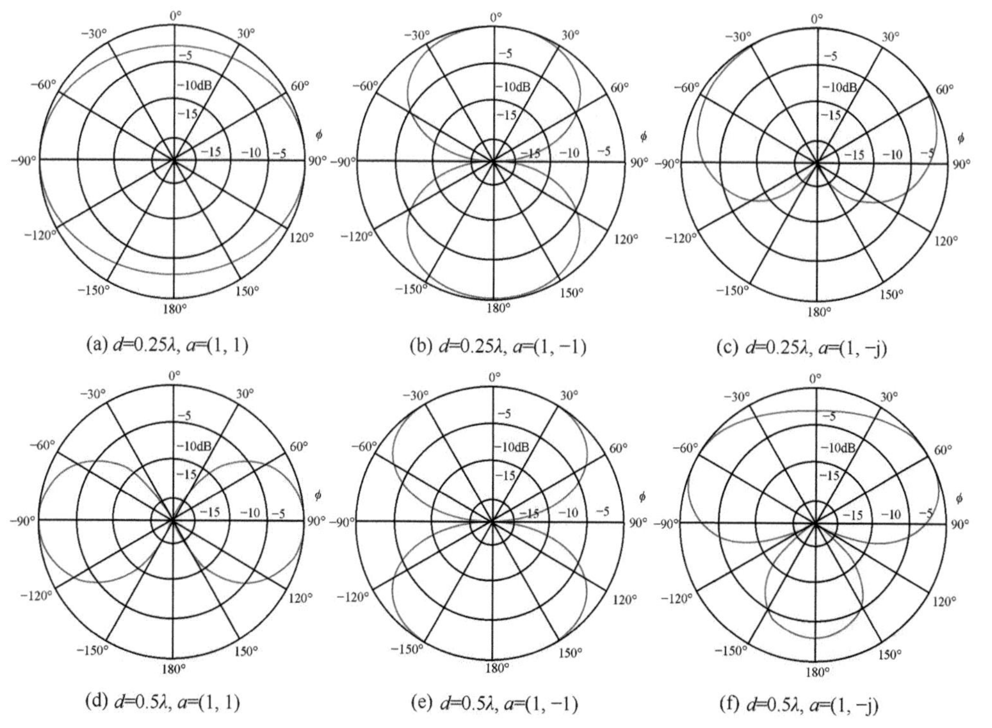

(a) $d=0.25\lambda$, $a=(1,1)$　(b) $d=0.25\lambda$, $a=(1,-1)$　(c) $d=0.25\lambda$, $a=(1,-\mathrm{j})$

(d) $d=0.5\lambda$, $a=(1,1)$　(e) $d=0.5\lambda$, $a=(1,-1)$　(f) $d=0.5\lambda$, $a=(1,-\mathrm{j})$

图 2-7　阵列天线（图 2-6）的方向图

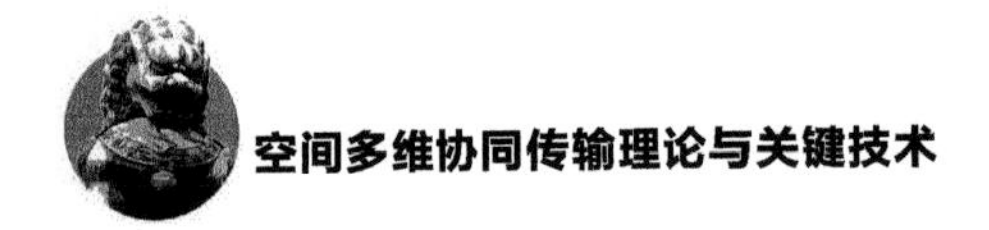

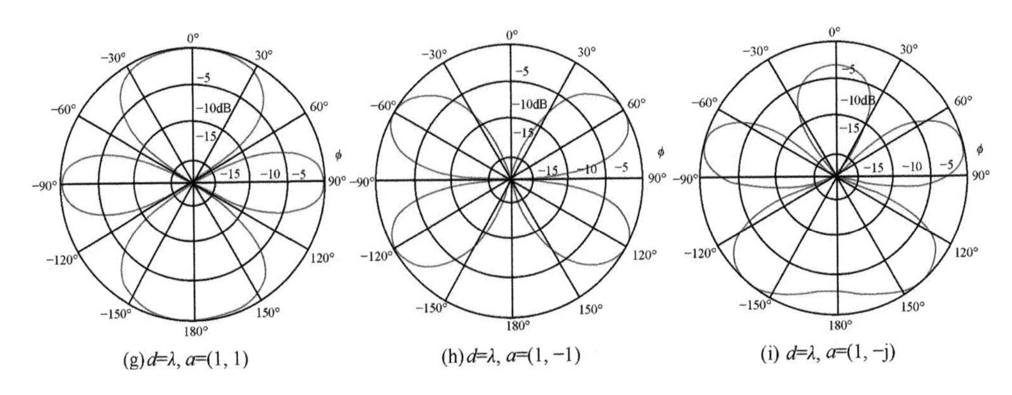

(g) d=λ, a=(1, 1)　　(h) d=λ, a=(1, −1)　　(i) d=λ, a=(1, −j)

图 2-7　阵列天线（图 2-6）的方向图（续）

当激励值 a_0 和 a_1 的相对相位改变时，方向图的主波束指向会随之发生变化。当主波束指向 ϕ=0 或者 ϕ=180° 时，天线阵称为端射阵。

从图 2-7 可以看出，随着方向图的主瓣由 ϕ=90° 移动到 ϕ=0 位置，主瓣宽度逐渐增大。

另外，当 $d \geqslant \lambda$ 时，方向图会出现多个主瓣，这样的主瓣称为栅瓣，如图 2-8 所示。

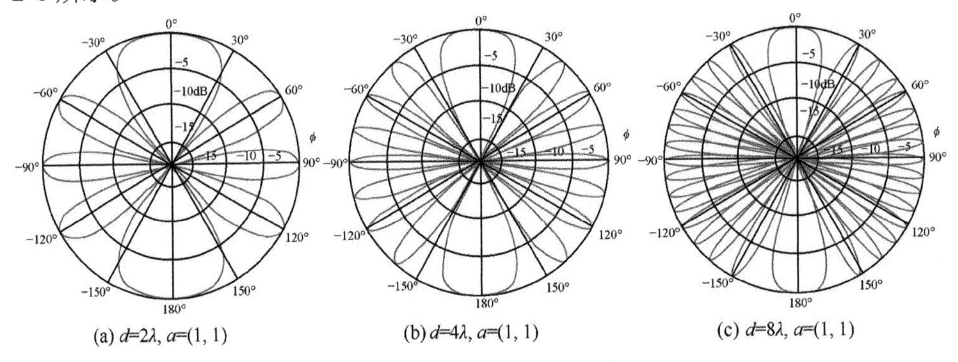

(a) d=2λ, a=(1, 1)　　(b) d=4λ, a=(1, 1)　　(c) d=8λ, a=(1, 1)

图 2-8　$d \geqslant \lambda$ 时的天线方向图

以下考虑一个二维阵列，3 个沿着 z 轴放置的半波振子，一个位于原点，一个位于 x 轴上，另一个位于 y 轴上，间距 d=λ/2，如图 2-9 所示。

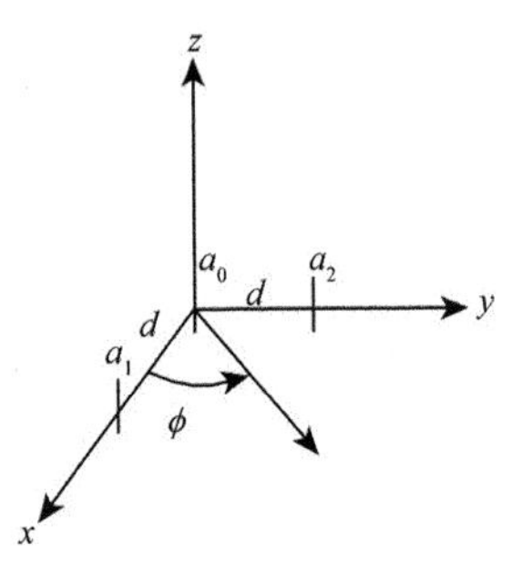

图 2-9　二维天线阵列

阵元激励分别为 a_0、a_1 和 a_2，位置矢量为 $\boldsymbol{d}_1 = \hat{x}d$ 和 $\boldsymbol{d}_2 = \hat{y}d$，则

$$\mathrm{e}^{\mathrm{j}\boldsymbol{kd}_1} = \mathrm{e}^{\mathrm{j}k_x d} = \mathrm{e}^{\mathrm{j}kd\sin\theta\cos\phi} = 90° \tag{2-68}$$

$$\mathrm{e}^{\mathrm{j}\boldsymbol{kd}_2} = \mathrm{e}^{\mathrm{j}k_y d} = \mathrm{e}^{\mathrm{j}kd\sin\theta\cos\phi} \tag{2-69}$$

则该天线阵的阵因子为

$$A(\theta, \phi) = a_0 + a_1 \mathrm{e}^{jkd \sin\theta \cos\phi} + a_2 \mathrm{e}^{jkd \sin\theta \cos\phi} \tag{2-70}$$

因此，阵列的归一化增益为

$$g_{tot}\left(\theta,\phi\right) = \left|A\left(\theta,\phi\right)\right|^2 g\left(\theta,\phi\right) = \left|A\left(\theta,\phi\right)\right|^2 \left|\frac{\cos\left(0.5\pi\cos\theta\right)}{\sin\theta}\right|^2 \tag{2-71}$$

其中，$g(\theta,\phi)$ 是半波振子的方向图函数。

在 xoy 平面（θ=90°），增益方向图为

$$g_{tot}\left(\theta,\phi\right) = \left|A\left(\theta,\phi\right)\right|^2 g\left(\theta,\phi\right) = \left|A\left(\theta,\phi\right)\right|^2 \left|\frac{\cos\left(0.5\pi\cos\theta\right)}{\sin\theta}\right|^2 \tag{2-72}$$

图 2-10 给出了该天线阵列的空间辐射方向图。

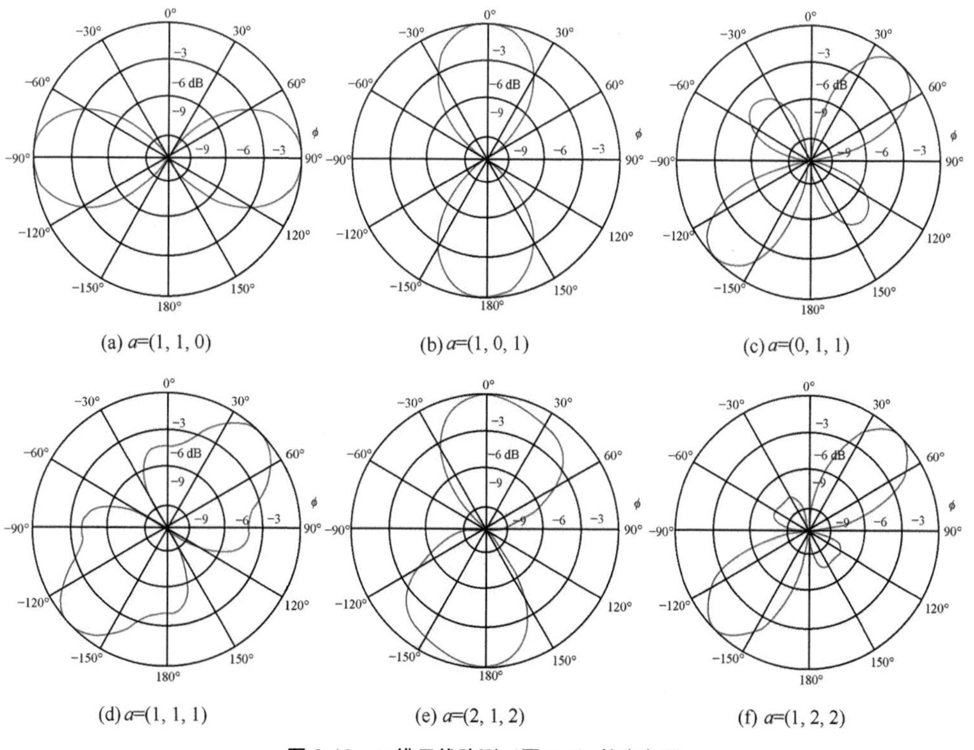

(a) a=(1, 1, 0)　(b) a=(1, 0, 1)　(c) a=(0, 1, 1)

(d) a=(1, 1, 1)　(e) a=(2, 1, 2)　(f) a=(1, 2, 2)

图 2-10　二维天线阵列（图 2-9）的方向图

2.2.2 阵列天线自由度

一个采用两个加权系数的二元阵，可以通过改变加权系数使天线在一个需要的信号方向得到最大响应，或者在一个干扰方向产生零点，将此定义为自由度 1。当采用 M 个阵元时，天线阵的自由度为 $M-1$，这个性质在阵列天线的方向图综合中有着重要的应用。

假设阵列的辐射方向图为

$$f(\theta)=\boldsymbol{W}^{\mathrm{H}}\boldsymbol{a}(\theta) \tag{2-73}$$

其中，$\boldsymbol{a}(\theta)=(1,\mathrm{e}^{\mathrm{j}\varphi_2(\theta)},\cdots,\mathrm{e}^{\mathrm{j}\varphi_M(\theta)})^{\mathrm{T}}$ 是阵列方向矢量，$\boldsymbol{W}$ 是阵元权矢量。将上式展开得

$$\begin{aligned} f(\theta)=w_1^*+w_2^*\mathrm{e}^{\mathrm{j}\varphi_2(\theta)}+\cdots+w_M^*\mathrm{e}^{\mathrm{j}\varphi_M(\theta)}= \\ w_1^*\left(1+\frac{w_2^*}{w_1^*}\mathrm{e}^{\mathrm{j}\varphi_2(\theta)}+\cdots+\frac{w_M^*}{w_1^*}\mathrm{e}^{\mathrm{j}\varphi_M(\theta)}\right) \end{aligned} \tag{2-74}$$

即

$$\begin{cases} f^*(\theta_1)=w_1+w_2\mathrm{e}^{-\mathrm{j}\varphi_2(\theta_1)}+\cdots+w_M\mathrm{e}^{-\mathrm{j}\varphi_M(\theta_1)}=0 \\ \quad\vdots \\ f^*(\theta_L)=w_1+w_2\mathrm{e}^{-\mathrm{j}\varphi_2(\theta_L)}+\cdots+w_M\mathrm{e}^{-\mathrm{j}\varphi_M(\theta_L)}=0 \end{cases} \tag{2-75}$$

式（2-74）中，当 $L\leqslant M-1$ 时，方程组具有非零解。

要求方向图在某一个方向产生一个最大值，同样需要建立一个约束方程

$$f(\theta)\Big|_{\theta=\theta_{\max}}=f_{\max} \tag{2-76}$$

$$\left.\frac{\mathrm{d}f(\theta)}{\mathrm{d}\theta}\right|_{\theta=\theta_{\max}}=0 \tag{2-77}$$

$$w_2^*\varphi_2'(\theta_{\max})\mathrm{e}^{\mathrm{j}\varphi_2(\theta_{\max})}+\cdots+w_M^*\varphi_M'(\theta_{\max})\mathrm{e}^{\mathrm{j}\varphi_M(\theta_{\max})}=0 \tag{2-78}$$

这也是一个对 w_m 的齐次线性方程。所以，在一个方向产生一个波束极大值同样需要一个阵列的自由度。

总之，有 M 个加权的 M 元阵列具有 $M-1$ 个自由度，最多可以实现 L 个独立波束最大值和 $L_2=M-1-L_1$ 个波束零点。

2.2.3　阵列天线方向图综合

阵列天线方向图综合的解析方法主要针对均匀直线阵列和均匀平面阵列，而对于非均匀阵列一般都采用数值方法。半个多世纪以来，人们研究了许多阵列天线方向图综合的解析方法，在此仅介绍最基本的两种：Dolph-Chebyshev 方向图综合法和 Taylor 单参数方向图综合法。

1. Dolph–Chebyshev 方向图综合法

对于均匀直线阵列，当各个阵元采用相同的激励时，第一旁瓣相对于主瓣大约低 13.5 dB。对于许多实际应用而言，往往需要更低的旁瓣电平。C.L. Dolphy 于 1946 年在一篇经典论文中给出了一种获得更低旁瓣方向图的方法。该方法注意到了切比雪夫多项式的性质，建立了从多项式到阵列旁瓣电平的转换关系。

对于切比雪夫多项式 $T_{2N}(u)$，在 $-1 \leqslant u \leqslant 1$ 的区间具有等幅振荡函数特性，而在这个振荡区间外具有绝对值上升的单调特性。等幅振荡特性可以对应于相等的旁瓣电平，而单调特性对应于主瓣。多项式阶数为 $2N$，有 $2N+1$ 个元素的切比雪夫多项式可以表示为

$$T_{2N}(u)=\begin{cases}\cos(2N\arccos u), & -1\leqslant u\leqslant 1\\ \cosh(2N\operatorname{arccosh} u), & |u|\geqslant 1\end{cases} \tag{2-79}$$

切比雪夫多项式与阵列天线参数之间的关系为

$$\varphi = kd(\cos\theta-\cos\theta_0) \tag{2-80}$$

$$u=\cos(\varphi/2) \tag{2-81}$$

其中，θ 表示空间方位与阵列之间的夹角。

阵列天线的旁瓣电平用 dB 表示为 $20\lg\eta$，其中 $\eta=T_{2N}(u_0)$。

以上的多项式也可以表示为多项式根的乘积形式，即

$$T_{2N}(u)=cf(u)=\prod_{p=1}^{N}(u-u_p) \tag{2-82}$$

其中，c 为常数，根由下式给出。

$$\cos\left(\frac{\varphi_p}{2}\right)=\left(\frac{1}{u_0}\right)\left[\frac{\cos(2p-1)\pi}{4N}\right],\ p=1,2,\cdots,2N \tag{2-83}$$

当激励电流对称分布时，多项式的根为复数的共轭对，经过一系列的数学推导，方向图可以表示为

$$f(u)=u^N 4^N \prod_{p=1}^{N} \sin\left(\frac{\varphi-\varphi_p}{2}\right)\sin\left(\frac{\varphi+\varphi_p}{2}\right) \tag{2-84}$$

这个就是有 $2N+1$ 个阵元的切比雪夫方向图。

以上的切比雪夫方向图给出了一种可以控制旁瓣电平的阵列天线方向图综合方法，实现了最大旁瓣电平最小化。但是该方法在使用时也存在以下问题：天线中间单元和外部单元的激励电流大小过于悬殊，在实现时难度较大；远端旁瓣电平过高，这些问题使得切比雪夫方向图在实际应用时遇到一些困难，即其物理可实现性差。

2. Taylor 单参数方向图综合法

1953 年 T.T. Taylor 在论文中给出了一种由均匀激励阵列方向图 $\sin(\pi u)/\pi u$ 发展而来的方向图综合方法。方向图的零点间隔为整数；旁瓣包络下降速度为 $1/u$。因此需要控制的是第一旁瓣电平高度，这是通过调节方向图函数的零点来实现的，此时阵列方向图的零点由 $u=\sqrt{n^2+B^2}$ 给出。

B 是待定参数，则天线方向图的表述变为

$$F(u)=\begin{cases}\dfrac{\sinh \pi\sqrt{B^2-u^2}}{\pi\sqrt{B^2-u^2}}, & u \geqslant B \\ \dfrac{\sinh \pi\sqrt{u^2-B^2}}{\pi\sqrt{u^2-B^2}}, & u \leqslant B\end{cases} \tag{2-85}$$

当 $u=B$ 时，方向图由双曲型函数变为 sinc 函数。

SLR 就是波峰与 sinc 之比，用 dB 表示为

$$SLR = 20\lg\frac{\sinh \pi B}{\pi B}+13.26\ \text{dB} \tag{2-86}$$

该方法通过单一参数 B 决定方向图的所有参数：旁瓣电平、波束宽度、波束效率。阵列的口径分布为方向图的反变换，即

$$g(p)=I_0\left(\pi B\sqrt{1-p^2}\right) \tag{2-87}$$

其中，p 是口径中心到一端的距离；I_0 是修正贝塞尔函数。激励效率为

$$\eta = 2\sinh^2(\pi B)/\pi B \bar{I}_0(2\pi B) \tag{2-88}$$

其中，$\bar{I}_0$为列表积分。

在使用时，根据设计方向图的 SLR 由式（2-86）计算 B，再由口径分布公式得到阵列的激励值。Taylor 单参数方向图综合的特征参数见表 2-1。

表 2-1　Taylor 单参数方向图综合特征参数

SLR/dB	B	u_3/rad	η	ηb
13.26	0	0.442 9	1	0.902 8
20	0.738 6	0.511 9	0.933	0.982
25	1.022 9	0.558	0.862 6	0.995
30	1.276 2	0.600 2	0.801 4	0.998 6
35	1.531 6	0.639 1	0.750 9	0.999 6
40	1.741 5	0.675 2	0.709	0.999 9
45	1.962 8	0.709 1	0.674	1
50	2.179 3	0.741 1	0.645 1	1

注：u_3 表示半功率波束宽度；ηb 表示波束效率

除了上面介绍的两种方法外，天线方向图综合的解析方法还有 Taylor n、Villenenve n 等，平面阵列方向图综合的解析方法有 Hansen 单参数圆分布、Taylor n 圆分布等。

2.3　MIMO 系统概述

传统的无线通信系统中，发射端和接收端通常是各使用一根天线，这种单天线系统也称为单输入单输出（Single Input Single Output，SISO）系统。对于这样的系统，香农（Shannon C·E）于 1948 年[1]提出了信道容量公式：$C=B\text{lb}(1+S/N)$，其中 B 代表信道带宽，S/N 代表接收端的信噪比。它确定了在有噪声的信道中进行可靠通信的上限速率，即无论使用怎样的信道编码方法和调制方式，只能一点一点地接近它，却无法超越它，这似乎成了一个公认的、不可逾越的界限，也成了无线通信发展的一个瓶颈。依据香农的信道容量公式，增加信噪比可以提高频谱的使用效率，信噪比每增加 3 dB，信道容量每秒每赫兹增加 1 bit。但在实际通信系统中，考虑到电磁污染、射频电路的性能以及用户间的干扰等实际情况，并不推荐增大发射端的发射功率。提高频谱使用效率的另一种方法是使用分集技术。如果发射端使用单根天线，接收端使用多根天线，这种分集通常称为分集接收，也称为单输入多输出（Single Input Multiple Output, SIMO）系统。采用最佳合并接收分集技术通常能改善接收端的信噪比，从而提高信道容量和频率的使用效率。如果发射端使用多根天线，接收端使用单根天线，这种分集通常称为发射分集，也称为多输入单输出（Multiple Input Single Output，MISO）系统，如果发射端未知信道的状态信息，无法在多发射天线中采用波束成形技术和自适应分配发射功率，信道容量的提高就不是很多。SIMO 和 MISO 技术的发展和融合演变成 MIMO 技术，该技术的提出是突破 SISO 信道容量瓶颈的一项有效方法，其系统核心思想是将空域采样的两端信号按可以产生有效的多并行空域数据通道（增加了数据流量）的方式进行合成，实现信道容量的大幅提升，或按增加分集以提高通信（降低误码率）的方式来合成。

2.3.1 分集技术

无线链路的特殊性在于受跨越时间、空间以及频率的信号电平随机波动的影响，这种特性就是衰落，影响着系统的性能（符号或比特误码率）。以 SISO 瑞利衰落信道由二进制相移键控（BPSK）发射为例。

当无衰落（h=1）时，在加性高斯白噪声（AWGN）信道下，误码率（SER）为

$$\overline{P}=Q\left(\sqrt{\frac{2E_S}{\sigma_n^2}}\right)=Q\left(\sqrt{2\rho}\right) \tag{2-89}$$

当考虑衰落时，接收信号的电平随$s\sqrt{E_S}$波动，则误码率为

$$\overline{P}=\int_0^{\infty}Q\left(\sqrt{2\rho s}\right)p_s\left(s\right)\mathrm{d}s \tag{2-90}$$

其中，$p_s(S)$ 为衰落的分布函数。对于瑞利衰落，上述积分为

$$\overline{P}=\frac{1}{2}\left(1-\sqrt{\frac{\rho}{1+\rho}}\right) \tag{2-91}$$

当大信噪比时，式（2-91）中的误码率则变为

$$\overline{P}\cong\frac{1}{4\rho} \tag{2-92}$$

为了克服衰落对误码率的负面影响，通常采用分集技术。分集的原则就是

给接收机提供同一发射信号的多个复制，每个复制作为一个分集支路。如果这种复制受到独立衰落条件的影响，那么所有支路在同一时间里处于衰落状态的概率可大大减少。所以分集通过信道强化有助于稳定链路，从而改善系统的误码性能。

因为衰落可在时间、频率和空间域中发生，因此可以在这些域中使用分集技术。例如，时间分集通过编码和交织可以得到；频率分集通过均衡技术或多载波调制来挖掘信道的时间扩展（在 τ 域）。很显然，由于引入冗余，时间和频率分集技术会导致时间或带宽的损失。反之，由于在链路一端或两端都采用多根天线，空间或极化分集则不会牺牲时间和带宽。

2.3.2　SIMO 系统

SIMO 系统依靠接收机端天线数目 $M_R \geqslant 2$ 来实现分集。如果这些天线间隔充分（比如一个波长），那么当物理信道表现出良好特性时，系统会出现不同分集分支路独立衰落。接收分集可通过两种不同的合并方式来实现：选择合并和增益合并。

1．**经选择合并的接收分集**

合并器在 M_R 个接收信号中选择具有最大信噪比（或最高绝对功率、误码率等）的支路，将其用于信号检测。假设 M_R 个信道都服从单位能量瑞利独立同分布，噪声水平在每个天线上都相等。这时，选择算法对每一信道 s_n（n=1,⋯,M_R）瞬时幅度进行比较，选择具有最大幅度的支路 $s_{\max}=\max\left\{s_1,\cdots,s_{M_R}\right\}$。$s_{\max}$ 低于某一阈值 S 的概率[2]由下式给出。

$$P\left[s_{\max}<S\right]=P\left[s_1,\cdots,s_{M_R}\leqslant S\right]=\left[1-\mathrm{e}^{-s^2}\right]^{M_R} \tag{2-93}$$

对应 $s_{\max}$ 的分布可由对式（2-93）的简单微分得到。

$$p_{s_{\max}}(s)=M_R 2s\mathrm{e}^{-s^2}\left[1-\mathrm{e}^{-s^2}\right]^{M_R-1} \tag{2-94}$$

合并器输出的平均信噪比[3]为

$$\rho_{\text{out}}=\int_0^{\infty}\rho s^2 p_{s_{\max}}(s)\mathrm{d}s=\rho\sum_{n=1}^{M_R}\frac{1}{n} \tag{2-95}$$

当 M_R 很大时，阵列增益近似为

$$g_a=\frac{\bar{\rho}_{\text{out}}}{\rho}=\sum_{n=1}^{M_R}\frac{1}{n}\cong\gamma+\log\left(M_R\right)+\frac{1}{2M_R} \tag{2-96}$$

其中，$\gamma \approx 0.577\,215\,66$ 是欧拉常数。

由选择合并得到的分集可利用式(2-94)给出的衰落分布计算误码率来估计。对于采用 BPSK 调制和一个两支路分集的系统，作为平均信噪比函数的误码率，在每信道 ρ 下可概括为[4]

$$\bar{P} = \int_0^\infty Q\left(\sqrt{2\rho s}\right) p_{s_{\max}}(s)\,\mathrm{d}s = \frac{1}{2} - \sqrt{\frac{\rho}{1+\rho}} + \frac{1}{2}\sqrt{\frac{\rho}{2+\rho}} \tag{2-97}$$

在高信噪比时，有

$$\bar{P} \cong \frac{3}{8\rho^3} \tag{2-98}$$

比特误码率曲线的斜率为 2。一般 M_{R} 个支路选择分集方案的分集增益就等于 M_{R}，这说明选择分集从信道中提取出了所有的可能分集。

2. **经增益合并的接收分集**

在增益合并中，用于检测的信号 z 是所有支路的线性组合

$$z = \boldsymbol{W}^{\mathrm{T}} \boldsymbol{y} = \sum_{n=1}^{M_{\mathrm{R}}} W_n y_n \tag{2-99}$$

其中，W_n 是合并权值，且 $\boldsymbol{W} = \left[W_1, \cdots, W_{M_{\mathrm{R}}}\right]^{\mathrm{T}}$。根据这些权值的选择，出现了不同的增益合并方法。假设数据符号 c 经信道发射，由 M_{R} 个天线接收。每个天线由信道 $h_n = |h_n| \mathrm{e}^{\mathrm{j}\phi_n}$ （$n=1,\cdots,M_{\mathrm{R}}$）描述，假设它们服从单位方差瑞利分布，所有信道是独立的。合并来自所有天线的信号，则检测变量可表示为

$$z = \sqrt{E_S} \boldsymbol{W}^{\mathrm{T}} \boldsymbol{h} c + \boldsymbol{W}^{\mathrm{T}} \boldsymbol{n} \tag{2-100}$$

其中，$\boldsymbol{h} = \left[h_1, \cdots, h_{M_{\mathrm{R}}}\right]^{\mathrm{T}}$。

（1）等增益合并

等增益合并把权值固定为 $W_n = \mathrm{e}^{-\mathrm{j}\phi_n}$，表示来自不同天线的信号是同相位的，可加在一起。这种方法要求合并器已知信号相位的完全知识。式（2-100）的后合并器信号则变成

$$z = \sqrt{E_S} \sum_{n=1}^{M_{\mathrm{R}}} |h_n| c + n' \tag{2-101}$$

其中，$n' = \sum_{m=1}^{M_{\mathrm{R}}} n_m \mathrm{e}^{-\mathrm{j}\phi_m}$ 仍是高斯白噪声。

当信道是瑞利分布时，可得到输出信噪比的均值为

$$\rho_{\text{out}}=\frac{\mathrm{E}\left\{\left[\sum_{n=1}^{M_{\mathrm{R}}}\sqrt{E_S}\left|h_n\right|\right]^2\right\}}{\mathrm{E}\left\{\left|\tilde{n}\right|^2\right\}}=\frac{E_S}{M_{\mathrm{R}}\sigma_n^2}\mathrm{E}\left\{\left[\sum_{n=1}^{M_{\mathrm{R}}}\left|h_n\right|\right]^2\right\}=$$

$$\frac{\rho}{M_{\mathrm{R}}}\left[\mathrm{E}\left\{\sum_{n=1}^{M_{\mathrm{R}}}\left|h_n\right|^2\right\}+\sum_{n=1}^{M_{\mathrm{R}}}\sum_{\substack{m=1\\m\neq n}}^{M_{\mathrm{R}}}\mathrm{E}\left\{\left|h_n\right|\right\}\mathrm{E}\left\{\left|h_m\right|\right\}\right]= \tag{2-102}$$

$$\frac{\rho}{M_{\mathrm{R}}}\left[M_{\mathrm{R}}+M_{\mathrm{R}}\left(M_{\mathrm{R}}-1\right)\frac{\pi}{4}\right]=\rho\left[1+\left(M_{\mathrm{R}}-1\right)\frac{\pi}{4}\right]$$

可见，阵列增益随 M_{R} 线性增加，大于选择合并的阵列增益。此外，等增益合并的分集增益为 M_{R}，类似于选择合并。

（2）最大速率合并

最大速率合并选择权值为$W_n=h_n^*$。后合并信号为

$$z=\sqrt{E_S}\left\|\boldsymbol{h}\right\|^2c+n' \tag{2-103}$$

其中，$n'=\boldsymbol{h}^{\mathrm{H}}\boldsymbol{n}$。因为它最大化了输出信噪比 ρ_{out}，这一策略称作最大速率合并。这时

$$\rho_{\text{out}}=\frac{1}{\sigma_n^2}\mathrm{E}\left\{\frac{E_S\left\|\boldsymbol{h}\right\|^4}{\left\|\boldsymbol{h}\right\|^2}\right\}=\rho\,\mathrm{E}\left\{\left\|\boldsymbol{h}\right\|^2\right\}=\rho M_{\mathrm{R}} \tag{2-104}$$

在最大速率合并分集方案中，阵列增益 g_{a} 永远等于 M_{R}。

考虑用 BPSK 调制发射的情况。众所周知，当$u=\left\|\boldsymbol{h}\right\|^2$，且不同信道是独立同分布的瑞利信道时，$u$ 服从 $2M_{\mathrm{R}}$ 个自由度的 χ^2 分布，即

$$p_u\left(u\right)=\frac{1}{\left(M_{\mathrm{R}}-1\right)!}u^{M_{\mathrm{R}}-1}\mathrm{e}^{-u} \tag{2-105}$$

误码率可由下式给出。

$$\overline{P}=\int_0^{\infty}Q\left(\sqrt{2\rho u}\right)p_u\left(u\right)\mathrm{d}u=$$

$$\left[\frac{1-\sqrt{\rho/1+\rho}}{2}\right]^{M_{\mathrm{R}}}\sum_{n=1}^{M_{\mathrm{R}}}\binom{M_{\mathrm{R}}+n-2}{n-1}\left[\frac{1+\sqrt{\rho/1+\rho}}{2}\right]^{n-1} \tag{2-106}$$

当信噪比很大时，上式变成

$$\overline{P}=(4\rho)^{-M_{\mathrm{R}}}\binom{2M_{\mathrm{R}}-1}{M_{\mathrm{R}}} \tag{2-107}$$

可以看出，分集增益仍然是 M_{R}。

对于其他星座图，利用极大似然检测 [5]，误差概率为

$$\overline{P}\approx\int_0^{\infty}\overline{N}_e Q\left(d_{\min}\sqrt{\frac{\rho u}{2}}\right)p_u(u)\,\mathrm{d}u \tag{2-108}$$

其中，$\overline{N}_e$和 $d_{\min}$ 分别是最近邻数和所用星座的最小分离距离。上述表达式可以仿照式(2-106)得到解析解。通常采用 Chernoff 界得到误码率的上界。式(2-108)还可以写成

$$\overline{P}\approx\overline{N}_e\mathrm{E}\left\{Q\left(d_{\min}\sqrt{\frac{\rho u}{2}}\right)\right\}\leqslant\overline{N}_e\mathrm{E}\left\{\mathrm{e}^{-\frac{d_{\min}^2\rho u}{4}}\right\} \tag{2-109}$$

由于 u 是一个 χ^2 变量，上面的平均上界为

$$\overline{P}\leqslant\overline{N}_e\prod_{n=1}^{M_{\mathrm{R}}}\frac{1}{1+\rho d_{\min}^2/4} \tag{2-110}$$

当信噪比很大时，式（2-110）简化为

$$\overline{P}\leqslant\overline{N}_e\left(\frac{\rho d_{\min}^2}{4}\right)^{-M_{\mathrm{R}}} \tag{2-111}$$

同 BPSK 的情况类似，在独立同分布瑞利信道下，分集增益等于接收支路数。

（3）最小均方差合并

当噪声是空间相关的或出现非高斯干扰时，最大速率合并就不再是最优的。在这种情况下，一种最优增益合并就是最小均方差合并。它通过最小化传输符号 c 和合并器输出 z 间的均方差来得到权值，即

$$\boldsymbol{W}^*=\arg\min_{W}\mathrm{E}\left\{\left|\boldsymbol{W}^{\mathrm{T}}\boldsymbol{y}-c\right|^2\right\} \tag{2-112}$$

很容易得出最优权值矢量

$$\boldsymbol{W}^*=\boldsymbol{R}_{ni}^{-1}\boldsymbol{h}^* \tag{2-113}$$

其中，R_{ni} 是噪声和干扰的相关矩阵。当不存在干扰时，$\boldsymbol{R}_{ni}=\mathrm{E}\left\{\boldsymbol{n}\boldsymbol{n}^{\mathrm{H}}\right\}$。如果跨天线的噪声是空间白色的，则 $\boldsymbol{R}_{ni}=\sigma_n^2\boldsymbol{I}_{M_{\mathrm{R}}}$，且最小均方差合并分集简化为仅差

一个系数的最大速率合并分集。

3. **经混合选择合并或增益合并的接收分集**

一种混合方法是将选择算法和最大速率合并结合在一起。在每一时刻，接收机首先在 M_R 个支路中选出具有最大信噪比的 M'_R 个支路，然后利用最大速率合并算法将其合并。这种策略称作增广选择。

很明显，可以得出合并器输出的平均信噪比是两项的和。第一项对应从 M'_R 个分支的最大速率合并，而第二项对应从 M_R 个支路中选出的 M'_R 个分支，是式（2-95）的推广。因此，全部的阵列增益为

$$g_a = M'_R + M'_R \sum_{n=M'_R+1}^{M_R} \frac{1}{n} \tag{2-114}$$

同样地，对于选择合并（ M'_R =1），混合选择合并和最大速率方案合并的分集增益等于 M_R，而不是 M'_R 。

2.3.3 MISO系统

MISO 系统利用 MT 副发射天线辅以预处理或预编码在发射机端进行分集。同接收分集的明显差别是，发射机可能不了解 MISO 系统信道的知识。因为在接收机端，信道特性可以估计出来，而在发射机端须从接收机端反馈信道信息到发射机。获得直接发射分集基本上有两种方法。

- 当发射机具有完整的信道知识时，可以利用各种优化度量（SNR、SINR 等）实现波束成形来获得分集和阵列增益。
- 当发射机没有信道信息时，可利用所谓的空时编码预处理来获得分集增益，但得不到阵列增益。

下面将评价不同的波束成形器，并讨论几个间接发射分集技术，它们可将空间分集转换成时间或频率分集。

1. **经匹配波束成形的发射分集**

这种波束成形技术也称为发射最大速率合并，它假设发射机了解信道的全部信息。为了使用分集，信号 c 在传送到每副天线上之前要进行适当的加权。在接收端，信号可表示为

$$y = \sqrt{E_S}\boldsymbol{h}\boldsymbol{W}c + n \tag{2-115}$$

其中，$\boldsymbol{h} = \left[h_1, \cdots, h_{M_R}\right]$表示 MISO 信道矢量，$\boldsymbol{W}$ 是权矢量。使接收信噪比最大化的权矢量为

$$W = \frac{\boldsymbol{h}^{\mathrm{H}}}{\|\boldsymbol{h}\|} \tag{2-116}$$

其中，分母保证了平均总发射功率保持不变，且等于 E_S。这一矢量使发射沿匹配信道的方向进行，因此也称为匹配波束成形或常规波束成形。类似地，对于接收最大速率合并，平均输出信噪比 $\rho_{\mathrm{out}}=M_{\mathrm{T}}\rho$，所以阵列增益等于发射天线数 M_{T}，如果误码率在高信噪比下有下述上界，则分集增益也等于 M_{R}。

$$\overline{P} \leqslant \overline{N}_e \left(\frac{\rho d_{\min}^2}{4}\right)^{-M_{\mathrm{T}}} \tag{2-117}$$

因此，匹配波束成形器表现出同接收最大速率合并相同的性能，但它需要了解发射信道的完整信息。也就是说，在时间双工系统中有接收机的反馈。如果采用频率双工，上、下信道的互换性不再得以保证，对发射机端信道信息的了解要大打折扣。此外，匹配波束成形器在不存在干扰信号时是最优的，对干扰没有消除作用。

可以将匹配波束成形器同选择合并算法结合在一起，类似于前面提到的针对 SIMO 系统的增广选择算法。在波束成形器中，发射机在 M_{T} 副天线中选出 M'_{T}副天线。很显然，这种技术可得到满分集增益 M_{T}，但降低了发射阵列增益。

2. **经空—时编码的发射分集**

前面介绍的波束成形技术需要发射机的信道信息，以便得到最优权值。相反地，Alamouti 对两发射天线系统提出一种特别简单但是有独创性的分集方法，称为 Alamouti 算法，该算法不需要发射信道的信息。考虑在第一个符号周期，同时从天线 1 和天线 2 发射两个符号 c_1 和 c_2，接着在第二个符号周期从天线 1 和天线 2 发射两个符号$-c_2^*$和c_1^*，假设在这两个符号周期内平坦衰落信道保持不变，表示为 $\boldsymbol{h}=[h_1,h_2]$（下标表示天线序号而不是符号周期）。在第一个符号周期接收到的符号为

$$y_1 = \sqrt{E_S} h_1 \frac{c_1}{\sqrt{2}} + \sqrt{E_S} h_2 \frac{c_2}{\sqrt{2}} + n_1 \tag{2-118}$$

在第二个符号周期接收到的符号为

$$y_2 = -\sqrt{E_S} h_1 \frac{c_2^*}{\sqrt{2}} + \sqrt{E_S} h_2 \frac{c_1^*}{\sqrt{2}} + n_2 \tag{2-119}$$

其中，每个符号均除以$\sqrt{2}$，于是矢量$\boldsymbol{c}=\left[c_1/\sqrt{2} \quad c_2/\sqrt{2}\right]$具有单位平均能量（假设 c_1 和 c_2 是从单位平均能量星座中得到的）。$\boldsymbol{n}_1$ 和 $\boldsymbol{n}_2$ 是在每个符号周期内加性噪声的对应项（这时下标代表符号周期不是天线序号）。可将式（2-118）和式

（2-119）合并写成

$$\boldsymbol{y}=\begin{bmatrix} y_1 \\ y_2^* \end{bmatrix}=\sqrt{E_S}\underbrace{\begin{bmatrix} h_1 & h_2 \\ h_2^* & -h_1^* \end{bmatrix}}_{\boldsymbol{H}_{eff}}\underbrace{\begin{bmatrix} c_1/\sqrt{2} \\ c_2/\sqrt{2} \end{bmatrix}}_{\boldsymbol{c}}+\begin{bmatrix} n_1 \\ n_2^* \end{bmatrix} \tag{2-120}$$

可以看出，两个符号经两个符号周期扩展在两个天线上。因此，H_{eff}表现为空时信道。将匹配滤波器$\boldsymbol{H}_{eff}^{\mathrm{H}}$加在接收矢量$\boldsymbol{y}$上可有效地解耦所发射的符号，如

$$\begin{aligned}\mathbf{z}=\begin{bmatrix} z_1 \\ z_2 \end{bmatrix}=\boldsymbol{H}_{eff}^{\mathrm{H}}\begin{bmatrix} y_1 \\ y_2^* \end{bmatrix}=\sqrt{E_S}\left[|h_1|^2+|h_2|^2\right]\boldsymbol{I}_2\begin{bmatrix} c_1/\sqrt{2} \\ c_2/\sqrt{2} \end{bmatrix}+\boldsymbol{H}_{eff}^{\mathrm{H}}\begin{bmatrix} n_1 \\ n_2^* \end{bmatrix}= \\ \sqrt{E_S}\|\boldsymbol{h}\|^2\boldsymbol{I}_2\boldsymbol{c}+\boldsymbol{n}'\end{aligned} \tag{2-121}$$

其中，$\boldsymbol{n}'$满足$\mathrm{E}\{\boldsymbol{n}'\}=\boldsymbol{0}_{2\times1}$，$\mathrm{E}\left\{\boldsymbol{n}'\boldsymbol{n}'^{\mathrm{H}}\right\}=\|\boldsymbol{h}\|^2\sigma_n^2\boldsymbol{I}_2$。平均输出信噪比为

$$\rho_{\mathrm{out}}=\frac{1}{\sigma_n^2}\mathrm{E}\left\{\frac{E_S\left[\|\boldsymbol{h}\|^2\right]^2}{2\|\boldsymbol{h}\|^2}\right\}=\rho \tag{2-122}$$

它表明，Alamouti 算法由于缺少对发射信道信息的了解，不能提供阵列增益（注意$\mathrm{E}\left\{\|\boldsymbol{h}\|^2\right\}=M_{\mathrm{T}}=2$）。

然而对于独立同分布瑞利信道，上述问题的平均误码率在高信噪比下具有如下上界。

$$\overline{P}\leqslant\overline{N}_e\left(\frac{\rho d_{\min}^2}{8}\right)^{-2} \tag{2-123}$$

也就是说，尽管缺少发射信道信息，但同发射最大速率合并相同，分集增益等于M_{T}=2。从全局上看，Alamouti 算法由于是零阵列增益，它的性能要低于发射或接收最大速率合并。

3．间接发射分集

上述介绍了基于合并或空—时编码来获得空间分集，属于直接发射分集技术。采用众所周知的 SISO 技术，将空间分集转换为时间或频率分集也可以实现。

假设M_{T}=2，将第二个发射支路上的信号延迟一个符号周期，或通过选择恰当的频移实现相位旋转。如果信道h_1和h_2是独立同分布瑞利的，空间分集（采用两副天线）就分别转换为频率和时间分集。的确，接收机存在有效两支路相加的 SISO 信道在频率或时间上的衰落问题，这种选择性衰落可由传统的分集技术来克服，如用于频率分集的前向误差修正或交织。

2.3.4 MIMO 系统

如上文所述，为了获得足够高的传输速率，我们可以在发射机和接收机上都装配多根天线来提高频谱效率，相应的多天线系统也被称为 MIMO 系统。链路两端均采用多天线，除可提高分集增益和阵列增益外，还可以通过 MIMO 信道的空间多路能力来增加系统的吞吐量。但是，也必须指出：同时最大化空间多路能力和分集增益是不可能的；另外，瑞利信道中的阵列增益也是有上限的，事实上它小于 $M_R M_T$。下面将根据发射机对信道信息的了解程度对 MIMO 技术进行分类介绍。

1. **具有完整发射信道信息的 MIMO 系统**

（1）主导特征模式发射

首先最大化 $M_R \times M_T$ MIMO 系统的分集增益。这一点可通过选取 $M_T \times 1$ 阶权矢量 $\boldsymbol{W}_T$ 后从所有发射天线上发射同一信号来实现。在接收阵列，天线输出根据 $M_R \times 1$ 阶权矢量 $\boldsymbol{W}_R$ 合并成一标量信号 z。随后，发射就可以表示为

$$y = \sqrt{E_S}\boldsymbol{H}\boldsymbol{W}_T c + \boldsymbol{n} \tag{2-124}$$

$$z = \boldsymbol{W}_R^H y = \sqrt{E_S}\boldsymbol{W}_R^H \boldsymbol{H}\boldsymbol{W}_T c + \boldsymbol{W}_R^H \boldsymbol{n} \tag{2-125}$$

通过最大化$\left\|\boldsymbol{W}_R^H \boldsymbol{H}\boldsymbol{W}_T\right\|_F^2 / \left\|\boldsymbol{W}_R\right\|_F^2$ 实现最大化接收信噪比。为求解这个优化问题，需要对 $\boldsymbol{H}$ 进行奇异值分解，即

$$\boldsymbol{H} = \boldsymbol{U}_H \sum_{\boldsymbol{H}} \boldsymbol{V}_H^H \tag{2-126}$$

其中，$\boldsymbol{U}_H$ 和 $\boldsymbol{V}_H$ 分别是 $M_R \times r(\boldsymbol{H})$ 和 $M_T \times r(\boldsymbol{H})$ 维的酉矩阵，$r(\boldsymbol{H})$ 是矩阵 $\boldsymbol{H}$ 的秩，且$\sum_{\boldsymbol{H}}=\mathrm{diag}\left\{\sigma_1,\sigma_2,\cdots,\sigma_{r(\boldsymbol{H})}\right\}$为包含 $\boldsymbol{H}$ 矩阵的奇异值对角矩阵。利用对信道矩阵的这一特殊分解可以清楚地看到，当 $\boldsymbol{W}_T$ 和 $\boldsymbol{W}_R$ 是对应 $\boldsymbol{H}$ 的最大奇异值 $\sigma_{\max}=\max\left\{\sigma_1,\sigma_2,\cdots,\sigma_{r(\boldsymbol{H})}\right\}$的发射和接收奇异矢量时，接收信噪比就被最大化了[6]。这种技术就被称为主导特征模式发射，式（2-125）可以重写为

$$z = \sqrt{E_S}\sigma_{\max} c + \tilde{n} \tag{2-127}$$

其中，$\tilde{n} = \boldsymbol{W}_R^H \boldsymbol{n}$的方差为$\sigma_n^2$。

从式（2-127）中可看出，阵列增益等于 $\mathrm{E}\left\{\sigma_{\max}^2\right\} = \mathrm{E}\left\{\lambda_{\max}\right\}$。其中，$\lambda_{\max}$ 是矩阵 $\boldsymbol{H}\boldsymbol{H}^H$ 的最大特征值。对于独立同分布瑞利信道，其阵列增益的上界是

$$\max\left\{M_{\mathrm{T}},M_{\mathrm{R}}\right\}\leqslant g_a\leqslant M_{\mathrm{T}}M_{\mathrm{R}} \tag{2-128}$$

主导特征模式发射的渐近阵列增益（在 M_{T} 和 M_{R} 很大时）由下式给出。

$$g_a=\left(\sqrt{M_{\mathrm{T}}}+\sqrt{M_{\mathrm{R}}}\right)^2 \tag{2-129}$$

最后，分集增益在高信噪比下具有上下界[7]（Chernoff 界是在高信噪比下对 SER 的良好近似）

$$\overline{N}_e\left(\frac{\rho d_{\min}^2}{4\min\left\{M_{\mathrm{T}},M_{\mathrm{R}}\right\}}\right)^{-M_{\mathrm{T}}M_{\mathrm{R}}}\geqslant\overline{P}\geqslant\overline{N}_e\left(\frac{\rho d_{\min}^2}{4}\right)^{-M_{\mathrm{T}}M_{\mathrm{R}}} \tag{2-130}$$

上式意味着这个差错率是信噪比的函数，它的曲线斜率为 $M_{\mathrm{T}}M_{\mathrm{R}}$。主导特征模式发射获得了满分集增益 $M_{\mathrm{T}}M_{\mathrm{R}}$。

（2）带天线选择的主导特征模式发射

带天线选择的主导特征模式发射的工作原理如下：首先根据定义去掉矩阵 $\boldsymbol{H}$ 的 $\left(M_{\mathrm{T}}-M_{\mathrm{T}}'\right)$ 个列构成的矩阵集合 $\boldsymbol{H}'$。所有可能的 $\boldsymbol{H}'$ 的集合为 $\boldsymbol{S}\{\boldsymbol{H}'\}$，且它的势是 $\begin{pmatrix}M_{\mathrm{T}}\\M_{\mathrm{T}}'\end{pmatrix}$。在每个时间瞬时，选择算法利用矩阵提供最大奇异值 $\sigma_{\max}'=\max\left\{\sigma_1',\sigma_2',\cdots,\sigma_{r(\boldsymbol{H})}'\right\}$ 进行主导特征模式发射。因此，输出信噪比变成

$$\rho_{\mathrm{out}}=\rho\max_{S\{H'\}}\left\{\sigma_{\max}'\right\} \tag{2-131}$$

平均信噪比可按文献 [7] 提供的方法计算，得到阵列增益

$$g_a=\sum_{k=M_{\mathrm{T}}'}^{M_{\mathrm{T}}-M_{\mathrm{T}}'+1}X_k \tag{2-132}$$

其中，

$$X_k=\frac{M_{\mathrm{T}}!}{(k-1)!\left(M_{\mathrm{T}}-k\right)!\left(M_{\mathrm{R}}-1\right)!}\sum_{l=0}^{k-1}\left[(-1)^l\binom{k-1}{l}\times\sum_{m=0}^{(M_{\mathrm{R}}-1)(M_{\mathrm{T}}-k+l)}a_{M_{\mathrm{T}}-k+l}\frac{\Gamma\left(1+M_{\mathrm{R}}+m\right)}{\left(M_{\mathrm{T}}-k+l+1\right)^{1+M_{\mathrm{R}}+m}}\right] \tag{2-133}$$

其中，a_s 是 $\sum_{i=0}^{M_{\mathrm{R}}-1}\left(u^i/u!\right)^S$ 中 u^m 的系数。

类似于传统的主导特征模式发射，如果使用了全部发射天线，天线选择算法可得到同样的分集增益，即分集增益为 $M_{\mathrm{T}}M_{\mathrm{R}}$。

（3）多特征模式发射

由于把同一符号送到所有发射天线上，特征模式发射不会得到多路增益。作为一种可选择的方法，通过最大化空间多路增益来提高系统的吞吐量。为实现这一目的，把符号扩展在所有信道的非零特征模式上。下面假设 $M_R \geqslant M_T$，信道矩阵是独立同分布瑞利的，且经式（2-125）对它做奇异值分解。如果发射机利用预编码矩阵 $\boldsymbol{V}_H$ 前乘输入矢量，接收机由矩阵$\boldsymbol{U}_H^{\mathrm{H}}$乘接收矢量，则输入—输出关系可写为

$$\boldsymbol{y}=\sqrt{E_S}\boldsymbol{U}_H^{\mathrm{H}}\boldsymbol{H}\boldsymbol{V}_H\boldsymbol{c}+\boldsymbol{U}_H^{\mathrm{H}}\boldsymbol{n}=\sqrt{E_S}\sum_{H}\boldsymbol{c}+\tilde{\boldsymbol{n}} \tag{2-134}$$

可见，信道已分解成 M_T 个由$\{\sigma_1\cdots,\ \sigma_{n_t}\}$给出的并行 SISO 信道。应当注意的是，如果 M_T 个虚拟数据通道建立起来的话，所有这些信道将都完全解耦。因此，MIMO 信道的互信息是 SISO 信道容量的和，即

$$I=\sum_{k=1}^{M_T}\mathrm{lb}\left(1+\rho p_k\sigma_k^2\right) \tag{2-135}$$

其中，$\{p_1,\cdots,p_{M_T}\}$是每个信道特征模式功率分配，满足归一化条件 $\sum_{k=1}^{M_T}p_k=1$。容量与 M_T 呈线性关系，因此，空间多路增益等于 M_T。这种发射模式不一定达到满分集增益 M_TM_R，但是至少提供 M_R 倍阵列和分集增益。多特征模式发射也可在接收端同天线选择结合起来。只要 $M_R' \geqslant M_T$，多路增益还是 M_T，但阵列增益和分集增益就减少了。

2. 没有发射信道信息的 MIMO 系统

当发射机没有信道信息时，在发射机和接收机两端设置多天线就可以获得分集以及增加系统容量。这可以通过利用所谓空时编码使符号在天线（即空间）和时间上扩展来实现。下面将简单介绍空时分组编码。

同 MISO 系统的情况类似，在第一个符号周期将两个符号 c_1 和 c_2 同时从天线 1 和天线 2 上发射，下一个符号周期从天线 1 和天线 2 发射符号$-c_2^*$和c_1^*。假设平坦衰落信道在两个连续的符号周期内保持不变，2 × 2 的信道矩阵可表示为

$$\boldsymbol{H}=\begin{bmatrix} h_{11} & h_{12} \\ h_{21} & h_{22} \end{bmatrix} \tag{2-136}$$

注意，这里的下标代表接收和发射天线标号而非符号周期。在第一个符号周期接收阵列收到的信号矢量为

$$y_1 = \sqrt{E_S}\boldsymbol{H}\begin{bmatrix} c_1/\sqrt{2} \\ c_2/\sqrt{2} \end{bmatrix} + \boldsymbol{n}_1 \tag{2-137}$$

在第二个符号周期接收到的信号矢量为

$$\boldsymbol{y}_2 = \sqrt{E_S}\boldsymbol{H}\begin{bmatrix} -c_2^*/\sqrt{2} \\ c_1^*/\sqrt{2} \end{bmatrix} + \boldsymbol{n}_2 \tag{2-138}$$

其中，$\boldsymbol{n}_1$ 和 $\boldsymbol{n}_2$ 是接收天线阵列上（这里的下标代表符号周期而非天线标号）每个符号周期加性噪声分量。于是接收机产生一个混合信号矢量

$$\boldsymbol{y} = \begin{bmatrix} \boldsymbol{y}_1 \\ \boldsymbol{y}_2^* \end{bmatrix} = \underbrace{\begin{bmatrix} h_{11} & h_{12} \\ h_{21} & h_{22} \\ h_{12}^* & -h_{11}^* \\ h_{22}^* & -h_{21}^* \end{bmatrix}}_{\boldsymbol{H}_{eff}} \underbrace{\begin{bmatrix} c_1/\sqrt{2} \\ c_2/\sqrt{2} \end{bmatrix}}_{\boldsymbol{c}} + \begin{bmatrix} \boldsymbol{n}_1 \\ \boldsymbol{n}_2^* \end{bmatrix} \tag{2-139}$$

同 MISO 系统类似，两个符号 c_1 和 c_2 在两个发射天线的两个符号周期内得以发射。因而，矩阵 $\boldsymbol{H}_{eff}$ 对于所有的信道实现是正交的，即 $\boldsymbol{H}_{eff}^{\mathrm{H}}\boldsymbol{H}_{eff} = \|\boldsymbol{H}\|_{\mathrm{F}}^2 \boldsymbol{I}_2$。如果计算 $\boldsymbol{Z} = \boldsymbol{H}_{eff}^{\mathrm{H}}\boldsymbol{y}$，可得

$$\boldsymbol{z} = \begin{bmatrix} z_1 \\ z_2 \end{bmatrix} = \boldsymbol{H}_{eff}^{\mathrm{H}}\boldsymbol{y} = \|\boldsymbol{H}\|_{\mathrm{F}}^2 \boldsymbol{I}_2\boldsymbol{c} + \boldsymbol{n}' \tag{2-140}$$

其中，$\boldsymbol{n}'$ 满足 $\{\boldsymbol{n}'\}=\boldsymbol{0}_{2\times 1}$ 和 $\mathrm{E}\{n'n'^{\mathrm{H}}\}=\|\boldsymbol{H}\|_{\mathrm{F}}^2\sigma_n^2\boldsymbol{I}_2$。上面等式表明符号 c_1 和 c_2 的发射是完全解耦的，也就是说

$$z_k = \sqrt{E_S/2}\|\boldsymbol{H}\|_{\mathrm{F}}^2 c_k + \tilde{n}_k,\ k = 1,2 \tag{2-141}$$

其平均输出信噪比为

$$\rho_{\mathrm{out}} = \frac{1}{\sigma_n^2}\mathrm{E}\left\{\frac{E_s\left[\|\boldsymbol{H}\|_{\mathrm{F}}^2\right]^2}{2\|\boldsymbol{H}\|_{\mathrm{F}}^2}\right\} = 2\rho \tag{2-142}$$

2×2 结构下的 Alamouti 算法获得了接收阵列增益（$g_a=M_{\mathrm{R}}=2$），但是没有得到发射阵列增益（因为没有信道信息）。上述方法可得到满分集 $\left(g_d^0 = M_{\mathrm{T}}M_{\mathrm{R}} = 4\right)$，即

$$\overline{P} \leqslant \overline{N}_e\left(\frac{\rho d_{\min}^2}{8}\right)^{-4} \tag{2-143}$$

Alamouti 算法和主导特征模式发射两种情况的分集增益都是 4，但是主导特征模式的阵列增益比 Alamouti 算法大 3 dB。Alamouti 算法也可用于任意数目接收天线的情况$\left(g_a = M_{\mathrm{R}},\ g_d^0=2M_{\mathrm{R}}\right)$，但系统的发射天线数要小于或等于 2。

3. 具有部分发射信道信息的 MIMO 系统

如果发射机仅具有部分信道信息，对阵列增益的挖掘也是有可能的。发射机端完整的信道信息需要接收机和发射机两端存在高速反馈链路来保证后者可连续得到信道状态信息。相反地，在发射机端挖掘信道的统计特性或信道的量化描述仅需要较低速率的反馈链路。

预编码技术通常将能在信道分布相关方向的正交方向上扩展码字的多模式波束成形器与星座整形器结合在一起，或更简单地说，与一功率分配算法结合在一起。很自然，与各种特征模式发射有很多相似性。而与其不同之处在于，特征波束是基于矩阵 $\boldsymbol{H}$ 的统计特性而不是它的瞬时值。

同样，天线选择技术也可仅依赖于部分信道信息，即基于矩阵 $\boldsymbol{H}$ 的一阶和二阶统计量来选择发射或接收天线。从直觉上讲，它们产生于选择相关比最低的天线对。这样的技术不能最小化瞬时误差性能指标，但可最小化平均差错概率。

通过量化预编码，天线选择的推广在于从发射机端得出有限的反馈。这项技术取决于预编码矩阵中码书的选择，它是一个预编码器的有限集合。它可经离线设计，且发射机和接收机都要知道。接收机估计出最佳预编码器，把它作为当前信道的函数，然后把最佳预编码器的索引反馈到码书中。

2.4 MIMO 传统检测技术

在上一小节，我们介绍了 MIMO 系统的基本概念与原理。下面我们将从 MIMO 接收机的角度出发，讨论 MIMO 系统接收端信号检测问题。

2.4.1 系统模型

MIMO 系统模型如图 2-11 所示。以 2 发 2 收系统为例，由于每根接收天线均能够收到来自不同发射天线的信号，两根接收天线上的接收信号可以表示为

$$\begin{cases} y_1 = h_{11}s_1 + h_{12}s_2 + n_1 \\ y_2 = h_{21}s_1 + h_{22}s_2 + n_2 \end{cases} \tag{2-144}$$

其中，h_{ij}、s_j 和 n_i 分别表示从第 j 根发射天线到第 i 根接收天线的信道增益、第 j 根发射天线的发射信号以及第 i 根接收天线的加性噪声。定义 $\boldsymbol{y}=[y_1\ y_2]^{\mathrm{T}}$，则利用矩阵乘法可表示接收信号矢量为

$$\boldsymbol{y}=\boldsymbol{Hs}+\boldsymbol{n} \tag{2-145}$$

其中，信道矩阵 $\boldsymbol{H}=\begin{bmatrix} h_{11} & h_{12} \\ h_{21} & h_{22} \end{bmatrix}$，发射信号矢量 $\boldsymbol{s}=\begin{bmatrix} s_1 \\ s_2 \end{bmatrix}$，噪声矢量 $\boldsymbol{n}=\begin{bmatrix} n_1 \\ n_2 \end{bmatrix}$，相应的系统模型已能够较为直观地扩展至装配有 M 根发射天线和 N 根接收天线的任意 MIMO 系统，其系统模型表达式仍然可以由式（2-145）来表示，信道则可假设为加性高斯白噪声信道。在 AWGN 信道中，接收噪声矢量 $\boldsymbol{n}$ 被假设为零均值的 CSCG 随机矢量 [8-9]，其均值 $\mathrm{E}(\boldsymbol{nn}^{\mathrm{H}})=N_0\boldsymbol{I}$，协方差矩阵为 $\boldsymbol{R}$，即 $\boldsymbol{n}\sim\mathcal{CN}(0,\boldsymbol{R})$。

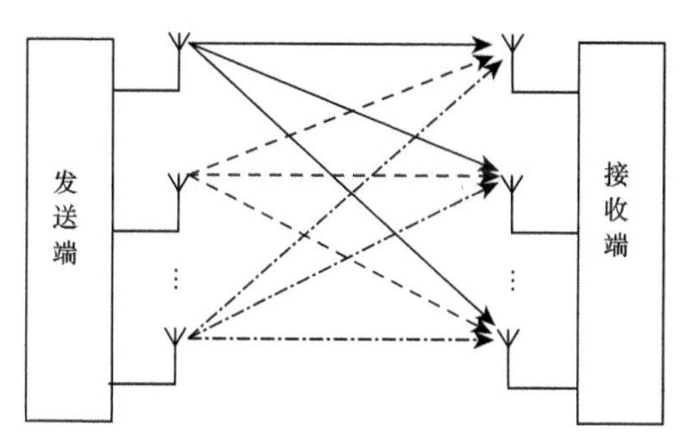

图 2-11　MIMO 系统模型

2.4.2　未编码 MIMO 信号检测

1. 最大似然 MIMO 信号检测

由式（2-145）可知，MIMO 信号的检测为在给定接收信号向量 $\boldsymbol{y}$ 和信道矩阵 $\boldsymbol{H}$ 的前提下，对未知的发送信号向量 $\boldsymbol{s}$ 进行估计。尽管我们无法获取噪声向量 $\boldsymbol{n}$ 的精确信息，但是发送信号向量 $\boldsymbol{s}$ 的所有可能情况是能够根据调制方式预先获取的。对于具有 M 根发射天线的 MIMO 系统，若发射符号取自星座图符号集合，则所有可能的发送信号向量的数量为 $|\mathcal{S}|^M$，这里 $|\mathcal{S}|$ 表示集合中的符号元素个数。例如，当调制方式采用 4-QAM（Quadrature Amplitude Modulation，正交振幅调制）、发射天线根数 M 为 2 时，所有可能的发送信号向量 $\boldsymbol{s}$ 的数量为 $4^2=16$。可以较为容易地发现，可能的发送信号向量的数量随着 M 呈指数增长。

综上可见，最大似然 MIMO 信号检测可以通过对所有可能的发送信号进行

穷尽检索，并计算相应的似然函数值来完成。定义 $f(\boldsymbol{y}|\boldsymbol{s})$ 为在收到信号 $\boldsymbol{y}$ 时发送信号向量为 $\boldsymbol{s}$ 的似然函数，则最大似然的发送信号向量可表述为

$$\begin{aligned}\boldsymbol{s}_{\mathrm{ml}}=&\arg\max_{\boldsymbol{s}\in\mathcal{S}^M} f\left(\boldsymbol{y}\middle|\boldsymbol{s}\right)=\\&\arg\min_{\boldsymbol{s}\in\mathcal{S}^M}\left\|\boldsymbol{y}-\boldsymbol{H}\boldsymbol{s}\right\|^2\end{aligned} \tag{2-146}$$

由于完成最大似然检测需要进行穷尽检索，且所有可能的发送信号向量的数量为 $|\mathcal{S}|^M$，因此 ML 检测算法的计算复杂度会随发射天线数量 M 呈指数增长。

2. **线性 MIMO 信号检测**

为了降低检测的复杂度，我们也可以考虑利用线性滤波方式完成检测过程。在线性 MIMO 信号检测中，接收信号 $\boldsymbol{y}$ 通过一个线性滤波器完成滤波后，各个发送信号量可以分别进行检测。因此，线性滤波器的作用在于分离干扰信号。

首先我们考虑迫零（Zero Forcing，ZF）检测。迫零检测线性滤波器定义为

$$\boldsymbol{W}_{\mathrm{zf}}=\boldsymbol{H}(\boldsymbol{H}^{\mathrm{H}}\boldsymbol{H})^{-1} \tag{2-147}$$

而相应的迫零信号估计为

$$\begin{aligned}\tilde{\boldsymbol{s}}_{\mathrm{zf}}=&\boldsymbol{W}_{\mathrm{zf}}^{\mathrm{H}}\boldsymbol{y}=\\&(\boldsymbol{H}^{\mathrm{H}}\boldsymbol{H})^{-1}\boldsymbol{H}^{\mathrm{H}}\boldsymbol{y}=\\&\boldsymbol{s}+(\boldsymbol{H}^{\mathrm{H}}\boldsymbol{H})^{-1}\boldsymbol{H}^{\mathrm{H}}\boldsymbol{n}\end{aligned} \tag{2-148}$$

利用 $\tilde{\boldsymbol{s}}_{\mathrm{zf}}$ 和 $\mathcal{S}$，发送信号向量 $\boldsymbol{s}$ 的硬判决可以通过符号级别的估计予以完成。

应该注意到，由于当信道矩阵 $\boldsymbol{H}$ 近奇异时，噪声项即式（2-148）中的 $(\boldsymbol{H}^{\mathrm{H}}\boldsymbol{H})^{-1}\boldsymbol{H}^{\mathrm{H}}\boldsymbol{n}$ 的效应将被放大，等效噪声被放大，所以迫零检测的性能表现无法得到较好保证。为了减弱在迫零检测中等效噪声被放大所带来的影响，MMSE 检测利用了噪声的统计特性对迫零检测方法加以改进。MMSE 滤波矩阵的计算是基于最小化的均方误差准则，即

$$\begin{aligned}W_{\mathrm{MMSE}}=&\arg\min_{W}\mathrm{E}\left[\left\|\boldsymbol{s}-W^{\mathrm{H}}\boldsymbol{y}\right\|^2\right]=\\&\left(\mathrm{E}\left(\boldsymbol{y}\boldsymbol{y}^{\mathrm{H}}\right)\right)^{-1}\mathrm{E}\left(\boldsymbol{y}\boldsymbol{s}^{\mathrm{H}}\right)=\\&\boldsymbol{H}\left(\boldsymbol{H}^{\mathrm{H}}\boldsymbol{H}+\frac{N_0}{E_s}\boldsymbol{I}\right)^{-1}\end{aligned} \tag{2-149}$$

其中，E_s 表示信号能量。相应的发送信号向量的估计可以表示为

$$\begin{aligned}\tilde{\boldsymbol{s}}_{\mathrm{MMSE}}=&\boldsymbol{W}_{\mathrm{MMSE}}^{\mathrm{H}}\boldsymbol{y}=\\&\left(\boldsymbol{H}^{\mathrm{H}}\boldsymbol{H}+\frac{N_0}{E_s}\boldsymbol{I}\right)^{-1}\boldsymbol{H}^{\mathrm{H}}\boldsymbol{y}\end{aligned} \tag{2-150}$$

于是可得发送信号向量 $\boldsymbol{s}$ 的 MMSE 硬判决 $\tilde{\boldsymbol{s}}_{\text{MMSE}}$。

3. **串行干扰消除（SIC）检测**

当存在干扰信号时，如何实现高性能的信号检测已经成为现代无线通信需要解决的关键问题。例如，假定接收机收到的信号为

$$y = \boldsymbol{h}_1 s_1 + \boldsymbol{h}_2 s_2 + \boldsymbol{n} \tag{2-151}$$

其中，s_i 和 $\boldsymbol{h}_i$ 分别代表第 i 个信号以及该信号经历的信道增益，$\boldsymbol{n}$ 代表背景噪声。当检测信号 s_i 时，信干噪比可以表示为

$$SINR_1 = \frac{|\boldsymbol{h}_1|^2 E_1}{|\boldsymbol{h}_2|^2 E_2 + N_0} \tag{2-152}$$

其中，$\mathrm{E}[|s_i|^2] = E_i$，且 $\mathrm{E}[|n|^2] = N_0$。如果假设两个信号的接收功率相同，即 $E_1=E_2$，并且信道增益也相同，即 $|\boldsymbol{h}_1|^2 = |\boldsymbol{h}_2|^2$，则信号 s_1 的 SINR 将小于 0 dB，这就给信号检测带来了很大的困难。

为了改善信号检测的性能，串行干扰消除是一种可供选择的方法。假设 $E_1>E_2$，此时 s_1 的 SINR 比较高，有可能首先对 s_2 进行检测。令 $\hat{s}_1$ 为 s_1 的检测值，如果 $\hat{s}_1$ 检测正确，则有可能在对 s_2 的检测过程中把 s_1 的干扰消除，这样可以实现对 s_2 的无干扰检测，表述为

$$u_2 = \boldsymbol{y} - \boldsymbol{h}_1 \hat{s}_1 = \boldsymbol{h}_2 s_2 + \boldsymbol{n} \tag{2-153}$$

这种检测方式为串行干扰消除（SIC），并且可以应用在 MIMO 联合信号检测中。

为了实现串行干扰消除，QR 分解在基于 SIC 的检测过程中起了重要作用 [10-11]。QR 分解是矩阵分解的一种常用方式，可以把矩阵分解成一个正交矩阵与一个上三角矩阵的积。本节将首先介绍 2 × 2 的 MIMO 系统是如何进行 QR 分解的。

假设一个 2 × 2 的信道矩阵 $\boldsymbol{H}=[\boldsymbol{h}_1\ \ \boldsymbol{h}_2]$，其中 $\boldsymbol{h}_i$ 代表了 $\boldsymbol{H}$ 的第 i 个列向量。定义 2 个向量的内积运算为 $<\boldsymbol{a},\boldsymbol{b}>=\boldsymbol{a}^{\mathrm{H}}\boldsymbol{b}$。为了找到与 $\boldsymbol{H}$ 具有相同格基的正交向量，我们定义

$$\begin{cases} r_1 = h_1 \\ r_2 = h_2 - \omega h_1 \end{cases} \tag{2-154}$$

其中，

$$\omega = \frac{<\boldsymbol{h}_2, \boldsymbol{r}_1>}{\|\boldsymbol{r}_1\|^2} = \frac{<\boldsymbol{h}_2, \boldsymbol{h}_1>}{\|\boldsymbol{h}_1\|^2} \tag{2-155}$$

根据式（2-154）描述的线性关系可以判断 $[\boldsymbol{h}_1\ \boldsymbol{h}_2]$ 与 $[\boldsymbol{r}_1\ \boldsymbol{r}_2]$ 能够张成相同的子空间。如果 $\boldsymbol{r}_i$ 是非零向量（i=1,2），可以推导出

$$\begin{aligned}[\boldsymbol{h}_1\ \ \boldsymbol{h}_2]=[\boldsymbol{r}_1\ \ \boldsymbol{r}_2]\begin{bmatrix}1 & \omega\\ 0 & 1\end{bmatrix}=\\ [\boldsymbol{q}_1\ \ \boldsymbol{q}_2]\begin{bmatrix}\|\boldsymbol{r}_1\| & 0\\ 0 & \|\boldsymbol{r}_2\|\end{bmatrix}\begin{bmatrix}1 & \omega\\ 0 & 1\end{bmatrix}=\\ [\boldsymbol{q}_1\ \ \boldsymbol{q}_2]\begin{bmatrix}\|\boldsymbol{r}_1\| & \omega\|\boldsymbol{r}_1\|\\ 0 & \|\boldsymbol{r}_2\|\end{bmatrix}\end{aligned} \tag{2-156}$$

其中，$\boldsymbol{q}_i=\boldsymbol{r}_i/\|\boldsymbol{r}_i\|$。根据式（2-156）可以得到正交矩阵 $\boldsymbol{Q}=[\boldsymbol{q}_1\ \ \boldsymbol{q}_2]$ 和上三角矩阵 $\boldsymbol{R}=\begin{bmatrix}\|\boldsymbol{r}_1\| & \omega\|\boldsymbol{r}_1\|\\ 0 & \|\boldsymbol{r}_2\|\end{bmatrix}$，从而完成对 $\boldsymbol{H}$ 的 QR 分解。值得注意的是，如果令 $\boldsymbol{r}_2=\boldsymbol{h}_1$，且 $\boldsymbol{r}_1=\boldsymbol{h}_1-\omega\boldsymbol{h}_2$，则可以得到 $\boldsymbol{H}$ 的另外一个 QR 分解结果。

通过对信道矩阵的 QR 分解可以进行接收信号的串行干扰消除，本节仅讨论信道矩阵 $\boldsymbol{H}$ 是方块矩阵或者行数大于列数的瘦矩阵（$M\leqslant N$）两种情况。

1. ***H* 是方块矩阵**

$\boldsymbol{H}$ 可以分解为一个 $M\times N$ 的酉矩阵 $\boldsymbol{Q}$ 和一个 $M\times N$ 的上三角阵 $\boldsymbol{R}$，即

$$\boldsymbol{H}=\boldsymbol{QR}=\boldsymbol{Q}\underbrace{\left.\begin{bmatrix}r_{1,1} & r_{1,2} & \cdots & r_{1,M}\\ 0 & r_{2,2} & \cdots & r_{2,M}\\ \vdots & \vdots & & \vdots\\ 0 & 0 & \cdots & r_{M,M}\end{bmatrix}\right\}M}_{M} \tag{2-157}$$

其中，$r_{p,q}$ 定义为 $\boldsymbol{R}$ 的第 (p,q) 个元素。通过左乘 $\boldsymbol{Q}^{\mathrm{H}}$，可以将接收信号表示为

$$\boldsymbol{x}=\boldsymbol{Q}^{\mathrm{H}}\boldsymbol{y}=\boldsymbol{Rs}+\boldsymbol{Q}^{\mathrm{H}}\boldsymbol{n} \tag{2-158}$$

其中，$\boldsymbol{Q}^{\mathrm{H}}\boldsymbol{n}$ 是零均值 CSCG 随机矢量。因为 $\boldsymbol{Q}^{\mathrm{H}}\boldsymbol{n}$ 和 $\boldsymbol{n}$ 具有相同的统计特性，因此可以直接使用 $\boldsymbol{n}$ 代替 $\boldsymbol{Q}^{\mathrm{H}}\boldsymbol{n}$，便可直接将式（2-158）转化为

$$\boldsymbol{x}=\boldsymbol{Rs}+\boldsymbol{n} \tag{2-159}$$

如果定义 x_k 和 n_k 为 $\boldsymbol{x}$ 和 $\boldsymbol{n}$ 的第 k 个元素，可以将上式展开为

$$\begin{bmatrix} x_1 \\ x_2 \\ \vdots \\ x_M \end{bmatrix} = \begin{bmatrix} r_{1,1} & r_{1,2} & \cdots & r_{1,M} \\ 0 & r_{2,2} & \cdots & r_{2,M} \\ \vdots & \vdots & & \vdots \\ 0 & 0 & \cdots & r_{M,M} \end{bmatrix} \begin{bmatrix} s_1 \\ s_2 \\ \vdots \\ s_M \end{bmatrix} + \begin{bmatrix} n_1 \\ n_2 \\ \vdots \\ n_M \end{bmatrix} \tag{2-160}$$

由此可以进行 SIC 检测，即

$$\begin{aligned} x_M &= r_{M,M} s_M + n_M \\ x_{M-1} &= r_{M-1,M} s_M + r_{M-1,M-1} s_{M-1} + n_{M-1} \\ &\vdots \end{aligned} \tag{2-161}$$

2. ***H* 为瘦矩阵**

H 可以进行 QR 分解为

$$\boldsymbol{H} = \boldsymbol{QR} = \boldsymbol{Q} \underbrace{\begin{bmatrix} r_{1,1} & r_{1,2} & \cdots & r_{1,M} \\ 0 & r_{2,2} & \cdots & r_{2,M} \\ \vdots & \vdots & & \vdots \\ 0 & 0 & \cdots & r_{M,M} \\ 0 & 0 & \cdots & 0 \\ \vdots & \vdots & & \vdots \\ 0 & 0 & \cdots & 0 \end{bmatrix}}_{M} \begin{matrix} \left.\vphantom{\begin{matrix}a\\a\\a\\a\end{matrix}}\right\} M \\ \left.\vphantom{\begin{matrix}a\\a\\a\end{matrix}}\right\} N-M \end{matrix} \tag{2-162}$$

此时，$M < N$，矩阵 $\boldsymbol{Q}$ 是一个酉矩阵，$\boldsymbol{R} = [\bar{\boldsymbol{R}}^{\mathrm{T}}\ \boldsymbol{0}]^{\mathrm{T}}$，其中 $\bar{\boldsymbol{R}}$ 为一个 $M \times N$ 的上三角阵。根据式（2-162），接收信号矢量可以表示为

$$\begin{bmatrix} x_1 \\ x_2 \\ \vdots \\ x_M \\ x_{M+1} \\ \vdots \\ x_N \end{bmatrix} = \begin{bmatrix} r_{1,1} & r_{1,2} & \cdots & r_{1,M} \\ 0 & r_{2,2} & \cdots & r_{2,M} \\ \vdots & \vdots & & \vdots \\ 0 & 0 & \cdots & r_{M,M} \\ 0 & 0 & \cdots & 0 \\ \vdots & \vdots & & \vdots \\ 0 & 0 & \cdots & 0 \end{bmatrix} \begin{bmatrix} s_1 \\ s_2 \\ \vdots \\ s_M \end{bmatrix} + \begin{bmatrix} n_1 \\ n_2 \\ \vdots \\ n_M \\ n_{M+1} \\ \vdots \\ n_N \end{bmatrix} \tag{2-163}$$

进而可以得到

$$
\begin{aligned}
x_N &= n_N \\
&\vdots \\
x_{M+1} &= n_{M+1} \\
x_M &= r_{M,M}s_M + n_M \\
x_{M-1} &= r_{M-1,M}s_M + r_{M-1,M-1}s_{M-1} + n_{M-1} \\
&\vdots
\end{aligned}
\tag{2-164}
$$

因为接收信号$\{x_{M+1}, x_{M+2}, \cdots, x_N\}$不包含任何有用信息，所以可以直接忽略。这样表达式（2-161）以及式（2-164）在形式上就完全相同了，进而可以实现串行干扰消除。首先，s_M可以根据x_M进行检测，表述为

$$
\tilde{s}_M = \frac{x_M}{r_{M,M}} = s_M + \frac{n_M}{r_{M,M}} \tag{2-165}
$$

如果使用$\mathcal{S} = \{s^{(1)}, s^{(2)}, \cdots, s^{(K)}\}$作为信号的 K-QAM 星座图符号集合，则$s_M$的硬检测表达式为

$$
\hat{s}_M = \arg\min_{s^{(k)} \in \mathcal{S}} |s^{(k)} - \tilde{s}_M|^2 \tag{2-166}
$$

上式显示由于在s_M的检测中不存在干扰项，因此可以在对s_{M-1}的检测过程中消除s_M的影响。这种串行的消除过程可以持续到所有数据信号都被顺序检测出来。也就是说，第m个信号会在前$M-m$个信号都被检测出来并进行干扰消除后再进行检测，可以描述为

$$
u_m = x_m - \sum_{q=m+1}^{M} r_{m,q}\hat{s}_q, \quad m \in \{1, 2, \cdots, M-1\} \tag{2-167}
$$

此处，$\hat{s}_q$代表从接收信号u_q中检测出的s_q的估计值。假设在所有的检测过程中没有错误出现，s_m可以估计为

$$
\hat{s}_m = \arg\min_{s^{(k)} \in \mathcal{S}} |s^{(k)} - \tilde{s}_m|^2 \tag{2-168}
$$

其中，$\hat{s}_m = \dfrac{u_m}{r_{m,m}} = s_m + \dfrac{n_m}{r_{m,m}}$。

由于上文介绍的串行干扰消除算法基于迫零反馈判决均衡器（Zero Forcing Decision Feedback Equalizer，ZF-DFE），所以我们称该算法为迫零串行干扰消除（ZF-SIC）[12]。需要指出的是，如果信道状态矩阵$\boldsymbol{H}$是一个$M>N$的胖矩阵，也就是说信道矩阵的行数大于列数，由于经过 QR 分解后无法得到一个上三角阵，在这种情况下也就无法使用串行干扰消除算法。

为了提升系统性能，需要在进行检测时考虑背景噪声。针对这个问题，我们需要掌握一种基于最小均方差反馈判决均衡器（Minimum Mean Square Error Decision Feedback Equalizer，MMSE-DFE）的串行干扰消除算法。本节将介绍实现 MMSE-SIC 算法的两种实施方案。

方案 1：定义扩展的信道矩阵 $\boldsymbol{H}_{\text{ex}}=\left[\boldsymbol{H}^{\mathrm{T}}\ \sqrt{\dfrac{N_0}{E_s}}\boldsymbol{I}\right]^{\mathrm{T}}$，同时将接收信号矢量 $\boldsymbol{y}$ 和背景噪声矢量 $\boldsymbol{n}$ 也扩展为 $\boldsymbol{y}_{\text{ex}}=\left[\boldsymbol{y}^{\mathrm{T}}\boldsymbol{0}^{\mathrm{T}}\right]^{\mathrm{T}}$ 和 $\boldsymbol{n}_{\text{ex}}=\left[\boldsymbol{n}^{\mathrm{T}}\ -\sqrt{\dfrac{N_0}{E_s}}\boldsymbol{s}^{\mathrm{T}}\right]^{\mathrm{T}}$。经过 QR 分解，我们可以得到表达式

$$\boldsymbol{H}_{\text{ex}}=\boldsymbol{Q}_{\text{ex}}\boldsymbol{R}_{\text{ex}} \tag{2-169}$$

此处，$\boldsymbol{Q}_{\text{ex}}$ 和 $\boldsymbol{R}_{\text{ex}}$ 分别代表酉矩阵和上三角阵。将表达式（2-158）中的 $\boldsymbol{y}$、$\boldsymbol{n}$、$\boldsymbol{Q}$、$\boldsymbol{R}$ 分别替换为 $\boldsymbol{y}_{\text{ex}}$、$\boldsymbol{n}_{\text{ex}}$、$\boldsymbol{Q}_{\text{ex}}$、$\boldsymbol{R}_{\text{ex}}$，可以得到

$$\begin{aligned}\boldsymbol{x}_{\text{ex}}&=\boldsymbol{Q}_{\text{ex}}^{\mathrm{H}}\boldsymbol{y}_{\text{ex}}=\\&\boldsymbol{R}_{\text{ex}}\boldsymbol{s}+\boldsymbol{Q}_{\text{ex}}^{\mathrm{H}}\boldsymbol{n}_{\text{ex}}\end{aligned} \tag{2-170}$$

在式（2-170）的基础上，可以根据式（2-158）～式（2-168）进行最小均方差的串行干扰消除检测。

方案 2：直接采用最小均方差估计（MMSE Estimator），其中对信号 s_1 的 MMSE 估计可以表示为

$$\begin{aligned}\boldsymbol{w}_{\text{MMSE1}}&=\arg\min_{w}\mathrm{E}\left[\left|s_1-\boldsymbol{w}^{\mathrm{H}}\boldsymbol{y}\right|^2\right]=\\&\left(\boldsymbol{H}\boldsymbol{H}^{\mathrm{H}}+\frac{N_0}{E_s}\boldsymbol{I}\right)^{-1}\bar{\boldsymbol{h}}_1\end{aligned} \tag{2-171}$$

此处 $\bar{\boldsymbol{h}}_1$ 代表 $\boldsymbol{H}^{\mathrm{H}}$ 的第一个列向量。对符号 s_1 的硬判决可以描述为

$$\hat{s}_{1,\text{MMSE}}=\boldsymbol{w}_{\text{MMSE},1}\boldsymbol{y} \tag{2-172}$$

假设 s_1 能够正确检测并且能从 $\boldsymbol{y}$ 中将 s_1 的影响去除，可以得到

$$\boldsymbol{y}_1=\sum_{m=2}^{M}\boldsymbol{h}_m s_m+\boldsymbol{n} \tag{2-173}$$

根据 $\boldsymbol{y}_1$，可以使用 MMSE 方法进行 s_2 的检测。通过重复进行干扰消除和 MMSE 估计，即可以实现对 s_m 的 MMSE-SIC 检测。

2.4.3 仿真结果

由图 2-12 可以看出，最优检测器 ML 与 MIMO 线性检测（ZF、MMSE）相比，性能具有明显优势，但是随发送天线数呈指数增长的复杂度导致其难以在实际系统中应用。虽然线性检测器（ZF、MMSE）复杂度较低，但是其性能不尽如人意。即使使用 SIC 方法能够在一定程度上提高线性检测器（ZF、MMSE）的性能，但与 ML 相比仍存在较大差距。

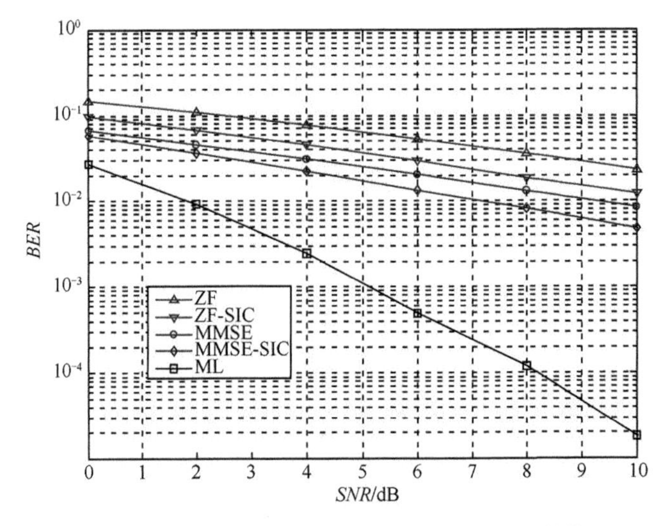

图 2-12　4×4 MIMO 系统 MIMO 多种检测器误码性能

2.5　本章小结

如何有效利用最优的空间信号组合与检测方法来提升无线通信系统的性能及频谱效率，是下一代无线通信领域所面临的关键问题。本章首先介绍了空间多维信号组合与检测相关知识，随后介绍了能够提升无线通信系统性能及频谱效率的阵列天线系统与 MIMO 天线系统这两种典型多天线系统的原理与基本概念。在下一章，我们将基于本章所介绍的阵列天线系统，更加深入地阐述自适应天线的原理与技术。

参考文献

[1] OESTGES C, CLERCKX B. MIMO 无线通信：从真实世界的传播到空——时编码的设计 [M]. 赵晓辉，译 . 北京：机械工业出版社，2010.

[2] JANASWAMY R. Radio Wave Propagation and Smart Antenna for Wireless Communications [M]. Boston, MA: Kluwer Academic Publishers, 2000.

[3] SIMON M K, ALOUINI M S. Digital Communications over Fading Channels: A Unified Approach to Performance Analysis [M]. New York: Wiley, 2000.

[4] PROAKIS J G . Digital Communications [M]. 4th ed. New York: McGraw-Hill, 2001.

[5] PAULRAJ A J, NABAR R, GORE D. Introduction to Space-Time Wireless Communications [M]. Cambridge: Cambridge University Press, 2003.

[6] GORE D A, SANDHU S, PAULRAJ A. Delay diversity codes for frequency selective channels [C]// IEEE International Conference on Communications, New York, 2002, 3: 1949-1953.

[7] GODARA L C. Applications of antenna arrays to mobile communications, part II: Beamforming and direction-of-arrival considerations [J]. IEEE Proceedings, 1997, 85(8): 1195-1245.

[8] FOSCHINI G J, GANS M J. On limits of wireless communications in a fading environment using multiple antennas [J]. Wireless Personal Communications, 1998, 6(3): 311-335.

[9] TELATAR I E, TELATAR I E. Capacity of multi-antenna Gaussian channels [J]. European Transactions on Telecommunications, 1999, 10: 585-585.

[10] FOSCHINI G J. Layered space-time architecture for wireless communications in a fading environment when using multiple-element antenna [J]. Bell Labs Technical Journal, 1996, 1(2): 41-59.

[11] FOSCHINI G J, CHIZHIK D, GANS M J, et al. Analysis and performance of some basic space-time architectures [J]. IEEE Journal on Selected Areas Communication, 2003, 21(3): 303-320.

第3章 自适应天线阵列理论与技术

随着当今社会信息量的不断增长，全球通信事业飞速发展，个人移动通信业务快速膨胀，有限的频谱资源和不断增长的系统容量需求的矛盾日益突出；同时，实际的通信系统中广泛存在的多径干扰、多址干扰、信道衰落等，也对系统性能和容量造成了严重的影响。基于无线信道特征和阵列信号处理方法的自适应阵列天线，通过控制天线波束，灵活、高效地利用空间资源，能对抗衰落和干扰，提高频谱利用率，在保证通信质量的前提下扩大系统容量。

本章首先介绍自适应天线的基本构架和原理；然后分别介绍自适应处理系统的3个重要问题，即自适应相关准则、自适应典型波束成形算法和波达方向估计算法；最后介绍自适应阵列天线中的阵列校正技术与系统硬件构架。

3.1 自适应天线阵列的基本原理

自适应阵列天线的基本原理是根据一定的准则和算法自适应地调整阵列天线阵元激励的权值，使得阵列接收信号通过加权叠加后，输出信号的质量在所采取的准则下最优。我们知道阵列的方向图（或称波束），正是由阵列的权值向量所决定的。那么调整权值的效果，则是使阵列方向图的波束主瓣指向有用信号，而在干扰信号方向形成零陷或较低的旁瓣，从而对不同的用户或信号从空间上实现分隔，起到空间滤波的作用。

图 3-1 所示为一个包含 M 个阵元的自适应天线阵列。由该图可以看出，自适应天线阵列的组成包括天线阵列、射频与 A/D 转换模块以及波束成形模块。来自不同用户及不同路径的信号首先在阵列各阵元上接收，通过射频通道和 A/D 转换成基带数字信号，输入波束成形器的信号将是一个复基带信号向量。波束成形器模块包括自适应权值生成模块和阵元信号加权迭加模块两部分。自适应权值生成模块是整个自适应天线阵列系统的核心所在，它是一个阵列信号处理器，接收来自各阵元的阵列信号，并按照一定的自适应算法计算出加权向量。而该权向量再输入加权迭加模块中，将阵列信号向量加权迭加，从而得到整个自适应天线系统的输出。

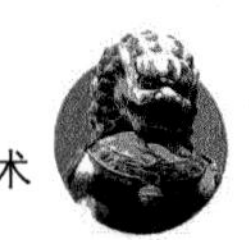

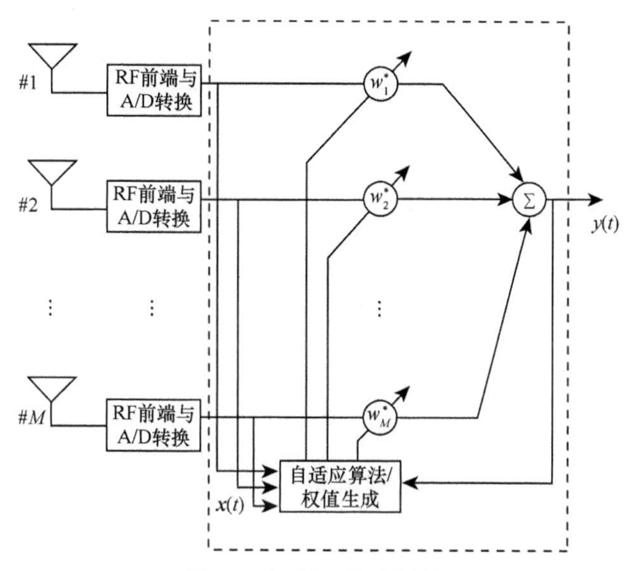

图 3-1　自适应天线系统结构

为了更好地说明自适应天线阵列的工作原理，以下对阵列天线接收信号的基带数字模型进行介绍，这包括给出输入波束成形器的信号向量的表达式，以及给出接收信号的统计特性。首先假定信号符合窄带模型的要求。所谓窄带模型，是指信号的带宽 B 远小于载波频率 f_c。事实上，绝大多数通信系统的信号都满足此要求。在此模型下，入射信号在不同阵元间的微小时延可以用相移来代替。也就是说，对于同一个信号，不同阵元上对该信号的响应间只相差一个相位。需要强调的是此处的“窄带”与很多通信系统文献中的窄带概念并不相同，后者一般指信号带宽低于信道带宽，而此处比较的是信号带宽与载波频率，特指阵元间的传输时延远小于符号长度。事实上，一般的带宽通信系统，如 CDMA、OFDM 等，都可以满足自适应天线窄带模型。

若记天线阵元数为 M，M 个阵元分别记为天线 #1，#2，…，#M。考虑只有一路信号入射，该信号在发射端表示为 $s(t)$，信道复增益（即包括幅度和相位影响）为 $h(t)$，入射角为 θ，则阵列接收信号向量 $\boldsymbol{x}(t)=\left[\boldsymbol{x}_1(t),\boldsymbol{x}_2(t),\cdots,\boldsymbol{x}_M(t)\right]^{\mathrm{T}}$ 为

$$\boldsymbol{x}(t)=\boldsymbol{a}(\theta)h(t)s(t)+\boldsymbol{n}(t) \tag{3-1}$$

其中，$\boldsymbol{a}(\theta)=\left[1,\mathrm{e}^{-\mathrm{j}\varphi_2(\theta)},\cdots,\mathrm{e}^{-\mathrm{j}\varphi_M(\theta)}\right]^{\mathrm{T}}$ 称为阵列空间的空间响应向量，$\varphi_i(\theta)$ 表示该来波信号在阵元 #i 与阵元 #1（参考点）之间的相对相移，具体表达式由各个阵元间的相对几何关系决定。若以图 3-2 所示的等间距直线阵为例，由图易知 $\varphi_i(\theta)=-(i-1)kd\sin\theta$，其中，$k$ 为载波传播常数，d 为阵列间距。

$\boldsymbol{n}(t)=\left[n_1(t),n_2(t),\cdots,n_M(t)\right]^{\mathrm{T}}$表示阵元噪声向量，为独立分布的高斯信号。

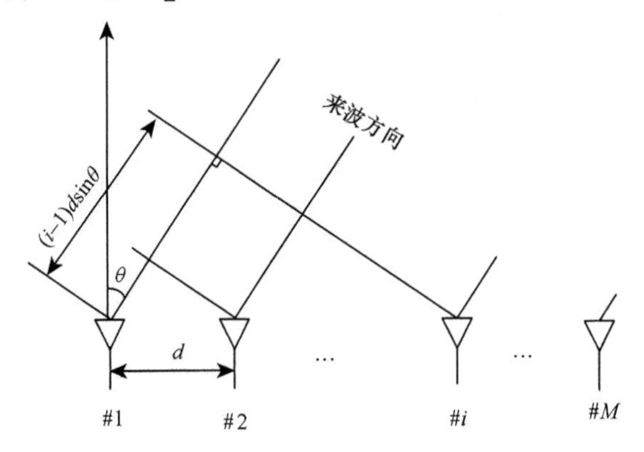

图 3-2　等距直线阵阵元相位差示意

式（3-1）中的 $\boldsymbol{a}(\theta)$ 仅反映了阵列本身对信号接收的影响，若将信道增益包含进去，即令 $\boldsymbol{a}(\theta)=h(t)\left[1,\mathrm{e}^{-\mathrm{j}\varphi_2(\theta)},\cdots,\mathrm{e}^{-\mathrm{j}\varphi_M(\theta)}\right]^{\mathrm{T}}$，则称为广义阵列空间响应向量，它反映了阵列对于某个发射信号的完整响应。这时有

$$\boldsymbol{x}(t)=\boldsymbol{a}(\theta)\boldsymbol{s}(t)+\boldsymbol{n}(t) \tag{3-2}$$

该式是基于连续信号模型。对于离散信号模型，则在第 k 个快拍时刻，有

$$\boldsymbol{x}(k)=\boldsymbol{a}(\theta)\boldsymbol{s}(k)+\boldsymbol{n}(k) \tag{3-3}$$

考虑有 N 个信号入射到阵列，入射角分别为 $\theta_1,\theta_2,\cdots,\theta_N$，则在第 k 个快拍时刻阵列接收信号为

$$\boldsymbol{x}(k)=\sum_{i=1}^{N}\boldsymbol{a}(\theta_i)s_i(k)+\boldsymbol{n}(k)=\boldsymbol{A}(k)\boldsymbol{s}(k)+\boldsymbol{n}(k) \tag{3-4}$$

其中，$\boldsymbol{A}(k)=\left[\boldsymbol{a}(\theta_1),\boldsymbol{a}(\theta_2),\cdots,\boldsymbol{a}(\theta_N)\right]$，$\boldsymbol{s}(k)=\left[s_1(k),s_2(k),\cdots,s_N(k)\right]^{\mathrm{T}}$，式（3-4）就是输入波束成形器的阵列天线接收信号模型。

波束成形器的任务，就是对接收信号 $\boldsymbol{x}(k)$ 进行处理，按照一定的自适应算法，生成加权向量 $\boldsymbol{W}(k)=\left[w_1(k),w_2(k),\cdots,w_N(k)\right]^{\mathrm{T}}$，进而得到阵列输出，即

$$y(k)=\boldsymbol{W}^{\mathrm{H}}\boldsymbol{x}(k) \tag{3-5}$$

该输出通常在某个准则下达到最优。而最优的权向量总是由信道环境所决定的，信道环境又反映为接收信号 $\boldsymbol{x}(k)$ 的统计特性，即 $\boldsymbol{A}$ 和噪声的分布特性。在一定的准则下，对于一个确定的 $\boldsymbol{A}$ 和噪声分布，总对应有一个确定的最优的 $\boldsymbol{W}$ 向量解，记 $\boldsymbol{W}_{\mathrm{opt}}$。

3.2　最佳滤波准则

自适应波束控制是根据一定的准则和算法自适应地调整阵列天线阵元激励的权值，使得阵列接收信号通过加权叠加后，输出信号的质量在所采取的准则下最优。衡量“最优”的标准有很多，常见的有：①最小均方误差（MMSE）准则；②最大信干噪比（Max-SINR）准则；③最大似然估计（ML）准则；④最小方差（Minimum Variance，MV）准则等。不同的自适应波束控制准则适用于不同的信号与接收环境，它们的最优解都可以分解为一个相同的线性矩阵滤波器和一个不同的标量处理器的积，且它们都收敛于最优维纳解。本节将针对上述几种不同的准则进行介绍。

3.2.1　最小均方误差准则

最小均方误差准则，即要求输出信号与参考信号之间的均方误差最小化。如图3-3所示，假设期望信号从 θ_0 角度到达，干扰信号从 θ_1，…，θ_N 角度到达。含 M 个权值的 M 个阵元天线阵接收期望信号和干扰信号。阵元 M 的每个接收信号还包括加性高斯噪声。时刻用第 k 次采样表示。因此，对接收信号

$$\begin{aligned}\boldsymbol{x}(k)=\boldsymbol{a}_0 s(k)+\sum_{i=1}^{N}\boldsymbol{a}(\theta_i)i_i(k)+\boldsymbol{n}(k)=\\ \boldsymbol{x}_s(k)+\boldsymbol{x}_i(k)+\boldsymbol{n}(k)=\boldsymbol{x}_s(k)+\boldsymbol{u}(k)\end{aligned} \tag{3-6}$$

其中，$\boldsymbol{x}_s(k)$ 表示期望信号向量；$\boldsymbol{u}(k)$ 表示非期望信号向量；$\boldsymbol{x}_i(k)$ 表示干扰信号向量；$\boldsymbol{n}(k)$ 表示每个信道的零均值高斯噪声；$\boldsymbol{a}(\theta_i)$ 表示在到达方向 θ_i 上，M 个阵元的天线阵的导向向量。

信号 $d(k)$ 是参考信号。参考信号与期望信号 $s(k)$ 强相关，则与干扰信号 $i_i(k)$ 不相关。如果 $s(k)$ 与干扰信号明显相同，则最小均方误差将失效。将误差信号记为 $\varepsilon(k)$，其表达式为

$$\varepsilon(k)=d(k)-\boldsymbol{W}^{\mathrm{H}}\boldsymbol{x}(k) \tag{3-7}$$

而所谓均方误差，则指 $\varepsilon(k)$ 平方的统计期望，以 $\mathrm{E}\{\cdot\}$ 代表期望运算，则均方误差的表达式为

$$\mathrm{E}\left\{|\varepsilon(k)|^2\right\}=\mathrm{E}\left\{|d(k)|^2\right\}-2\boldsymbol{W}^{\mathrm{H}}\boldsymbol{r}_{xd}+\boldsymbol{W}^{\mathrm{H}}\boldsymbol{R}_{xx}\boldsymbol{W} \tag{3-8}$$

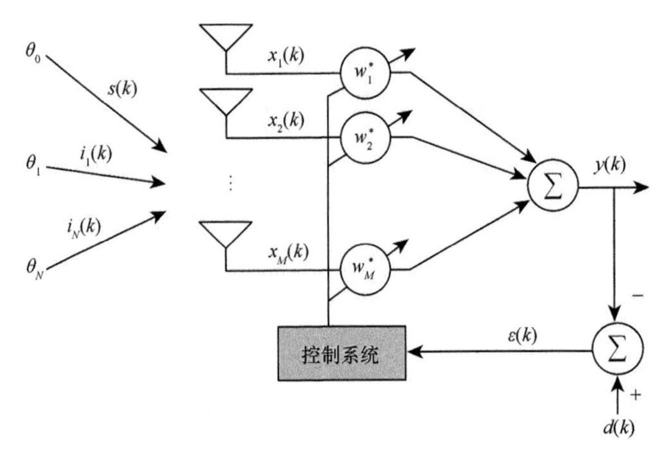

图 3-3 均方误差自适应系统

其中，$\boldsymbol{r}_{xd}=\mathrm{E}\left\{d^*(k)\boldsymbol{x}(k)\right\}$，$\boldsymbol{R}_{xx}=\mathrm{E}\left\{\boldsymbol{x}(k)\boldsymbol{x}^{\mathrm{H}}(k)\right\}$，一般称 $\boldsymbol{R}_{xx}$ 为接收信号的协方差矩阵。要得到 MMSE 准则下的最优解，即令式（3-8）的 $\boldsymbol{W}$ 最小，只需要对该式求关于 $\boldsymbol{W}$ 的导数，并令其等于零，即

$$\nabla_W\left(\mathrm{E}\left\{\left|\varepsilon(k)\right|^2\right\}\right)=-2\boldsymbol{r}_{xd}+2\boldsymbol{R}_{xx}\boldsymbol{W}_{\mathrm{opt(MMSE)}}=0 \tag{3-9}$$

则可得到 MMSE 准则下的最优维纳解

$$\boldsymbol{W}_{\mathrm{opt(MMSE)}}=\boldsymbol{R}_{xx}^{-1}\boldsymbol{r}_{xd} \tag{3-10}$$

3.2.2 最大信干噪比准则

最大信干噪比准则，即要求最优权向量对应的输出信号中，期望信号和干扰噪声信号的功率之比最大。

对于期望信号，加权后的天线阵输出功率为

$$\sigma_s^2=\mathrm{E}\left\{\left|\boldsymbol{W}^{\mathrm{H}}\boldsymbol{s}(k)\right|^2\right\}=\boldsymbol{W}^{\mathrm{H}}\boldsymbol{R}_{ss}\boldsymbol{W} \tag{3-11}$$

其中，$\boldsymbol{R}_{ss}=\mathrm{E}\left\{\boldsymbol{x}(k)\boldsymbol{x}^{\mathrm{H}}(k)\right\}$表示信号相关矩阵。

对于非期望信号，加权后的天线阵输出功率为

$$\sigma_u^2=\mathrm{E}\left\{\left|\boldsymbol{W}^{\mathrm{H}}\boldsymbol{u}(k)\right|^2\right\}=\boldsymbol{W}^{\mathrm{H}}\boldsymbol{R}_{uu}\boldsymbol{W} \tag{3-12}$$

其中，$\boldsymbol{R}_{uu}$=$\boldsymbol{R}_{ii}$+$\boldsymbol{R}_{nn}$，$\boldsymbol{R}_{ii}$ 表示干扰信号的相关矩阵，$\boldsymbol{R}_{nn}$ 表示噪声的相关矩阵。

SINR 定义为期望信号功率与非期望信号功率之比

$$SINR = \frac{\sigma_s^2}{\sigma_u^2} = \frac{\boldsymbol{W}^{\mathrm{H}}\boldsymbol{R}_{ss}\boldsymbol{W}}{\boldsymbol{W}^{\mathrm{H}}\boldsymbol{R}_{uu}\boldsymbol{W}} \tag{3-13}$$

对式（3-13）关于 $\boldsymbol{W}$ 求导，并令其等于零，可求得 SINR 的最大值。Harrington 对这种优化方式做了概述。重新整理这些项，可以导出

$$\boldsymbol{R}_{ss}\boldsymbol{W} = SINR\boldsymbol{R}_{uu}\boldsymbol{W} \tag{3-14}$$

或

$$\boldsymbol{R}_{uu}^{-1}\boldsymbol{R}_{ss}\boldsymbol{W} = SINR\boldsymbol{W} \tag{3-15}$$

式（3-15）是特征值为 SINR 的特征向量方程。最大 SINR 等于厄米特矩阵 $\boldsymbol{R}_{uu}^{-1}\boldsymbol{R}_{ss}$ 的最大特征值 $\lambda_{\max}$。与最大特征值对应的特征向量是最优权值向量 $\boldsymbol{W}_{\mathrm{opt}}$。

由于相关矩阵定义为 $\boldsymbol{R}_{ss} = \mathrm{E}\left\{\left|\boldsymbol{s}(k)\right|^2\right\}\boldsymbol{a}_0\boldsymbol{a}_0^{\mathrm{H}}$，故可以根据最优维纳解得权值向量为

$$\boldsymbol{W}_{\mathrm{opt(SINR)}} = \beta\boldsymbol{R}_{uu}^{-1}\boldsymbol{a}_0 \tag{3-16}$$

其中，

$$\beta = \frac{\mathrm{E}\left\{\left|\boldsymbol{s}(k)\right|^2\right\}}{\lambda_{\max}}\boldsymbol{a}_0^{\mathrm{H}}\boldsymbol{W}_{\mathrm{opt(SINR)}} \tag{3-17}$$

3.2.3　最大似然准则

实际中常常遇到对有用信号完全先验无知的情况，提出最大似然准则，即假定期望信号 $\boldsymbol{x}_s$ 未知，非期望信号 $\boldsymbol{n}$ 服从零均值高斯分布，旨在定义一个能估计出期望信号的似然函数。

输入信号向量为

$$\boldsymbol{x} = \boldsymbol{a}_0 s + \boldsymbol{n} = \boldsymbol{x}_s + \boldsymbol{n} \tag{3-18}$$

假设总的分布服从高斯分布，但均值受期望信号 $\boldsymbol{x}_s$ 的控制。概率密度函数由联合概率密度 $p(\boldsymbol{x}/\boldsymbol{x}_s)$ 描述，该密度可视为似然函数，用来估计参数 $\boldsymbol{x}_s$。概率密度函数表示为

$$p\left(\boldsymbol{x}/\boldsymbol{x}_s\right) = \frac{1}{\sqrt{2\pi\sigma_n^2}}\mathrm{e}^{-\left[\left(\boldsymbol{x}-\boldsymbol{a}_0 s\right)^{\mathrm{H}} R_{nn}^{-1}\left(\boldsymbol{x}-\boldsymbol{a}_0 s\right)\right]} \tag{3-19}$$

其中，σ_n 表示噪声标准差，$\boldsymbol{R}_{nn}=\sigma_n^2 I$ 表示噪声相关矩阵。

由于有用的参数在指数中，用概率密度函数的负对数更容易处理。我们称其为对数似然函数。因此，对数似然函数定义为

$$L[\boldsymbol{x}]=-\ln\left[p(\boldsymbol{x}/\boldsymbol{x}_s)\right]=C\left(\boldsymbol{x}-\boldsymbol{a}_0 s\right)^{\mathrm{H}}\boldsymbol{R}_{nn}^{-1}\left(\boldsymbol{x}-\boldsymbol{a}_0 s\right) \tag{3-20}$$

其中，C 是常数，$\boldsymbol{R}_{nn}=\mathrm{E}\left\{\boldsymbol{n}\boldsymbol{n}^{\mathrm{H}}\right\}$。

定义期望信号的估计$\hat{s}$，即求对数似然函数的最大值。关于 s 求偏导并令其等于零，可求得 $L[\boldsymbol{x}]$ 的最大值。从而有

$$\frac{\partial L[\boldsymbol{x}]}{\partial s}=-2\boldsymbol{a}_0^{\mathrm{H}}\boldsymbol{R}_{nn}^{-1}\boldsymbol{x}+2\hat{s}\boldsymbol{a}_0^{\mathrm{H}}\boldsymbol{R}_{nn}^{-1}\boldsymbol{a}_0=0 \tag{3-21}$$

求解$\hat{s}$得

$$\hat{s}=\frac{\boldsymbol{a}_0^{\mathrm{H}}\boldsymbol{R}_{nn}^{-1}}{\boldsymbol{a}_0^{\mathrm{H}}\boldsymbol{R}_{nn}^{-1}\boldsymbol{a}_0}\boldsymbol{x}=\boldsymbol{W}_{\mathrm{opt}}^{\mathrm{H}}\boldsymbol{x} \tag{3-22}$$

因此有

$$\boldsymbol{W}_{\mathrm{opt(ML)}}^{\mathrm{H}}=\frac{\boldsymbol{a}_0^{\mathrm{H}}\boldsymbol{R}_{nn}^{-1}}{\boldsymbol{a}_0^{\mathrm{H}}\boldsymbol{R}_{nn}^{-1}\boldsymbol{a}_0} \tag{3-23}$$

3.2.4 最小方差准则

有时对于有用信号形式和来向完全未知，如雷达摄影、气象雷达、心电图等，这时只是为了对有用信号的检测更好而消除干扰杂波背景，提出最小方差[1]准则，即假定期望信号和非期望信号具有零均值，使输出信号的噪声方差最小。该准则的物理意义是在保证对有用信号输出固定的条件下，输出总功率越小，噪声和干扰分量的功率越小。

利用图 3-4 的阵列结构，加权后的天线阵输出为

$$y=\boldsymbol{W}^{\mathrm{H}}\boldsymbol{x}=\boldsymbol{W}^{\mathrm{H}}\boldsymbol{a}_0 s+\boldsymbol{W}^{\mathrm{H}}\boldsymbol{u} \tag{3-24}$$

为确保无失真响应，还必须加入约束条件

$$\boldsymbol{W}^{\mathrm{H}}\boldsymbol{a}_0=1 \tag{3-25}$$

将约束条件应用到式（3-24）中，天线阵输出由下式给出

$$y=s+\boldsymbol{W}^{\mathrm{H}}\boldsymbol{u} \tag{3-26}$$

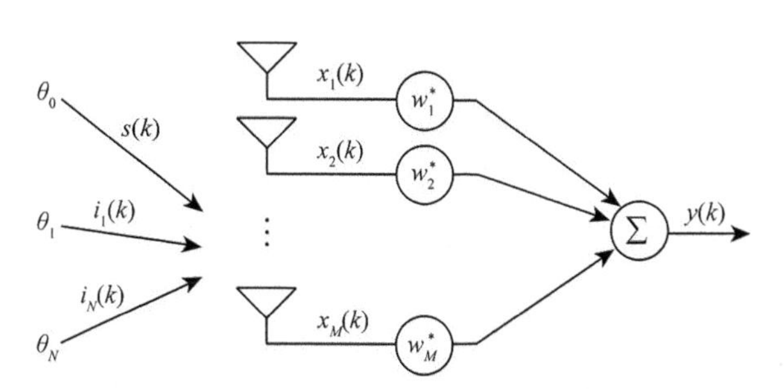

图 3-4　单信号天线阵列波束成形

另外，如果非期望信号的均值为零，则天线阵输出的期望值为

$$\mathrm{E}\{y\}=s \tag{3-27}$$

下面计算 y 的方差，得

$$\sigma_y^2=\mathrm{E}\left\{\left|\boldsymbol{W}^{\mathrm{H}}\boldsymbol{x}\right|^2\right\}=\mathrm{E}\left\{\left|s+\boldsymbol{W}^{\mathrm{H}}\boldsymbol{x}\right|^2\right\}=\boldsymbol{W}^{\mathrm{H}}\boldsymbol{R}_{uu}\boldsymbol{W} \tag{3-28}$$

其中，$\boldsymbol{R}_{uu}=\boldsymbol{R}_{ii}+\boldsymbol{R}_{nn}$。

应用拉格朗日乘子法 [2] 求方差的最小值。由于所有天线阵权值相互独立，将式（3-25）的约束条件合并，以便定义修改的性能准则或代价函数，它是方差和约束条件的线性组合，得

$$J(\boldsymbol{W})=\frac{\sigma_y^2}{2}+\lambda\left(1-\boldsymbol{W}^{\mathrm{H}}\boldsymbol{a}_0\right)=\frac{\boldsymbol{W}^{\mathrm{H}}\boldsymbol{R}_{uu}\boldsymbol{W}}{2}+\lambda\left(1-\boldsymbol{W}^{\mathrm{H}}\boldsymbol{a}_0\right) \tag{3-29}$$

其中，λ 是拉格朗日乘数，$J(\boldsymbol{W})$ 是代价函数。

令上式为零可以求得代价函数的最小值，进而求得权值

$$\boldsymbol{W}_{\mathrm{opt(MV)}}=\lambda\boldsymbol{R}_{uu}^{-1}\boldsymbol{a}_0 \tag{3-30}$$

为了确定常数 λ，将式（3-25）代入式（3-30），得到

$$\lambda=\frac{1}{\boldsymbol{a}_0^{\mathrm{H}}\boldsymbol{R}_{uu}^{-1}\boldsymbol{a}_0} \tag{3-31}$$

最后得出最小方差的最优权值为

$$\boldsymbol{W}_{\mathrm{opt(MV)}}=\frac{\boldsymbol{R}_{uu}^{-1}\boldsymbol{a}_0}{\boldsymbol{a}_0^{\mathrm{H}}\boldsymbol{R}_{uu}^{-1}\boldsymbol{a}_0} \tag{3-32}$$

上述准则虽然在原理上完全不同，但在理论上是等价的，得到的最佳权向量都可表示为维纳解。基于这些最优准则的自适应波束成形均可获得良好的阵

列输出性能。在应用时，可根据不同的已知条件采用不同的准则。

3.3 自适应波束成形算法

上一节介绍了波束成形中常用的最佳滤波准则，以及各种准则下最优解的表达式。在实际的无线通信，特别是移动通信的信道环境中，信道条件（例如波达角度、信号幅度和相位等）往往随时间发生变化，因此相应的最优权也在不断变化中。自适应天线阵列的工作过程就是不断地调整权值，使之快速地收敛于当前的最优解，跟踪信道的变化，我们称之为自适应波束成形。用以调整权值的算法，则被称为自适应波束成形算法。自适应波束成形算法是自适应天线阵列系统的核心，是决定系统性能的最重要因素，也是自适应天线阵列研究的重点和关键。

首先需要了解的是，对于某个自适应算法，应从哪些方面衡量其性能。大体而言，衡量算法性能的因素包括以下几个方面。

① 算法的收敛速度：这是在静态的环境下，算法收敛于最优解所需要的迭代次数。

② 算法的跟踪性能：指在信道发生变化的条件下，算法自适应跟踪信道的能力。

③ 算法的稳健性：指当输入病态的情况下算法能否正常工作，或者算法在何种条件下方可收敛。

④ 算法的计算复杂度：这是一个非常实际的衡量标准，指算法所需要的乘加运算数量，该方面的性能决定了算法的硬件性能要求和实现成本。

自适应波束成形算法有多种分类方式，一般根据算法是否需要显式的训练序列，可分为非盲算法和盲算法两类。非盲算法是指在发送信号中包括显式的、在接收端已知的训练序列，利用这些训练序列进行波束成形的算法。其特点是利用这些已知的训练序列在接收端对信号的统计特性进行实时估计，从而计算出权向量。众所周知，在很多通信系统中都定义了一些已知的训练序列在发射端进行发射，如 GSM 系统中的中置训练序列（Mid-Amble）、802.11a 系统中的前置训练序列（Preamble）、cdma2000 中的导频信号序列等。常见的非盲算法有：最小均方算法（Least Mean Square，LMS）、矩阵求逆法（SMI）、迭代最小二乘法（RLS）等。这 3 种方法都基于最小均方误差准则，即生成权值的目标是令式（3-8）趋于最小。从求解方法而言，LMS 是基于最陡下降梯度估

计方法，而 SMI 和 RLS 都基于式（3-10）的维纳最优解表达式直接求解，SMI 则是对一个数据块直接求解，新解和旧解之间无相互的迭代关系。共轭梯度法也是一种非盲算法，同样是从某个均方误差表达式最小化出发推导而得，通过梯度搜索方法，以迭代形式搜索最小二乘形式的最优解，具有收敛速度快的优点。盲算法是指不需要发送训练序列，利用所需信号固有的一些特性或者利用 DOA 估计的结果进行波束成形的算法。其特点是无需训练序列、噪声和干扰信号相关特性等其他先验知识和复杂的阵列校准。常见的盲算法有：恒模算法（Constant Modulus Algorihm，CMA）、最小二乘恒模算法等。

3.3.1　最小均方算法

最小均方算法是基于最陡下降优化方法的迭代自适应算法，在自适应均衡和自适应波束成形领域有着非常广泛的应用。按照梯度搜索的方法以达到生成权向量逼近于维纳最优解，其迭代公式为

$$\begin{aligned}\boldsymbol{W}(k+1)=\boldsymbol{W}(k)+\frac{1}{2}\mu\left[-\nabla_{W}\left(\mathrm{E}\left\{\varepsilon^{2}(k)\right\}\right)\right]=\\ \boldsymbol{W}(k)+\mu\left[\boldsymbol{r}_{xd}-\boldsymbol{R}_{xx}\boldsymbol{W}(k)\right]\end{aligned} \tag{3-33}$$

其中，μ 是常数，称为步长因子；∇_W是性能表面的梯度；$\boldsymbol{r}_{xd}$ 和 $\boldsymbol{R}_{xx}$ 都是统计量，实际计算需要估计值代替。该迭代公式的物理意义是在$\mathrm{E}\{\varepsilon^2(k)\}$所对应的 $\boldsymbol{W}$ 的性能表面上，从某一权值点出发，沿着该点性能表面的负梯度方向按照给定的步长搜索至一个新的权值点，再由新的权值点继续这样搜索，则最终找到性能表面的最小点（倘若性能表面只有一个最小点）。

LMS 算法的原理是：采用瞬时采样值进行$\boldsymbol{R}_{xx}$和$\boldsymbol{r}_{xd}$的估计，即在第k个快拍，$\boldsymbol{R}_{xx}$ 和 $\boldsymbol{r}_{xd}$ 的估计值为

$$\boldsymbol{R}_{xx}(k)=\boldsymbol{x}(k)\boldsymbol{x}^{\mathrm{H}}(k) \tag{3-34}$$

$$\hat{\boldsymbol{r}}_{xd}(k)=d^{*}(k)\boldsymbol{x}(k) \tag{3-35}$$

式（3-34）中的 $d(k)$ 就是已知的训练序列。将以上两式代入式（3-33），得

$$\begin{aligned}\boldsymbol{W}(k+1)=\boldsymbol{W}(k)+\mu\left[\boldsymbol{x}(k)d^{*}(k)-\boldsymbol{x}(k)\boldsymbol{x}^{\mathrm{H}}(k)\boldsymbol{W}(k)\right]=\\ \boldsymbol{W}(k)+\mu\boldsymbol{x}(k)\left[d^{*}(k)-y^{*}(k)\right]=\\ \boldsymbol{W}(k)+\mu\boldsymbol{x}(k)\varepsilon^{*}(k)\end{aligned} \tag{3-36}$$

这就是 LMS 算法的迭代公式。

在 LMS 算法中，步长因子 μ 的取值对算法的性能有非常重要的影响，包括算法的稳定性、算法的收敛速度、算法的扰动和失调。以下针对 μ 在这 3 个方面的影响分别进行讨论。

1．**算法的稳定性**

对式（3-36）两边取期望，可得

$$\begin{aligned}\mathrm{E}\{\boldsymbol{W}(k+1)\}=\mathrm{E}\{\boldsymbol{W}(k)\}+\mu\mathrm{E}\{\boldsymbol{x}(k)\varepsilon^*(k)\}=\\ \mathrm{E}\{\boldsymbol{W}(k)\}+\mu\left[\mathrm{E}\{\boldsymbol{x}(k)d^*(k)\}-\mathrm{E}\{\boldsymbol{x}(k)\boldsymbol{x}^{\mathrm{H}}(k)\boldsymbol{W}(k)\}\right]\end{aligned} \tag{3-37}$$

由式（3-36）迭代公式易知，权向量 $\boldsymbol{W}(k)$ 仅与前 k−1 个时刻的输入有关，假定相继的输入是独立的，则 $\boldsymbol{W}(k)$ 与 $\boldsymbol{x}(k)$ 相互独立。基于此假定，式（3-37）可化为

$$\begin{aligned}\mathrm{E}\{\boldsymbol{W}(k+1)\}=\mathrm{E}\{\boldsymbol{W}(k)\}+\mu\left[\boldsymbol{r}_{xd}-\boldsymbol{R}_{xx}\mathrm{E}\{\boldsymbol{W}(k)\}\right]=\\ (\boldsymbol{I}-\mu\boldsymbol{R}_{xx})\mathrm{E}\{\boldsymbol{W}(k)\}+\mu\boldsymbol{R}_{xx}\boldsymbol{W}_{\mathrm{opt}}\end{aligned} \tag{3-38}$$

其中，$\boldsymbol{W}_{\mathrm{opt}}=\boldsymbol{R}_{xx}^{-1}\boldsymbol{r}_{xd}$是维纳滤波解。定义第 k 时刻生成权 $\boldsymbol{W}(k)$ 与最优权 $\boldsymbol{W}_{\mathrm{opt}}$ 之差为权偏差向量，记为 $\boldsymbol{W}_d(k)$，即

$$\boldsymbol{W}_d(k)=\boldsymbol{W}(k)-\boldsymbol{W}_{\mathrm{opt}} \tag{3-39}$$

则式（3-38）可化为

$$\mathrm{E}\{\boldsymbol{W}_d(k+1)\}=(\boldsymbol{I}-\mu\boldsymbol{R}_{xx})\mathrm{E}\{\boldsymbol{W}_d(k)\} \tag{3-40}$$

令 $\boldsymbol{Q}$ 为 $\boldsymbol{R}_{xx}$ 的正交归一矩阵，将上式两端左边乘以 $\boldsymbol{Q}^{-1}$，并记$\boldsymbol{W}_d=\boldsymbol{Q}\boldsymbol{W}_d'$，可得

$$\begin{aligned}\mathrm{E}\{\boldsymbol{W}_d'(k+1)\}=\boldsymbol{Q}^{-1}(\boldsymbol{I}-\mu\boldsymbol{R}_{xx})\boldsymbol{Q}\mathrm{E}\{\boldsymbol{W}_d'(k)\}=\\ (\boldsymbol{I}-\mu\boldsymbol{Q}^{-1}\boldsymbol{R}_{xx}\boldsymbol{Q})\mathrm{E}\{\boldsymbol{W}_d'(k)\}=\\ (\boldsymbol{I}-\mu\boldsymbol{\Lambda})\mathrm{E}\{\boldsymbol{W}_d'(k)\}\end{aligned} \tag{3-41}$$

其中，$\boldsymbol{\Lambda}$ 是 $\boldsymbol{R}_{xx}$ 的特征值组成的对角阵。可以看出向量$\boldsymbol{W}_d'$各元素之间实现了去耦，因此将该向量称为主轴偏向量。由于$(\boldsymbol{I}-\mu\boldsymbol{\Lambda})$为对角阵，易知

$$\mathrm{E}\{\boldsymbol{W}_d'(k)\}=(\boldsymbol{I}-\mu\boldsymbol{\Lambda})^k\,\mathrm{E}\{\boldsymbol{W}_d'(0)\} \tag{3-42}$$

如果希望算法收敛于维纳最优解，则需要当 k 趋于无穷时，权偏差向量$\mathrm{E}\{\boldsymbol{W}_d(k)\}$趋于 0，同时$\mathrm{E}\{\boldsymbol{W}_d'(k)\}$也要趋于 0。而由式（3-42）知，当且仅当

$(\boldsymbol{I}-\mu\boldsymbol{\Lambda})^k$趋于0时，方能满足上述要求，又根据$(\boldsymbol{I}-\mu\boldsymbol{\Lambda})$的对角性，可得

$$|1-\mu\lambda_i|<1,\ i=1,\cdots,M \tag{3-43}$$

进而可得

$$0\leqslant\mu\leqslant\frac{2}{\lambda_{\max}} \tag{3-44}$$

也就是说，要令算法收敛，步长因子必须满足式（3-44），其中$\lambda_{\max}$是$\boldsymbol{R}_{xx}$的最大特征值。定义$\boldsymbol{R}_{xx}$的迹$\mathrm{tr}(\boldsymbol{R}_{xx})$等于$\boldsymbol{R}_{xx}$所有特征值之和，则$\mathrm{tr}(\boldsymbol{R}_{xx})$必不小于$\lambda_{\max}$，所以在实际应用中往往选取步长因子满足

$$0\leqslant\mu\leqslant\frac{2}{\mathrm{tr}(\boldsymbol{R}_{xx})} \tag{3-45}$$

2. 算法的收敛速度

关于LMS算法的收敛速度，将讨论两点：第一，对于一个特定的信号环境，收敛速度和步长因子μ有何关系；第二，信号环境本身的特征，对收敛速度有何影响。

仍然观察式（3-42），可以发现，权偏差向量趋于0的速度是由公比矩阵$(\boldsymbol{I}-\mu\boldsymbol{\Lambda})$决定的。为更直观地观察，记$\boldsymbol{W}_d'$的第$i$个元素为$w_{di}'$，则有

$$w_{di}'(k)=(1-\mu\lambda_i)^k\,w_{di}'(0) \tag{3-46}$$

也就是说，$\boldsymbol{W}_d'$中每一个元素收敛于0的速率分别由一个对应的公比$1-\mu\lambda_i$来控制。设信号环境是确定的，即所有的λ_i都是确定的，那么当μ在满足式（3-44）要求的条件下，其取值越大，$1-\mu\lambda_i$越趋近于0，相应算法的收敛速度越快。从收敛速度的角度考虑，μ的取值应当尽量的大。

再来看信号环境，即$\boldsymbol{R}_{xx}$的特征对算法收敛特性的影响。通过式（3-46）可知，算法的收敛速度是由M个公比，即$1-\mu\lambda_i$（$i=1,\cdots,M$）共同来决定的。那么不难想象，当特征值的分布范围较大，即最大特征值和最小特征值之比较大时，公比的取值幅度也将比较大，算法的收敛速度将会变得比较慢。这是一个非常重要的结论。

3. 算法的失调

从收敛速度的角度考虑，步长因子μ应尽可能大，但较大的μ取值会加重算法的失调。LMS算法是利用瞬时的采样值对梯度进行估计，由于噪声的影响，总是会伴随着估计的偏差，这将给算法带来直接的影响。这些影响主要表现为算法的失调，而失调的严重程度则和μ的取值存在直接的关系。

失调是指由于梯度估计偏差的存在，当算法收敛后，均方误差并不无穷趋近于最小值，而是呈现出在最小值附近随机波动的特性，而权值亦不无穷趋近于最优值，而是在最优值附近呈现随机波动。下面从数学上定义失调，并对LMS算法中的失调性能给予定性的衡量。记式（3-8）表示的均方误差在权向量取最优解的取值，也就是最小均方误差为$\xi_{\min}$，而记LMS算法第k次迭代后的均方误差为ξ_k，定义超量均方误差，记为exc MSE，如

$$\mathrm{exc\,MSE}=\mathrm{E}\left\{\xi_k-\xi_{\min}\right\}=\mathrm{E}\left\{\xi_k-\xi_{\min}\right\}=\mathrm{E}\left\{\boldsymbol{W}_d'^{\mathrm{H}}(k)\boldsymbol{\Lambda}\boldsymbol{W}_d'(k)\right\}=\sum_{i=1}^{M}\lambda_i\mathrm{E}\left\{\left|w_{d,i}'(k)\right|^2\right\} \tag{3-47}$$

其中，$w_{d,i}'(k)$是$\boldsymbol{W}_d'(k)$向量中的第i个元素，设k足够大，以至于算法已收敛，则失调M_a定义为$M_a=\mathrm{exc\,MSE}/\xi_{\min}$，要衡量失调，只要求出$\mathrm{E}\left\{\left|w_{d,i}'(k)\right|^2\right\}$的表达式即可。失调是由梯度估值噪声带来的，令$\hat{\nabla}_k$表示第$k$次迭代中的梯度估值，它可以表达为

$$\hat{\nabla}_k=\nabla_k+\boldsymbol{N}_k \tag{3-48}$$

其中，$\boldsymbol{N}_k$表示梯度估值噪声。不难推得，在带噪梯度估值的条件下，权偏向量的迭代关系式为

$$\boldsymbol{W}_d(k+1)=\left(\boldsymbol{I}-\mu\boldsymbol{R}_{xx}\right)\boldsymbol{W}_d(k)-\mu\boldsymbol{N}_k \tag{3-49}$$

利用$\boldsymbol{W}_d=\boldsymbol{Q}\boldsymbol{W}_d'$关系式变换至主轴坐标系，得

$$\boldsymbol{W}_d'(k+1)=\left(\boldsymbol{I}-\mu\boldsymbol{\Lambda}\right)\boldsymbol{W}_d'(k)-\mu\boldsymbol{N}_k' \tag{3-50}$$

其中，$\boldsymbol{N}_k'=\boldsymbol{Q}^{-1}\boldsymbol{N}_k$称为主轴梯度估计噪声。对上式两端求协方差，并考虑$k$足够大，算法收敛的情况下，$\boldsymbol{W}_d'(k)$方差与迭代次数$k$无关，即$\mathbf{Cov}\left\{\boldsymbol{W}_d'(k)\right\}=\mathbf{Cov}\left\{\boldsymbol{W}_d'(k+1)\right\}$，可得

$$\mathrm{Cov}\left\{\boldsymbol{W}_d'(k)\right\}=\frac{\mu}{8}\left(\boldsymbol{\Lambda}-\mu\boldsymbol{\Lambda}^2\right)^{-1}\mathrm{Cov}\left\{\boldsymbol{N}'(k)\right\} \tag{3-51}$$

对于LMS算法，当算法收敛时，∇_k等于0，所以

$$\boldsymbol{N}_k=\hat{\nabla}_k=-2\varepsilon^*(k)\boldsymbol{x}(k) \tag{3-52}$$

因此，

$$\mathrm{Cov}\left\{\boldsymbol{N}_k\right\}=\mathrm{E}\left\{\boldsymbol{N}_k\boldsymbol{N}_k^{\mathrm{H}}\right\}=4\mathrm{E}\left\{\left|\varepsilon(k)\right|^2\boldsymbol{x}(k)\boldsymbol{x}^{\mathrm{H}}(k)\right\} \tag{3-53}$$

又由$\nabla_k = -2\mathrm{E}\left\{\varepsilon^*(k)\boldsymbol{x}(k)\right\} = 0$可知，$|\varepsilon(k)|^2$与$\boldsymbol{x}(k)$近似不相关，因此

$$\mathrm{Cov}\left\{\boldsymbol{N}_k\right\} \approx 4\mathrm{E}\left\{|\varepsilon(k)|^2\right\}\mathrm{E}\left\{\boldsymbol{x}(k)\boldsymbol{x}^{\mathrm{H}}(k)\right\} \approx 4\xi_{\min}\boldsymbol{R}_{xx} \tag{3-54}$$

变换至主轴得

$$\mathbf{Cov}\left\{\boldsymbol{N}_k'\right\} \approx 4\xi_{\min}\boldsymbol{\Lambda} \tag{3-55}$$

将式（3-55）代入式（3-51），得

$$\mathrm{Cov}\left\{\boldsymbol{W}_d'(k)\right\} \approx \frac{\mu\xi_{\min}}{2}\left(\boldsymbol{\Lambda}-\mu\boldsymbol{\Lambda}^2\right)^{-1}\boldsymbol{\Lambda} \approx \frac{\mu\xi_{\min}}{2}\boldsymbol{\Lambda}^{-1}\boldsymbol{\Lambda} = \frac{\mu\xi_{\min}}{2} \tag{3-56}$$

上式推导中利用了$\boldsymbol{\mu\Lambda}$各对角线元素一般远小于 1 这一假设。将式（3-47）和式（3-56）代入$M_a = \mathrm{exc\,MSE}/\xi_{\min}$，可得 LMS 算法的失调值为

$$M_{\mathrm{a}} \approx \frac{\mu}{2}\xi_{\min}\mathrm{tr}\left(\boldsymbol{R}_{xx}\right) \tag{3-57}$$

从式（3-57）可以看出，为减少失调，需要设置较小的步长因子，但这会导致算法收敛速度降低，从而构成了一对矛盾。因此，在考虑算法的总体性能时必须在这两个性能之间加以折中。

3.3.2 采用矩阵求逆法

采用矩阵求逆（Sample Matrix Inversion, SMI）法又称直接矩阵求逆（Direct Matrix Inversion, DMI）[3]法。SMI 算法是以数据块为单位对$\boldsymbol{R}_{xx}$和$\boldsymbol{r}_{xd}$进行估计。所谓的数据块，就是以若干个采样长度为单位将接收到的信号向量序列划分为一个一个连续的数据块，假设每个数据块的采样长度为N，那么第一个数据块对应的接收信号序列为$[\boldsymbol{x}(0),\boldsymbol{x}(1),\cdots,\boldsymbol{x}(N-1)]$，而第$k$+1 个数据块对应的序列则为$\left[\boldsymbol{x}(kN+0),\boldsymbol{x}(kN+1),\cdots,\boldsymbol{x}(kN+N-1)\right]$。而后对每个数据块依次进行统计量的估计，并进行相应的权值生成，权值是每个数据块更新一次。对于第k+1 个数据块，记$\boldsymbol{R}_{xx}$和$\boldsymbol{r}_{xd}$的估计值为$\hat{\boldsymbol{R}}_{xx}(k)$和$\hat{\boldsymbol{r}}_{xd}(k)$，估计公式为

$$\hat{\boldsymbol{R}}_{xx}(k) = \frac{1}{N}\sum_{i=0}^{N-1}\boldsymbol{x}(kN+i)\boldsymbol{x}^{\mathrm{H}}(kN+i) \tag{3-58}$$

$$\hat{\boldsymbol{r}}_{xd}(k) = \frac{1}{N}\sum_{i=0}^{N-1}\boldsymbol{x}(kN+i)d(kN+i) \tag{3-59}$$

将估计值代替式（3-10）中相应的统计量，得到该数据块生成的权向量为

$$\boldsymbol{W}(k)=\hat{\boldsymbol{R}}_{xx}^{-1}(k)\hat{\boldsymbol{r}}_{xd}(k) \tag{3-60}$$

需要注意的是，这里的 $\boldsymbol{W}(k)$ 并不是第 k 个采样时刻的权值，而是第 k 个数据块的权值。

下面从线性方程组最小二乘解的角度来理解 SMI 算法。我们知道波束成形的目标是令波束成形器的输出逼近于所需的信号，在已知训练序列的时段，就是要逼近这些训练序列，据此可令所求的 $\boldsymbol{W}(k)$ 为如下线性方程组的解。

$$\begin{cases}\boldsymbol{x}^{\mathrm{H}}(kN+0)\boldsymbol{W}(k)=d^*(kN+0)\\ \boldsymbol{x}^{\mathrm{H}}(kN+1)\boldsymbol{W}(k)=d^*(kN+1)\\ \qquad\vdots\\ \boldsymbol{x}^{\mathrm{H}}(kN+N-1)\boldsymbol{W}(k)=d^*(kN+N-1)\end{cases} \tag{3-61}$$

显然，式（3-60）正是式（3-61）的最小二乘解，即为下述问题的解

$$\min_{W}\left\{\frac{1}{N}\sum_{i=0}^{N-1}\left|\boldsymbol{W}^{\mathrm{H}}(k)\boldsymbol{x}(kN+i)-d(kN+i)\right|^2\right\} \tag{3-62}$$

在时变信道下，SMI 算法的要点是选择合适的数据块大小。对于信道时变速率较慢的场合，信道在较长时间内都具有比较大的时域相关性，可以将数据设置得大一些，因为采样长度越大，$\hat{\boldsymbol{R}}_{xx}(k)$和$\hat{\boldsymbol{r}}_{xd}(k)$估计精度越高；但是对于信道快速时变的场合，为了快速跟踪信道的变化，必须提高权值更新的速度，因此数据块要设置小一些。

毫无疑问，基于最小二乘方法的 SMI 算法的收敛速度要比基于最陡下降搜索方法的 LMS 算法快得多，但 SMI 算法存在两个比较大的问题限制了其应用：算法的计算复杂度较高，特别是求逆运算，尽管相比均衡器的应用，在波束成形应用中矩阵维数一般较低，但字长效应会给求逆运算带来数值上的不稳定性。

3.3.3 递归最小二乘法

不同于 SMI 在一个数据块内对统计量进行一次性的估计，递归最小二乘（Recursive Least-Squares, RLS）法并不对接收信号向量序列进行数据块的划分，而是采用滑动窗口形式的数据观察区间，每接收一个新采样的信号向量，$\boldsymbol{R}_{xx}$ 和 $\boldsymbol{r}_{xd}$ 的估计都进行一次更新，对于第 k 个采样时刻，其数学表达式为

$$\hat{\boldsymbol{R}}_{xx}(k)=\sum_{i=1}^{k}\lambda^{k-i}\boldsymbol{x}(i)\boldsymbol{x}^{\mathrm{H}}(i) \tag{3-63}$$

$$\hat{\boldsymbol{r}}_{xd}(k)=\sum_{i=1}^{k}\lambda^{k-i}d^{*}(i)\boldsymbol{x}(i) \tag{3-64}$$

比较 SMI 中的估值方式，上式中引入了一个常量 λ，称为遗忘因子（Forgetting Factor）[4]，其取值满足 $0\leqslant\lambda\leqslant 1$。

图 3-5 对 SMI 算法和 RLS 算法中统计量估计的方式进行了形象的比较，SMI 算法对不同的数据块独立地进行统计量的估计和权值生成，更新前后的权值在数据样本上不存在任何关系，而 RLS 则是不断地扩展数据观察区间以更新统计量的估计和更新生成的权值，更新前后的统计量和权值存在着相关性，而由这样的相关性可以将矩阵直接求逆的运算替代为迭代运算。

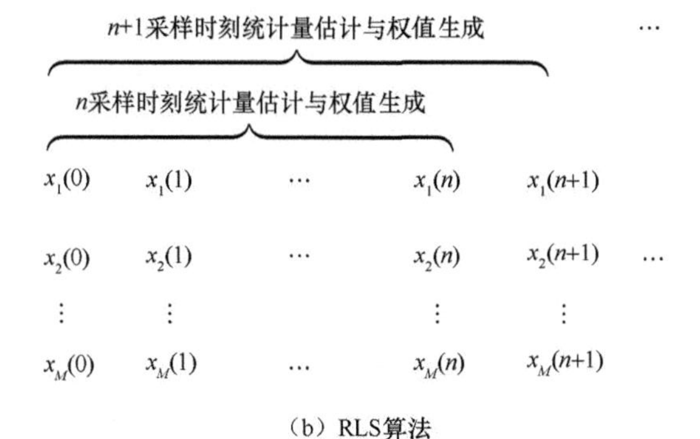

图 3-5　SMI 与 RLS 算法统计量估计方式比较

将式（3-63）和式（3-64）的求和分成两项，即前 $i=k-1$ 项的值求和以及最后一项 $i=k$ 的值。

$$\hat{\boldsymbol{R}}_{xx}(k)=\lambda\sum_{i=1}^{k-1}\lambda^{k-1-i}\boldsymbol{x}(i)\boldsymbol{x}^{\mathrm{H}}(i)+\boldsymbol{x}(k)\boldsymbol{x}^{\mathrm{H}}(k)=\lambda\hat{\boldsymbol{R}}_{xx}(k-1)+\boldsymbol{x}(k)\boldsymbol{x}^{\mathrm{H}}(k) \tag{3-65}$$

$$\hat{\boldsymbol{r}}_{xd}(k)=\lambda\sum_{i=1}^{k-1}\lambda^{k-i-1}d^{*}(i)\boldsymbol{x}(i)+d^{*}(k)\boldsymbol{x}(k)=\lambda\hat{\boldsymbol{r}}_{xx}(k-1)+d^{*}(k)\boldsymbol{x}(k) \tag{3-66}$$

对式（3-65）两端分别求逆，并利用 Woodbury 恒等式[5]，可得

$$\hat{\boldsymbol{R}}_{xx}^{-1}(k)=\lambda^{-1}\left[\hat{\boldsymbol{R}}_{xx}^{-1}(k-1)-\boldsymbol{q}(k)\boldsymbol{x}^{\mathrm{H}}(k)\hat{\boldsymbol{R}}_{xx}^{-1}(k-1)\right] \tag{3-67}$$

其中，

$$\boldsymbol{q}(k)=\frac{\lambda^{-1}\hat{\boldsymbol{R}}_{xx}^{-1}(k-1)\boldsymbol{x}(k)}{1+\lambda^{-1}\boldsymbol{x}^{\mathrm{H}}(k)\hat{\boldsymbol{R}}_{xx}^{-1}(k-1)\boldsymbol{x}(k)} \tag{3-68}$$

可以看到，通过式（3-67）和式（3-68），矩阵求逆运算变成了迭代运算，而且迭代公式中不存在矩阵求逆运算。相应地，权值更新公式为

$$\begin{aligned}\boldsymbol{W}(k)=\hat{\boldsymbol{R}}_{xx}^{-1}(k)\hat{\boldsymbol{r}}_{xd}(k)=\lambda^{-1}&\left[\hat{\boldsymbol{R}}_{xx}^{-1}(k-1)-\boldsymbol{q}(k)\boldsymbol{x}^{\mathrm{H}}(k)\hat{\boldsymbol{R}}_{xx}^{-1}(k-1)\right]\times\\&\left[\lambda\hat{\boldsymbol{r}}_{xx}(k-1)+d^{*}(k)\boldsymbol{x}(k)\right]\end{aligned} \tag{3-69}$$

对上式进行整理，可得

$$\boldsymbol{W}(k)=\boldsymbol{W}(k-1)+\boldsymbol{q}(k)\varepsilon(k) \tag{3-70}$$

式（3-70）就是 RLS 算法的权值迭代公式，权值迭代需要同式（3-67）所示的矩阵求逆迭代公式联合使用。注意在迭代开始前，须将$\hat{\boldsymbol{R}}_{xx}^{-1}(k)$初始化为 $M\times M$ 的单位阵 $\boldsymbol{I}$。可以看到式（3-70）在形式上同 LMS 算法权值迭代式（3-36）非常相似，只是 $\boldsymbol{q}(k)$ 代替了 $\mu\boldsymbol{x}(k)$，$\boldsymbol{q}(k)$ 称为滤波增益向量。图 3-6 给出了 RLS 算法的信号处理流程。

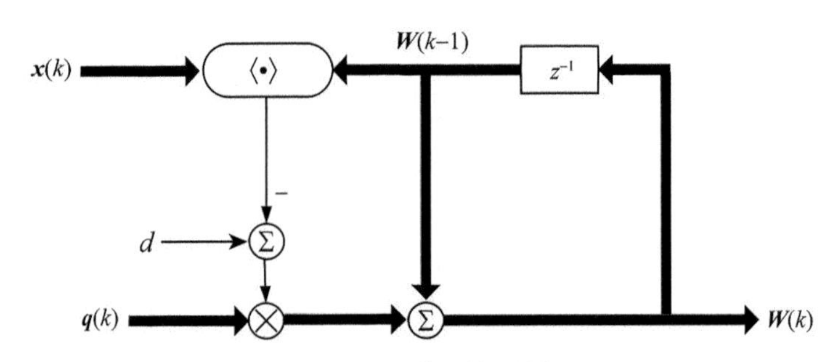

图 3-6　RLS 信号处理流程

我们知道在 SMI 中采样数据划分的方法，可以使统计量的估计实时地反映当前的信道特征，有效地跟踪信道的变化。而在 RLS 中，统计量计算是从 0 时刻开始的，如果不引入遗忘因子，所有采样点数据对当前统计量估计的贡献都是相等的，在时变信道下，这显然是不合理的。因为离当前时刻越远的数据，其信道与当前信道时域相关度越低，而通过引入 0 到 1 之间的取值 λ，可以令离当前时刻越远的采样数据对统计量估计的贡献越小，由此实现对时变信道的有效跟踪。另外，通过调节 λ 的大小，可以使算法适用于不同的信道时变速率环境。例如，信道时变速率较慢时，可选择加大的 λ，反之则选择较小的 λ。

同 SMI 一样，RLS 算法的收敛速度要比 LMS 快得多。仿真结果表明，在信噪比较高的情况下，其收敛速度高出 LMS 算法一个量级，而相对 SMI 算法，由于避免了矩阵直接求逆运算，RLS 算法计算复杂度较低，数值稳定性也较好。

3.3.4 共轭梯度算法

共轭梯度算法（Conjugate Gradient Method, CGM）的出发点与 SMI 方法非常类似，也是将接收信号向量序列划分为数据块，而后在每个数据块内生成权值。但是和 SMI 方法不同，共轭梯度算法在每个数据块内不是估计出 $\boldsymbol{R}_{xx}$ 和 $\boldsymbol{r}_{xd}$ 后直接生成权值，而是通过类似于 LMS 算法的最陡下降梯度搜索迭代公式来迭代出该数据块内的最小二乘解。

首先将式（3-61）稍作修改，对于第 k+1 个数据块，记该数据块内的权值为 $\boldsymbol{W}_k$，待求方程组为

$$\begin{cases} \boldsymbol{x}^{\mathrm{H}}(kN+0)\boldsymbol{W}_k = d^*(kN+0) \\ \boldsymbol{x}^{\mathrm{H}}(kN+1)\boldsymbol{W}_k = d^*(kN+1) \\ \qquad\vdots \\ \boldsymbol{x}^{\mathrm{H}}(kN+N-1)\boldsymbol{W}_k = d^*(kN+N-1) \end{cases} \tag{3-71}$$

记 $\boldsymbol{X}_k = \left[\boldsymbol{x}(kN), \boldsymbol{x}(kN+1), \cdots, \boldsymbol{x}(kN+N-1)\right]$，$\boldsymbol{d}_k = \left[\boldsymbol{d}(kN), \boldsymbol{d}(kN+1), \cdots, \boldsymbol{d}(kN+N-1)\right]^{\mathrm{T}}$，并定义如下的误差向量。

$$\boldsymbol{r}_k = \boldsymbol{d}_k^* - \boldsymbol{X}_k^{\mathrm{H}}\boldsymbol{W}_k \tag{3-72}$$

共轭梯度法的目标是令误差平面 $\boldsymbol{r}_k^{\mathrm{H}}\boldsymbol{r}_k$ 最小化，而求解方式则是最陡下降梯度法。首先对 $\boldsymbol{W}_k$ 初始化为 $\boldsymbol{W}_k(0)$，$\boldsymbol{W}_k(n)$ 是指第 k+1 个数据块内权值第 n 次迭代结果。权值初始化后得到如下的初始误差向量。

$$\boldsymbol{r}_k(0)=\boldsymbol{d}_k^*-\boldsymbol{X}_k^{\mathrm{H}}\boldsymbol{W}_k(0) \tag{3-73}$$

以及初始指向向量（实质上就是误差平面$\boldsymbol{r}_k^{\mathrm{H}}\boldsymbol{r}_k$关于$\boldsymbol{W}_k$的梯度向量）

$$\boldsymbol{g}_k(0)=\boldsymbol{X}_k\boldsymbol{r}_k(0) \tag{3-74}$$

而后按照如下迭代公式进行迭代，即

$$\boldsymbol{W}_k(n+1)=\boldsymbol{W}_k(n)-\mu(n)\boldsymbol{g}_k(n) \tag{3-75}$$

其中，步长由下式确定，即

$$\mu(n)=\frac{\boldsymbol{r}_k^{\mathrm{H}}(n)\boldsymbol{X}_k\boldsymbol{X}_k^{\mathrm{H}}\boldsymbol{r}_k(n)}{\boldsymbol{g}_k^{\mathrm{H}}(n)\boldsymbol{X}_k\boldsymbol{X}_k^{\mathrm{H}}\boldsymbol{g}_k(n)} \tag{3-76}$$

而$\boldsymbol{r}_k(n)$和$\boldsymbol{g}_k(n)$的迭代公式为

$$\boldsymbol{r}_k(n+1)=\boldsymbol{r}_k(n)+\mu(n)\boldsymbol{X}_k^{\mathrm{H}}\boldsymbol{g}_k(n) \tag{3-77}$$

$$\boldsymbol{g}_k(n+1)=\boldsymbol{X}_k\boldsymbol{r}_k(n+1)-\alpha(n)\boldsymbol{g}_k(n) \tag{3-78}$$

其中，

$$\alpha(n)=\frac{\boldsymbol{r}_k^{\mathrm{H}}(n+1)\boldsymbol{X}_k\boldsymbol{X}_k^{\mathrm{H}}\boldsymbol{r}_k(n+1)}{\boldsymbol{r}_k^{\mathrm{H}}(n)\boldsymbol{X}_k\boldsymbol{X}_k^{\mathrm{H}}\boldsymbol{r}_k(n)} \tag{3-79}$$

对于一个M元的阵列，共轭梯度法可以保证通过最多M次迭代令权值收敛于误差平面$\boldsymbol{r}_k^{\mathrm{H}}\boldsymbol{r}_k$的最小点。同 LMS 算法相比，共轭梯度法收敛速度要快得多。而同 SMI 算法相比，共轭梯度法计算复杂度未必有优势，这是因为该算法在一个数据块内需要多次迭代。另外，共轭梯度法和 RLS 算法一样，避免了直接矩阵求逆运算，因此其数值稳定性优于 SMI。

3.3.5 恒模算法

1983 年 Treihcelr 等人[6]提出恒模算法。所谓恒模性，是指许多常见的通信信号都具有恒定包络的特性。利用信号所具有的这一特征，它的基本思想是：在实际应用中具有恒定包络的信号，如频率调制（FM）、相移键控（PSK）、频移键控（FSK）等在经历了多径衰落、加性干扰或其他不利因素后，会产生幅度扰动破坏信号的恒模特性，因此可以定义一种恒模准则使波束成形器的输出端恢复所需信号的恒模特性。为此首先定义如下的代价函数，即

$$J_{p,q}(k)=\mathrm{E}\left\{\left|\left|y(k)\right|^p-\sigma^p\right|^q\right\} \tag{3-80}$$

式中，$y(k)=\boldsymbol{W}^{\mathrm{H}}(k)\boldsymbol{x}(k)$为波束成形的输出信号，$\sigma$是一个常数，称为恒模因子，其取值不影响算法的性能，下文中将令其值等于1。p、q是正实数，一般取值为1或2，用不同的p、q可形成不同的算法，并相应地记作$\mathrm{CMA}_{p,q}$。

由于恒模算法的代价函数是非线性的，无法直接求解，只能采用迭代的方法逐步逼近最优解。随机梯度下降恒模算法（SGD-CMA）是最早提出的恒模算法形式，它基于最陡下降梯度搜索方法来优化恒模代价函数，其迭代公式为

$$\boldsymbol{W}(k+1)=\boldsymbol{W}(k)-\mu\nabla_{W}J_{p,q}(k) \tag{3-81}$$

其中，μ是步长因子，∇_W表示关于梯度算子，并取定p、q值，得到

$$\boldsymbol{W}(k+1)=\boldsymbol{W}(k)+\mu\boldsymbol{x}(k)\varepsilon^*(k) \tag{3-82}$$

其中，

$$\mathrm{CMA}_{1,1}:\varepsilon(k)=\frac{y(k)}{2\left|y(k)\right|}\mathrm{sgn}\left(1-\left|y(k)\right|\right) \tag{3-83}$$

$$\mathrm{CMA}_{2,1}:\varepsilon(k)=y(k)\mathrm{sgn}\left(1-\left|y(k)\right|^2\right) \tag{3-84}$$

$$\mathrm{CMA}_{1,2}:\varepsilon(k)=\frac{y(k)}{\left|y(k)\right|}-y(k) \tag{3-85}$$

$$\mathrm{CMA}_{2,2}:\varepsilon(k)=2y(k)\mathrm{sgn}\left(1-\left|y(k)\right|^2\right) \tag{3-86}$$

上述公式以$\mathrm{CMA}_{1,2}$和$\mathrm{CMA}_{2,2}$最为常用。众所周知，SGD-CMA的收敛性能在很大程度上取决于算法设置的初值和步长因子。一般而言，在使用算法之前需要仔细地校正步长，如果步长过小，则收敛速度太慢；若步长过大，则性能容易失调。

Agee[7]利用非线性最小二乘法提出了一种具有快速收敛特性的算法，称为最小二乘恒模算法（LS-CMA）。该算法无需步长因子，利用扩展的高斯方法最小化恒模代价函数$\mathrm{CMA}_{1,2}$，扩展的高斯方法定义的代价函数为

$$C(\boldsymbol{W})=\sum_{k=1}^{K}\left|\phi_k(\boldsymbol{W})\right|^2=\left\|\boldsymbol{\Phi}(\boldsymbol{W})\right\|_2^2 \tag{3-87}$$

其中，$\phi_k(\boldsymbol{W})$表示第k次数据采样的误差，$\boldsymbol{\Phi}(\boldsymbol{W})=\left[\phi_1(\boldsymbol{W}),\phi_2(\boldsymbol{W}),\cdots,\phi_K(\boldsymbol{W})\right]^{\mathrm{T}}$；

K 表示一个数据块中的数据样本个数。

式（3-87）具有平方和形式的部分泰勒级数展开，即

$$C(W+\Delta)=\left\|\boldsymbol{\Phi}(W)+\boldsymbol{J}^{\mathrm{H}}(W)\Delta\right\|_2^2 \tag{3-88}$$

其中，$\boldsymbol{\Delta}$ 表示权值更新时的偏移向量，$\boldsymbol{J}^{\mathrm{H}}(\boldsymbol{W})$是 $\boldsymbol{\Phi}(\boldsymbol{W})$的复雅可比（Jacobian）矩阵。

$$\boldsymbol{J}^{\mathrm{H}}(\boldsymbol{W})=\left[\nabla\phi_1(\boldsymbol{W}),\nabla\phi_2(\boldsymbol{W}),\cdots,\nabla\phi_k(\boldsymbol{W})\right] \tag{3-89}$$

对式（3-89）求梯度，令它等于 0，求得平方和误差最小的偏移量，即

$$\Delta=-\left[\boldsymbol{J}(\boldsymbol{W})\boldsymbol{J}^{\mathrm{H}}(\boldsymbol{W})\right]^{-1}\boldsymbol{J}(\boldsymbol{W})\boldsymbol{\Phi}(\boldsymbol{W}) \tag{3-90}$$

将偏移向量 $\boldsymbol{\Delta}$ 与权值向量 $\boldsymbol{W}(n)$ 相加，可以得到使代价函数最小的新权值向量为

$$\boldsymbol{W}(n+1)=\boldsymbol{W}(n)-\left[\boldsymbol{J}(\boldsymbol{W}(n))\boldsymbol{J}^{\mathrm{H}}(\boldsymbol{W}(n))\right]^{-1}\boldsymbol{J}(\boldsymbol{W}(n))\boldsymbol{\Phi}(\boldsymbol{W}(n)) \tag{3-91}$$

注意，n 是迭代次数，不要将它与采样时刻 k 相混淆。

将上述方法应用于优化恒模算法 $\mathrm{CMA}_{1,2}$ 的代价函数中，即

$$C(\boldsymbol{W})=\sum_{k=1}^{K}\left|\phi_k(\boldsymbol{W})\right|^2=\sum_{k=1}^{K}\left\|y(k)\right|-1\right|^2=\sum_{k=1}^{K}\left\|\boldsymbol{W}^{\mathrm{H}}x(k)\right|-1\right|^2 \tag{3-92}$$

比较式（3-87）和式（3-92）两式，可知

$$\phi_k(\boldsymbol{W})=\left|\boldsymbol{W}^{\mathrm{H}}x(k)\right|-1 \tag{3-93}$$

与上述推导类似，可以得到权向量更新公式

$$\begin{aligned}\boldsymbol{W}(n+1)=&\boldsymbol{W}(n)-\left[\boldsymbol{X}\boldsymbol{X}^{\mathrm{H}}\right]^{-1}\boldsymbol{X}\left(y(n)-\boldsymbol{r}(n)\right)^*=\\&\boldsymbol{W}(n)-\left[\boldsymbol{X}\boldsymbol{X}^{\mathrm{H}}\right]^{-1}\boldsymbol{X}\boldsymbol{X}^{\mathrm{H}}\boldsymbol{W}(n)+\left[\boldsymbol{X}\boldsymbol{X}^{\mathrm{H}}\right]^{-1}\boldsymbol{X}\boldsymbol{r}^*(n)=\\&\left[\boldsymbol{X}\boldsymbol{X}^{\mathrm{H}}\right]^{-1}\boldsymbol{X}\boldsymbol{r}^*(n)\end{aligned} \tag{3-94}$$

其中，$\boldsymbol{r}^*(n)$为复限幅输出向量，且

$$\boldsymbol{r}^*(n)=\left[\frac{\boldsymbol{W}^{\mathrm{H}}(n)\boldsymbol{x}(1)}{\left|\boldsymbol{W}^{\mathrm{H}}(n)\boldsymbol{x}(1)\right|},\frac{\boldsymbol{W}^{\mathrm{H}}(n)\boldsymbol{x}(2)}{\left|\boldsymbol{W}^{\mathrm{H}}(n)\boldsymbol{x}(2)\right|},\cdots,\frac{\boldsymbol{W}^{\mathrm{H}}(n)\boldsymbol{x}(K)}{\left|\boldsymbol{W}^{\mathrm{H}}(n)\boldsymbol{x}(K)\right|}\right]^{\mathrm{H}} \tag{3-95}$$

最小二乘恒模算法分为两种：静态 LS-CMA 算法和动态 LS-CMA 算法。静态 LS-CMA 算法是指在整个迭代过程中只需要一个接收数据矩阵 $\boldsymbol{X}$；而动态 LS-CMA 算法则每次迭代便要产生一个全新的接收数据矩阵 $\boldsymbol{X}$，并利用它生成一个新的权向量。最小二乘恒模算法最大的优点是收敛速度较快，无论动态算法还是静态算法，都可以很快收敛，且收敛速度不受数据块大小的影响，但数据块大小对收敛后的权值质量却有影响。特别是静态算法，在太小的数据条件下，生成的权值相对维纳最优解存在较大的波动方差。

恒模算法的一个突出优点是对载波同步和采样时刻没有太高的要求，相比非盲算法需要完整地恢复所需信号的幅度相位信息，其性能严重依赖于载波同步和采样时刻的精度。但恒模算法也存在若干问题，严重限制了算法的实用性，也促使人们不断地改进算法以解决这些问题。主要问题包括：①局部最小点问题。与非盲算法不同，式（3-80）所示的恒模算法代价函数并不是关于 $\boldsymbol{W}$ 的纯凸函数，因此算法不能保证收敛于对应代价函数最小点的最优解，很可能收敛于一些局部极值对应的权值点。②强干扰捕获问题。恒模算法只利用信号的恒模特性，并不在意信号本身，因此当存在同为恒模的干扰信号，且该信号功率强于所需信号时，算法很可能收敛于干扰信号，解决方法是采用多目标恒模算法，对所有恒模信号进行波束成形，而后从中分拣出所需的信号。③相位含糊问题。恒模算法只要求输出信号具有恒模特性，但并不能保证输出信号有精确的相位，尽管该问题并不影响最终的波束指向，也不影响信干噪比，但会给输出信号进行后续的处理（例如判断）带来问题，因此必须采取一定的措施予以解决。

3.4　波达方向估计

波达方向（Direction of Arrival, DOA）技术，就是根据来波信号估计其方位角的信号处理技术。在许多信号处理问题中，都需要对接收到的信号进行方向估计。例如，在移动通信、雷达、声呐、电子监控和地震研究中都需要使用高分辨率的 DOA 估计技术来估计信源的方位。DOA 估计的研究工作大约从 20 世纪 60 年代开始，Burg 的最大熵谱估计算法和 Capon 的最大似然算法被应用到阵列信号处理方面，阵列分辨性能得到了较大提高，突破了瑞利准则限制，也标志着进入了现代谱研究阶段。20 世纪 70 年代末，特征结构的子空间方法被提出，在传感器个数比信源个数多的前提下，该算法提出了将观测空间划分为信号子空间和噪声子空间的概念，并利用两个子空间正交的特性求得波达方向角。其中，比较有代表性的有 Schmidt 提出的多重信号分类法和 Roy 等人提出的旋转不变法。20 世纪 80 年代后期，Vigerg 等人提出了子空间拟合类算法，比较有代表性的有最大似然算法、加权子空间拟合算法等。本节将就一些经典的 DOA 估计算法进行介绍。

3.4.1 传统谱估计方法

经典的谱估计算法是通过计算空域谱，然后求取其局部最大值，就可以估计出 DOA。Blackman 和 Tukey 于 1958 年提出一种谱估计法（称为 BT 法），通过对观测数据的自延迟数据进行相同的加窗处理可以得到功率谱估计，其性能主要取决于窗函数的选择。Barlett 方法类似于 BT 法，也是对时间序列数据进行加窗处理，其功率谱表达式为

$$P_B(\theta)=\frac{\boldsymbol{a}^{\mathrm{H}}(\theta)\boldsymbol{R}\boldsymbol{a}(\theta)}{M^2} \tag{3-96}$$

其中，$\boldsymbol{a}(\theta)$ 表示 θ 的方向向量，M 为阵元的数目。

周期图法和 BT 法一样，也是使用了经典的傅里叶分析方法，因此都称为线性谱估计法。从理论上分析，这种算法必将导致在频率上产生“泄漏”现象。因此，许多学者从选择特殊的窗函数上做文章，可是没有太大的进展。因此，这种方法只是适用于主瓣波束较宽的情况，同时也促使了新的谱估计方法的产生。

3.4.2 最大熵谱估计

信息论中的“熵”来源于热力学和统计力学中的“熵”，它表示信息与事件不确定的程度。最大熵谱估计（Maximum Entropy Method，MEM）是由 Burg[8] 于 1967 年提出来的。这种方法不用修改已知数据的自相关函数，而对未知延迟点上的自相关函数依照最大熵的原则进行外推，这样就相当于人为加大了采样数据的个数，因此它的分辨率比传统的谱估计方法要高得多。

功率谱 $P_{\mathrm{MEM}}(\theta)$ 谱熵的定义为

$$H(P)=\int_0^{2\pi}\ln P_{\mathrm{MEM}}(\theta)\mathrm{d}\theta \tag{3-97}$$

Burg 提出的最大熵谱方法可以这样表述：求取功率谱 $P_{\mathrm{MEM}}(\theta)>0$，使其在

约束条件（3-98）之下，由式（3-97）定义的熵谱 $P_{\mathrm{MEM}}(\theta)$ 最大。

$$\boldsymbol{R}_{ij}=\int_0^{2\pi}P_{\mathrm{MEM}}(\theta)\cos\left[2\pi\tau_{ij}(\theta)\right]\mathrm{d}\theta \tag{3-98}$$

其中，约束条件 $\boldsymbol{R}_{ij}$ 表示第 i 个阵元与第 j 个阵元检测值之间的相关矩阵，$\tau_{ij}(\theta)$ 表示阵元 i 与阵元 j 之间由于方向为 θ 而产生的微分延迟。这个求解过程使用拉格朗日乘子法实现，最后得到

$$P_{\mathrm{MEM}}(\theta)=\frac{1}{\tilde{\boldsymbol{W}}^{\mathrm{T}}\boldsymbol{q}(\theta)} \tag{3-99}$$

其中，$\tilde{\boldsymbol{W}}^{\mathrm{T}}$通过对式（3-100）求最小值得到

$$H(\boldsymbol{W})=\int_0^{2\pi}\ln\left[\tilde{\boldsymbol{W}}^{\mathrm{T}}\boldsymbol{q}(\theta)\right]\mathrm{d}\theta \tag{3-100}$$

约束条件为

$$\begin{cases}\tilde{\boldsymbol{W}}^{\mathrm{T}}\boldsymbol{r}=2\pi\\ \tilde{\boldsymbol{W}}^{\mathrm{T}}\boldsymbol{q}(\theta)>0,\ \forall\theta\end{cases} \tag{3-101}$$

其中，$\boldsymbol{q}(\theta)$ 和 $\boldsymbol{r}$ 定义为

$$\boldsymbol{q}(\theta)=\left[1,\sqrt{2}\cos\left(2\pi f\tau_{12}(\theta)\right),\cdots\right]^{\mathrm{T}} \tag{3-102}$$

$$\boldsymbol{r}=\left[\boldsymbol{R}_{11},\sqrt{2}\boldsymbol{R}_{12},\cdots\right]^{\mathrm{T}} \tag{3-103}$$

3.4.3　多重信号分类算法

多重信号分类（MUSIC）算法是由 Schmidt[9] 在 1979 年提出的一种高分辨率 DOA 估计子空间算法，利用阵列的几何特性来进行参数估计。在窄带信号的假设前提下，若有 N 个信号入射到阵列天线的 M 个阵元上，则接收信号为

$$\boldsymbol{x}(t)=\sum_{i=1}^{N}\boldsymbol{a}(\theta_i)s_i(t)+\boldsymbol{n}(t) \tag{3-104}$$

写成矩阵形式，有

$$\boldsymbol{x}(t)=\boldsymbol{A}\boldsymbol{s}(t)+\boldsymbol{n}(t) \tag{3-105}$$

其中，$\boldsymbol{s}(t)=\left[s_1(t),s_2(t),\cdots,s_N(t)\right]^{\mathrm{T}}$是入射信号矢量，$\boldsymbol{n}(t)=\left[n_1(t),n_2(t),\cdots,n_M(t)\right]$

是噪声矢量，$\boldsymbol{a}(\theta_i)$ 是第 i 个信号对应的阵列方向矢量。

MUSIC 算法需要满足下列前提条件。

① $M>N$，并且对应于不同的 θ_i 的阵列方向矢量线性独立。

② $\mathrm{E}\{\boldsymbol{n}\}=0$，$\mathrm{E}\{\boldsymbol{n}\boldsymbol{n}^{\mathrm{H}}\}=\sigma_n^2\boldsymbol{I}$，$\mathrm{E}\{\boldsymbol{n}\boldsymbol{n}^{\mathrm{T}}\}=0$，这些对噪声的假定对于 MUSIC 算法来说至关重要。

③ 矩阵 $\boldsymbol{P}=\mathrm{E}\{\boldsymbol{x}\boldsymbol{x}^{\mathrm{H}}\}$是非奇异的正定矩阵。

MUSIC 算法假定输入信号与噪声互不相关，则输入信号的自相关矩阵为

$$\boldsymbol{R}_{xx}=\mathrm{E}\{\boldsymbol{x}\boldsymbol{x}^{\mathrm{H}}\}=\boldsymbol{A}\mathrm{E}\{\boldsymbol{s}\boldsymbol{s}^{\mathrm{H}}\}\boldsymbol{A}^{\mathrm{H}}+\mathrm{E}\{\boldsymbol{n}\boldsymbol{n}^{\mathrm{H}}\}=\boldsymbol{A}\boldsymbol{R}_{ss}\boldsymbol{A}^{\mathrm{H}}+\sigma_n^2\boldsymbol{I} \tag{3-106}$$

其中，$\boldsymbol{R}_{ss}$是信号自相关矩阵，对 $\boldsymbol{R}_{ss}$ 进行特征值分解，得到 M 个特征值 $\{\lambda_1,\lambda_2,\cdots,\lambda_M\}$，并且满足$|\boldsymbol{R}_{xx}-\lambda_i\boldsymbol{I}|=0$。利用上式进行分解，得

$$\left|\boldsymbol{A}\boldsymbol{R}_{ss}\boldsymbol{A}^{\mathrm{H}}+\sigma_n^2\boldsymbol{I}-\lambda_i\boldsymbol{I}\right|=\left|\boldsymbol{A}\boldsymbol{R}_{ss}\boldsymbol{A}^{\mathrm{H}}-\left(\lambda_i-\sigma_n^2\right)\boldsymbol{I}\right|=0 \tag{3-107}$$

显然，$\boldsymbol{A}\boldsymbol{R}_{ss}\boldsymbol{A}^{\mathrm{H}}$ 的特征值是$\lambda_i-\sigma_n^2$。若入射信号互不相关，则矩阵 $\boldsymbol{A}$ 列满秩，并且信号相关矩阵也满秩。

由于矩阵 $\boldsymbol{A}$ 是满秩的，并且 $\boldsymbol{R}_{ss}$ 也是非奇异的，所以当入射信号个数 N 小于阵列天线阵元个数 M 时，矩阵 $\boldsymbol{A}\boldsymbol{R}_{ss}\boldsymbol{A}^{\mathrm{H}}$ 是半正定的，且秩为 M。

根据线性代数的基本知识，矩阵 $\boldsymbol{A}\boldsymbol{R}_{ss}\boldsymbol{A}^{\mathrm{H}}$ 的特征值 v_i 当中，有 $M-N$ 个为零。由上式可知，$\boldsymbol{R}_{xx}$ 的特征值中有 $M-N$ 个等于噪声的方差σ_n^2。

但是，实际上由于都是在使用有限个采用的样本值对信号的自相关矩阵进行估计，所以对应于噪声功率的特征值并不相同，而是一组比较接近的数值。随着样本数的增加，表征随着离散程度的方差逐渐减小，会变成一组很接近的数值。最小特征值的重数 K 一旦确定，利用 $M=N+K$ 的关系，就可以确定信号的估计个数 $\hat{N}$。所以信号的估计个数为

$$\hat{N}=M-K \tag{3-108}$$

在许多 DOA 估计算法中，都需要确定信号的数目。关于特征值 λ_i 的特征矢量为 $\boldsymbol{q}_i$，且满足

$$\left(\boldsymbol{R}_{xx}-\lambda_i\boldsymbol{I}\right)\boldsymbol{q}_i=0 \tag{3-109}$$

对应于$M-\hat{N}$个最小特征值的特征矢量，有

$$\left(\boldsymbol{R}_{xx}-\sigma_n^2\boldsymbol{I}\right)\boldsymbol{q}_i=\boldsymbol{A}\boldsymbol{R}_{ss}\boldsymbol{A}^{\mathrm{H}}\boldsymbol{q}_i+\sigma_n^2\boldsymbol{I}-\sigma_n^2\boldsymbol{I}=0 \tag{3-110}$$

$$\boldsymbol{A}\boldsymbol{R}_{ss}\boldsymbol{A}^{\mathrm{H}}\boldsymbol{q}_i=0 \tag{3-111}$$

由于矩阵 $\boldsymbol{A}$ 是满秩的，所以矩阵 R_{ss} 也是非奇异的，即有

$$\boldsymbol{A}^{\mathrm{H}}\boldsymbol{q}_i = 0 \tag{3-112}$$

上式可以写成

$$\begin{bmatrix} \boldsymbol{a}^{\mathrm{H}}(\theta_1)\boldsymbol{q}_i \\ \boldsymbol{a}^{\mathrm{H}}(\theta_2)\boldsymbol{q}_i \\ \vdots \\ \boldsymbol{a}^{\mathrm{H}}(\theta_N)\boldsymbol{q}_i \end{bmatrix} = \begin{bmatrix} 0 \\ 0 \\ \vdots \\ 0 \end{bmatrix} \tag{3-113}$$

上式表明，$M-\hat{N}$ 个最小特征值的特征矢量与构成矩阵 $\boldsymbol{A}$ 的 N 个方向导引矢量正交，这就是 MUSIC 算法的核心思想。

该思想可表述为

$$\left\{\boldsymbol{a}(\theta_1),\cdots,\boldsymbol{a}(\theta_N)\right\} \perp \left\{\boldsymbol{q}_N,\cdots,\boldsymbol{q}_{M-1}\right\} \tag{3-114}$$

MUSIC 算法就是通过寻找与 $\boldsymbol{R}_{ss}$ 中近似等于 σ_n^2 的那些特征值对应的特征矢量最接近正交的阵列方向导引矢量，由此估计出与接收信号相关的方向导引矢量，从而得到信号的 DOA 估计值。

理论分析表明，协方差矩阵的特征矢量属于两个正交子空间之一，称为主特征子空间和非主特征子空间。通过在所有可能的阵列方向导引矢量中搜寻那些与非主特征矢量张成的空间正交的矢量，就可以确定 DOA。

为了寻找出噪声子空间，需要构建一个包含噪声特征矢量的矩阵，即

$$\boldsymbol{S}_n = \left(\boldsymbol{q}_N,\boldsymbol{q}_{N+1},\cdots,\boldsymbol{q}_{M-1}\right) \tag{3-115}$$

因为对应于信号分量的方向导引矢量与噪声子空间特征矢量相互正交，多个入射信号的 DOA 估计值就可以通过确定 MUSIC 空间谱的峰值而做出估计，这些峰值由式（3-116）或式（3-117）给出。

$$P_{\mathrm{MUSIC}}(\theta) = \frac{1}{\boldsymbol{a}^{\mathrm{H}}(\theta)\boldsymbol{S}_n\boldsymbol{S}_n^{\mathrm{H}}\boldsymbol{a}(\theta)} \tag{3-116}$$

$$P_{\mathrm{MUSIC}}(\theta) = \frac{\boldsymbol{a}^{\mathrm{H}}(\theta)\boldsymbol{a}(\theta)}{\boldsymbol{a}^{\mathrm{H}}(\theta)\boldsymbol{S}_n\boldsymbol{S}_n^{\mathrm{H}}\boldsymbol{a}(\theta)} \tag{3-117}$$

$\boldsymbol{a}(\theta)$ 和 $\boldsymbol{S}_n$ 的正交性使得分母达到最小值，从而得到上式定义的 MUSIC 谱的峰值。MUSIC 谱中 $\hat{N}$ 个最大峰值对应于入射到阵列上的 N 个信号的波达方向。

波达方向 θ_i 一旦从 MUSIC 谱中确定，就可以利用下式确定信号的协方差

矩阵。

$$R_{ss}=\left(A^{\mathrm{H}}A\right)^{-1}A^{\mathrm{H}}\left(R_{xx}-\lambda_{\min}I\right)A\left(A^{\mathrm{H}}A\right)^{-1} \tag{3-118}$$

利用上式，就可以得到各个输入信号的功率和它们的互相关矩阵。

简单总结一下 MUSIC 算法的基本步骤。

① 获得输入信号的采样值 $x_k(k=1,\cdots,K)$，估计输入信号的协方差矩阵，即

$$\hat{R}_{xx}=\frac{1}{K}\sum_{k=1}^{K}x_k x_k^{\mathrm{H}} \tag{3-119}$$

② 对$\hat{R}_{xx}$进行特征值分解，得

$$\hat{R}_{xx}S=S\Lambda \tag{3-120}$$

其中，$\Lambda=\mathrm{diag}\left\{\lambda_1,\lambda_2,\cdots,\lambda_M\right\}$，$\lambda_1\geqslant\lambda_2\geqslant\cdots\geqslant\lambda_M$为$\hat{R}_{xx}$的特征值，$S=(q_1,q_2,\cdots,q_M)$为与这些特征值对应的特征矢量构成的矩阵。

③ 利用最小特征值 $\lambda_{\min}$ 的重数 K 估计信号数量。

④ 计算 MUSIC 谱。

⑤ 找出$\hat{P}_{\mathrm{MUSIC}}(\theta)$的$\hat{N}$个最大峰值，得到波达方向的估计值。

从上面的分析可知，MUSIC 算法有一个谱峰搜索的过程，而这个过程的计算量巨大，因此人们对于基本的 MUSIC 算法提出了各种改进以降低计算量，同时提高算法的分辨率和适用面。主要的改进有：求根 MUSIC 算法、约束 MUSIC 算法、波束空间 MUSIC 算法等。

3.4.4 旋转不变子空间算法

旋转不变子空间（ESPRIT）算法由 ROY 和 Kailath[10] 于 1989 年提出，是空间谱估计中的另一种典型算法，其含义是利用旋转不变子空间估计信号参数，即估计信号参数时要求阵列的几何结构存在所谓的不变性，这个不变性可以通过两种手段获得：一是阵列本身为两个或以上的相同子阵；二是通过某些变换获得两个或以上的相同子阵。比如，在实际应用中，等间距的直线阵列或双直线阵列等都可以满足 ESPRIT 算法对于阵列的要求。

考虑一个具有 $2M$ 个阵元的阵列天线，分为两组，每一组有 M 个，两组阵列的对应阵元具有相同的平移 Δx。对于 N 个入射信号，两组阵列输出的相位差为 $\beta\Delta x\sin\theta_i\ (i=1,2,\cdots,N)$。那么两个阵列的输入信号写成矩阵形式，即

$$x_1(t)=\left[a(\theta_1),\cdots,a(\theta_N)\right]\begin{bmatrix} s_1(t) \\ s_2(t) \\ \vdots \\ s_M(t) \end{bmatrix}+n_1(t)=As(t)+n_1(t) \tag{3-121}$$

$$x_2(t)=A\Phi s(t)+n_2(t) \tag{3-122}$$

其中，$\Phi=\operatorname{diag}\{e^{j\beta\Delta x\sin\theta_1},e^{j\beta\Delta x\sin\theta_2},\cdots,e^{j\beta\Delta x\sin\theta_M}\}$为 $M\times M$ 对角酉矩阵，该矩阵在每个到达角的两个成对阵间具有相移；A 为子阵的导向向量的范德蒙矩阵。

考虑两个子阵作用下的全部接收信号，表示为

$$x(t)=\begin{bmatrix} x_1(t) \\ x_2(t) \end{bmatrix}=\bar{A}s(t)+n(t) \tag{3-123}$$

其中，$\bar{A}=\begin{bmatrix} A \\ A\Phi \end{bmatrix}$，$n(t)=\begin{bmatrix} n_1(t) \\ n_2(t) \end{bmatrix}$。

ESPRIT 算法的核心思想是利用阵元的平移不变性导出基本信号子空间的旋转不变性。

相关的两个子空间包含两个子阵列的输出 x_1 和 x_2。对输出信号进行采样，得到两组矢量 V_1 和 V_2，这两组矢量分别构成两个相同的子空间。

信号子空间由输入信号的子相关矩阵 $R_{uu}=\bar{A}R_{ss}\bar{A}+\sigma_n^2I$ 得到。若信号数目小于等于天线阵列数目，即 $N\leqslant 2M$，那么 R_{uu} 中有 $2M-N$ 个最小特征值等于 σ_n^2。对应于 N 个最大特征值的特征矢量 V_s 满足

$$\operatorname{Range}\{V_S\}=\operatorname{Range}\{\bar{A}\} \tag{3-124}$$

其中，$\operatorname{Range}\{\cdot\}$表示由矩阵中的向量张成的空间，则一定存在一个满秩矩阵 T，使$V_s=\bar{A}T$。根据阵列结构的不变性，V_s 可以分解为$V_1\in C^{M\times N}$和$V_2\in C^{M\times N}$，满足$V_1=AT$和$V_2=A\Phi T$。

由于 V_1 和 V_2 共享一个列空间，$V_{12}=\left[V_1|V_2\right]$的秩为 N，则

$$\operatorname{Range}\{V_1\}=\operatorname{Range}\{V_2\}=\operatorname{Range}\{A\} \tag{3-125}$$

根据矩阵的基本知识，必然唯一存在一个秩为 N 的矩阵$F\in C^{2N\times N}$，满足

$$0=\left[V_1|V_2\right]F=V_1F_1+V_2F_2=ATF_1+A\Phi TF_2 \tag{3-126}$$

F 张成 V_{12} 的零空间。定义$\Psi=-F_1F_2^{-1}$，将上式改写为

$$AT\Psi=A\Phi T \tag{3-127}$$

$$\boldsymbol{AT\Psi T}^{-1}=\boldsymbol{A\Phi} \tag{3-128}$$

显然，$\boldsymbol{\Psi}$ 的特征值必定等于对角矩阵 $\boldsymbol{\Phi}$ 的对角线元素，即 $\lambda_1=\mathrm{e}^{\mathrm{j}\beta\Delta x\sin\theta_1}$，$\lambda_2=\mathrm{e}^{\mathrm{j}\beta\Delta x\sin\theta_2}$，…，$\lambda_N=\mathrm{e}^{\mathrm{j}\beta\Delta x\sin\theta_N}$，而 $\boldsymbol{T}$ 的列必定是 $\boldsymbol{\Psi}$ 的特征矢量，这是 ESPRIT 算法的核心思想。$\boldsymbol{\Psi}$ 是旋转算子，它将信号子空间 $\boldsymbol{V}_1$ 旋转为信号子空间 $\boldsymbol{V}_2$，其特征值为一系列非线性函数，从中就可以得到信号的 DOA 估计值。

以上的算法基本步骤总结如下。

① 通过输入信号得到相关矩阵 $\boldsymbol{R}_{uu}$ 的估计值 $\hat{\boldsymbol{R}}_{uu}$。

② 对 $\hat{\boldsymbol{R}}_{uu}$ 进行特征值分解，即

$$\hat{\boldsymbol{R}}_{uu}=\boldsymbol{V\Lambda V}^{\mathrm{H}} \tag{3-129}$$

其中，$\boldsymbol{\Lambda}=\mathrm{diag}\{\lambda_1,\lambda_2,\cdots,\lambda_M\}$ 为特征值矩阵；$\boldsymbol{V}=[\boldsymbol{q}_1,\boldsymbol{q}_2,\cdots,\boldsymbol{q}_M]$ 为特征矢量矩阵。

③ 利用最小特征值的数量来估计出信号的个数 $\hat{N}=M-K$。

④ 得到信号子空间的估计 $\hat{\boldsymbol{V}}_s$，分解为

$$\hat{\boldsymbol{V}}_s=\begin{pmatrix}\hat{\boldsymbol{V}}_1\\ \hat{\boldsymbol{V}}_2\end{pmatrix} \tag{3-130}$$

⑤ 计算特征值分解（$\lambda_1>\lambda_2>\cdots>\lambda_{2\hat{N}}$）

$$\hat{\boldsymbol{V}}_{12}^{\mathrm{H}}\hat{\boldsymbol{V}}_{12}=\begin{pmatrix}\hat{\boldsymbol{V}}_1^{\mathrm{H}}\\ \hat{\boldsymbol{V}}_2^{\mathrm{H}}\end{pmatrix}\begin{pmatrix}\hat{\boldsymbol{V}}_1 & \hat{\boldsymbol{V}}_2\end{pmatrix}=\boldsymbol{V\Lambda V}^{\mathrm{H}} \tag{3-131}$$

将 $\boldsymbol{V}$ 划分为 $\hat{N}\times\hat{N}$ 的子阵列，即

$$\boldsymbol{V}=\begin{pmatrix}\boldsymbol{V}_{11} & \boldsymbol{V}_{12}\\ \boldsymbol{V}_{21} & \boldsymbol{V}_{22}\end{pmatrix} \tag{3-132}$$

⑥ 计算 $\boldsymbol{\Psi}=-\boldsymbol{V}_{12}\boldsymbol{V}_{22}^{-1}$ 的特征值 $\lambda_1,\lambda_2,\cdots,\lambda_N$。

⑦ 估计波达方向

$$\hat{\theta}_i=\arcsin\left[\frac{\arg(\lambda_i)}{\beta\Delta x}\right],\ i=1,2,\cdots,N \tag{3-133}$$

从上面的计算步骤可以看出，ESPRIT 算法回避了许多 DOA 估计方法需要的谱峰搜索过程，而是利用特征值直接估计 DOA。

3.4.5 最大似然算法

贝叶斯估计方法是基于统计理论的一种经典方法，适用于有关参数估计的

问题。最大似然算法就是贝叶斯估计方法的一种特例，即在已知白噪声情况下的贝叶斯最优估计。在空间谱估计中，根据入射信号的模型，最大似然算法基本上分为两类：确定性最大似然（MDL）和随机性最大似然（SML）。当入射信号服从高斯随机分布模型时，导出的最大似然算法称为 SML 算法，反之当信号模型是未知的确定模型时，导出的最大似然算法称为 DML 算法。

为了导出 ML 的估计值，将天线阵的接收信号用矩阵表示为

$$\boldsymbol{X}(t)=\boldsymbol{A}(\theta)\boldsymbol{s}(t)+\boldsymbol{N}(t) \tag{3-134}$$

其中，$\boldsymbol{X}=\left[\boldsymbol{x}(1),\boldsymbol{x}(2),\cdots,\boldsymbol{x}(M)\right]$是 $L\times M$ 维的输入数据矢量矩阵；$\boldsymbol{A}(\theta)=\left[\boldsymbol{a}(\theta_1),\boldsymbol{a}(\theta_2),\cdots,\boldsymbol{a}(\theta_N)\right]$是 $L\times N$ 维的空间特征矩阵，包含这些目标方向的信息；$\boldsymbol{N}=\left[n(1),n(2),\cdots,n(M)\right]$是 $L\times M$ 维的噪声矩阵。其中，L 表示采样点数；M 为天线阵阵元数目；N 为入射信号数目。

对于以上数学模型，做如下几点假设：信号个数小于阵列的阵元数目，快拍数大于阵元数目；不同的快拍数之间的噪声协方差矩阵为零矩阵，且各个阵元接收的噪声是整体分布的，噪声功率为 σ^2；信号协方差矩阵 $\boldsymbol{R}_s$ 是正定的（非奇异）。

根据上述假设，对于 DML，由于模型未知，所以观察数据的一阶和二阶矩阵满足如下条件。

$$\begin{cases}\mathrm{E}\left\{\boldsymbol{x}(t_i)\right\}=\boldsymbol{A}(\theta)\boldsymbol{s}(t_i)\\ \mathrm{E}\left\{\left[\boldsymbol{x}(t_i)-\bar{\boldsymbol{x}}(t_i)\right]\left[\boldsymbol{x}(t_j)-\bar{\boldsymbol{x}}(t_j)\right]^{\mathrm{H}}\right\}=\sigma_n{}^2\boldsymbol{I}\,\delta_{ij}\\ \mathrm{E}\left\{\left[\boldsymbol{x}(t_i)-\bar{\boldsymbol{x}}(t_i)\right]\left[\boldsymbol{x}(t_j)-\bar{\boldsymbol{x}}(t_j)\right]^{\mathrm{T}}\right\}=\boldsymbol{0}\end{cases} \tag{3-135}$$

根据式（3-135）可以得到 DML 的联合概率密度函数（均值为第一式，方差为第二式的高斯分布），显然有观测的矢量 L 次快拍联合（条件）概率密度函数（PDF）。

$$f_{\mathrm{DML}}\left\{\boldsymbol{X}\right\}=\prod_{l=1}^{L}\frac{1}{\det\left(\pi\sigma_n{}^2\boldsymbol{I}\right)}\exp\left(-\frac{1}{\sigma_n{}^2}\left|\boldsymbol{x}_i-\boldsymbol{A}\boldsymbol{s}_i\right|^2\right) \tag{3-136}$$

其中，$\det(\cdot)$ 为矩阵的行列式。

对于 SML，由于其信号的模型为高斯随机分布，所以观察数据为零均值，其一阶和二阶矩阵满足

$$\begin{cases}\mathrm{E}\left\{\boldsymbol{x}\left(t_i\right)\right\}=\boldsymbol{0}\\ \mathrm{E}\left\{\boldsymbol{x}\left(t_i\right)\boldsymbol{x}\left(t_j\right)^{\mathrm{H}}\right\}=\left(\boldsymbol{A}\left(\theta\right)\boldsymbol{R}_{ss}\boldsymbol{A}^{\mathrm{H}}\left(\theta\right)+\sigma_n{}^2\boldsymbol{I}\right)\delta_{ij}\\ \mathrm{E}\left\{\boldsymbol{x}\left(t_i\right)\boldsymbol{x}\left(t_j\right)^{\mathrm{T}}\right\}=\boldsymbol{0}\end{cases} \tag{3-137}$$

则单次观察数据的似然函数为

$$f_i(\boldsymbol{x})=\frac{1}{\pi^M\det\left(\boldsymbol{R}_{xx}\right)}\exp\left(\boldsymbol{x}_i^{\mathrm{H}}\boldsymbol{R}_{xx}^{-1}\boldsymbol{x}_i\right) \tag{3-138}$$

L 次快拍联合（条件）概率密度函数为

$$f_{\mathrm{SML}}\left\{\boldsymbol{X}\right\}=\prod_{l=1}^{L}\frac{1}{\pi^M\det\left(\boldsymbol{R}_x\right)}\exp\left(\boldsymbol{x}_i^{\mathrm{H}}\boldsymbol{R}_{xx}^{-1}\boldsymbol{x}_i\right) \tag{3-139}$$

对式（3-136）和式（3-139）两边同时取负对数，得到

$$-\ln f_{\mathrm{DML}}=L\ln\pi+ML\ln\sigma_n{}^2+\frac{1}{\sigma_n{}^2}\sum_{i=1}^{L}\left|\boldsymbol{x}_i-\boldsymbol{A}\boldsymbol{s}_i\right|^2 \tag{3-140}$$

$$-\ln f_{\mathrm{SML}}=L\left[M\ln\pi+\ln\left(\det\left(\boldsymbol{R}_{xx}\right)\right)+\mathrm{tr}\left(\boldsymbol{R}_{xx}^{-1}\boldsymbol{R}_{xx}\right)\right] \tag{3-141}$$

为了得到参数的最大似然估计，应求该对数似然函数在参数空间上的最大值。

对于 DML，式（3-140）中的 f 是一个关于未知参量 θ、σ_n^2和 $\boldsymbol{s}$ 的函数。对于 SML，式（3-41）中的 f 是一个关于未知参量 θ、σ_n^2和 $\boldsymbol{R}_s$ 的函数。所以，最大似然估计也就是求得一组参变量使得准则式（3-136）和式（3-139）最小。

由式（3-140）可以得到未知参量σ_n^2和 $\boldsymbol{s}$ 的确定性最大似然估计，即

$$\begin{cases}\hat{\sigma}_{n,\mathrm{DML}}^2=\dfrac{1}{M}\mathrm{tr}(P_A^{\perp}\hat{\boldsymbol{R}}_{xx})\\ \hat{\boldsymbol{s}}_{\mathrm{DML}}=\boldsymbol{A}^{+}\boldsymbol{x}\end{cases} \tag{3-142}$$

由式（3-141）可以得到未知参量 $\boldsymbol{\sigma}^2$ 和 $\boldsymbol{R}_s$ 的随机性最大似然估计，即

$$\begin{cases}\hat{\sigma}_{n,\mathrm{SML}}^2=\dfrac{1}{M-N}\mathrm{tr}(P_A^{\perp}\hat{\boldsymbol{R}}_{xx})\\ \hat{\boldsymbol{R}}_{ss,\mathrm{SML}}=\boldsymbol{A}^{+}(\hat{\boldsymbol{R}}_{xx}-\hat{\sigma}_{n,\mathrm{SML}}^2\boldsymbol{I})(\boldsymbol{A}^{+})^{\mathrm{H}}\end{cases} \tag{3-143}$$

将式（3-142）代入式（3-140）可以得到确定性最大似然的准则（忽略常数项），即将式（3-140）简化为变量 θ 的估计。

$$\theta_{\mathrm{DML}} = \min\left[\mathrm{tr}(P_A^{\perp}\hat{\boldsymbol{R}}_{xx})\right] = \max\left[\mathrm{tr}(P_A\hat{\boldsymbol{R}}_{xx})\right] \tag{3-144}$$

其中，tr(·) 代表矩阵的迹，可以通过对矩阵的对角线求和得到。

同理将式（3-143）代入式（3-141）可以得到随机性最大似然的准则（同样忽略常数项）。

$$\theta_{\mathrm{SML}} = \min\ln\left[\det(\boldsymbol{A}\hat{\boldsymbol{R}}_{ss}\boldsymbol{A}^{\mathrm{H}} + \hat{\sigma}_{n,\mathrm{SML}}^{2}\boldsymbol{I})\right] = \min\ln\left[\hat{\sigma}_{n,\mathrm{SML}}^{2(M-N)}\det(\boldsymbol{A}^{+}\hat{\boldsymbol{R}}_{xx}\boldsymbol{A})\right] \tag{3-145}$$

3.4.6　子空间拟合算法

加权子空间拟合算法与最大似然算法具有很多相同之处：最大似然算法相当于数据（接收数据与实际信号数据）之间的拟合，而加权子空间拟合则相当于子空间（接收数据的子空间与实际信号导向矢量组成的子空间）之间的拟合；两者均需要通过多维搜索实现算法的求解，所以很多用于实现 ML 算法的求解过程可以直接应用到加权子空间拟合算法中。子空间拟合问题包括两个部分，即信号子空间的拟合和噪声子空间的拟合。

1. **信号子空间拟合**

信号子空间张成的空间域与阵列流型张成的空间是同一空间，也就是说，信号子空间是阵列流型张成空间的一个线性子空间，只有当估计信号数目与真实信号数目相等时，才有

$$\mathrm{Range}\{\boldsymbol{V}_S\} = \mathrm{Range}\{\boldsymbol{A}(\theta)\} \tag{3-146}$$

此时，存在一个满秩矩阵 $\boldsymbol{T}$，使得

$$\boldsymbol{V}_S = \boldsymbol{A}(\theta)\boldsymbol{T} \tag{3-147}$$

另外，理想情况下的数学模型可以知道，即

$$\boldsymbol{R}_{xx} = \boldsymbol{A}\boldsymbol{R}_{ss}\boldsymbol{A}^{\mathrm{H}} + \sigma_n^2\boldsymbol{I} = \boldsymbol{V}_S\boldsymbol{\lambda}_S\boldsymbol{V}_S^{\mathrm{H}} + \sigma_n^2\boldsymbol{V}_n\boldsymbol{V}_n^{\mathrm{H}} \tag{3-148}$$

根据噪声子空间与信号子空间的关系可以得到

$$\boldsymbol{A}\boldsymbol{R}_{ss}\boldsymbol{A}^{\mathrm{H}} + \sigma_n^{\ 2}\boldsymbol{I} = \boldsymbol{V}_S\boldsymbol{\lambda}_S\boldsymbol{V}_S^{\mathrm{H}} + \sigma_n^{\ 2}(\boldsymbol{I} - \boldsymbol{V}_S\boldsymbol{V}_S^{\mathrm{H}}) \tag{3-149}$$

即 $\boldsymbol{A}\boldsymbol{R}_{ss}\boldsymbol{A}^{\mathrm{H}} + \sigma_n^{\ 2}\boldsymbol{V}_S\boldsymbol{V}_S^{\mathrm{H}} = \boldsymbol{V}_S\boldsymbol{\lambda}_S\boldsymbol{V}_S^{\mathrm{H}}$

又因为 $\boldsymbol{V}_S = \boldsymbol{A}(\theta)\boldsymbol{T}$，且 $\boldsymbol{V}_S\boldsymbol{V}_S^{\mathrm{H}} = \boldsymbol{I}$，则可以得到理想状态下的 $\boldsymbol{T}$ 为

$$\boldsymbol{T} = \boldsymbol{R}_{ss}\boldsymbol{A}^{\mathrm{H}}\boldsymbol{V}_S(\boldsymbol{\lambda}_S - \sigma_n^2\boldsymbol{I})^{-1} \tag{3-150}$$

当有噪声存在时，信号子空间与阵列流型张成的空间不相等，上式就不一

定成立。为了解决这个问题，可以通过构造一个拟合关系，找出使式（3-147）成立的一个矩阵 $\boldsymbol{T}$，且使得两者在最小二乘意义下拟合得最好，即

$$\theta,\hat{\boldsymbol{T}}=\min\left\|\boldsymbol{V}_S-\boldsymbol{A}\hat{\boldsymbol{T}}\right\|_{\mathrm{F}}^2 \tag{3-151}$$

式（3-151）中我们最关心的参数是 θ，而 $\hat{\boldsymbol{T}}$ 仅是一个辅助参量。因此对于式（3-151），固定 $\boldsymbol{A}$ 就可以求出 $\hat{\boldsymbol{T}}$ 的最小二乘解。

$$\hat{\boldsymbol{T}}=(\boldsymbol{A}^{\mathrm{H}}\boldsymbol{A})^{-1}\boldsymbol{A}^{\mathrm{H}}\boldsymbol{V}_S=\boldsymbol{A}^{+}\boldsymbol{V}_S \tag{3-152}$$

将式（3-152）代入式（3-151），得

$$\begin{aligned}\theta=\min\left\|\boldsymbol{V}_S-\boldsymbol{A}\boldsymbol{A}^{+}\boldsymbol{V}_S\right\|_{\mathrm{F}}^2=\\ \min\mathrm{tr}\left\{\boldsymbol{P}_A^{\perp}\boldsymbol{V}_S\boldsymbol{V}_S^{\mathrm{H}}\right\}=\max\mathrm{tr}\left\{\boldsymbol{P}_A\boldsymbol{V}_S\boldsymbol{V}_S^{\mathrm{H}}\right\}\end{aligned} \tag{3-153}$$

显然式（3-152）形成的优化问题就是信号子空间拟合问题的解，即所谓的信号子空间拟合的 DOA 算法。对式（3-151）进一步推广可以得到更一般形式的加权子空间拟合问题，即

$$\theta,\hat{\boldsymbol{T}}=\min\left\|\boldsymbol{V}_S\boldsymbol{W}^{1/2}-\boldsymbol{A}\hat{\boldsymbol{T}}\right\|_{\mathrm{F}}^2 \tag{3-154}$$

得到关于 θ 的解为

$$\theta=\min\mathrm{tr}\left\{\boldsymbol{P}_A^{\perp}\boldsymbol{V}_S\boldsymbol{W}\boldsymbol{V}_S^{\mathrm{H}}\right\}=\max\mathrm{tr}\left\{\boldsymbol{P}_A\boldsymbol{V}_S\boldsymbol{W}\boldsymbol{V}_S^{\mathrm{H}}\right\} \tag{3-155}$$

2. 噪声子空间拟合

对于噪声子空间，信号的噪声子空间与阵列流型之间存在如下关系，即

$$\boldsymbol{U}_N^{\mathrm{H}}\boldsymbol{A}(\theta)=0 \tag{3-156}$$

利用式（3-156）可以得到如下的一个拟合关系。

$$\theta=\min\mathrm{tr}\left\|\boldsymbol{U}_N^{\mathrm{H}}\boldsymbol{A}(\theta)\right\|_{\mathrm{F}}^2=\min\mathrm{tr}\left\{\boldsymbol{U}_N^{\mathrm{H}}\boldsymbol{A}(\theta)\boldsymbol{A}^{\mathrm{H}}(\theta)\boldsymbol{U}_N\right\} \tag{3-157}$$

同样，式（3-156）的噪声子空间拟合也可以进一步推广为加权的形式，即信号的噪声子空间与阵列流型之间存在如下关系。

$$\boldsymbol{U}_N^{\mathrm{H}}\boldsymbol{A}(\theta)\boldsymbol{W}^{1/2}=0 \tag{3-158}$$

则式（3-157）所示的噪声子空间拟合公式应改为

$$\begin{aligned}\theta=\min\mathrm{tr}\left\|\left\{\boldsymbol{U}_N^{\mathrm{H}}\boldsymbol{A}(\theta)\boldsymbol{W}^{1/2}\right\}\right\|_{\mathrm{F}}^2=\min\mathrm{tr}\left\{\boldsymbol{U}_N^{\mathrm{H}}\boldsymbol{A}(\theta)\boldsymbol{W}\boldsymbol{A}^{\mathrm{H}}(\theta)\boldsymbol{U}_N\right\}=\\ \min\mathrm{tr}\left\{\boldsymbol{W}\boldsymbol{A}^{\mathrm{H}}(\theta)\boldsymbol{U}_N\boldsymbol{U}_N^{\mathrm{H}}\boldsymbol{A}(\theta)\right\}\end{aligned} \tag{3-159}$$

3.5 自适应天线阵列校正

在实际的阵列系统中，仅仅按照阵列形状来确定其阵列响应向量很可能不符合实际值，只有天线阵和 RF 电路符合理想的条件，包括天线阵元都是相同无误差的，空间排列也严格符合设定，各 RF 电路之间也都完全一致，也就是在只有各个阵元通道完全一致的情况下，实际的阵列响应向量才等于根据阵列形状所确定的响应向量值。实际实现时的各种误差，如制造公差、装配公差、电路老化以及温度等环境因素的变化，使得上述理想情况不可能达到，这称为通道失配，或称通道不一致。这种失配既包括各通道 RF 电路的失配，也包括各天线阵元的失配。

下面给出相应的数学表达形式，定义阵列理想响应向量为 $\boldsymbol{a}(\theta)=\left[1,\mathrm{e}^{-\mathrm{j}\varphi_2(\theta)},\cdots,\mathrm{e}^{-\mathrm{j}\varphi_M(\theta)}\right]^{\mathrm{T}}$，实际的失配阵列响应向量为 $\boldsymbol{a}'(\theta)$，则两者之间的关系式为

$$\boldsymbol{a}'(\theta)=\operatorname{diag}\left\{(\sigma_1,\sigma_2,\cdots,\sigma_M)\right\}\boldsymbol{a}(\theta)=\boldsymbol{\Gamma}\boldsymbol{a}(\theta) \tag{3-160}$$

式中，$\boldsymbol{\Gamma}=\operatorname{diag}\left\{(\sigma_1,\sigma_2,\cdots,\sigma_M)\right\}$，$\sigma_i$ 是一个复数，代表第 i 个阵元通道内由于失配引起的幅度和相位偏差。

在很多情况下，阵列失配会影响阵列的性能，因此需要通过一定的算法估计出每个通道对应的失配值 $\boldsymbol{\sigma}_i$，并予以补偿，以消除通道失配造成的影响。这个过程称为阵列的校正，或阵列通道的校正，相应的算法为通道校正算法。

在讨论校正算法之前，需要讨论在何种情况下阵列需要校正。事实上，在自适应阵列天线的应用中，并非总是需要进行阵列校正。一般对某一个算法或应用，如果基于实际阵列响应向量等于理想响应 $\boldsymbol{a}(\theta)=\left[1,\mathrm{e}^{-\mathrm{j}\varphi_2(\theta)},\cdots,\mathrm{e}^{-\mathrm{j}\varphi_M(\theta)}\right]^{\mathrm{T}}$ 的假设，则校正是必需的。例如，MVDR 波束成形器应用于所需信号 DOA 已知的情况下，这时最优解的表达式中的所需信号信道响应，其取值是假定为理想的，因此必须估算出通道失配并进行补偿，否则将影响波束成形的输出质量。另一个需要校正的场合是应用波束空间的自适应波束成形算法。波束空间方法中采用了空域线性变换将阵元空间信号转换至波束空间。例如采用 DFT 变换，其效果是形成若干正交的固定波束，那么如果通道存在失配，变换的结果将与预想的不一致，不仅这些固定波束的正交性将无从保证，甚至波束形状会发生严重的畸形。而阵列方向图综合、DOA 估计等应用与阵列响应的取值有更加直接的关系，因此也必须进行阵列校正。校正算法大致可以分为三大类：无线馈

入参考信号法、注入信号法和盲信号校正法。

3.5.1 无线馈入参考信号法

由于射频通道分为上行和下行两路，相应的通道校正也需要分别进行。在上行链路（接收天线阵）采用无线馈入参考信号法的原理如图 3-7 所示。该方法的基本原理是，从一个已知的入射方向发射已知的参考序列，利用该参考序列的副本和阵列对该信号接收序列之间的复相关信号实时校正各通道的幅度和相位失配。令 $s(n)$ 表示该参考信号的序列，θ 代表该信号的来波方向，则阵列的复基带接收信号向量序列表达式为

$$\begin{aligned}\boldsymbol{x}(n)=a'(\theta)\boldsymbol{B}s(n)+\boldsymbol{n}(n)=\\ \boldsymbol{\Gamma}\mathrm{diag}\{(b_1,b_2,\cdots,b_M)\}\boldsymbol{a}(\theta)s(n)+\boldsymbol{n}(n)\end{aligned} \tag{3-161}$$

其中，$\boldsymbol{a}(\theta)s(n)$ 是不受失配影响下的复基带接收信号，而 $\boldsymbol{\Gamma}=\mathrm{diag}\{\sigma_1,\sigma_2,\cdots,\sigma_M\}$，$\sigma_i$（$i=1,\cdots,M$）表示各个通道内需要被校正的复数失配值，$\boldsymbol{n}(n)$ 为阵列上的加性高斯白噪声向量。式（3-161）信号模型中引入了一个对角加权矩阵 $\boldsymbol{B}=\mathrm{diag}\{(b_1,b_2,\cdots,b_M)\}$。如上所述，校正往往需要在线进行，也就是校正进行的过程中，整个通信系统还在正常地工作，阵列仍然会接收来自不同方向的用户信号。因此，必须采取措施抑制这些信号，使得用于校正的接收信号中主要包含参考信号来波方向的信号。为此需要在除该方向之外的其他方向上构造较低的旁瓣，而 $\boldsymbol{B}$ 正是起到这样的作用，$\boldsymbol{B}$ 的元素均为实数。

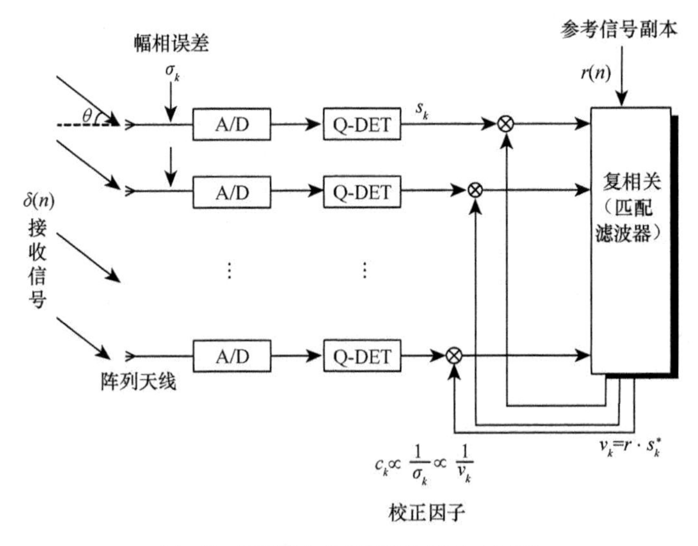

图 3-7　无线馈入参考信号法校正（上行）

为了估计出第 k 路通道内的失配误差 σ_i，对该路通道的接收信号 $x_k(n)$ 和参考信号 $r(n)$ 的副本进行相关运算。相关运算是通过一个滑动相关器来完成的，滑动相关器也称为匹配滤波器，之所以进行滑动相关是因为接收信号的参考信号副本两个序列之间尚未同步，通过滑动相关，观察相关器输出，当出现峰值时，则认为两个序列是同步的，$x_k(n)$ 和 $r(n)$ 的复相关输出记为 v_k，其表达式为

$$v_k = \overline{r^*(n)x_k(n)} = \overline{r^*(n)\left[\sqrt{P}b_k\sigma_k \mathrm{e}^{-\mathrm{j}\varphi_k(\theta)}s(n)+n_k(n)\right]} \tag{3-162}$$

假设 $s(n)$ 具有归一化方差，则上式中 P 代表参考信号到达阵列的接收功率，假设参考序列长度足够大，易知

$$\overline{r^*(n)s(n)} = 1 \tag{3-163}$$

以及

$$\overline{r^*(n)n_k(n)} = 0 \tag{3-164}$$

将式（3-163）和式（3-164）代入式（3-162），可得

$$v_k \propto b_k\sigma_k \mathrm{e}^{-\mathrm{j}\varphi_k(\theta)} \tag{3-165}$$

因此，可得该路通道的校正因子为

$$c_k = \frac{b_k v_k}{|v_k|^2}\mathrm{e}^{-\mathrm{j}\varphi_k(\theta)} \propto \frac{1}{\sigma_k} \tag{3-166}$$

在实际中，为了避免错误的同步，参考序列需要具有较好的自相关性，可采用基于 m 序列的正交码序列。

对于下行链路（发射天线阵）的校正，需要发射单元和接收单元共同完成，由阵列天线发射受到通道失配信息干扰的参考信号，在接收单元对失配信息进行估计并计算出校正因子。图 3-8 和图 3-9 分别给出了发射单元和接收单元的工作原理模型。

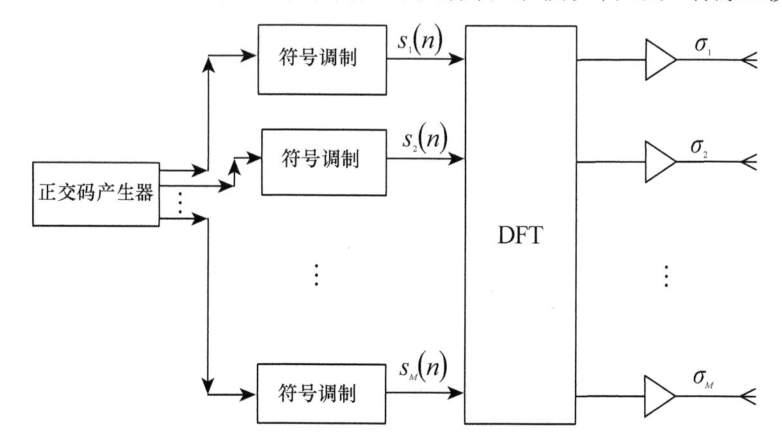

图 3-8　无线馈入参考信号法校正（下行发射机结构）

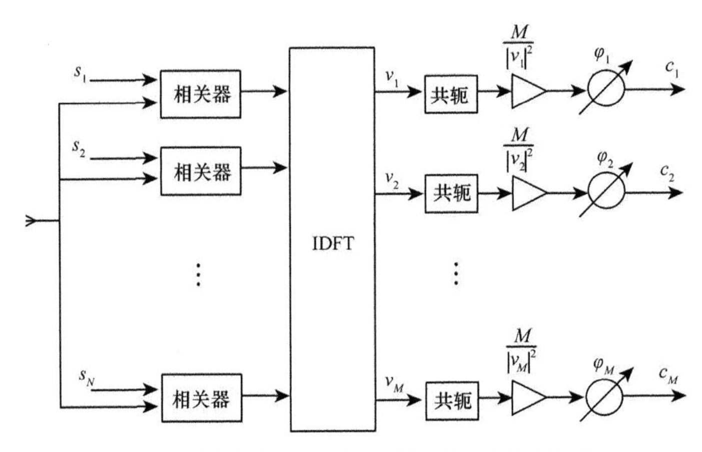

图 3-9 无线馈入参考信号法校正（下行接收机结构）

算法采用基于同步正交码的信号来计算校正因子。在发射端首先产生 $M\text{lb}N$ 路同步正交码，记为$\left\{C_i(n), i=1,2,\cdots,M\text{lb}N\right\}$。其中，$M$ 为天线阵元数目，N 与调制方式有关，例如，对于 BPSK 调制，N=2；而对于 QPSK，N=4。所有码的码长均为 L。所谓正交码，是指这些码相互间满足如下等式。

$$\sum_{i=1}^{L} C_i(l)C_j(l)=\begin{cases}L, & i=j \\ 0, & i\neq j\end{cases} \tag{3-167}$$

通过对 $\{C_i\}$ 调制，可以产生 M 路正交的复数信号序列，记为 $s_i(n), i=1,\cdots,M$，这个序列送入一个空间 DFT 变换器，这相当于一个固定多波束成形器，变换输出的 M 路信号分别通过 M 路 RF 电路和天线单元发射。由于通道失配的影响，每一路的发射信号都相当于经过一个因子为 σ_i 的乘法器。

接收天线是一个单天线，设接收天线相对发射阵列的方位角为 θ，则接收天线收到的基带信号为

$$s(n)=\sum_{p=1}^{M}\sum_{q=1}^{M}\left[\sigma_p \mathrm{e}^{-\mathrm{j}\varphi_p(\theta)}\mathrm{e}^{-\mathrm{j}2\pi(p-1)(q-1)/M}s_q(n)\right]+n_r(n) \tag{3-168}$$

其中，$n_r(n)$ 表示接收天线上的噪声，$s(n)$ 分别和所有的已知正交序列 $s_k(k=1,\cdots,N)$ 进行复相关，表达式为

$$\overline{s(n)s_k^*(n)}=\sum_{p=1}^{M}\sum_{q=1}^{M}\sigma_p \mathrm{e}^{-\mathrm{j}\varphi_p(\theta)}\mathrm{e}^{-\mathrm{j}2\pi(p-1)(q-1)/M}\overline{s_q(n)s_k^*(n)}+\overline{n_r(n)s_k^*(n)} \tag{3-169}$$

令相关运算的长度足够长，并且等于正交码码长的整数倍，则由式（3-167）所示的特征可知

$$\overline{s_q(n)s_k^*(n)}=\begin{cases}1, & q=k\\0, & q\neq k\end{cases} \tag{3-170}$$

以及

$$\overline{n_r(n)s_k^*(n)}=0 \tag{3-171}$$

将式（3-170）和式（3-171）代入式（3-169），可得

$$\overline{s(n)s_k^*(n)}=\sum_{p=1}^{M}\sigma_p \mathrm{e}^{-\mathrm{j}\varphi_p(\theta)}\mathrm{e}^{-\mathrm{j}2\pi(p-1)(q-1)/M} \tag{3-172}$$

式（3-172）说明$\left\{\overline{s(n)s_k^*(n)},k=1,\cdots,M\right\}$和$\left\{\sigma_p \mathrm{e}^{-\mathrm{j}\varphi_p(\theta)},p=1,\cdots,M\right\}$间是傅里叶变换对，因此，对$\overline{s(n)s_k^*(n)}$做空间逆 DFT 变换即可得到

$$\sigma_p=\frac{\mathrm{e}^{\mathrm{j}\varphi_p(\theta)}}{N}\sum_{k=1}^{N}\mathrm{e}^{\mathrm{j}2\pi(p-1)(k-1)/M}\overline{s(n)s_k^*(n)} \tag{3-173}$$

而校正因子就是失配因子的倒数，即

$$c_p=\frac{1}{\sigma_p} \tag{3-174}$$

通过这些运算，接收端完成了对发射阵列通道失配的估计，并生成了校正因子，而后只需要将校正因子传回发射阵列处并应用这些校正因子即可实现对发射天线阵通道的校正。也就是说，下行通道的校正是一个闭环过程，而上行通道校正则是一个开环过程。

该校正算法的上、下行链路各主要部分均可并行操作，最后可同时得出各通道的校正因子，即使在阵元数较多的情况下也可达到相当高的校正速度。算法的性能主要受限于参考信号在空间传播过程中的信道噪声，采用较长的正交码，即使在低载噪比的情况下也能获得较好的校正效果。

3.5.2　注入信号法

与无线馈入参考信号法相同，注入信号法同样是对阵列输入一路参考信号（此处讨论上行、下行类似），并通过阵列对该信号的通道输出与参考信号进行比较从而估计出通道失配参数，但无线馈入法中，参考信号是由测试天线发射并通过无线信道被阵列所接收的。而注入信号法中，不需要检测天线，而是将参考信号利用馈线直接馈入阵列各个通道中，绕过了无线信道和天线单元。

图 3-10 给出了一种采用注入信号法校正的系统配置方案。在此方案中，由校正信号产生单元产生和反向链路中实际信号的载频相同、码速率也相同的校正信号，并通过一个多路开关依次注入各个通道 RF 电路中。通过失配的 RF 电路传输后，将此信号解扩展后和校正信号发生器的输出相比较，就可得出由 RF 电路引起的幅度和相位偏移，然后就能算出校正因子。具体的计算方法与无线馈入方法类似。

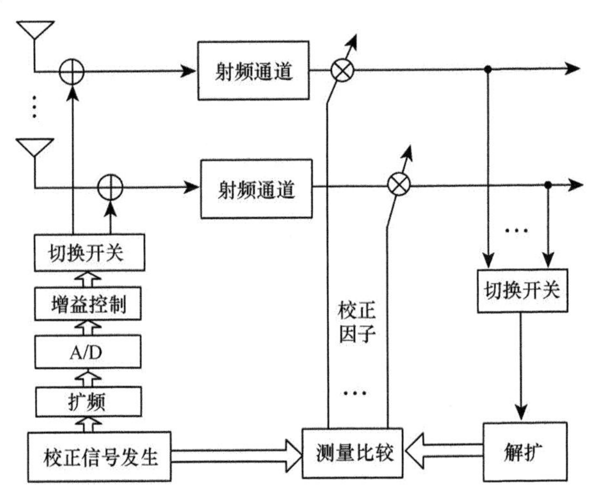

图 3-10　注入法校正（上行）

应用注入信号方法是，各 RF 电路在校正期间的幅相变换可以忽略。为了不影响系统的正常工作，对输入的校正信号的功率要加以控制。注入信号法可以在任意需要校正的时刻实施。该方法省去了测试天线，但同时增加了阵列天线系统本身的复杂度。

3.5.3　盲信号校正法

无论是无线馈入方法还是注入信号法，都需要引入参考序列。对于在线工作的通信系统，参考信号对用户信号而言是一种干扰，而用户信号也对利用参考信号进行校正造成了影响。为此，研究者提出了无须利用参考序列的盲信号校正方法。

仍然将上行和下行矫正分开进行讨论，图 3-11 给出了上行通道校正的原理图。从图中可以看到，各个阵元接收到的信号在进入射频通道前，通过一个定向耦合器生出一个旁路进入一个合并器，通过合并器多路信号合并成为一路，合并后的信号进入一个称为校正接收机的通道内。假设该路通道的通道因子为 1，则相应

的基带输出信号可记为

$$y(n)=L\left[\boldsymbol{r}(n)\right]+\boldsymbol{n}_c(n) \tag{3-175}$$

其中，$\boldsymbol{r}(n)$ 代表未受失配影响的接收信号向量，$L[\cdot]$ 对应一个确定的线性合并算子，而 $\boldsymbol{r}_c(n)$ 则表示该路通道输出的噪声序列。

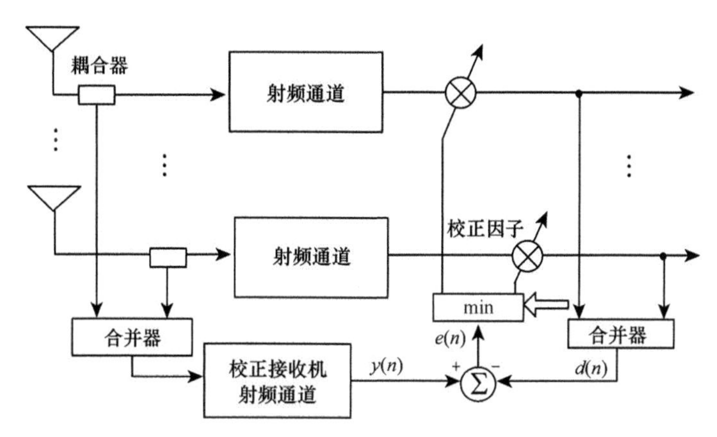

图 3-11 盲信号校正方法（上行）

而对于阵列本身的通道输出向量，考虑通道失配，可以表达为

$$\boldsymbol{x}(n)=\boldsymbol{\Gamma}\boldsymbol{r}(n)+\boldsymbol{n}(n) \tag{3-176}$$

为了消除失配，在每个通道上加载校正因子，令 $\boldsymbol{c}=[c_1,c_2,\cdots,c_M]^{\mathrm{T}}$ 代表校正因子构成的向量，则校正后的输出向量为

$$\boldsymbol{x}'(n)=\mathrm{diag}(\boldsymbol{c})\boldsymbol{x}(n)=\mathrm{diag}(\boldsymbol{c})\boldsymbol{\Gamma}\boldsymbol{r}(n)+\mathrm{diag}(\boldsymbol{c})\boldsymbol{n}(n) \tag{3-177}$$

然后，对 $\boldsymbol{x}'(n)$ 施以和前述相同的合并运算，构造出一个参考信号为

$$d(n)=L\left[\boldsymbol{x}'(n)\right] \tag{3-178}$$

值得强调的是，前后两个合并运算应当是完全一致的。下面的任务就是调整校正因子，令 $y(n)$ 和 $d(n)$ 之间的均方误差最小。这里利用 NLMS 算法调整校正因子，计算公式为

$$\boldsymbol{c}(n+1)=\boldsymbol{c}(n)+\mu(n)e^*(n)\boldsymbol{x}'(n) \tag{3-179}$$

其中，

$$e(n)=d(n)-y(n) \tag{3-180}$$

$$\mu = \frac{\mu_0}{x'^{\mathrm{H}}(n)x'(n)} \tag{3-181}$$

下行链路的校正如图 3-12 所示，自适应天线单元的输出在校正前组合成参考信号 $d(n)$，天线阵发射前的信号组合成 $y(n)$，而后采用和上行链路中相同的算法更新权值使误差 $e(n)$ 最小。此种校正算法具有良好的快速收敛特性，同时由于不需要参考序列，不会对系统工作造成影响，非常适合在线校正的要求。

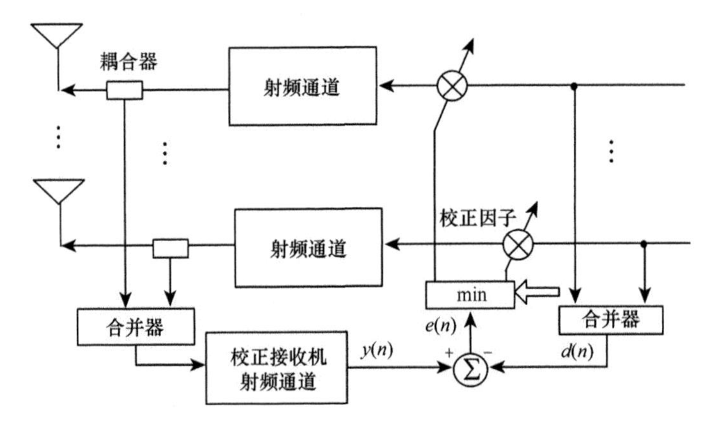

图 3-12　盲信号校正方法（下行）

3.6　自适应天线系统硬件构架

目前，世界各国都非常重视自适应天线技术在未来各个通信领域的地位和作用，纷纷展开了大量的理论与实验基础研究。自适应天线阵列系统主要功能分两个部分：一是对来自移动台发射的多径电波方向进行波达方向估计，并进行空间滤波，抑制其他移动台的干扰；二是对基站发送信号发送的信号进行数字波束成形，使基站发送信号能够沿着移动电波的到达方向发送回移动台，从而降低发射功率，减少对其他移动台的信号干扰。图 3-13 给出了一种自适应天线无线基站系统参考体系构架 [11]，包括阵列天线部分、模拟射频和中频信道接收发送部分（包括通道幅相交准信道）、数字接收和发送部分、系统控制部分、设备网络接口部分，以及根据需要可选择配置的显示和数据存储等部分。核心的阵列信号处理、调制解调、编码译码、用户数据打包分拆等算法在 FPGA 和 DSP 中完成。为实现算法和功能的重新配置，在每个基带信号处理模块设有程序存储器、嵌入式控制器和网络等对外数据接口。

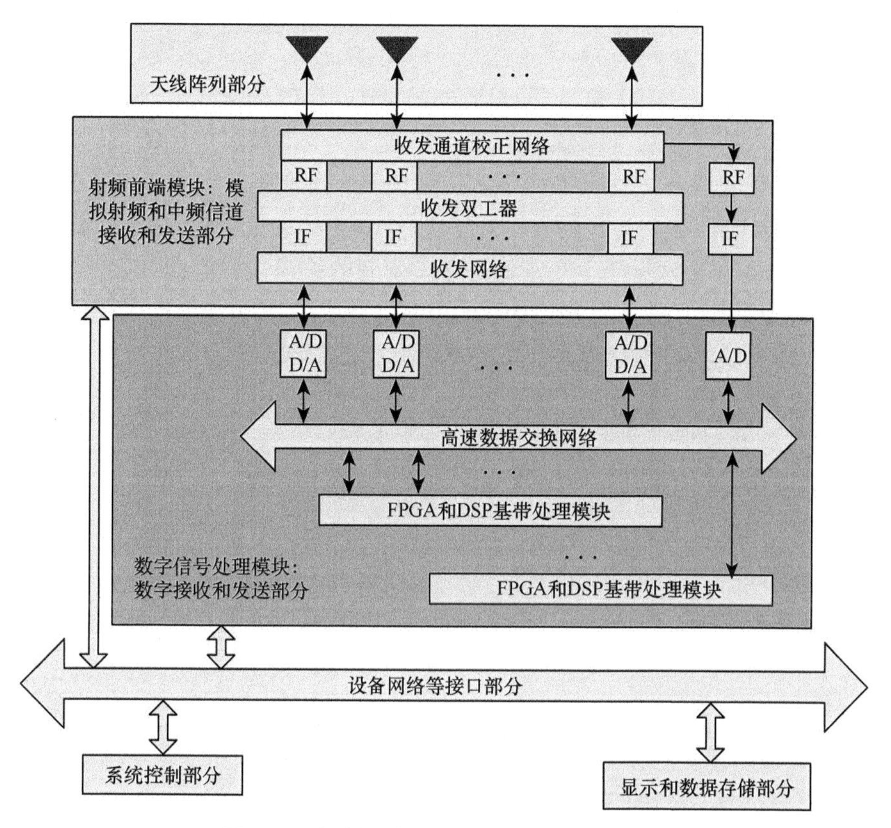

图 3-13　自适应天线无线基站系统参考体系构架

3.6.1　射频前端模块

在自适应天线系统中，射频前端的任务是对信号进行放大及频率变换，以满足 A/D 采用的要求，射频前端输出信号的质量直接决定了整个系统的性能。因此天线阵列接收到的信号在下变频到基带进行数字化之前要经过适当的 LNA 放大和滤波，这样做主要是为了使信号放大到要求的电平，并除去所有带外信号避免影响接收机的噪声系数。原则上要求 LNA 具有较高的增益和很低的噪声系数，因为 LNA 的噪声系数对系统噪声影响最大，而其提供的增益可减少后面各级引入的噪声系数。一般自适应天线系统的射频组件对 LNA 的要求是增益达到 20 ～ 30 dB，噪声系数为 1 ～ 1.5 dB。另一个关键器件是下变频器，因为一个性能不佳的下变频器会引入很多寄生信号，这将严重影响接收机的性能。下变频的过程可以通过混频器来实现。在一般低成本的接收机中，下变频器就是一个单二极管的混频电路，但是在实际的自适应天线系统中，应当采用较复杂的混频器电路来提高整个混频器的性能，如混频损耗、噪声系数等。

交调失真电平是一个需要重要考虑的参数，当射频信号小时，中频信号功率随射频输入功率呈线性增加，但是当射频功率增加超过一定的范围后，这种线性关系就会变成非线性增加，导致交调失真。射频信号包含两个甚至更多频率接近的分量（比如在蜂窝内移动通信），中频输出中就会包含很多落在中频带宽内的不需要的中频分量。这些就是交叉调制的结果，中频滤波无法滤除，尤其是三阶交调引起的失真比较突出。一个高增益的LNA可能会产生严重的失真，因此需要在灵敏度和动态范围之间进行平衡。在实际系统中，一般在LNA和混频器之间插入一个衰减器来确保射频输入混频器的功率足够小而不发生交调失真。还有一种办法就是在系统中加入前馈电路，使两路信号反相叠加，抵消交调，这在目前很多有源线性功放中已被采用。

考虑到自适应天线系统对误差非常敏感，要保证射频前端各个支路幅度和相位的一致性。射频前端的典型原理如图 3-14 所示。

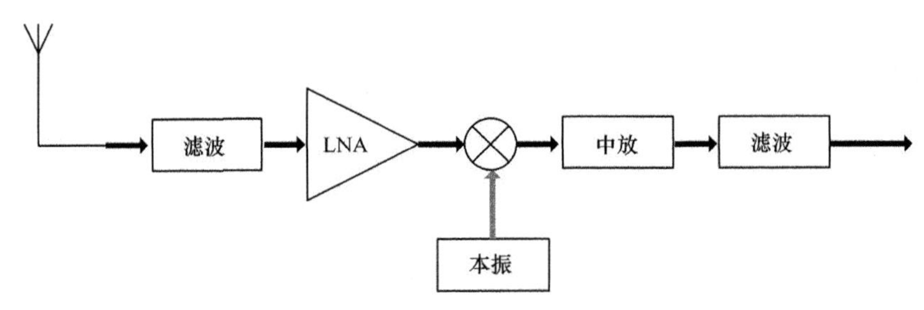

图 3-14　射频前端工作原理

3.6.2　数据信号处理模块

在自适应天线系统中，数字信号处理模块起着至关重要的作用，其软硬件的性能直接决定着系统的性能。通过在系统的软件中执行适当的指令，数字信号处理模块可以强化期望信号，同时使干扰的影响和传输时延最小。如果所用自适应算法得当，数字信号处理模块可以在自适应天线输出端实时输出几乎无干扰的期望信号。

算法实现主要包括波束成形函数和权值更新函数部分，波束成形函数是通过使用并重复使用更新的可用权值产生自适应天线的期望输出，而权值更新函

数从接收到的最新采用值得到一套新的最优权值。为了获得快速的响应，需要把输出波束成形和权值更新作为两个独立的任务并行执行。而且，由于数据传输很快，与波束成形相关的计算必须高速完成。因为数据采样的每一个新快拍要反复更新，即使在研发阶段也有必要使波束成形软件用汇编指令有效执行。另外，权值更新就比较慢，主要是因为实际的移动环境在 1 ～ 2 ms 内基本保持不变；即使选择相对简单的算法，权值更新操作也是很复杂的，因此也更值得用更高级的语言代码来写权值更新软件。因此，可把数字信号处理模块的硬件分为两个独立的部分，第一是波束成形部分，应使用高速的 DSP 器件来完成，这些运算中涉及大量的复数信号和复数乘法运算，包括 I、Q 分量；第二是研发部分，权值更新操作应当采用高级语言代码在高速 PC 机上执行，一旦自适应天线系统在实验室测试满意，PC 也可以很简单地替换为 DSP 器件。

3.6.3　并行数字波束成形

随着数字信号处理硬件的不断发展，数字信号处理器执行指令的速度已非常高，使得数据的读取、传输不是问题。但研究人员发现，采用自适应多波束后，波束成形的速度往往是瓶颈，特别是波束数目较多时。

数字波束成形对阵元接收信号进行加权求和处理形成波束，主波束对准期望用户方向，而将波束零点对准干扰方向。根据波束成形的程度不同，实现智能天线的方式又分两种：阵元空间处理方式和波束空间处理方式。

1. 阵元空间处理方式（全自适应阵列处理）

直接对各阵元接收信号采样进行加权求和处理后，形成阵列输出，使阵列方向图主瓣对准用户信号到达方向。各个阵元均参与自适应加权调整。

2. 波束空间处理方式（部分自适应阵列处理）

两级处理过程：第一级对各阵元信号进行固定加权求和，形成多个指向不同方向的波束；第二级对第一级的波束输出进行自适应加强调整后合成得到阵列输出。此方案不是对全部阵元都从整体最优计算加权系数作自适应处理，而是仅对其中的部分阵元作自适应处理。这种结构的特点是计算量小、收敛快，并且具有良好的波束保形性能。

并行数字波束成形主要强调对数据传输和处理时尽可能进行并行处理。比如 8 个信道，在 ADC 至少也要有 8 个并行，对于各路的数据和权值组合也要并行；对于同时工作的多个波束，也要尽可能并行处理。图 3-15 是一个带矫正的 8 路自适应天线系统的硬件结构链路。

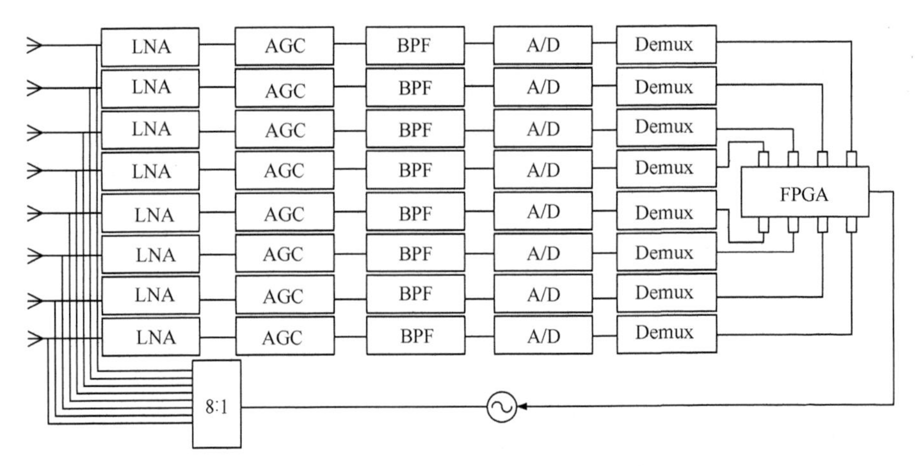

图 3-15　8 路自适应天线系统的硬件结构

3.7　本章小结

尽管天线都是用于收发无线电波的，但和常规的天线不同，自适应天线依靠对多个天线组阵，通过对各单元天线馈电信号组合处理，根据不同的环境和应用需求，通过精巧的阵列处理算法，动态地调整接收和发射方向特性，达到波束性能智能化的功能。本章围绕自适应阵列天线的基本构架进行了相关的原理性介绍；重点对自适应处理系统的自适应相关准则、自适应波束成形算法和波达方向估计算法分别作了详细的论述；最后从实际工程应用的角度介绍了自适应阵列天线中的阵列校正技术与系统硬件构架。

参考文献

[1] LITVA J. Digital beamforming in wireless communications [M]. Artech House Mobile Communications, 1996.

[2] COHEN H. Mathematics for scientists and engineers [M]. New York: Prentice Hall, 1992.

[3] MONZINGO R, MILLER T. Introduction to adaptive arrays [M]. New York: Wiley

Interscience, John Wiley & Sons, 1980.

[4] HAYKIN S. Adaptive filter theory [M]. 4th ed. New York: Prentice Hall, 2002.

[5] GODARD D N. Self-recovering equalization and carrier tracking in two-dimensional data communication system [J]. IEEE Transactions on Communications, 1980, 28(11):1867-1875.

[6] TREICHLER J R, AGEE B G. A new approach to multipath correction of constant modulus signals [J]. IEEE Transactions on Acoustics, Speech and Signal Processing, 1983, 31(4):459-472.

[7] AGEE B. The least-squares CMA: a new technique for rapid correction of constant modulus signals [C]// IEEE International Conference on ICASSP' 86, 1986, 11:953-936.

[8] BURG J P. Maximum entropy spectral analysis[C]// Socie. Expl. Geoph. 37th Annual Meeting, Oklahoma City, 1967.

[9] SCHMIDT R O. Multiple emitter location and signal parameter estimation [J]. IEEE Transactions on Antenna and Propagation, 1986, 34(3):276-280.

[10] ROY R, PAULRAJ A, KAILATH T. ESPRIT-A subspace rotation approach to estimation of parameters of cissoids in noise [J]. IEEE Transactions on Acoustics, Speech and Signal Processing, 1986, 34(5):1340-1342.

[11] NAMKYU R, YUN Y, CHOI S, et al. Smart antenna base station open architecture for SDR networks [J]. IEEE Wireless Communications, 2006, 13(3):58-69.

第4章 MIMO多天线理论与技术

随着无线互联网中多媒体通信的快速发展，宽带高速数据通信服务的需求正日益增长。常规单天线收发通信系统的容量已远远不能够满足实际使用的需求，而且可靠性亟待提升。MIMO技术是实现未来高速宽带无线通信的关键技术之一，其核心概念是利用多个发射天线与多个接收天线所提供的空间自由度来提高无线通信系统的传输能力和频谱效率。

本章首先介绍MIMO系统的信道模型，并分析MIMO系统信道容量的提升；在此基础上，介绍MIMO空时编码技术，包括空时格形码、空时分组码和分层空时码等；其次，介绍MIMO波束成形技术中的单用户以及多用户波束成形方法；再次，讨论了MIMO天线的设计，涉及多天线间的互耦、空域相关性以及多天线的互耦抑制等；最后，论述了大规模MIMO系统应用、大尺寸下的信道硬化以及大规模MIMO系统面临的一些技术挑战。

| 4.1 MIMO 信道模型 |

MIMO 通信系统是在发射端和接收端均有多个天线通道的通信系统。MIMO 系统的典型结构如图 4-1 所示。该系统具有 M_T 个发射天线和 M_R 个接收天线，用 $h_{i,j}(\tau,t)$ 表示时延为 τ 时刻第 j（j=1,2,⋯,M_τ）个发射天线和第 i（i=1,2,⋯,M_R）个接收天线之间的时变信道脉冲响应，即 τ–1 时刻发射的脉冲在时刻 t 的响应。

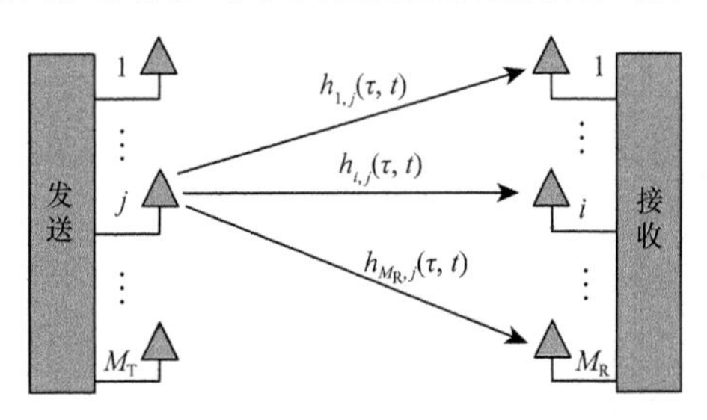

图 4-1 MIMO 多天线系统结构

MIMO 系统的信道响应可以用 $M_R \times M_T$ 的矩阵 $\boldsymbol{H}(\tau,t)$ 来表示

$$\boldsymbol{H}(\tau,t)=\begin{bmatrix} h_{1,1}(\tau,t) & \cdots & h_{1,M_T}(\tau,t) \\ h_{2,1}(\tau,t) & \cdots & h_{2,M_T}(\tau,t) \\ \vdots & & \vdots \\ h_{M_R,1}(\tau,t) & \cdots & h_{M_R,M_T}(\tau,t) \end{bmatrix} \tag{4-1}$$

矩阵中的第 j 个列向量 $\left[h_{1,j}(\tau,t),h_{2,j}(\tau,t),\cdots,h_{M_R,j}(\tau,t)\right]^T$ 表示第 j 个发射天

线到接收天线阵的空时信号特征。假设第 j 个天线的发射信号表示为 $\boldsymbol{x}_j(t)$，则第 i 个接收天线的接收信号为

$$y_i(t)=\sum_{j=1}^{N}h_{i,j}(\tau,t)x_j(t)+n_i(t),\quad i=1,2,\cdots,M_{\mathrm{T}} \tag{4-2}$$

其中，$\boldsymbol{n}_i(t)$ 表示在接收机端的加性噪声。

根据物理散射模型，可以构建出 MIMO 物理信道模型。假设系统为窄带阵列，接收天线阵元间距为 d 的直线阵，入射信号的波阵面以角度 θ 入射到接收天线阵。

假设入射信号的带宽为 B，则 $x(t)$ 可以表示为

$$x(t)=\alpha(t)\mathrm{e}^{\mathrm{j}\omega t} \tag{4-3}$$

其中，$\alpha(t)$ 为信号的复包络，ω 为载频（弧度）。在窄带阵列的假设条件下，认为信号带宽 B 远远小于入射信号波前通过天线阵的时间 T 的倒数，即 $B \ll 1/T$。用 $y_1(t)$ 表示第一个天线的接收信号，则第 i 个天线的接收信号为

$$y_i(t)=y_1(t)\mathrm{e}^{-(i-1)\mathrm{j}2\pi\cos(\theta)(d/\lambda)} \tag{4-4}$$

其中，λ 为入射信号的波长，除了相位外，两个天线上接收的信号是相同的。考虑如图 4-2 所示的单反射散射模型，对相对于接收天线阵张角为 θ、相对于发射天线阵张角为 φ、延迟为 τ 的散射体，复包络为 $S(\theta,\tau)$。如果给定发射和接收天线阵的几何位置，由（θ,φ,τ）这 3 个变量中的任何两个都可以确定另外一个，于是 MIMO 信道的冲激响应可以表示为

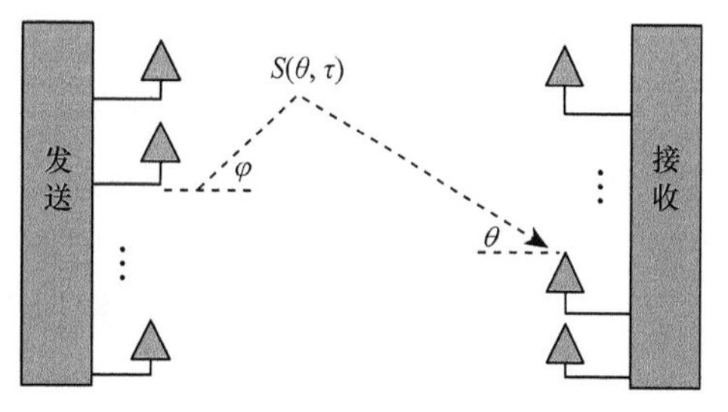

图 4-2　单反射散射模型

$$\boldsymbol{H}(\tau)=\int_{-\pi}^{\pi}\int_{0}^{\tau_{\max}}S(\theta,t)\boldsymbol{a}(\theta)\boldsymbol{b}^{\mathrm{T}}(\varphi)g(\tau-t)\mathrm{d}t\mathrm{d}\theta \tag{4-5}$$

这里，$\tau_{\max}$ 是信道的最大延迟扩展，$g(\tau)$ 表示发射端脉冲成型器和接收端匹配滤波器的响应总和，$\boldsymbol{a}(\theta)$ 和 $\boldsymbol{b}(\varphi)$ 分别为接收和发射天线阵的方向向量。

上述基于单反射散射模型的信道模型有很多局限性，它不能反映出信道受到的全部影响。更一般的模型是假设多次反射，即信号从反射端到接收端经多个散射物，此时 3 个参数（θ,φ,τ）将相互独立。根据窄带阵列的假设，$B \ll 1/\tau_{\max}$，式（4-5）可以表示为

$$\boldsymbol{H}(\tau)=\left(\int_{-\pi}^{\pi}\int_{0}^{\tau_{\max}}S(\theta,t)\boldsymbol{a}(\theta)\boldsymbol{b}^{\mathrm{T}}(\varphi)\mathrm{d}t\mathrm{d}\theta\right)g(\tau)=\boldsymbol{H}g(\tau) \tag{4-6}$$

如果进一步假设响应 $g(\tau)=\delta(\tau)$，对于式（4-6），我们只需关心 $\boldsymbol{H}$ 的性质。适当地选择天线阵元方向图和阵列几何结构，在多散射模型下，$\boldsymbol{H}$ 的元素可以认为是服从零均值、方差为 1 的循环对称复高斯随机变量，即 $[\boldsymbol{H}]_{i,j} \sim \mathcal{CN}(0,1)$，此时的 MIMO 信道为独立同分布的瑞利衰落信道，用 $\langle x,y\rangle = \mathrm{E}\{xy^*\}$ 表示。对于散射丰富的 NLOS 环境，如果发射和接收天线阵元之间间隔足够大，且极化方式相同，则 $\boldsymbol{H}=\boldsymbol{H}_w$ 是成立的。如果信道环境中存在 LOS 分量，则信道矩阵的均值不再为零，此时 $\boldsymbol{H}$ 的元素服从 Rician 分布，可以表示为

$$\boldsymbol{H} = \sqrt{P}\left(\sqrt{\frac{K}{K+1}}\boldsymbol{H}_{\mathrm{F}} + \sqrt{\frac{1}{K+1}}\boldsymbol{H}_{\mathrm{V}}\right) = \sqrt{P}\left(\sqrt{\frac{K}{K+1}}\begin{bmatrix} \mathrm{e}^{\mathrm{j}\varphi_{11}} & \cdots & \mathrm{e}^{\mathrm{j}\varphi_{1M_{\mathrm{T}}}} \\ \vdots & & \vdots \\ \mathrm{e}^{\mathrm{j}\varphi_{M_{\mathrm{R}}1}} & \cdots & \mathrm{e}^{\mathrm{j}\varphi_{M_{\mathrm{R}}M_{\mathrm{T}}}} \end{bmatrix} + \sqrt{\frac{1}{K+1}}\begin{bmatrix} a_{11} & \cdots & a_{1M_{\mathrm{T}}} \\ \vdots & & \vdots \\ a_{M_{\mathrm{R}}1} & \cdots & a_{M_{\mathrm{R}}M_{\mathrm{T}}} \end{bmatrix}\right) \tag{4-7}$$

式中，$\boldsymbol{H}_{\mathrm{F}}$ 是固定的 LOS 分量矩阵，元素为 $\mathrm{e}^{\mathrm{j}\varphi_{ij}}$，$\boldsymbol{H}_{\mathrm{V}}$ 表示 NLOS 分量矩阵，矩阵元素 a_{ij} 为复高斯随机变量，P 为固定分量和随机分量的功率总和，K 为 Rician 分布因子，$K=P_{\mathrm{LOS}}/P_{\mathrm{NLOS}}$，表示二分量的功率比值。

在实际环境中，并不能保证 $\boldsymbol{H}$ 的统计特性总是服从 $\boldsymbol{H}_W$ 独立分布。比如天线间的间隔不够大或散射物较少都会造成空间衰落相关，信道中 LOS 分量的存在会引起 Rician 衰落，以及不同的极化方式造成阵元间增益的不平衡。这些都会对 MIMO 信道的特性造成很大的影响。

因此，如果考虑信道的空间相关性，一个发射天线 M_{T}、两个接收天线 M_{R1} 和 M_{R2} 之间的空间复相关系数可以表示为

$$\rho_{M_{\mathrm{R1}}M_{\mathrm{R2}}} = \left\langle \alpha_{M_{\mathrm{R1}}M_{\mathrm{T}}}^{(\tau)}, \alpha_{M_{\mathrm{R2}}M_{\mathrm{T}}}^{(\tau)} \right\rangle \tag{4-8}$$

式中，$\alpha_{M_{\mathrm{R1}}M_{\mathrm{T}}}^{(\tau)}$ 表示发射天线 M_{T} 和接收天线 M_{R1} 之间的复传输系数，$\langle x,y\rangle = \mathrm{E}\{xy^*\}$，$\tau$ 表示同一时延。如果发射天线紧凑放置，且具有相同的辐射方向图，则接收端的空间相关函数与发射天线 M_{T} 无关。同样可以定义出发射端两天线 M_{T1} 和 M_{T2} 的空间复相关系数

$$\rho_{M_{\mathrm{T1}}M_{\mathrm{T2}}} = \left\langle \alpha_{M_{\mathrm{R}}M_{\mathrm{T1}}}^{(\tau)}, \alpha_{M_{\mathrm{R}}M_{\mathrm{T2}}}^{(\tau)} \right\rangle \tag{4-9}$$

根据式（4-8）和式（4-9）定义接收端和发射端的对称相关矩阵

$$\boldsymbol{R}_{\mathrm{R}} = \left[\rho_{M_{\mathrm{R}i}M_{\mathrm{R}j}}\right]_{M_{\mathrm{R}}\times M_{\mathrm{R}}}, \quad \boldsymbol{R}_{\mathrm{T}} = \left[\rho_{M_{\mathrm{T}i}M_{\mathrm{T}j}}\right]_{M_{\mathrm{T}}\times M_{\mathrm{T}}} \tag{4-10}$$

同样可以定义两对发射天线和接收天线的相关系数

$$\rho_{M_{\mathrm{T2}}M_{\mathrm{R2}}}^{M_{\mathrm{T1}}M_{\mathrm{R1}}}=\left\langle\alpha_{M_{\mathrm{T1}}M_{\mathrm{R1}}}^{(\tau)},\alpha_{M_{\mathrm{T2}}M_{\mathrm{R2}}}^{(\tau)}\right\rangle,\ M_{\mathrm{T1}}\neq M_{\mathrm{T2}},\ M_{\mathrm{R1}}\neq M_{\mathrm{R2}} \tag{4-11}$$

如果发射和接收端天线单元辐射方向图都相同，$\rho_{M_{\mathrm{R}i}M_{\mathrm{R}j}}$，$\rho_{M_{\mathrm{T}i}M_{\mathrm{T}j}}$分别与 M_{T} 和 M_{R} 独立，上式可以进一步写为

$$\rho_{M_{\mathrm{T2}}M_{\mathrm{R2}}}^{M_{\mathrm{T1}}M_{\mathrm{R1}}}=\rho_{M_{\mathrm{R}i}M_{\mathrm{R}j}}\rho_{M_{\mathrm{T}i}M_{\mathrm{T}j}} \tag{4-12}$$

MIMO 信道的协方差矩阵可以看成是发射端的相关矩阵 $\boldsymbol{R}_{\mathrm{T}}$ 和接收端的相关矩阵 $\boldsymbol{R}_{\mathrm{R}}$ 的 Kronecker 乘积，即

$$\boldsymbol{R}=\boldsymbol{R}_{\mathrm{T}}\otimes\boldsymbol{R}_{\mathrm{R}} \tag{4-13}$$

这样就可以为 MIMO 信道的空间相关性建立恰当的模型。

散射体的分布、天线的几何形式和单元的方向图等共同决定 H 元素的相关性。复相关系数的计算主要基于功率方位谱分布（PAS）和角度扩展（AS），常用的功率方位谱有均匀分布、高斯分布和拉普拉斯分布。给定了 PAS、AS 和平均 AOA（Angle-Of-Arrival，到达角度）等相关参量，就可以计算出相应的复相关系数。

为了使用的方便，我们常常假定天线之间的信道是互不相关的，而且信道矩阵是一个满秩矩阵，各元素服从独立复高斯分布。这是一个非常理想的情况，如果要建立更为准确的信道模型，就必须考虑环境中无线电波的具体传播情况，同时需要考虑发射和接收天线阵列的形状、天线间的距离、天线的极化、接收信号的角度扩展等因素，这样才更加贴近实际。

4.2　MIMO 信道容量

系统容量是表征通信系统性能的最重要标志之一，在接收端错误概率可以任意小的条件下，通信链路可以达到的最大的信息传输速率称为信道容量。信道容量是在给出了特定信道条件下，通信双方之间信息传输速率的上界。根据香农信息论[1]，对于连续信道，如果信道带宽为 B，并且受到加性高斯白噪声的干扰，则信道容量的理论公式为

$$C=B\,\mathrm{lb}\left(1+\frac{S}{\sigma^{2}}\right) \tag{4-14}$$

其中，σ^2 为加性高斯白噪声（AWGN）的平均功率，S 为信号的平均功率，S/σ^2 为信噪比，B 为信道带宽。虽然增加信噪比可以提高频谱的使用效率，但在实际通信系统中，考虑到电磁污染、射频电路的性能以及用户间的干扰等实际情况，并不推荐增大发射端的发射功率。噪声功率 σ^2 与信道带宽 B 有关，若噪声单边功率谱密度为 n_0，香农公式还可以表示为

$$C = B\text{lb}\left(1+\frac{S}{n_0 B}\right) \tag{4-15}$$

当带宽 $B\to\infty$ 时，有

$$\underset{B\to\infty}{C} = \lim_{B\to\infty}\left[\frac{n_0 B}{S}\text{lb}\left(1+\frac{S}{n_0 B}\right)\right]\left(\frac{S}{n_0}\right) = \frac{S}{n_0}\text{lb}\, e \approx 1.44\frac{S}{n_0} \tag{4-16}$$

由此可知，当 S 和 n_0 一定时，信道容量虽然在 B 有限时随带宽 B 增大而增大；然而当 $B\to\infty$ 时，噪声功率也趋于无穷大，C 不能无限制地增加。

采用 MIMO 多天线技术可以获得信道容量的成倍增加，而不需要额外的功率和带宽。假设发射天线个数为 M_{T}，接收天线个数为 M_{R}，信道受加性高斯白噪声干扰，发射信号向量为 $\boldsymbol{x}$，则接收信号向量 $\boldsymbol{y}$ 可表示为

$$\boldsymbol{y} = \boldsymbol{H}\boldsymbol{x} + \boldsymbol{n} \tag{4-17}$$

其中，$\boldsymbol{H}$ 是 $M_{\text{R}} \times M_{\text{T}}$ 的复矩阵，向量 $\boldsymbol{n}$ 为零均值复高斯加性白噪声，实部和虚部独立同分布，具有相同的方差。自相关矩阵 $\text{E}\left\{\boldsymbol{n}\boldsymbol{n}^{\text{H}}\right\} = \sigma^2\boldsymbol{I}_{M_{\text{R}}}$，即不同接收天线上的噪声相互独立。下面将讨论确定性 MIMO 信道和随机 MIMO 信道的容量，以及对平均分配发射功率条件下的 SISO、SIMO、MISO、MIMO 信道的容量进行比较。

4.2.1 确定性信道的容量

对于确定性的信道矩阵 $\boldsymbol{H}$，信道的容量 C 等于信道输入 $\boldsymbol{x}$ 和输出 $\boldsymbol{y}$ 平均互信息 $\boldsymbol{I}(\boldsymbol{x};\boldsymbol{y})$ 的最大值，即

$$C = \max_{f(x)} \boldsymbol{I}(\boldsymbol{x};\boldsymbol{y}) \tag{4-18}$$

其中，$\boldsymbol{f}(\boldsymbol{x})$ 为发射信号向量 $\boldsymbol{x}$ 的概率分布。

对于式（4-17）的信道模型，信道的互信息为

$$\boldsymbol{I}(\boldsymbol{x};\boldsymbol{y}) = H(\boldsymbol{y}) - H(\boldsymbol{y}|\boldsymbol{x}) \tag{4-19}$$

$H(\boldsymbol{y})$ 为向量 $\boldsymbol{y}$ 的微分熵，$H(\boldsymbol{y}|\boldsymbol{x})$ 表示给定 $\boldsymbol{x}$ 的情况下 $\boldsymbol{y}$ 的条件微分熵

$$H(y) = \text{lb}\left[\det\left(\pi e \boldsymbol{R}_{yy}\right)\right] \quad (4\text{-}20)$$

$$H(\boldsymbol{n}) = \text{lb}\left[\det\left(\pi e \sigma^2 \boldsymbol{I}_{M_R}\right)\right] \quad (4\text{-}21)$$

其中，$\boldsymbol{R}_{yy} = \text{E}\left\{\boldsymbol{y}\boldsymbol{y}^{\text{H}}\right\} = \boldsymbol{H}\boldsymbol{R}_{xx}\boldsymbol{H}^{\text{H}} + \sigma^2 \boldsymbol{I}_{M_R}$，$\boldsymbol{R}_{xx} = \text{E}\left\{\boldsymbol{x}\boldsymbol{x}^{\text{H}}\right\}$。

如果 $\boldsymbol{y}$ 和 $\boldsymbol{x}$ 相互独立，即 $H(\boldsymbol{y}|\boldsymbol{x})=H(\boldsymbol{n})$，那么

$$\boldsymbol{I}(x; y) = H(y) - H(\boldsymbol{n}) \quad (4\text{-}22)$$

由于 $H(\boldsymbol{n})$ 为常数，要使 $\boldsymbol{I}(\boldsymbol{x};\boldsymbol{y})$ 最大，等价于最大化 $H(\boldsymbol{y})$，当 $\boldsymbol{y}$ 服从循环对称复高斯分布时，$\boldsymbol{y}$ 的熵 $H(\boldsymbol{y})$ 最大，前提是 $\boldsymbol{x}$ 也服从循环对称复高斯分布。

假如 $\boldsymbol{x}$ 具有零均值，协方差矩阵为$\boldsymbol{R}_{xx} = \text{E}\left\{\boldsymbol{x}\boldsymbol{x}^{\text{H}}\right\} = \boldsymbol{Q}$，那么 $\boldsymbol{y}$ 也是零均值，协方差矩阵$\boldsymbol{R}_{yy} = \text{E}\left\{\boldsymbol{y}\boldsymbol{y}^{\text{H}}\right\} = \boldsymbol{H}\boldsymbol{Q}\boldsymbol{H}^{\text{H}} + \sigma^2 \boldsymbol{I}_{M_R}$。此时，互信息可以表示为

$$\boldsymbol{I}(x; y) = \text{lb}\det\left(\boldsymbol{I}_{M_R} + \frac{1}{\sigma^2}\boldsymbol{H}\boldsymbol{Q}\boldsymbol{H}^{\text{H}}\right) \quad (4\text{-}23)$$

因此，$\boldsymbol{H}$ 为确定值时 MIMO 信道的容量可以表示为

$$C = \max_{\text{tr}(\boldsymbol{Q}) \leqslant P} \text{lb}\det\left(\boldsymbol{I}_{M_R} + \frac{1}{\sigma^2}\boldsymbol{H}\boldsymbol{Q}\boldsymbol{H}^{\text{H}}\right) \quad (4\text{-}24)$$

其中，P 为发射机的发射总功率。令$\text{E}\left\{\boldsymbol{x}^{\text{H}} - \boldsymbol{x}\right\} \leqslant P$，保证整个发射功率不因发射天线的增加而增大。交换求期望与求迹运算，可以得到$\text{tr}\left(\text{E}\left\{\boldsymbol{x}\boldsymbol{x}^{\text{H}}\right\}\right) \leqslant P$（即 $\text{tr}(\boldsymbol{Q}) \leqslant P$）。

若发射端信道的状态信息未知，可以将发射功率均匀分布在 M_T 个发射天线上。假定各发射天线的发射信号相互独立，则

$$\boldsymbol{Q} = \boldsymbol{R}_{xx} = \text{E}\left\{\boldsymbol{x}\boldsymbol{x}^{\text{H}}\right\} = \frac{P}{M_T}\boldsymbol{I}_{M_T} \quad (4\text{-}25)$$

所以发射端各天线等功率发射时的信道容量为

$$C = \text{lb}\det\left(\boldsymbol{I}_{M_R} + \frac{1}{M_T\sigma^2}\boldsymbol{H}\boldsymbol{H}^{\text{H}}\right),\ M_T \leqslant M_R \quad (4\text{-}26)$$

如果发射端信道信息已知，在保持发射总功率不变的情况下，通过在各个天线上进行合理的功率分配，可以进一步提高 MIMO 的信道容量。

如果对信道矩阵 $\boldsymbol{H}$ 作奇异值分解，得到

$$\boldsymbol{H} = \boldsymbol{U}\boldsymbol{D}\boldsymbol{V}^{\text{H}} \quad (4\text{-}27)$$

其中，U、V为酉矩阵，$U \in \mathbb{C}^{M_R \times M_R}$，$V \in \mathbb{C}^{M_T \times M_T}$，$U = (u_1, u_2, u_3, \cdots, u_{M_R})$，$V = (v_1, v_2, v_3, \cdots, v_{M_T})$，$D(M_R \times M_T)$为非负的对角矩阵，$D = \mathrm{diag}\{\sigma_1, \sigma_2, \sigma_3, \cdots, \sigma_{M_T}\}$，且 $\sigma_1 \geqslant \sigma_2 \geqslant \sigma_3 \geqslant \cdots \geqslant \sigma_m > \sigma_{m+1} = \cdots = \sigma_{M_T} = 0$，$\sigma_i$ 为 H 的第 i 个奇异值。这样就可以将式(4-17)改写成

$$y = UDV^{\mathrm{H}}x + n \tag{4-28}$$

令 $\tilde{y} = U^{\mathrm{H}}y$，$\tilde{x} = V^{\mathrm{H}}x$（或 $x = V\tilde{x}$），$\tilde{n} = U^{\mathrm{H}}n$，相当于发射信号向量在发射前乘以矩阵 V，在接收端信号乘以矩阵 U^{H}。信道可等价为

$$\tilde{y} = D\tilde{x} + n \tag{4-29}$$

经 SVD 分解后的信道如图 4-3 所示。

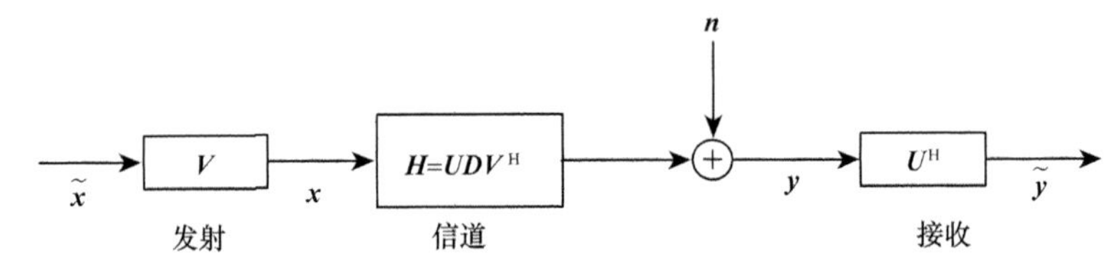

图 4-3　信道的 SVD 分解

对于酉矩阵，$VV^{\mathrm{H}} = I$，不改变向量的几何长度，$\mathrm{E}\{\tilde{x}^{\mathrm{H}}\tilde{x}\} = \mathrm{E}\{x^{\mathrm{H}}x\}$，即 $\mathrm{tr}(\widetilde{Q}) = \mathrm{tr}(Q)$，也不会影响发射信号的功率。注意到 U 和 V 都是可逆的，n 与 $\tilde{n}$ 分布相同，$\mathrm{E}\{\tilde{n}^{\mathrm{H}}\tilde{n}\} = I_M$。$H$ 的秩 $\mathrm{rank}(H) \leqslant \min\{M_T, M_R\}$，所以，最多有 $\min\{M_T, M_R\}$ 个非零奇异值。假设 $M_T \leqslant M_R$，$\mathrm{rank}(H) = m$，$1 \leqslant m \leqslant M_T$，非零奇异值为（$\sigma_1, \sigma_2, \sigma_3, \cdots, \sigma_m$）。于是 $\tilde{y}$ 的各个分量为

$$\tilde{y}_i = \sigma_i \tilde{x}_i + \tilde{n}_i, \quad 1 \leqslant i \leqslant m \tag{4-30}$$

$\tilde{y}$ 其他的分量（$m < i < M_R$）为噪声 $\tilde{n}$ 的分量。

这样，可以把 MIMO 信道看作 m 个并行 SISO 子信道，各个子信道的增益也为对应的奇异值，如图 4-4 所示。对于发射端天线数目大于接收端天线数目的情况，分析方法同上。

经过上述变换后的 MIMO 系统的信道容量等于 m 个 SISO 子信道的容量和，即

$$C = \sum_{i=1}^{m} \mathrm{lb}\left(1 + \frac{\lambda_{x,i}}{\sigma^2}\lambda_{H,i}\right) \tag{4-31}$$

其中，$\lambda_{x,i}$、$\lambda_{H,i}$ 分别为发射信号向量的自相关矩阵 $R_{\tilde{x}\tilde{x}}$ 以及 $H^{\mathrm{H}}H$ 的第 i 个特征值，这里假设各天线的发射信号相互独立且仍满足总发射功率不变的限制条件。在总发射功率一定的条件下，利用已知的信道信息，可以通过注水算法[2]，即在

发射端给不同的子信道上分配不同的功率，在增益较大的子信道上分配更多的能量，而在增益较小的子信道上分配较少的能量，对于衰减的子信道可以不分配能量，这样就可以充分利用发射功率，从而达到 MIMO 系统的总容量最大，即

$$C = \max_{\sum_{i=1}^{m} \lambda_{x,i} = P} \sum_{i=1}^{m} \text{lb}\left(1 + \frac{\lambda_{x,i}}{\sigma^2} \lambda_{H,i}\right) \tag{4-32}$$

利用拉格朗日算子，可以得到注水算法最优的功率分配方案为

$$\lambda_{x,i}^{\text{opt}} = \left(\Psi - \frac{\sigma^2}{\lambda_{H,i}}\right)^+, \quad i = 1, 2, \cdots \tag{4-33}$$

其中，$\lambda_{x,i}^{\text{opt}}$ 满足 $\sum_{i=1}^{m} \lambda_{x,i}^{\text{opt}} = P$，$\Psi$ 是一个常数，保证总的发射功率恒定。$(s)^+ = \begin{cases} s, & s > 0 \\ 0, & s \leqslant 0 \end{cases}$，$\lambda_{x,i}^{\text{opt}}$ 可以通过迭代算法得到。

令 $N_i = \dfrac{\sigma^2}{\lambda_{H,i}}, \lambda_{x,i} = P_i$，则由式（4-33），有 $P_i = (\Psi - N_i)^+$，$\sum_i P_i = P$。图 4-5 给出了注水方案的示意。P_i 表示在第 i 个子信道上分配的功率。

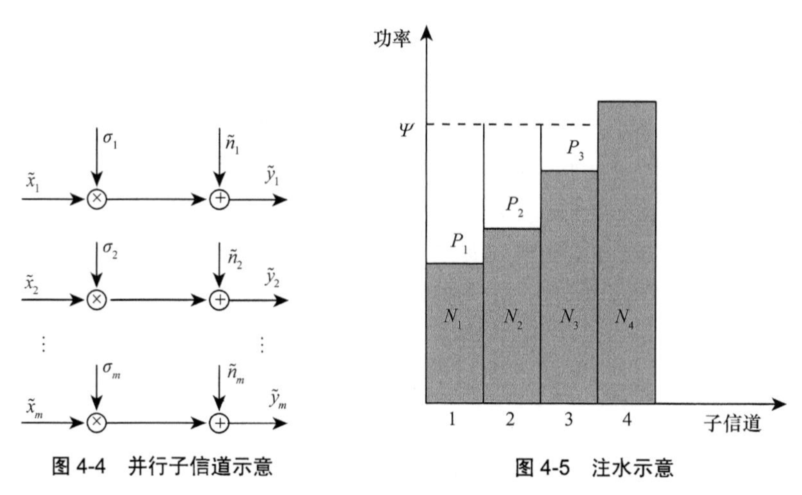

图 4-4　并行子信道示意　　　图 4-5　注水示意

最优的子信道功率分配方案确定后，我们就可以得到最优发射信号 $\tilde{\boldsymbol{x}}$ 的协方差矩阵

$$\boldsymbol{R}_{\tilde{x}\tilde{x}} = \text{diag}\left\{\lambda_{\tilde{x},1}^{\text{opt}}, \lambda_{\tilde{x},2}^{\text{opt}}, \cdots, \lambda_{\tilde{x},m}^{\text{opt}}\right\} \tag{4-34}$$

因为 $\tilde{\boldsymbol{x}} = \boldsymbol{V}\tilde{\boldsymbol{x}}$，则 $\boldsymbol{x}$ 的最优协方差矩阵为 $\boldsymbol{R}_{xx} = \boldsymbol{V}\boldsymbol{R}_{\tilde{x}\tilde{x}}\boldsymbol{V}^{\text{H}}$。

作为 MIMO 的两种特殊情况，SIMO 和 MISO 信道容量可以根据前面推导的 MIMO 容量公式给出。对于 SIMO 信道，M_T=1，信道 $\boldsymbol{H}$ 的秩为 1，只存在一个空间子信道（m=1），于是 SIMO 信道的容量为

$$C=\mathrm{lb}\left(1+\frac{P\|\boldsymbol{H}\|_{\mathrm{F}}^{2}}{\sigma^{2}}\right) \tag{4-35}$$

其中，$\|\boldsymbol{H}\|_{\mathrm{F}}$表示 $\boldsymbol{H}$ 的 F 范数。如果$|h_{i,j}|^2=1$，则$\|\boldsymbol{H}\|_{\mathrm{F}}^{2}=M_{\mathrm{R}}$，式（4-35）又可以写成

$$C=\mathrm{lb}\left(1+\frac{PM_{\mathrm{R}}}{\sigma^{2}}\right) \tag{4-36}$$

由于 SIMO 信道只存在一个空间子信道，发射端的信道信息对提高容量不起作用。

而对于 MISO 信道，M_R=1，发射端无信道信息时，信号在各个天线等功率发射，$\boldsymbol{R}_{xx}=\dfrac{P}{M_{\mathrm{T}}}\boldsymbol{I}_{M_{\mathrm{T}}}$，于是 MISO 的信道容量为

$$C=\mathrm{lb}\left(1+\frac{P\|\boldsymbol{H}\|_{\mathrm{F}}^{2}}{M_{\mathrm{T}}\sigma^{2}}\right) \tag{4-37}$$

同样当$|h_{i,j}|=1$时，$\|\boldsymbol{H}\|_{\mathrm{F}}^{2}=M_{\mathrm{T}}$，式（4-37）变为

$$C=\mathrm{lb}\left(1+\frac{P}{N_{0}}\right) \tag{4-38}$$

可以看出，在 $\boldsymbol{H}$ 值一定的情况下，若发射端未知信道信息，MISO 的信道容量与 SISO 相同（在衰落环境中，要优于 SISO），而小于 SIMO 的容量，这是因为 SIMO 系统可以在接收端利用阵列增益。同样的道理，对于 MISO 信道，若发射端已知信道信息，可以将所有的发射功率集中到一个空间子信道上，这时对于相同的信道传输系数，MISO 的信道容量与 SIMO 相同，即

$$C=\mathrm{lb}\left(1+\frac{P\|\boldsymbol{H}\|_{\mathrm{F}}^{2}}{\sigma^{2}}\right) \tag{4-39}$$

它们的容量都随着天线数量呈对数增长。

4.2.2 随机 MIMO 信道的容量

对于随机信道，MIMO 系统的容量也是随机值，通常用遍历容量和中断容

量来描述。对于瑞利衰落情况，假设 $\boldsymbol{H}$ 的元素为独立的零均值复高斯随机变量，具有相互独立的实部和虚部，元素的相位服从均匀分布，幅度服从瑞利分布。

那么，随机信道 MIMO 系统的遍历容量可以表示为

$$\bar{C}=\mathrm{E}\{C\}=\mathrm{E}\left\{\mathrm{lbdet}\left(\boldsymbol{I}_{M_{\mathrm{R}}}+\frac{1}{\sigma^2}\boldsymbol{HQH}^{\mathrm{H}}\right)\right\} \tag{4-40}$$

当在发射端已知信道信息时，进行等功率发射，根据式（4-26）得到相应的容量公式为

$$\bar{C}=\mathrm{E}\left\{\sum_{i=1}^{m}\mathrm{lb}\left(1+\frac{P\lambda_i}{\sigma^2 M_{\mathrm{T}}}\right)\right\} \tag{4-41}$$

当在发射端未知信道信息时，发射端通过注水算法进行功率分配，根据式（4-32）可以得到

$$\bar{C}=\mathrm{E}\left\{\sum_{i=1}^{m}\mathrm{lb}\left(1+\frac{\lambda_{x,i}^{\mathrm{opt}}}{\sigma^2}\lambda_{\boldsymbol{H},i}\right)\right\} \tag{4-42}$$

信道的中断容量 $C_{\mathrm{out},q}$ 满足

$$P(C\leqslant C_{\mathrm{out},q})=q\%$$

其中，$C_{\mathrm{out,q}}$ 表示通信系统能够保证以 $(100-q)\%$ 的概率大于这个容量值。如果在发射端知道信道信息，在相同的中断概率下可以提高系统的中断容量。

4.2.3　平均功率分配的 MIMO 信道容量比较

假设信道容量的分析模型为复数基带线性系统，发射天线个数为 M_{T}，接收天线个数为 M_{R}，发射端未知信道的状态信息，总的发射功率为 P，每根发射天线的功率为 P/M_{T}，接收天线接收到的总功率等于总的发射功率，信道受加性高斯白噪声干扰，且每根接收天线的噪声功率为 σ^2；同时假设发射信号带宽足够窄，信道的频率响应可以认为是平坦的，用 $M_{\mathrm{R}}\times M_{\mathrm{T}}$ 的复矩阵 $\boldsymbol{H}$ 来表示信道矩阵，$\boldsymbol{H}$ 的第（i,j）元素 $h_{i,j}$ 表示第 i 根发射天线到第 j 根接收天线的信道衰减系数。

1. SISO 信道容量

采用单根天线发射和单根天线接收（1×1）的通信系统。对于确定性的 SISO 信道，$M_{\mathrm{R}}=M_{\mathrm{T}}=1$，信道矩阵退化为单个信道系数 $H=h=1$。根据香农公式，该信道的归一化容量可表示为 [3]

$$C = \mathrm{lb}\left(1+\frac{P}{\sigma^2}\right) \tag{4-43}$$

该容量的取得一般不受编码或信号设计复杂性的限制，即只要信噪比每增加 3 dB，信道容量每秒每赫兹增加 1 bit。考虑到受信道衰落的影响，如果用 h 表示在观察时刻，单位功率的复高斯信道幅度（$H=h$），归一化信道容量表示为

$$C = \mathrm{lb}\left(1+\frac{P}{\sigma^2}|h|^2\right) \tag{4-44}$$

2. MISO 信道容量

采用 M_{T} 根天线发射，1 根天线接收的通信系统，即 MISO 信道，这相当于发射分集，信道矩阵变成一个矢量 $\boldsymbol{H}=\left(h_1,h_2,\cdots,h_{M_{\mathrm{T}}}\right)^{\mathrm{H}}$，其中 h_i 表示从发射方的第 i 根天线到接收方的信道幅度，如果信道的幅度固定，则该信道的容量[4]可表示为

$$\begin{aligned} C &= \mathrm{lb}\left(1+\boldsymbol{H}\boldsymbol{H}^{\mathrm{H}}\frac{P}{\sigma^2 M_{\mathrm{T}}}\right)= \\ &\mathrm{lb}\left(1+\sum_{i=1}^{M_{\mathrm{T}}}|h_i|^2\frac{P}{\sigma^2 M_{\mathrm{T}}}\right)= \\ &\mathrm{lb}\left(1+\frac{P}{\sigma^2}\right) \end{aligned} \tag{4-45}$$

其中，$\sum_{i=1}^{M_{\mathrm{T}}}|h_i|^2=M_{\mathrm{T}}$，这是由于假定信道的系数固定，且受到归一化的限制，该信道容量不会随着发射天线的数目增加而增大。

如果信道系数的幅度随机变化，则该信道容量可表示为

$$C = \mathrm{lb}\left(1+\chi_{2M_{\mathrm{T}}}^2\frac{P}{\sigma^2 M_{\mathrm{T}}}\right) \tag{4-46}$$

其中，$\chi_{2M_{\mathrm{T}}}^2$ 是自由度为 $2M_{\mathrm{T}}$ 的 χ 平方随机变量，且 $\chi_{2M_{\mathrm{T}}}^2=\sum_{i=1}^{M_{\mathrm{T}}}|h_i|^2$，显然信道容量也是一个随机变量。

3. SIMO 信道容量

采用 M_{R} 根天线接收，1 根天线发射的通信系统，即 SIMO 信道，这相当于接收分集，信道可以看成是由 M_{R} 个不同系数组成，即 $\boldsymbol{H}=\left[h_1,h_2,\cdots,h_{M_{\mathrm{R}}}\right]$，其中，$h_j$ 表示从发射方到接收方的第 j 根天线的信道系数，如果信道系数的幅度固定，则该信道容量可表示为[4]

$$C = \mathrm{lb}\left(1 + \boldsymbol{H}^{\mathrm{H}}\boldsymbol{H}\frac{P}{\sigma^2}\right) = \mathrm{lb}\left(1 + \sum_{j=1}^{M_{\mathrm{R}}}\left|h_j\right|^2 \boldsymbol{H}^{\mathrm{H}}\frac{P}{\sigma^2}\right) = \mathrm{lb}\left(1 + M_{\mathrm{R}}\frac{P}{\sigma^2}\right) \tag{4-47}$$

其中，$\sum_{j=1}^{M_{\mathrm{R}}}\left|h_j\right|^2 = M_{\mathrm{R}}$，这是由于信道系统被归一化，从信道容量的计算公式可看出，SIMO 信道与 SISO 信道相比获得了大小为 M_{R} 倍的分集增益。

如果信道系数的幅度随机变化，则该信道容量可表示为

$$C = \mathrm{lb}\left(1 + \chi_{2M_{\mathrm{R}}}^2 \frac{P}{\sigma^2}\right) \tag{4-48}$$

其中，$\chi_{2M_{\mathrm{R}}}^2$ 是自由度为 $2M_{\mathrm{R}}$ 的 χ 平方随机变量，且 $\chi_{2M_{\mathrm{R}}}^2 = \sum_{j=1}^{M_{\mathrm{R}}}\left|h_j\right|^2$，信道容量也是随机变量。

4．MIMO 信道容量

采用 M_{R} 根天线接收，M_{T} 根天线发射的通信系统，即 MIMO 信道。发射端在未知传输信道的状态信息条件下，如果信道的幅度固定，则信道容量可以表示为

$$C = \mathrm{lb}\left[\det\left(\boldsymbol{I}_{\min} + \frac{P}{M_{\mathrm{T}}\sigma^2}\boldsymbol{Q}\right)\right] \tag{4-49}$$

其中，min 为 M_{T} 和 M_{R} 中的最小数，矩阵 $\boldsymbol{Q}$ 的定义 [5] 为

$$\boldsymbol{Q} = \begin{cases} \boldsymbol{H}^{\mathrm{H}}\boldsymbol{H}, & M_{\mathrm{R}} < M_{\mathrm{T}} \\ \boldsymbol{H}\boldsymbol{H}^{\mathrm{H}}, & M_{\mathrm{R}} > M_{\mathrm{T}} \end{cases} \tag{4-50}$$

（1）全“1”信道矩阵的 MIMO 系统

对于全“1”信道矩阵的 MIMO 系统，即 $h_{i,j}$（i=1,2,⋯,M_{T}；j=1,2,⋯,M_{R}）。如果接收端采用相干检测合并技术，那么经过处理后的每根天线上的信号应同频同相，这时可以认为来自 M_{T} 根发射天线上的信号都相同，即 $s_i=s$（i=1,2,⋯,M_{T}），第 j 根天线接收到的信号可表示为 $r_j=M_{\mathrm{T}}s_i=M_{\mathrm{T}}s$，且该天线接收的功率可表示为 $M_{\mathrm{T}}^2\left(P/M_{\mathrm{T}}\right)=M_{\mathrm{T}}P$，则在每根接收天线上取得的等效信噪比为 $M_{\mathrm{T}}P/\sigma^2$。因此，接收端总的信噪比为 $M_{\mathrm{R}}M_{\mathrm{T}}P/\sigma^2$。此时的多天线系统等效为某种单天线系统，但这种单天线系统相对于原来纯粹的单天线系统，取得了 $M_{\mathrm{R}}M_{\mathrm{T}}$ 倍的分集增益，信道容量可以表示为

$$C=\mathrm{lb}\left(1+M_{\mathrm{R}}M_{\mathrm{T}}\frac{P}{\sigma^2}\right) \tag{4-51}$$

如果接收端采用非相干检测合并技术，由于经过处理后的每根天线上的信号不尽相同，在每根接收天线上取得的信噪比仍然为 P/σ^2，接收端取得的总信噪比为 $M_{\mathrm{R}}P/\sigma^2$。此时等效的单天线系统与原来纯粹的单天线系统相比，获得了 M_{R} 倍的分集增益，信道容量表示为

$$C=\mathrm{lb}\left(1+M_{\mathrm{R}}\frac{P}{\sigma^2}\right) \tag{4-52}$$

（2）正交传输子信道的 MIMO 系统

对于正交传输子信道的 MIMO 系统，由多根天线构成的并行子信道相互正交，单个信道之间不存在相互干扰。为方便起见，假定收发两端的天线数目相同（$M_{\mathrm{R}}=M_{\mathrm{T}}=M$），信道矩阵可表示为 $\boldsymbol{H}=\sqrt{M}\boldsymbol{I}_M$，$\boldsymbol{I}_M$ 为 $M\times M$ 的单位矩阵，系数 $\sqrt{M}$ 是为了满足功率归一化的要求而引入的，利用容量式（4-49）可得

$$\begin{aligned}C=&\mathrm{lb}\left[\det\left(\boldsymbol{I}_M+\frac{P}{M\sigma^2}\boldsymbol{H}\boldsymbol{H}^{\mathrm{H}}\right)\right]=\\&\mathrm{lb}\left[\det\left(\boldsymbol{I}_M+\frac{P}{M\sigma^2}M\boldsymbol{I}_M\right)\right]=\\&\mathrm{lb}\left[\det\left(\mathrm{diag}\left(1+\frac{P}{\sigma^2}\right)\right)\right]=\\&\mathrm{lb}\left[1+\frac{P}{\sigma^2}\right]^M=M\,\mathrm{lb}\left[1+\frac{P}{\sigma^2}\right]\end{aligned} \tag{4-53}$$

与原来的单天线系统相比，信道容量获得了 M 倍的增益，这是由于各个天线的子信道之间解耦后的结果。

如果信道系数的幅度随机变化，MIMO 信道的容量为一随机变量，它的平均值[6]可以表示为

$$C=\mathrm{E}\left\{\mathrm{lb}\left[\det\left(\boldsymbol{I}_r+\frac{P}{M_{\mathrm{T}}\sigma^2}\boldsymbol{Q}\right)\right]\right\} \tag{4-54}$$

其中，r 为信道矩阵 $\boldsymbol{H}$ 的秩，$r\leqslant\min\left(M_{\mathrm{T}},M_{\mathrm{R}}\right)$。

（3）MIMO 信道的极限容量

当发射天线和接收天线数目很大时，式（4-54）的计算变得很复杂，但可

以借助于拉格朗日多项式进行估计，即

$$C=\int_{0}^{\infty}\mathrm{lb}\left(1+\frac{P}{M_{\mathrm{T}}\sigma^{2}}\lambda\right)\sum_{k=0}^{m-1}\frac{k}{(k+n+m)!}\left[L_{k}^{(n-m)}(\lambda)\right]^{2}\lambda^{n-m}\mathrm{e}^{-\lambda}\mathrm{d}\lambda \tag{4-55}$$

其中，$m=\min(M_{\mathrm{T}},M_{\mathrm{R}})$，$n=\max(M_{\mathrm{T}},M_{\mathrm{R}})$，$L_{k}^{(n-m)}(x)$为$k$次的拉格朗日多项式，如果令$\lambda=m/n$，即当天线数目（$M_{\mathrm{T}},M_{\mathrm{R}}$）增加时，它们的比值$\lambda$保持不变，可以推得用$m$归一化的信道容量表达式为

$$\lim_{n\to\infty}\frac{C}{n}=\frac{1}{2\pi}\int_{v_1}^{v_2}\mathrm{lb}\left(1+\frac{mP}{M_{\mathrm{T}}\sigma^{2}}v\right)\sqrt{\left(\frac{v_2}{v}-1\right)}\sqrt{\left(1-\frac{v_1}{v}\right)}\mathrm{d}v \tag{4-56}$$

其中，$v_2=\left(\sqrt{\tau}+1\right)^2$，$v_1=\left(\sqrt{\tau}-1\right)^2$。在快速瑞利衰落的条件下，令$m=n=M_{\mathrm{T}}=M_{\mathrm{R}}$，得$v_1=0$，$v_2=4$，渐进信道容量式（4-56）为

$$\begin{aligned}\lim_{n\to\infty}\frac{C}{n}=\frac{1}{\pi}\int_{0}^{4}\mathrm{lb}\left(1+\frac{P}{\sigma^{2}}v\right)\sqrt{\left(\frac{1}{v}-\frac{1}{4}\right)}\mathrm{d}v \geqslant\\ \frac{1}{\pi}\int_{0}^{4}\mathrm{lb}\left(\frac{P}{\sigma^{2}}v\right)\sqrt{\left(\frac{1}{v}-\frac{1}{4}\right)}\mathrm{d}v \geqslant\\ \mathrm{lb}\left(\frac{P}{\sigma^{2}}\right)-1\end{aligned} \tag{4-57}$$

式（4-57）表明，极限信道容量随着天线数目（n）呈线性关系增加，随着信噪比（P/σ^2）呈对数关系增加。

| 4.3 MIMO空时编码技术 |

空时编码的概念是基于Wintersong在20世纪80年代中期所做的关于天线分集对于无线通信容量的重要开创性工作。空时编码是一种能获取更高数据传输速率的信号编码技术，它采用将空间传输信号与时间传输信号相结合的方式，实现空间和时间的二维结合处理。在空间上，通过分别在发射端和接收端设立多根天线的方式，采用多发多收的空间分集技术来提高系统的容量；在时间上，通过使用同一根天线在不同的时隙发送不同信号的方式，在接收端获得分集增益。利用这样的方式，空时编码技术可以同时获得分集增益和编码增益，并且

能够在传输信道中实现并行的多路传送，提高频带利用率。

4.3.1 空时编码及编码准则

对于一个多天线系统，假设发射端使用 M_T 根发射天线，接收端使用 M_R 根接收天线，如图 4-6 所示，输入的信息数据经过空时编码后分为 M_T 个子数据流，M_T 个信号经脉冲成形和调制后从 M_T 个不同的天线同时发射出去，从而产生一个 M_T 行的码字矩阵 $\boldsymbol{C}$。

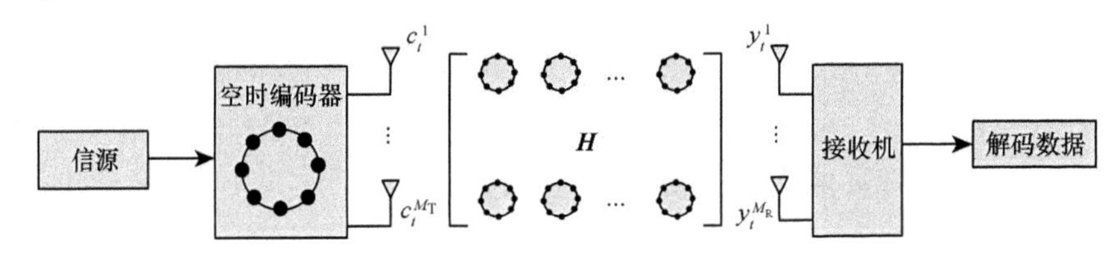

图 4-6 空时编码 MIMO 系统

$\boldsymbol{C}$ 的第 i 行、第 t 列元素记为c_t^i，表示在时隙 t 由第 i 个天线发射的信号，$1 \leqslant i \leqslant M_T$，假设信道为平坦准静态衰落，即在一帧数据内衰落系数 $h_{i,j}$ 保持不变，每帧之间 $h_{i,j}$ 相互独立，双边方差为 0.5。星座图已经归一化，使星座图的平均能量为 1。该时隙 t 内第 i 副接收天线上接收到的信号为

$$y_t^i = \sum_{j=1}^{M_T} h_{i,j} c_t^j \sqrt{E_s} + n_t^i, \ i = 1,2,\cdots,M_R \tag{4-58}$$

其中，E_s 为星座图中每个信号点的平均能量。n_t^i是第 i 副接收天线在第 t 时隙内收到的零均值加性复高斯白噪声，双边功率谱密度为 $\sigma^2/2$。

考虑在 L 个时隙内发送的码字$\boldsymbol{c} = c_1^1 c_1^2 \cdots c_1^{M_T} c_2^1 c_2^2 \cdots c_2^{M_T} \cdots c_L^1 c_L^2 \cdots c_L^{M_T}$，接收端通过最大似然检测将码字误判为$\boldsymbol{e} = e_1^1 e_1^2 \cdots e_1^{M_T} e_2^1 e_2^2 \cdots e_2^{M_T} \cdots e_L^1 e_L^2 \cdots e_L^{M_T}$，假设接收端知道信道状态信息，则将 $\boldsymbol{c}$ 误判为 $\boldsymbol{e}$ 的错误概率可以近似为

$$P\left(\boldsymbol{c} \to \boldsymbol{e} \middle| h_{i,j}, i = 1,2,\cdots,M_R; j = 1,2,\cdots,M_T\right) \leqslant \exp\left[-d^2\left(\boldsymbol{c},\boldsymbol{e}\right) E_s / 4\sigma^2\right] \tag{4-59}$$

式中

$$d^2(\boldsymbol{c},\boldsymbol{e}) = \sum_{i}^{M_R} \sum_{t}^{L} \left| \sum_{j}^{M_T} h_{i,j} (c_t^j - e_t^j) \right|^2 \tag{4-60}$$

令 $\boldsymbol{\Omega}_i = (h_{i,1}, h_{i,2}, \cdots, h_{i,M_T})$，式（4-60）可以改写为

$$d^2(\boldsymbol{c},\boldsymbol{e})=\sum_{i}^{M_{\mathrm{R}}}\sum_{j_2}^{M_{\mathrm{T}}}\sum_{j_1}^{M_{\mathrm{T}}}h_{i,j_1}h_{i,j_2}^{*}\sum_{t}^{L}\left(c_t^{j_1}-e_t^{j_1}\right)\left(c_t^{j_2}-e_t^{j_2}\right)^{*}=\sum_{t}^{M_{\mathrm{R}}}\boldsymbol{\Omega}_i\boldsymbol{A}(\boldsymbol{c},\boldsymbol{e})\boldsymbol{\Omega}_i^{\mathrm{H}} \quad (4\text{-}61)$$

其中，矩阵 $\boldsymbol{A}(\boldsymbol{c},\boldsymbol{e})$ 为

$$\boldsymbol{A}(\boldsymbol{c},\boldsymbol{e})_{i,j}=\sum_{t}^{L}\left(c_t^{i}-e_t^{i}\right)\left(c_t^{j}-e_t^{j}\right)^{*} \quad (4\text{-}62)$$

如果定义差值矩阵 $\boldsymbol{B}(\boldsymbol{c},\boldsymbol{e})$ 为

$$\boldsymbol{B}(\boldsymbol{c},\boldsymbol{e})=\begin{pmatrix} e_1^1-c_1^1 & e_2^1-c_2^1 & \cdots & e_L^1-c_L^1 \\ e_1^2-c_1^2 & e_2^2-c_2^2 & \cdots & e_L^2-c_L^2 \\ \vdots & \vdots & & \vdots \\ e_1^{M_{\mathrm{T}}}-c_1^{M_{\mathrm{T}}} & e_2^{M_{\mathrm{T}}}-c_2^{M_{\mathrm{T}}} & \cdots & e_L^{M_{\mathrm{T}}}-c_L^{M_{\mathrm{T}}} \end{pmatrix} \quad (4\text{-}63)$$

则矩阵 $\boldsymbol{A}(\boldsymbol{c},\boldsymbol{e})$ 可以表示为 $\boldsymbol{A}(\boldsymbol{c},\boldsymbol{e})=\boldsymbol{B}(\boldsymbol{c},\boldsymbol{e})\boldsymbol{B}(\boldsymbol{c},\boldsymbol{e})^{\mathrm{H}}$，$\boldsymbol{B}(\boldsymbol{c},\boldsymbol{e})$ 是 $\boldsymbol{A}(\boldsymbol{c},\boldsymbol{e})$ 的平方根。

于是错误概率又可以写为

$$P\left(\boldsymbol{c}\rightarrow\boldsymbol{e}\middle|h_{i,j},i=1,2,\cdots,M_{\mathrm{R}};j=1,2,\cdots,M_{\mathrm{T}}\right)\leqslant\prod_{i}^{M_{\mathrm{R}}}\exp\left[-\boldsymbol{\Omega}_i\boldsymbol{A}(c,e)\boldsymbol{\Omega}_i^{\mathrm{H}}E_s/4\sigma^2\right] \quad (4\text{-}64)$$

$\boldsymbol{A}(\boldsymbol{c},\boldsymbol{e})$ 是 Hermite 矩阵，它的 n 个特征值 λ_i（$i=1,2,\cdots,n$）均为非负的实数。根据矩阵特征分解理论，必然存在一酉矩阵 $\boldsymbol{V}$ 和一实对角矩阵 $\boldsymbol{D}$，满足

$$\boldsymbol{V}\boldsymbol{A}(\boldsymbol{c},\boldsymbol{e})\boldsymbol{V}^{\mathrm{H}}=\boldsymbol{D} \quad (4\text{-}65)$$

矩阵 $\boldsymbol{D}$ 的对角元素为 $\boldsymbol{A}(\boldsymbol{c},\boldsymbol{e})$ 的特征值。

接下来用矩阵 $\boldsymbol{A}(\boldsymbol{c},\boldsymbol{e})$ 的特征值来表示 $\boldsymbol{d}^2(\boldsymbol{c},\boldsymbol{e})$，令

$$\left(\beta_{i,1},\beta_{i,2},\cdots,\beta_{i,M_{\mathrm{T}}}\right)=\boldsymbol{\Omega}_i\boldsymbol{V}^{\mathrm{H}} \quad (4\text{-}66)$$

则式（4-61）中有

$$\boldsymbol{\Omega}_i\boldsymbol{A}(\boldsymbol{c},\boldsymbol{e})\boldsymbol{\Omega}_i^{\mathrm{H}}=\sum_{j=1}^{M_{\mathrm{T}}}\lambda_j\left|\beta_{i,j}\right|^2 \quad (4\text{-}67)$$

因为 $h_{i,j}$ 是相互独立的复高斯随机变量，$\boldsymbol{V}^{\mathrm{H}}$ 为酉矩阵，所以 $\beta_{i,j}$ 也是相互独立的复高斯随机变量。设 $h_{i,j}$ 的均值为 $\mathrm{E}\left\{h_{i,1}\right\}$，令 $\boldsymbol{E}_{\Omega}=\left(\mathrm{E}\left\{h_{i,1}\right\},\mathrm{E}\left\{h_{i,2}\right\},\cdots,\mathrm{E}\left\{h_{i,M_{\mathrm{T}}}\right\}\right)$，则 $\beta_{i,j}$ 的均值 $\mathrm{E}\left\{\beta_{i,j}\right\}=\boldsymbol{E}_{\Omega}\boldsymbol{v}_i$（$\boldsymbol{v}_i$ 为矩阵 $\boldsymbol{V}^{\mathrm{H}}$ 的列向量），令 $K_{i,j}=\left|\mathrm{E}\left\{\beta_{i,j}\right\}\right|^2=\left|\boldsymbol{E}_{\Omega}\boldsymbol{v}_i\right|^2$，双边方差为 $\sigma^2/2$，则对于 $\left|\beta_{i,j}\right|\geqslant 0$，$\left|\beta_{i,j}\right|$ 服从独立的 Rician 分布，其概率密度为

$$p\left(\left|\beta_{i,j}\right|\right)=2\left|\beta_{i,j}\right|\exp\left(-\left|\beta_{i,j}\right|^2-K_{i,j}\right)\mathrm{I}_0\left(2\left|\beta_{i,j}\right|\sqrt{K_{i,j}}\right) \quad (4\text{-}68)$$

式中，$I_0(\cdot)$为修正的零阶第一类贝塞尔函数。

根据变量$|\beta_{i,j}|$的概率密度函数，可以计算出错误概率上限$\prod_{i}^{M_R}\exp\left(-E_S/4\sigma^2\right)\cdot\sum_{j=1}^{M_T}\lambda_j|\beta_{i,j}|^2$的平均值，于是有

$$P(c\to e)\leqslant\prod_{i=1}^{M_R}\left[\prod_{j=1}^{M_T}\frac{1}{1+\frac{E_S}{4\sigma^2}\lambda_j}\exp\left(-\frac{K_{i,j}\frac{E_S}{4\sigma^2}\lambda_j}{1+\frac{E_S}{4\sigma^2}\lambda_j}\right)\right] \tag{4-69}$$

因此，在瑞利衰落的情况下，式（4-69）可以写为

$$P(c\to e)\leqslant\left[\frac{1}{\prod_{i=1}^{M_T}(1+\lambda_i E_S/4\sigma^2)}\right]^{M_R} \tag{4-70}$$

假设 rank($\boldsymbol{A}$)=r，则 $\boldsymbol{A}$ 有 r 个非零的特征值 $\lambda_1,\lambda_2,\cdots,\lambda_r$，于是式（4-70）可以写为

$$P(c\to e)\leqslant\left(\prod_{i=1}^{M_T}\lambda_i\right)^{-M_R}\left(E_S/4\sigma^2\right)^{-rM_R} \tag{4-71}$$

分集增益是错误概率表示式中 SNR 的指数，编码增益是系统在分集增益一定的情况下与无编码系统相比获得的增益。从上式可以看出，获得的分集增益为 rM_R，编码增益为 $(\lambda_1\lambda_2\cdots\lambda_r)^{1/r}$，$\lambda_1\lambda_2\cdots\lambda_r$ 为矩阵 $\boldsymbol{A}(\boldsymbol{c},\boldsymbol{e})$ 所有 $r\times r$ 阶主余子式行列式和的绝对值。可以看出，衡量空时编码性能的参数有两个：一个是采用多天线发送与接收所获得的分集增益；另一个是编码所获得的编码增益。这样就可以给出瑞利衰落下空时编码的两个设计准则。

（1）秩准则（Rank Criterion）

要获得最大的分集增益 $M_R M_T$，要求对于任何码字 $\boldsymbol{c}$ 和 $\boldsymbol{e}$，差矩阵 $\boldsymbol{B}(\boldsymbol{c},\boldsymbol{e})$ 必须是满秩。对于两组不同的码字，如果差矩阵 $\boldsymbol{B}(\boldsymbol{c},\boldsymbol{e})$ 的最小秩为 r($r\leqslant M_T$)，则所获得的分集增益为 rM_R。

（2）行列式准则（Determinant Criterion）

假设分集增益 rM_R 固定，则编码增益取决于矩阵 $\boldsymbol{A}(\boldsymbol{c},\boldsymbol{e})$ 的所有 $r\times r$ 阶主余子式行列式的和，使它的最小值最大，就可获得最大的编码增益。其中 $\boldsymbol{A}(\boldsymbol{c},\boldsymbol{e})$ 要能够包含所有的码字对 $\boldsymbol{c}$ 和 $\boldsymbol{e}$。如果分集增益要达到 $M_R M_T$，且要获得最大编码增益，$\boldsymbol{A}(\boldsymbol{c},\boldsymbol{e})$ 行列式的最小值必须最大化。

4.3.2　空时格形码

1998 年 AT&T 实验室的 Tarokh 等人[7]提出空时格形码（STTC），它以格型编码调制为基础，利用传输分集和信道编码相结合来提高系统的抗衰落性能，具有很高的编码增益和分集增益，可以利用多进制调制方式来提高系统的传输速率。

对于空时格形码编码器，下一个输出状态取决于其当前状态和当前的输入信息比特。如果调制方式采用大小为 2^q 的星座图，在每一时刻 k 有 q 比特输入格形编码器，编码器根据生成多项式决定其 M_T 个输出，通过 M_T 个天线同时发送出去。对应到编码的格形图上，编码器根据当前所处的状态和当前输入的比特序列选择输出分支。

下面给出了具有两副发射天线的 8PSK-8 状态空时格形码的格形图，如图 4-7 所示。其中图的左上角为 8PSK 的星座图，采用标号 0 ～ 7 表示星座点。

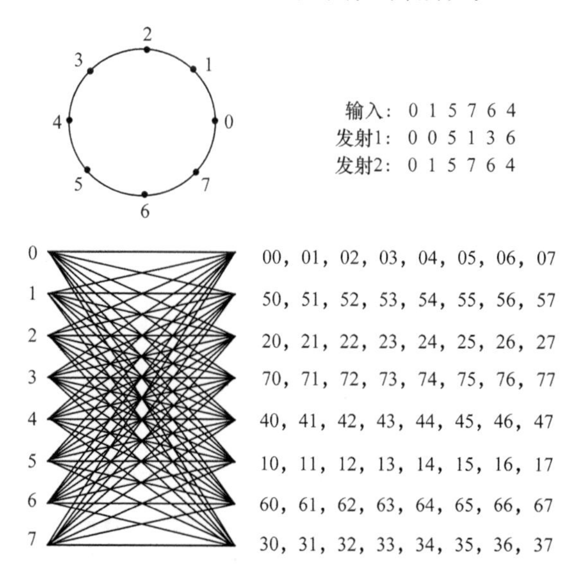

图 4-7　两天线 8PSK-8 状态空时格形

格形图表示空时格形编码器状态之间的转移，格形图中左边的一列数据表示编码器的状态。格形图右边的数字表示每一状态从该状态出发转移到另一状态时编码器的输出，其中第一个数字表示从第一副发射天线上发射的信号的星座点标号，第二个数字表示从第二副发射天线上发射的信号的星座点标号。

对于 8PSK，空时编码器的输入比特串每 3 个比特被分为一组，对应 8 个星座点中的一点。假设第 k 个时刻有 3 个比特 $d_kb_ka_k$ 输入编码器，此时编码器状

态由 $k-1$、$k-2$ 时刻的输入比特来决定，在 k 时刻编码器的输出为

$$(x_1^k, x_2^k) = d_{k-1}(4,0) + b_{k-1}(2,0) + a_{k-1}(5,0) + d_k(0,4) + b_k(0,2) + a_k(0,1) \quad (4\text{-}72)$$

图 4-8 给出了相应的编码器结构。图中的数字为加权系数，加法器进行模 8 的加法运算。编码器的存储器容量是由编码器状态数确定的。

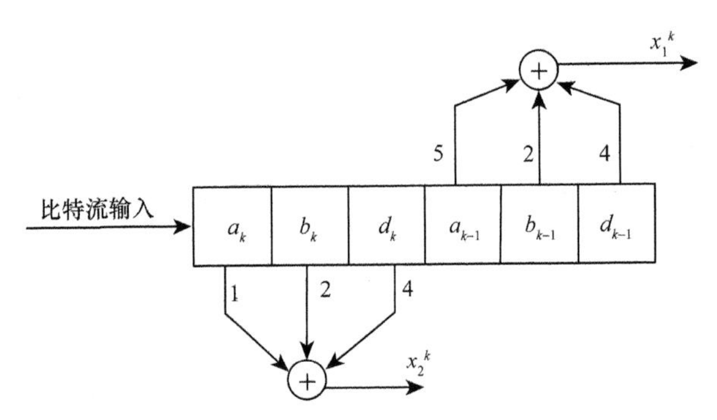

图 4-8　8PSK-8 状态编码器结构

如果增加状态数可以使状态格形图中任意两条编码路径的自由距离也有所增加，就可以获得更大的编码增益，性能也更好。但是随着编码器状态数的增加，其复杂度也会增大。

空时格形码采用格形编码方法，因此在接收端可以采用 Viterbi 译码算法来进行译码。假设译码器知道理想的信道状态信息 $h_{i,j}$(i=1, 2,⋯,M_R; j=1,2,⋯,M_T)，r_t^i为接收天线 i 在时刻 t 接收到的信号，则标有$q_t^1 q_t^2 \cdots q_t^{M_R}$的传输支路的支路度量为

$$\sum_{i=1}^{M_R} \left| r_t^i - \sum_{j=1}^{M_T} h_{i,j} q_t^j \right|^2 \quad (4\text{-}73)$$

如果要以最小错误概率恢复出编码数据，在 Viterbi 译码算法中可通过加—比—选的方法来选择累计度量最小的路径作为译码器的输出。

空时格形码的设计可以根据 4.3.1 小节的准则，首先最大化分集增益，然后在此基础上再优化编码增益。利用穷搜索的方法可以得到一些性能较好的空时格形码。文献 [8] 证明，空时格形编码调制能够实现编译码复杂度和传输速率的最佳折中，是一种最佳码，因而不存在性能超过空时格形码却比空时格形码复杂度低的分组编码调制方法。但是当分集度和传输速率增大时，空时格形码的译码将变得非常复杂，这是限制空时格形码在实际通信系统中应用的主要原因。

4.3.3　空时分组码

空时分组码（STBC）有效地克服了空时格形码译码过于复杂的缺点，使接收端的最大似然译码算法变得非常简单。与空时格形码相比，虽然空时分组码在性能上有一定的损失，但其译码复杂度比空时格形码要小得多，增加发射天线数或增加传输速率不会对其译码复杂度造成很大的影响。

1998 年 Alamouti[9] 提出了一种简单的两支路发射分集方案。当使用两副发射天线、一副接收天线时，这种发射分集方案所获得的分集增益与使用一副发射天线、两副接收天线使用最大比值合并（MRC）所获得的分集增益相同。而且这种发射分集方案也很容易推广到两副发射天线、M_R 副接收天线的情况，可以获得的分集增益为 $2M_R$。

下面给出典型的两副发射天线一幅接收天线的 Alamouti 发射分集方案。图 4-9 给出了发射分集方案的结构。

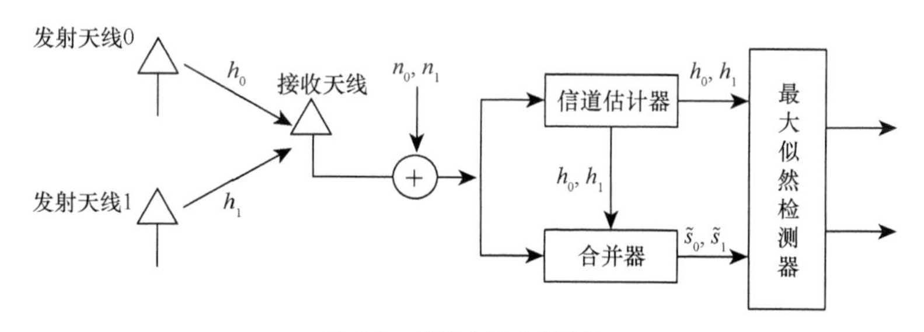

图 4-9　发射分集方案结构

在时刻 t，从两副发射天线上同时发射两个信号，天线 0 发射信号 s_0，天线 1 发射信号 s_1；假设符号周期为 T，在下一时刻 $t+T$，天线 0 发射信号 $-s_1^*$，天线 1 发射信号 s_0^*。表 4-1 给出了相应的空时编码方案。

表 4-1　两天线发射分集编码和发射序列

时刻	发射天线 0	发射天线 1
t	s_0	s_1
$t+T$	$-s_1^*$	s_0^*

在时刻 t，发射天线 0 与接收天线之间的信道增益用复数 $h_0(t)$ 表示，发射天线 1 与接收天线之间的信道增益用复数 $h_1(t)$ 表示。假设在两个连续的符号周期内衰落保持不变，即

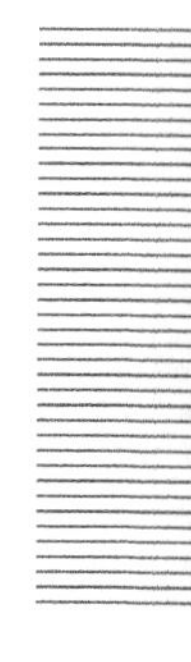

$$\begin{cases} h_0(t) = h_0(t+T) = h_0 = \alpha_0 \mathrm{e}^{\mathrm{j}\theta_0} \\ h_1(t) = h_1(t+T) = h_1 = \alpha_1 \mathrm{e}^{\mathrm{j}\theta_1} \end{cases} \tag{4-74}$$

在时刻 t 和时刻 $t+T$ 接收到的信号可以分别表示为

$$\begin{cases} r_0 = r(t) = h_0 s_0 + h_1 s_1 + n_0 \\ r_1 = r(t+T) = -h_0 s_1^* + h_1 s_0^* + n_1 \end{cases} \tag{4-75}$$

其中，n_0、n_1 分别表示接收端的噪声和干扰。

图 4-9 中接收端的合并器将以下两个组合信号送入最大似然检测器。

$$\begin{cases} \tilde{s}_0 = h_0^* r_0 + h_1 r_1^* \\ \tilde{s}_1 = h_1^* r_0 - h_0 r_1^* \end{cases} \tag{4-76}$$

将式（4-74）和式（4-75）代入式（4-76）可得

$$\begin{cases} \tilde{s}_0 = h_0^* r_0 + h_1 r_1^* = (\alpha_0^2 + \alpha_1^2) s_0 + h_0^* n_0 + h_1 n_1^* \\ \tilde{s}_1 = h_1^* r_0 - h_0 r_1^* = (\alpha_0^2 + \alpha_1^2) s_1 - h_0 n_1^* + h_1^* n_0 \end{cases} \tag{4-77}$$

由上式可以看出，除了噪声分量的相位不同以外，组合信号 $\tilde{s}_i$ 与采用两副接收天线的最大比值合并的组合信号是相同的，不会影响实际的信噪比。因此，这种两发一收发射分集方案所获得的分集增益与两支路最大比值合并所获得的分集增益相同。

在接收端可以利用最大似然准则进行判决。假设判决信号分别为 s_{0i} 和 s_{1i}，当且仅当 $i \neq k$ 时，有

$$\begin{aligned} & d^2(r_0, h_0 s_{0i} + h_1 s_{1i}) + d^2(r_1, -h_0 s_{1i}^* + h_1 s_{0i}^*) \leqslant d^2(r_0, h_0 s_{0k} + h_1 s_{1k}) + \\ & d^2(r_1, -h_0 s_{1k}^* + h_1 s_{0k}^*) \end{aligned} \tag{4-78}$$

其中，

$$d^2(x, y) = (x-y)(x-y)^* \tag{4-79}$$

式（4-78）可以等价为

$$\begin{cases} (\alpha_0^2 + \alpha_1^2 - 1)|s_{0i}|^2 + d^2(s_0, s_{0i}) \leqslant (\alpha_0^2 + \alpha_1^2 - 1)|s_{0k}|^2 + d^2(\tilde{s}_0, s_{0k}), \quad \forall i \neq k \\ (\alpha_0^2 + \alpha_1^2 - 1)|s_{1i}|^2 + d^2(s_1, s_{1i}) \leqslant (\alpha_0^2 + \alpha_1^2 - 1)|s_{1k}|^2 + d^2(\tilde{s}_1, s_{1k}), \quad \forall i \neq k \end{cases} \tag{4-80}$$

对于 PSK 信号，$|s_i|^2 = |s_k|^2$，$\forall i,k$，因此，当且仅当下式成立时，将 s_0 和 s_1 判决为 s_{0i} 和 s_{1i}。

$$\begin{cases} d^2(\tilde{s}_0, s_{0i}) \leqslant d^2(\tilde{s}_0, s_{0k}), & \forall i \neq k \\ d^2(\tilde{s}_1, s_{1i}) \leqslant d^2(\tilde{s}_1, s_{1k}), & \forall i \neq k \end{cases} \tag{4-81}$$

这种两发一收发射分集方案也很容易推广到两个发射天线、M_R 个接收天线的情况，此时的分集阶数为 $2M_R$。Alamouti 分集发射方法不需要从接收端到发射端的信息反馈，它的计算复杂度与 MRC 相近。如果总的发射功率相同，由于 Alamouti 法将能量分配到两个发射天线上，与 MRC 相比会有 3 dB 的性能损失。

Tarokh 等人将 Alamouti 提出的两天线发射分集方案推广到任意多个发射天线，并应用正交设计理论，提出了正交空时分组码。正交空时分组码要求空时分组编码矩阵 $\boldsymbol{G}$ 满足正交条件，即

$$\boldsymbol{G}\boldsymbol{G}^{\mathrm{H}} = \alpha \boldsymbol{I}_n \tag{4-82}$$

其中，$\alpha = |c_1|^2 + |c_2|^2 +, \cdots, + |c_n|^2$，$c_1, c_2, \cdots, c_n$ 为一定时隙内发射的码字。$\boldsymbol{I}_n$ 为 $n \times n$ 的单位阵。这种正交性体现在空间域和时间域，对于矩阵 $\boldsymbol{G} = [g_{i,j}]_{m \times n}$，第 i 行第 j 列的元素 $g_{i,j}$ 表示在时隙 i，在第 j 个发射天线上发射的信号。对于使用 p 个时隙发射 k 个字符的空时分组编码（$p \geqslant k$），其速率由 $R=k/p$ 定义。

前面介绍的 Alamouti 发射分集传输方案是 2×2 的正交空时分组码，发射矩阵为

$$\boldsymbol{S} = \begin{pmatrix} s_1 & -s_2^* \\ s_2 & s_1^* \end{pmatrix} \tag{4-83}$$

这是最简单的正交分组空时码，可以看出其编码比率 $R=k/p=1$。

下面给出两组多个发射天线（$n \geqslant 2$）的空时分组码，它们的速率分别为 1/2 和 3/4。

对于速率 $R=1/2$ 的空时分组码，在 8 个时隙内发射 4 个符号。如果采用 3 个发射天线，相应的正交空时分组码矩阵可以设计为

$$\boldsymbol{C} = \begin{pmatrix} c_1 & -c_2 & -c_3 & -c_4 & c_1^* & -c_2^* & -c_3^* & -c_4^* \\ c_2 & c_1 & c_4 & -c_3 & c_2^* & c_1^* & c_4^* & -c_3^* \\ c_3 & -c_4 & c_1 & c_2 & c_3^* & -c_4^* & c_1^* & c_2^* \end{pmatrix} \tag{4-84}$$

如果采用 4 个发射天线，则正交空时分组码矩阵为

$$C=\begin{pmatrix} c_1 & -c_2 & -c_3 & -c_4 & c_1^* & -c_2^* & -c_3^* & -c_4^* \\ c_2 & c_1 & c_4 & -c_3 & c_2^* & c_1^* & c_4^* & -c_3^* \\ c_3 & -c_4 & c_1 & c_2 & c_3^* & -c_4^* & c_1^* & c_2^* \\ c_4 & c_3 & -c_2 & c_1 & c_4^* & c_3^* & -c_2^* & c_1^* \end{pmatrix} \tag{4-85}$$

对于速率 R=3/4 的空时分组码，在 4 个时隙内发射 3 个符号。如果采用 3 个发射天线，相应的正交空时分组码矩阵可以设计为

$$C=\begin{pmatrix} c_1 & -c_2^* & \frac{1}{\sqrt{2}}c_3^* & \frac{1}{\sqrt{2}}c_3^* \\ c_2 & c_1^* & \frac{1}{\sqrt{2}}c_3^* & -\frac{1}{\sqrt{2}}c_3^* \\ \frac{1}{\sqrt{2}}c_3 & \frac{1}{\sqrt{2}}c_3^* & \frac{1}{2}(-c_1-c_1^*+c_2-c_2^*) & \frac{1}{2}(c_1-c_1^*+c_2+c_2^*) \end{pmatrix} \tag{4-86}$$

如果采用 4 个发射天线，则正交空时分组码矩阵为

$$C=\begin{pmatrix} c_1 & -c_2^* & \frac{1}{\sqrt{2}}c_3^* & \frac{1}{\sqrt{2}}c_3^* \\ c_2 & c_1^* & \frac{1}{\sqrt{2}}c_3^* & -\frac{1}{\sqrt{2}}c_3^* \\ \frac{1}{\sqrt{2}}c_3 & \frac{1}{\sqrt{2}}c_3^* & -\frac{1}{2}(c_1+c_1^*-c_2+c_2^*) & \frac{1}{2}(c_1-c_1^*+c_2+c_2^*) \\ \frac{1}{\sqrt{2}}c_3 & -\frac{1}{\sqrt{2}}c_3 & \frac{1}{2}(c_1-c_1^*-c_2-c_2^*) & -\frac{1}{2}(c_1+c_1^*+c_2-c_2^*) \end{pmatrix} \tag{4-87}$$

正交空时分组码的译码可以采用最大似然检测法。假设在接收端可以准确地估计出衰落信道的路径增益 $h_{i,j}$，根据式（4-58），则接收端可以利用最大似然译码算法，对所有码字 $c_1^1c_1^2\cdots c_1^n c_2^1c_2^2\cdots c_2^n\cdots c_p^1c_p^2\cdots c_p^n$ 通过下式进行计算，找出最小的码字作为正确码字完成译码。

$$\sum_{t=1}^{p}\sum_{i=1}^{M}\left|y_t^i-\sum_{j}^{N}h_{i,j}c_t^j\right|^2 \tag{4-88}$$

通过改变接收信号向量的定义，利用正交发射矩阵可以构造正交的信道矩阵，在接收端可以对每个符号单独检测判决，这只需进行一些线性处理，从而使得最大似然检测译码算法得到进一步简化。这种具有正交性的空时分组码可以获得多副发射和接收天线所能提供的全部分集增益。

4.3.4　分层空时码

贝尔实验室分层空时结构（BLAST）最早是由贝尔实验室的 Foschini 提出的一种空时编码方案。它利用多个天线在同一频段同时发送并行的数据流，在具有丰富多径的传播环境下，在接收端可以将各个数据流进行分离。因此，分层空时码具有非常高的频带利用率，可以使容量随着天线个数线性增加，是 MIMO 系统实现高速无线通信的解决方案之一。

图 4-10 给出了分层空时编码的结构，原始的高速数据流经多路分解，分离成 M 个速率相同的子数据流，分别输入 M 个并行信道编码器进行独立编码。这些编码器可以是常规的卷积编码器，也可以不经任何编码将信号直接输出。空间分层编码使并行编码器的输出映射到发射天线上，经调制后发送出去。由于所有子数据流利用相同的频带发送，因此频谱使用效率非常高。

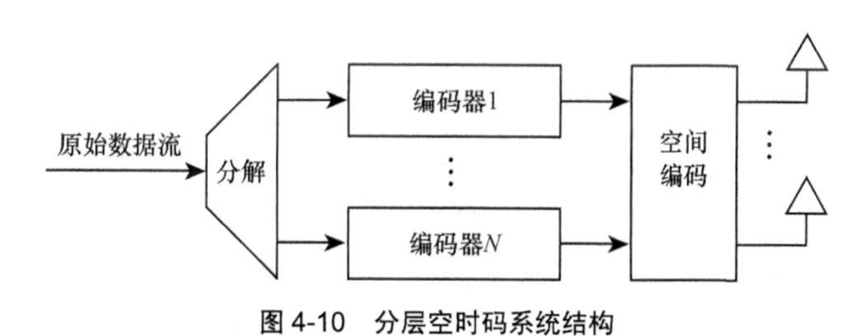

图 4-10　分层空时码系统结构

根据并行编码器输出数据流与发送天线之间映射方式的不同，分层空时编码（LSTC）可以分为水平分层空时编码（HLSTC）、垂直分层空时编码（VLSTC）和对角分层空时编码（DLSTC）。

水平空时编码的编码过程如图 4-11 所示，HLST 这种结构比较简单，第 i（i=1,2,⋯,N）个信道编码器的输出直接由第 i 个天线发射，编码器和天线保持固定的对应关系。这里第 k 个编码器在 τ（τ=0,1,⋯）时刻的输出用 c_{τ}^{k} 表示。

对角线分层（DLST）空时结构是一种性能更好的分层结构，图 4-12 给出了 3 个天线对角分层空时码的编码结构。在 DLST 结构中，对于某一特定的编码器，它的输出并不总是通过特定的天线进行发射，而是轮流地送入 M_{T} 个发射天线进行循环发射，编码器的输出被安排在发射矩阵的对角线上。与第一个天线发送的信号相比，第 i 个天线发送该信号的时刻延迟 i−1 个单位时间。

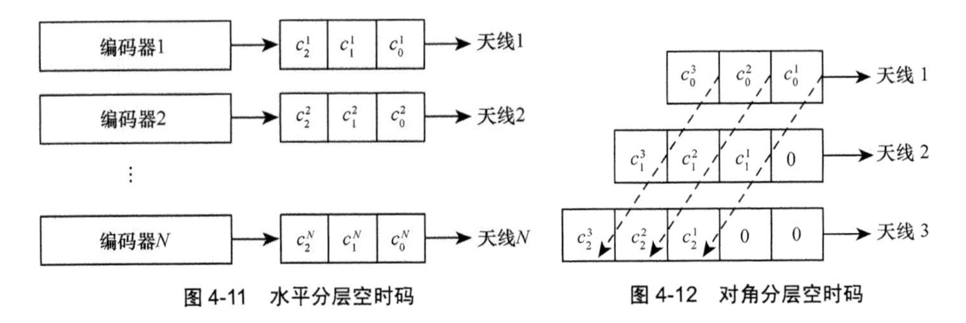

图 4-11　水平分层空时码　　　　图 4-12　对角分层空时码

假设子编码器的速率固定，与发射天线数无关，LST 可提供的数据率与发射天线数 M_T 成比例，大大地提高了频谱利用率。从分集的角度来看，HLST 每一个编码器的输出总是经历特定的衰落信道，可能会引起某一层的性能下降，造成通信链路的阻塞。而 DLST 通过不同的天线循环发射，使每个子编码器的输出经历 M_T 个不同的路径到达接收端。引入了空间分集，能够获得较 HLST 更多的分集增益，在抗衰落性能方面要优于 HLST。但由于初始位置需要在发射矩阵的下角填零，所以在谱效率方面会有一定损失，尤其是当数据块长度比较短时，影响比较明显。

4.3.5　其他的空时编码

前面介绍了空时分组码和空时格形码，它们在解码时需要在接收端知道信道状态信息。当信道变化较快或者发送天线数目较多时，在接收端通过信道估计获取信道信息将变得非常困难甚至无法估计。下面简单介绍两种在接收端不需要信道信息的空时编码：酉空时编码（Unitary Space-Time Coding，USTC）和差分空时编码（Differential Space-Time Coding，DSTC）。

对于理想的瑞利快衰落信道环境，假设信道衰落因子在一段时间（T 个符号间隔）内保持不变，对于 M_T 个发射天线，酉空时码的发送码字矩阵 $\boldsymbol{C}$ 为 $T\times M_T$ 的酉矩阵，满足$\boldsymbol{C}^{\mathrm{H}}\boldsymbol{C}=\boldsymbol{I}_{M_T}$。酉空时编码的设计准则也不同于前面介绍的空时码，它不再是优化任意两个码字矩阵之间的欧氏距离，而是要优化任意两个码字矩阵之间相关矩阵的范数$\left\|\boldsymbol{C}_i^*\boldsymbol{C}_j\right\|_{\mathrm{F}}$使之最小。

差分空时编码由 Tarokh 提出，是将单天线的差分检测技术扩展到了多天线系统。它基于 Alamouti 的发射分集方案，仍采用两个发射天线，发送码矩阵具有复正交性，在发射端和接收端都不需要知道信道状态信息。差分空时编码可获得与 Alamouti 正交空时分组码相同的分集增益，且可以达到全速率发射，在接收端也具有很低的解码复杂度。

另外，如果将空时编码与其他的编码方式相级联或是与波束成形相结合都

会获得更好的性能。Turbo 码是基于卷积码发展起来的，它巧妙地将卷积码和随机交织器结合在一起，实现了随机编码，在接收端使用迭代译码算法。与传统卷积码相比，Turbo 码是一种逼近香农极限的编译码方法，有良好的编码增益。空时编码具有很高的分集增益，但编码增益不高，如果将 Turbo 码和空时码级联可得到空时 Turbo 码，它能够同时获得编码和发射分集增益。该方法将 Turbo 编码器作为外编码器，空时编码器作为内编码器，接收端根据 Turbo 码的迭代译码方法进行内码、外码的联合译码。

STBC 和天线的波束成形相结合的方案是通过在原来的 STBC 编码矩阵前乘以一个波束成形矩阵，形成一个新的发射码字矩阵。在低信噪比时，传统的波束成形器性能优于 STBC，但随信噪比的增加，STBC 的性能会超过波束成形。但 STBC+波束成形的综合方案与单独的波束成形或 STBC 相比，总能获得更佳的性能。用于波束成形的权值矩阵的最优值是根据信道信息的真实值和估计值相关性来获得的。

随着多天线技术的发展，为了获得更大的分集增益和编码增益，编码技术与调制技术的结合、预编码技术与空时编码在 OFDM 中的应用以及空时频三维编码已成为人们研究的热点。总之，多天线的空时编码技术将在未来的移动通信中发挥巨大的潜力，获得广泛的应用。

4.4 MIMO 波束成形技术

信道衰落、多径干扰以及多址干扰等问题将严重影响高速率的未来无线传输系统的通信性能。如何在对抗信道衰落和干扰的同时提高系统容量，是未来通信系统亟需解决的问题。波束成形技术作为抑制干扰和降低噪声损害的有效手段，随着大规模、超大规模集成电路和数字信号处理技术的迅速发展，已逐渐在移动通信领域中受到关注。以波束成形技术为核心的智能天线技术已作为一种关键技术应用于 3G 标准 TD-SCDMA 中。

通过对天线阵列中各个天线发送的信号进行适当加权，波束成形可以产生具有指向性的虚拟波束，从而达到增强期望信号并抑制干扰，提高通信容量和质量的目的 [10]。MIMO 系统的波束成形技术虽源于天线阵列波束成形技术，但由于 MIMO 系统的各并行子信道可以认为是相互独立的 [11]，MIMO 系统可以根据需求采用相应的波束成形策略提高系统的分集或复用增益。本节我们将重点介绍 MIMO 波束成形技术。

假设发送天线数为 M_T，接收天线数为 M_R，相应的 MIMO 系统模型如图 4-13 所示。其中，信道 $\boldsymbol{H}$ 为 $M_\mathrm{R}\times M_\mathrm{T}$ 维矩阵，发射信号 $\boldsymbol{s}$ 为 $M_\mathrm{T}\times 1$ 维向量，接

收信号 $\boldsymbol{y}$ 为 $M_{\mathrm{R}}\times 1$ 维向量。

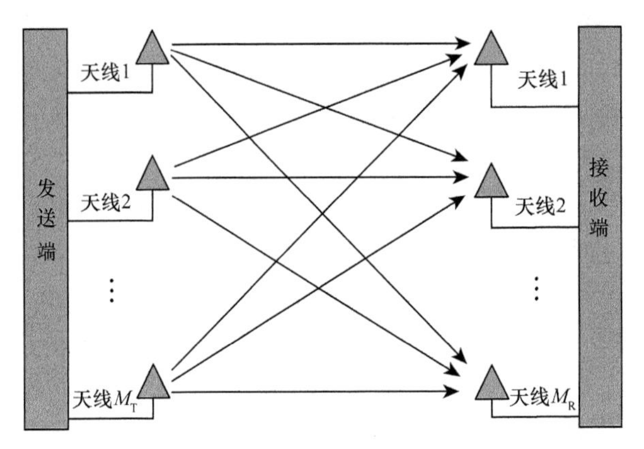

图 4-13　MIMO 系统示意

为了方便表述，我们假设信道为瑞利平稳衰落，则接收信号可写为

$$\boldsymbol{y}=\boldsymbol{H}\boldsymbol{s}+\boldsymbol{n} \tag{4-89}$$

其中，$\boldsymbol{n}$ 为加性高斯白噪声，$\mathrm{E}\left\{\boldsymbol{n}^{\mathrm{H}}\boldsymbol{n}\right\}=N_0\boldsymbol{I}$，$N_0$ 为噪声单边带功率谱密度。当发送端未知信道信息时，通常采用等功率发送，即每根天线的信号功率为 $P_{\mathrm{s}}/M_{\mathrm{T}}$，这里 P_{s} 为总功率。发射信号协方差矩阵为

$$\boldsymbol{R}_s=\frac{P_{\mathrm{s}}}{M_{\mathrm{T}}}\boldsymbol{I}_M \tag{4-90}$$

可知系统的信道容量表示为

$$C=\max_{\mathrm{Tr}(\boldsymbol{R}_s)=P_{\mathrm{s}}}\mathrm{lb}\det\left(\boldsymbol{I}_K+\frac{P_{\mathrm{s}}}{MN_0}\boldsymbol{H}\boldsymbol{R}_s\boldsymbol{H}^{\mathrm{H}}\right) \tag{4-91}$$

当发送端已知信道状态信息时，可通过合理设计协方差矩阵 $\boldsymbol{R}_s$，使得信道容量最优。对于单用户波束成形，主要是通过对信道矩阵 $\boldsymbol{H}$ 的处理来得到需要的波束；而对于多用户系统，波束成形则主要是用来实现空分多址。具体来讲，基站的各天线在给不同用户发送信号时可迭加不同的权重向量，在接收端接收信号时，每个用户只接收发送给自己的信号，而不需要接收发送给其他用户的信号，从而减弱或消除用户间信号干扰，达到多个用户共同使用相同频率资源的目的。下面，我们将分别针对单用户波束成形技术和多用户波束成形技术进行详细的介绍。

4.4.1　单用户波束成形技术

当发送端已知状态信息时，我们通常可采用特征波束成形的方法来实现单

用户波束成形[12]。在图 4-14 所示的单用户 MIMO 系统中，假设发送端已知信道矩阵 $\boldsymbol{H}$，对信道矩阵进行奇异值分解（Singular Value Decomposition，SVD）可得

$$\boldsymbol{H}=\boldsymbol{U\Sigma V}^{\mathrm{H}} \tag{4-92}$$

其中，$\boldsymbol{U}$ 为 $M_{\mathrm{R}}\times K$ 维酉阵，$\boldsymbol{V}$ 为 $M_{\mathrm{T}}\times K$ 维酉阵，$\boldsymbol{\Sigma}$ 为 $K\times K$ 维对角阵，可分别表示为

$$\begin{cases}\boldsymbol{U}=\left[\boldsymbol{u}_1,\boldsymbol{u}_2,\cdots,\boldsymbol{u}_K\right]\\ \boldsymbol{V}=\left[\boldsymbol{v}_1,\boldsymbol{v}_2,\cdots,\boldsymbol{v}_K\right]\\ \boldsymbol{\Sigma}=\begin{bmatrix}\lambda_1 & 0 & \cdots & 0\\ 0 & \lambda_2 & \cdots & 0\\ \vdots & \vdots & \vdots & \vdots\\ 0 & \cdots & 0 & \lambda_K\end{bmatrix}\end{cases} \tag{4-93}$$

其中，$\lambda_1\geqslant\lambda_2\geqslant\lambda_K$，即对角元素为按降序排列的奇异值，$K$ 为信道矩阵的秩。在发送端和接收端分别使用 $\boldsymbol{V}$ 和 $\boldsymbol{U}^{\mathrm{H}}$ 作为发送波束成形和接收波束成形矩阵，则接收信号为

$$\hat{\boldsymbol{y}}=\boldsymbol{U}^{\mathrm{H}}(\boldsymbol{HVs}+\boldsymbol{n})=\boldsymbol{U}^{\mathrm{H}}\boldsymbol{U\Sigma V}^{\mathrm{H}}\boldsymbol{Vs}+\boldsymbol{U}^{\mathrm{H}}\boldsymbol{n}=\boldsymbol{\Sigma s}+\hat{\boldsymbol{n}} \tag{4-94}$$

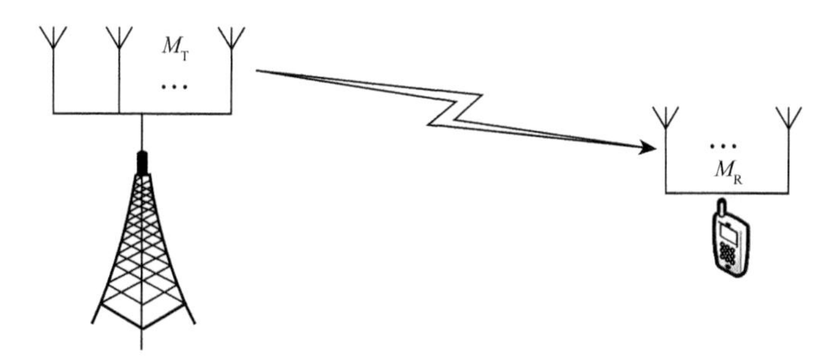

图 4-14 单用户 MIMO 系统

由此可知，MIMO 传输信道转化成了 K 个并行标量信道，且第 k 个信道的增益为 λ_k。此时系统的信道容量可表示为

$$C=\sum_{k=1}^{K}\mathrm{lb}\left(1+\frac{P_k}{N_0}\lambda_k^2\right) \tag{4-95}$$

其中，P_k 为分配到各子信道上的功率，若使用注水功率分配算法，即可获得最大信道容量。其最优功率分配表达式为

$$P_i^{\text{opt}} = \left(L - \frac{N_0}{\lambda_i^2} \right)_+ \tag{4-96}$$

其中，$(A)_+$ 表示 $\max(A,0)$。通过选择 L，可使得功率分配满足约束$\sum_{i=1}^{K} P_i^{\text{opt}} = P_{\text{total}}$，具体可通过拉格朗日乘子法解决。

此方法是一种典型的 MIMO 波束成形方法，对于单用户来说，具有很高的性能，但在发送端需要知道用户的信道信息，所以需要用户估计并使用上行链路反馈信道信息，这就增加了上行链路的开销。为了减少上行链路的开销，如何进行信道量化成为该研究的热点问题，其主要目的是在上行链路开销和系统性能之间取得一种折中，即在达到特定性能的前提下，最大限度地减少反馈所需信息量。

4.4.2 多用户波束成形技术

当系统中存在多个用户时，为充分利用潜在的自由度，可允许多个用户同时接入信道。为达到此目的，多数发送波束成形方案需要估计用户信道信息，并将用户信道信息反馈给基站，基站则根据信道信息设计加权矩阵，以避免用户间干扰，从而增大接收端信噪比，提高系统性能[13]。当然，也有少数波束成形方案无须获取用户的信道信息，如机会波束成形。MIMO 多用户波束成形主要有非线性和线性两种：非线性预处理以脏纸编码为代表；线性处理则主要有迫零波束成形和块对角化波束成形等。在此我们简要介绍脏纸编码（Dirty Paper Coding）、迫零波束成形、块对角化波束成形以及机会波束成形这几种多用户波束成形方法。

1. 多用户 MIMO 系统模型

考虑发送端配置 M_T 根天线，同时支持 k 个用户的 MIMO 系统，第 k 个用户的天线数为 M_{Rk}，如图 4-15 所示。

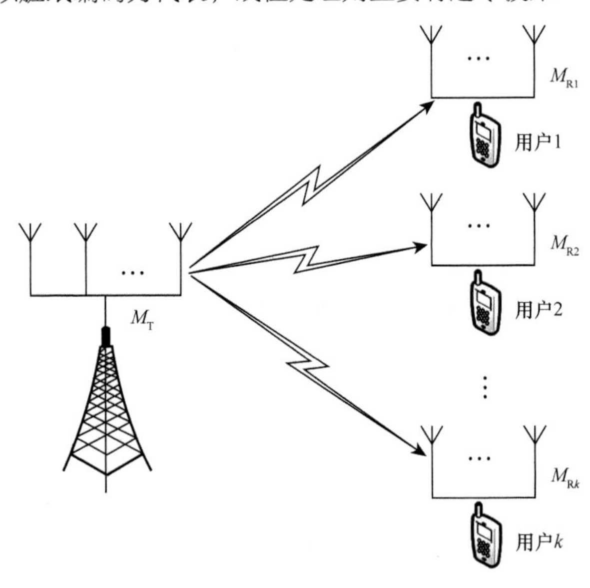

图 4-15 多用户 MIMO 系统

假设信道为慢衰落瑞利信道，则第 k 个用户的接收信号可写为

$$y_k = H_k s_k + \sum_{j \neq k} H_k s_j + n_k \tag{4-97}$$

其中，$\boldsymbol{H}_k$ 表示基站到第 k 个用户的 $M_{\mathrm{R}k} \times M_{\mathrm{T}}$ 维信道矩阵，$\boldsymbol{s}_k$ 表示基站发送给第 k 个用户的 $M_{\mathrm{T}} \times 1$ 维信号，$\boldsymbol{n}_k$ 为加性高斯白噪声。

2. 脏纸编码

脏纸编码是一种非线性技术，其基本思想是若发送端预先确知信道间的干扰，那么在信号发送时可以进行预编码来补偿干扰带来的影响，信道容量与无干扰情况下相等。若把干扰看作纸上的污迹而信号是墨水的话，脏纸编码的目的不是消除污迹，而是根据污迹的统计特性设计一种编码对发送信号进行预处理，使信号不受干扰。已知接收到的信号等于发送信号加互干扰和噪声，那脏纸编码就是要在发送端将发送信号减去互干扰和噪声。在 MIMO 多用户系统的下行链路中，基站可以获知其他用户信号对某一用户信号的干扰，因此就可以进行预编码处理来消除这些干扰，所以脏纸编码理论上可以达到最优的容量。

Costa 等人证明了这个令人惊讶的结果，即在发射端预先知道干扰，脏纸编码就可以使信道容量与没有干扰时的信道容量相同，并不需要花费额外的功率去消除这种干扰。但是 Costa 等人的方法仅具有理论意义，并没有提出一个现实可行的工程实现方案，脏纸编码方法的编码器和解码器构造非常复杂，并且获得完整的信道信息在实际的无线系统中难以实现，而复杂度较低的线性预编码方法则更为可行，因此本书将不对脏纸编码进行深入讨论。

3. 迫零波束成形

迫零波束成形又称信道求逆。在完全已知信道状态信息的情况下，迫零波束成形使用信道矩阵的广义逆矩阵作为波束成形矩阵对发送信号进行波束成形，通过对信道矩阵求逆，最终的结果是预编码使信道完全对角化，此时每个用户等效为一组单入单出信道，从而消除了用户间的干扰。迫零波束成形随着用户数增多可获得接近脏纸编码的性能。但完全对角化的要求比较严格，它要求发射天线数不小于所有通信用户接收天线数之和。

4. 块对角化波束成形

MIMO 多用户波束成形的另一种常用方法是分块对角化。分块对角化预处理方法是寻找使得 $\boldsymbol{HW}$ 为分块对角阵的调制矩阵 $\boldsymbol{W}$，从而形成多个独立并行的等效单用户 MIMO 信道 [14]，使各用户之间的干扰为零。等效单用户 MIMO 信道和传统的单用户 MIMO 信道具有相同的特性，所以也可以使用传统单用户 MIMO 系统的信号检测技术，针对每个用户可采取例如 V-BLAST、最大似然检测、奇异值分解等方法。增加基站发射天线的数目会使所有用户的等效 MIMO 信道的发射天线数目增加，而随着发射天线数目的增加，在保证单个用户信道容量的情况下，系统所能容纳的总用户数也将增加。

块对角化实际是信道求逆的推广，区别在于块对角化在等效单用户 MIMO 信道的一组天线上优化分配的发射功率，而信道求逆是每一根天线的分配功率。所以相比信道求逆，块对角化的条件略为宽松。分块对角化需要两个条件：①发射天线数不小于任意 $K-1$ 个用户接收天线数之和，即维数条件；②为了向多个用户同时发送数据，块对角化还必须避免对信道高度相关的用户进行空分复用，即信道独立性条件。因此，在不同时使用其他复用方式的情况下，多用户数量将受到限制。当使用其他多址接入方法，如 TDMA、FDMA 时，这些条件的限制便不再那么严格。若考虑一个基站配有较少的天线数而服务区内有大量用户的情形，一个可行的方法是将 SDMA 与其他多址方式结合，例如将用户分组，使每一组内的用户满足维数条件。用户组之间可采用 SDMA 的方式，组与组之间分配不同的频带或时隙等。而信道独立条件则要求分组时尽可能避免将两个空间相关性很强的用户分到同一组内。下面我们将介绍块对角化波束成形的详细过程。

考虑式（4-97）所述的 MIMO 多用户系统模型，用户 k 合并处理后的信号可表示为

$$\boldsymbol{y}_k = \boldsymbol{H}_k \boldsymbol{W}_k \boldsymbol{s}_k + \sum_{j \neq k} \boldsymbol{H}_k \boldsymbol{W}_j \boldsymbol{s}_j + \boldsymbol{n}_k \tag{4-98}$$

其中，$\boldsymbol{W}_k$ 为用户 k 的发送端波束成形矩阵。上式中第一项为用户 k 的期望信号，第二项为其他用户的干扰信号。令 $\tilde{\boldsymbol{W}}_k = [\boldsymbol{W}_1, \cdots, \boldsymbol{W}_{k-1}, \boldsymbol{W}_{k+1}, \cdots, \boldsymbol{W}_K]$，$\tilde{\boldsymbol{s}}_k = [\boldsymbol{s}_1^{\mathrm{H}}, \cdots, \boldsymbol{s}_{k-1}^{\mathrm{H}}, \boldsymbol{s}_{k+1}^{\mathrm{H}}, \cdots, \boldsymbol{s}_K^{\mathrm{H}}]$，则上式可表示为

$$\boldsymbol{y}_k = \boldsymbol{H}_k \boldsymbol{W}_k \boldsymbol{s}_k + \boldsymbol{H}_k \tilde{\boldsymbol{W}}_k \tilde{\boldsymbol{s}}_k + \boldsymbol{n}_k \tag{4-99}$$

当基站已知每个用户的信道状态信息 $\boldsymbol{H}_k$ 时，发送端可通过设计 $\boldsymbol{W}_k$，使得 $\boldsymbol{H}_k \tilde{\boldsymbol{W}}_k \tilde{\boldsymbol{s}}_k = 0$，即 $\boldsymbol{H}_k \boldsymbol{W}_j = \boldsymbol{0}\,(k \neq j)$，从而使其他用户对用户 k 的干扰为零。再根据注水定义进行功率分配，那么多用户 MIMO 信道就等效为并行单用户 MIMO 信道，从而可充分利用空间资源，在不增加系统带宽和发送功率的前提下，极大地提高系统容量和频谱利用率。

对于用户端采用单天线的系统，信道对角化必须由发送端完成，且仅当发送端天线数不小于用户数之和，即 $n_{\mathrm{T}} \geqslant k$ 时，才可能用信道求逆来完成。对于用户端采用多天线的系统，由于每个用户可以在自己的接收信号向量上采用联合检测，可知完全对角化并不是最优的。

通过块对角化求解 $\boldsymbol{W}_k$ 可表述为

$$W=[W_1,W_2,\cdots,W_K]=\underset{0<\operatorname{tr}(W_kW_k^{\mathrm{H}})\leqslant P_k,k=1,\cdots,K}{\arg}\ H_k\tilde{W}_k\tilde{s}_k=0,\qquad k=1,\cdots,K$$

定义$\tilde{H}_k=\left[H_1^{\mathrm{H}},\cdots,H_{k-1}^{\mathrm{H}},H_{k+1}^{\mathrm{H}},\cdots,H_K^{\mathrm{H}}\right]^{\mathrm{H}}$。由上式可知，$W_k$必定落在$\tilde{H}_k$的零空间内，由此可得出保证所有用户均满足干扰迫零约束的维数条件，即当$\tilde{H}_k$的零空间维数大于 0 时，信号才可能发给用户 k，也可表述为$\operatorname{rank}(\tilde{H}_k)<M_{\mathrm{T}}$。

$$\max\left[\operatorname{rank}\left(\tilde{H}_k\right),\cdots,\operatorname{rank}\left(\tilde{H}_K\right)\right]<M_{\mathrm{T}}\tag{4-100}$$

当式（4-100）条件满足时，分块对角化才可能实现。

假设所有用户均满足上述维数条件，定义$A_k=\operatorname{rank}\left(\tilde{H}_k\right)\leqslant M_{\mathrm{R}}-M_{\mathrm{R}k}$，其中，$M_{\mathrm{R}}=\sum_k^K M_{\mathrm{R}k}$，对$\tilde{H}_k$进行奇异值分解，即$\tilde{H}_k=\tilde{U}_k\tilde{\Sigma}_k\tilde{V}_k^{\mathrm{H}}$。再定义$\tilde{V}_k=\left[\tilde{V}_k^{(1)},\tilde{V}_k^{(0)}\right]$，其中，$\tilde{V}_k^{(1)}$包含前 A_k 个右奇异值向量，$\tilde{V}_k^{(0)}$包含后 $M_{\mathrm{T}}-A_k$ 个右奇异值向量。由此可知，$\tilde{V}_k^{(0)}$构成了矩阵$\tilde{H}_k$零空间正交基，而它的列就构成了用户 k 的波束成形矩阵 W_k。

假设系统总的发送功率为 P_{s}，则块对角波束成形算法可总结如下。

① 对第 $k(k=1,\cdots,K)$ 个用户，分别计算$\tilde{H}_k$的右零空间$\tilde{V}_k^{(0)}$，并计算如下奇异值分解。

$$H_kV_k^{(0)}=U_k\begin{bmatrix}\Sigma_k & 0\\ 0 & 0\end{bmatrix}\left[V_k^{(1)},V_k^{(0)}\right]^{\mathrm{H}}\tag{4-101}$$

② 对 Σ 的对角元素进行注水，在总功率约束下确定功率加权矩阵Λ，其中$\Lambda=\operatorname{diag}\left(\lambda_1,\cdots,\lambda_K\right)$，而$\lambda_k$为分配至用户 k 的功率，则可通过对$\Sigma=\operatorname{diag}\left(\Sigma_1,\cdots,\Sigma_K\right)$的对角元素进行注水得到。

③ 求解每个用户的波束成形矩阵。

$$W=\left[\tilde{V}_1^{(0)}V_1^{(1)},\tilde{V}_2^{(0)}V_2^{(1)},\cdots,\tilde{V}_K^{(0)}V_K^{(1)}\right]\Lambda^{1/2}\tag{4-102}$$

通过以上步骤，在发送端已知用户信道状态信息情况下，就可以成功完成块对角化预编码算法，消除各用户间的干扰，从而将多用户 MIMO 信道转化成并行单用户 MIMO 信道。虽然块对角化波束成形不能达到脏纸编码的容量上限，但由于具有相对较低的复杂度，所以在实际应用中具有重要的价值。

5．**机会波束成形**

之前介绍的波束成形都是知道全部或部分信道状态信息，用户需要估计和反馈多个天线信道各自的幅度和相位，尤其是在快速时变的 FDD 情况下反馈量将很大，大大增加了系统的开销。而当用户数目很大时，基站要从用户那获得全部的信道状态信息几乎是不可能的，因此只获得有限信道状态信息的系统将更有实用价值。当信道环境为慢衰落时，信号相关性大，不具有实现多用户分集的特性。此时可使用机会波束成形技术，利用多天线产生的随机波动，对信号进行加权，使慢变信道呈现快衰落特性，从而可更好地实现多用户分集，进而提高系统容量[15]。

在一个多用户 MIMO 系统中，如果所有发射天线到用户的信道增益的幅度和相位都可以被跟踪并反馈，则可以使用最优的波束成形技术。但如果反馈受限，则真正意义上的最优波束成形便无法实现。在具有很多用户的系统中，出现某些用户信道增益的瞬时幅度和相位与发射天线的幅度和相位匹配的概率是比较大的，因此人们便考虑使用机会波束成形技术。当用户数量很多时，机会波束成形可通过有限的反馈逼近最优波束成形的性能。

（1）传统机会波束成形

假设基站端已知每个用户的可达速率和必要的功率分配方案，基站从反馈的信息中选择最优的用户并对其服务。由于系统每次只为一个用户提供服务，式（4-97）可重写为

$$\boldsymbol{y}_k = \boldsymbol{H}_k \boldsymbol{s}_k + \boldsymbol{n}_k \tag{4-103}$$

对信道矩阵 $\boldsymbol{H}_k$ 进行奇异值分解

$$\boldsymbol{H}_k = \boldsymbol{U}_k \boldsymbol{\Sigma}_k \boldsymbol{V}_k^{\mathrm{H}} \tag{4-104}$$

令波束成形矩阵为 $\boldsymbol{W}_k \in \mathbb{C}^{n_\mathrm{T} \times n_\mathrm{T}}$，且满足 $\boldsymbol{W}_k^{\mathrm{H}} \boldsymbol{W}_k = \boldsymbol{I}$，使用 $\boldsymbol{W}_k$ 对信号 $\boldsymbol{s}_k$ 进行处理，则接收信号可表示为

$$\boldsymbol{y}_k = \boldsymbol{U}_k \boldsymbol{\Sigma}_k \boldsymbol{V}_k^{\mathrm{H}} \boldsymbol{W}_k \boldsymbol{s}_k + \boldsymbol{n}_k \tag{4-105}$$

若 $\boldsymbol{V}_k^{\mathrm{H}} \boldsymbol{W}_k = \boldsymbol{I}$，则用户 k 使用了最优波束成形，即可完全消除其他天线的干扰。其等效于基站端已知完全的信道信息并用矩阵 $\boldsymbol{V}_k$ 对信号进行处理。

令 $\boldsymbol{H}_{\mathrm{eq},k} = \boldsymbol{U}_k \boldsymbol{\Sigma}_k \boldsymbol{V}_k^{\mathrm{H}} \boldsymbol{W}_k$ 为用户 k 的等效信道矩阵，式（4-105）可重写为

$$\boldsymbol{y}_k = \boldsymbol{H}_{\mathrm{eq},k} \boldsymbol{s}_k + \boldsymbol{n}_k \tag{4-106}$$

由于 $\boldsymbol{s}_k$ 元素间没有相关性，则该问题可视为在具有 M_T 个独立用户的多址信道上基站向用户 k 发送数据的情况，且基站的发射功率限制可等效为 M_T 个用户功率之和的限制。因此，用户 k 的最大速率等效为功率之和的限制下多址信道容量之和。

令 $\boldsymbol{H}_{\mathrm{eq},k} = \left[\boldsymbol{h}_1, \boldsymbol{h}_2, \cdots, \boldsymbol{h}_{M_\mathrm{T}}\right]$，$\boldsymbol{s}_k = \left[s_k(1), s_k(2), \cdots, s_k(M_\mathrm{T})\right]^{\mathrm{T}}$，则式（4-106）

可重写为

$$\boldsymbol{y}_k=\sum_{j=1}^{M_{\rm T}}\boldsymbol{h}_j s_k(j)+\boldsymbol{n}_k \tag{4-107}$$

且用户 k 的最大速率可通过求解式（4-108）的优化问题得到

$$\max\left(\mathrm{lb}\left|\sum_{k=1}^{M_{\rm T}}P_k\boldsymbol{h}_k\boldsymbol{h}_k^{\rm H}+\boldsymbol{I}\right|\right) \tag{4-108}$$

其约束条件为 $\sum_{k=1}^{M_{\rm T}}P_k\leqslant P_{\rm s}$，$P_k\geqslant 0$，其中 $P_{\rm s}$ 为总功率。上述优化问题可以通过使用迭代注水算法有效求解，而通过使用以下步骤便可求解 P_k。

1）对任意用户，初始化$P_k^{(0)}=0$。

2）在第一次迭代中，将等效用户间的干扰视为噪声，并产生有效信道为

$$\boldsymbol{h}_k^{\rm eq}=\left(\boldsymbol{I}+\sum_{j=1,j\neq k}P_k\boldsymbol{h}_j\boldsymbol{h}_j^{\rm H}\right)^{-1/2}\boldsymbol{h}_k \tag{4-109}$$

将所有的有效信道视为并行无干扰信道，对其进行注水算法得到新的一组功率分配值

$$P_j^{(t)}=\arg\left(\max_{Q_1,\cdots,Q_{n_{\rm T}}}\sum_{k=1}^{M_{\rm T}}\mathrm{lb}\left(1+Q_k\left\|\boldsymbol{h}_k^{\rm eq}\right\|^2\right)\right),\quad j=1,\cdots,M_t \tag{4-110}$$

其中，$Q_k\geqslant 0$，$\sum_{k=1}^{M_{\rm T}}Q_k\leqslant P_{\rm s}$。

3）重复步骤 2），直至达到精度要求。

总结上述过程，多用户 MIMO 系统的机会波束成形算法可归纳如下。

① 基站将训练序列乘以机会波束成形矩阵 $\boldsymbol{W}_k$，然后广播给所有用户。

② 每个用户通过接收到的已知训练序列估计等效信道 $\boldsymbol{H}_{{\rm eq},k}$，并用迭代注水算法计算各自的最大速率。

③ 每个用户将各自速率反馈至基站端。

④ 基站选择具有最大速率的用户并广播告知所有用户。

⑤ 被选择的用户反馈功率分配方案。

⑥ 基站采用用户反馈的功率分配方案向选中用户发送数据。

⑦ 用户采用联合干扰消除接收多个数据流。

⑧ 对每个信道实现，重复步骤①～步骤⑦。

（2）多波束机会波束成形

在传统机会波束成形中，在用户数比较少的情况下，波束成形性能便不是

很理想。为了克服机会波束成形在用户数较少的情况下性能不佳的问题，可以采用两种解决方法。一种方法是将机会波束成形与接收天线选择技术相结合。假设每个用户拥有多根接收天线和一个射频链，且用户可以跟踪自己每根天线上的 SNR，并将最优的 SNR 反馈给基站，那么接收端的多天线就可以等效为下行的有效用户数，达到跟多用户情况下机会波束成形相同的性能，而在基站端便不需要增加系统复杂度。但在实际运用中，更多的情况是终端只有一根天线，即使有多根接收天线，之间的子信道也不可能是独立衰落，因此这种方法并不具备很强的实用性。另一种更加实际的方法是采用空间子信道选择的多波束机会成形。下面我们将详细介绍基于空间子信道选择的机会波束成形实现过程。

依然采用图 4-15 的多用户 MIMO 系统框图，基站有 MT 根发送天线，每个基站下有 K 个用户，为了方便讨论，我们假设每个用户接收端装配单根天线，即 $M_{Rk}=1$。

那么在第 q 个时隙内，发送信号可以写成 $\boldsymbol{s}(t)=\left[s_1(t),s_2(t),\cdots,s_{M_T}(t)\right]^T$。则用户 k 接收到的信号为

$$\boldsymbol{r}_k(t)=\sqrt{\rho}\boldsymbol{H}_k(q)\boldsymbol{s}(t)+\boldsymbol{n}(t),\quad t\in\left[(q-1)T,qT\right] \tag{4-111}$$

其中，$\boldsymbol{H}_k(q)=\left[h_{1,k}(q),h_{2,k}(q),\cdots,h_{M_T,k}(q)\right]$，$h_{i,k}(q)$ 表示在时隙 q 内，基站第 i 根天线到用户 k 接收机的信道响应系数，$\boldsymbol{n}(t)$ 为高斯白噪声。利用 M_t($1<M_t<M_T$) 个随机波束成形向量发送 M_t 个数据子流。此时 $\boldsymbol{s}(t)$ 可表示为

$$\boldsymbol{s}(t)=\boldsymbol{B}(q)\sqrt{1/M_t}\boldsymbol{x}(t) \tag{4-112}$$

其中，$\boldsymbol{x}(t)=\left[x_1(t),x_2(t),\cdots,x_{M_t}(t)\right]^T$，$\boldsymbol{B}(q)$ 是从每个时隙随机产生的 $M_T\times M_T$ 维酉矩阵中选取的 M_t 列，$\boldsymbol{B}(q)=\left[\boldsymbol{b}_1(q),\boldsymbol{b}_2(q),\cdots,\boldsymbol{b}_{M_t}(q)\right]^T$，且 $\boldsymbol{b}_i(q)$ 满足 $\left\|\boldsymbol{b}_i(q)\right\|_F=1$。此时用户 k 接收到的信号为

$$\boldsymbol{r}_k(t)=\sqrt{\rho/M_t}\sum_{i=1}^{M_t}\tilde{h}_{i,k}(q)x_i(t)+n(t) \tag{4-113}$$

其中，$\tilde{h}_{i,k}(q)$是 $\boldsymbol{H}_k(q)$ 在波束成形向量 $\boldsymbol{b}_i(q)$ 上的投影。下面讨论在 $1<M_t<M_T$ 情况下的系统容量。由于发送端同时发送多路子流，采用了空间复用的方法，多个子流之间可能会存在相互干扰，信道质量的度量因子从信噪比变为了信干噪比。对于用户 k，其用户吞吐率为 $C_k(q)=\sum_{m=1}^{M_t}\text{lb}\left[1+\gamma_{m,k}(n)\right]$，然后将信道分配给最佳用户使用，通过基站端的调度，将第 m 个子流信道分配给用户 $k_m^*(q)$使用，$k_m^*(q)=\underset{k=1,2,\cdots,K}{\arg\max}\left\{\gamma_{m,k}(q)\right\}$，因此系统的吞吐率可写为

$$C^*(q)=\sum_{m=1}^{M_t}\text{lb}\left(1+\gamma_{m,k_m^*(q)}\right) \tag{4-114}$$

这种方案可将多个信号子流同时发送，可以获得较高的吞吐率，且吞吐率可随用户数增加而明显增长。当用户数较多时，其性能接近于在基站完全知道信道状态信息的块对角化算法。而相对于块对角化算法，机会波束成形算法只需要反馈部分的信道状态信息，上行链路的开销并不会随着用户数的增长而线性增长。以上优势是当用户数增长时反馈量随之剧增的块对角化算法所不能比拟的。

总而言之，多波束机会波束成形的原理非常简单。从对机会波束成形的分析可以看出，用户越多，随机产生的波束匹配某个用户信道参数的概率就越大，系统的吞吐量也越大。在用户数少的情况下，正是由于这种匹配的概率下降，从而导致系统吞吐量下降。由此可知，若能在用户数量少的情况下随机产生的波束与某个用户的信道参数也能有很高的匹配概率，就可以大大增加系统的吞吐量。基于空间子信道选择的多波束机会波束成形能够很好地做到这一点，在导频时隙，基站同时随机产生多重加权系数以形成多个波束，每个用户反馈多重波束下的最大信噪比（或信道增益）以及对应的波束序号，这样就为每个用户提供了多个可供选择的波束，从而增加了多用户分集增益。这个方法在用户数少的情况下由于大大增加了匹配信道参数的概率，将用户数少的情况变成用户数多的情况，能够明显改善系统吞吐量，改善系统性能。它的主要不足是增加了导频开销。

以上我们从理论层面介绍了 MIMO 系统的信道容量与波束成形方法，而 MIMO 系统的工程实现则离不开其天线技术，以下我们将讨论 MIMO 系统中的发射与接收多天线设计方法。

4.5　MIMO 多天线技术

发射与接收多天线系统是 MIMO 无线系统的重要组成部分，其性能直接影响 MIMO 信道的性能。多天线发出的信号在无线信道中经散射传播而混合在一起，经接收端多天线接收后，系统通过空时处理算法分离并恢复出发射数据，其性能取决于各天线单元接收信号的独立程度，即相关性；而多天线间的相关性与天线单元的设计、阵列单元的数目、阵列结构、阵列放置的方式等因素密切相关。因此，MIMO 无线系统的高性能除了依赖于多径传播的丰富程度外，还依赖于多天线的合理设计。

4.5.1 多天线单元的互耦

随着天线单元数目的日益增加与天线系统持续小型化发展，天线单元的间距不断减小，天线互耦逐渐成为影响 MIMO 无线信道性能的又一重要因素。图 4-16 给出了接收多天线系统的等效网络模型[16]。这里，$Z_{L1},\cdots,Z_{LM_{\rm R}}$是负载阻抗，$Z_{A1},\cdots,Z_{AM_{\rm R}}$是天线的阻抗（即自阻抗）。达波对接收天线阵列的照射等效于外加信号源（$v_{s1},\cdots,v_{sM_{\rm R}}$）分别作用于阵列天线单元。由于天线单元间距有限，其间的互耦影响不能忽略。其馈电点的信号电压、电流分别如图 4-16 所示。根据电路理论，馈电点电压可表示为

$$\begin{cases} v_1 = -i_1 z_{11} - i_2 z_{12} - \cdots - i_{M_{\rm R}} z_{1M_{\rm R}} + v_1^{\rm o} \\ v_2 = -i_1 z_{21} - i_2 z_{22} - \cdots - i_{M_{\rm R}} z_{2M_{\rm R}} + v_2^{\rm o} \\ \vdots \\ v_{M_{\rm R}} = -i_1 z_{M_{\rm R}1} - i_2 z_{M_{\rm R}2} - \cdots - i_{M_{\rm R}} z_{M_{\rm R}M_{\rm R}} + v_{M_{\rm R}}^{\rm o} \end{cases} \tag{4-115}$$

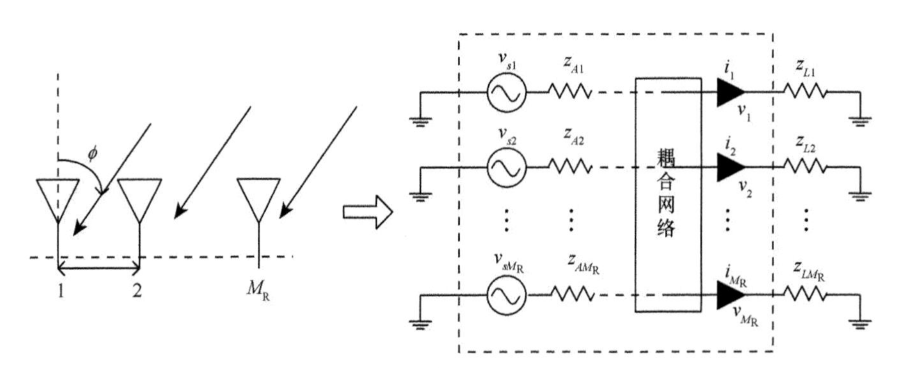

图 4-16 接收多天线的等效网络模型

这里，$v_j^{\rm o}$（$j=1,\cdots,M_{\rm R}$）代表馈电点开路电压，即馈电点均开路时的电压。由电路理论可得

$$v_j = i_j z_{Lj},\quad j=1,\cdots,M_{\rm R} \tag{4-116}$$

将式（4-116）代入式（4-115），可得

$$\boldsymbol{v}^{\rm o} = \left(\boldsymbol{I}_{M_{\rm R}} + \boldsymbol{Z}_L^{-1}\boldsymbol{Z}\right)\boldsymbol{v} \tag{4-117}$$

其中，$\boldsymbol{v}^{\circ}$ 是馈电点开路电压向量，$\boldsymbol{v}$ 是馈电点电压向量，$\boldsymbol{I}_{M_{\mathrm{R}}}$ 是 M_{R} 维单位矩阵，$\boldsymbol{Z}$ 是互阻抗矩阵，$\boldsymbol{Z}_L$ 是对角矩阵，其对角元素为负载阻抗。接收信号电压向量可写作

$$\boldsymbol{v}_r = \left(\boldsymbol{I}_{M_{\mathrm{R}}} + \boldsymbol{Z}_L^{-1}\boldsymbol{Z}\right)^{-1}\boldsymbol{v}^{\circ} \tag{4-118}$$

不妨设 $\boldsymbol{C}_r$ 为天线单元间的耦合系数矩阵，再令

$$\boldsymbol{v}_r^{c} = \boldsymbol{C}_r\boldsymbol{v}_r^{nc} \tag{4-119}$$

$$\boldsymbol{v}_r^{nc} = \left(\boldsymbol{I}_{M_{\mathrm{R}}} + \boldsymbol{Z}_L^{-1}\boldsymbol{Z}_A\right)^{-1}\boldsymbol{v}^{\circ} \tag{4-120}$$

其中，$\boldsymbol{Z}_A$ 是对角矩阵，其对角元素为天线阻抗 $z_{A1}, z_{A2}, \cdots, z_{AM_{\mathrm{R}}}$，将 $\boldsymbol{v}_r^{nc}$ 视为不计互耦下的接收信号电压向量，由式（4-118）可得

$$\left[\boldsymbol{C}_r - \left(\boldsymbol{I}_{M_{\mathrm{R}}} + \boldsymbol{Z}_L^{-1}\boldsymbol{Z}\right)^{-1}\left(\boldsymbol{I}_{M_{\mathrm{R}}} + \boldsymbol{Z}_L^{-1}\boldsymbol{Z}_A\right)\right]\boldsymbol{v}^{\circ} = 0 \tag{4-121}$$

由式（4-121），可解得耦合系数矩阵为

$$\boldsymbol{C}_r = \mathrm{diag}\left(\mathrm{Rand}\right)\cdot\left(\boldsymbol{I}_{M_{\mathrm{R}}} + \boldsymbol{Z}_L^{-1}\boldsymbol{Z}\right)^{-1}\left(\boldsymbol{I}_{M_{\mathrm{R}}} + \boldsymbol{Z}_L^{-1}\boldsymbol{Z}_A\right) \tag{4-122}$$

其中，diag(Rand) 是随机对角矩阵。若施加限制条件：耦合系数矩阵在不计互耦时为单位阵，则

$$\boldsymbol{C}_r = \left(\boldsymbol{I}_{M_{\mathrm{R}}} + \boldsymbol{Z}_L^{-1}\boldsymbol{Z}\right)^{-1}\left(\boldsymbol{I}_{M_{\mathrm{R}}} + \boldsymbol{Z}_L^{-1}\boldsymbol{Z}_A\right) \tag{4-123}$$

若各天线单元的负载阻抗相等且自阻抗也分别相等，即 $\boldsymbol{Z}_L = z_L\boldsymbol{I}_{M_{\mathrm{R}}}$ 与 $\boldsymbol{Z}_A = z_A\boldsymbol{I}_{M_{\mathrm{R}}}$，则 $\boldsymbol{C}_r$ 简化为

$$\boldsymbol{C}_r = \left(z_L + z_A\right)\left(\boldsymbol{Z}_L + \boldsymbol{Z}\right)^{-1} \tag{4-124}$$

需要指出的是，式（4-123）给出了更通用的耦合系数矩阵形式，对不同天线单元间的互耦分析尤为方便。

4.5.2　空域相关系数

在 MIMO 传播环境下，设接收信号扩散角为 Δ，达波从 ϕ_m 方向平行入射相距为 D 的两天线单元，其模型如图 4-17

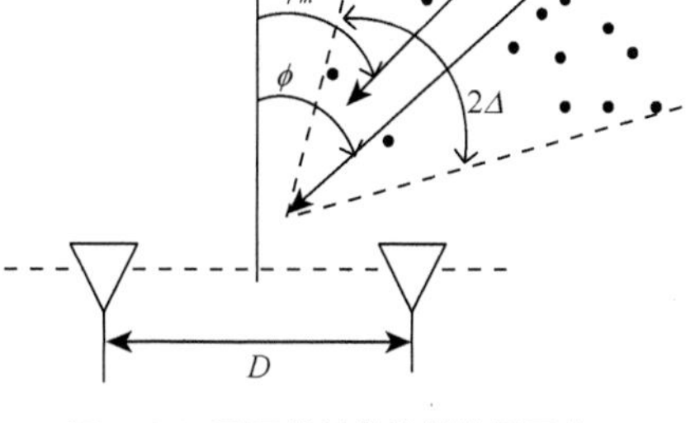

图 4-17　两天线接收散射信号示意

所示。若不考虑两天线间的互耦影响，其接收信号可表示为

$$\boldsymbol{r}(\phi)=\begin{bmatrix}\sum_{m} g_1(\phi_m)a_m\mathrm{e}^{\mathrm{j}\beta_m}\sqrt{p(\phi_m)}\\ \sum_{m} g_2(\phi_m)b_m\mathrm{e}^{\mathrm{j}\beta_m}\mathrm{e}^{\mathrm{j}\tau_m}\sqrt{p(\phi_m)}\end{bmatrix}=\begin{bmatrix}r_1(\phi)\\ r_2(\phi)\end{bmatrix} \tag{4-125}$$

式中，信号幅度 a_m 和 b_m 服从瑞利分布，相位 β_m 为均匀分布，多天线接收信号服从 Nakagami 分布。$\tau_m=2\pi D\sin(\phi_m)/\lambda$ 是两单元接收信号的延迟，λ 是信号波长，m 是达波数目。g_1 和 g_2 是两天线单元的方向图，对于全向天线，二者均为 1。设定达波功率角谱为 $p(\phi)$，可以定义两天线接收信号的电压相关系数为

$$\begin{aligned}R_A=R=R_{xx}+\mathrm{j}R_{xy}=R_{yy}-\mathrm{j}R_{yx}=\\ \frac{1}{\sqrt{P_1P_2}}\int_{-\pi+\phi_0}^{\pi+\phi_0} r_2(\phi)r_1^*(\phi)p(\phi)\mathrm{d}\phi\end{aligned} \tag{4-126}$$

其中，P_1 和 P_2 是两单天线接收信号的平均功率，R_{xx} 和 R_{xy} 为接收信号电压实部—实部、实部—虚部间的归一化系数。其信号包络相关系数定义为

$$R_p=R_{A^2}(z)=|R_A|^2=R_{xx}^2+R_{xy}^2 \tag{4-127}$$

若忽略电压相关系数的相位（工程上），则

$$R_A=\sqrt{R_{A^2}(z)} \tag{4-128}$$

将式（4-125）代入式（4-126）可得

$$R_{xx}=\mathrm{Re}\left\{\frac{1}{\sqrt{P_1P_2}}\int_{-\pi+\phi_0}^{\pi+\phi_0} g_2(\phi)b_\phi g_1^*(\phi)\,a_\phi^*\mathrm{e}^{\mathrm{j}2\pi D/\lambda\sin(\phi)}p(\phi)\mathrm{d}\phi\right\} \tag{4-129}$$

$$R_{xy}=\mathrm{Im}\left\{\frac{1}{\sqrt{P_1P_2}}\int_{-\pi+\phi_0}^{\pi+\phi_0} g_2(\phi)b_\phi g_1^*(\phi)\,a_\phi^*\mathrm{e}^{\mathrm{j}2\pi D/\lambda\sin(\phi)}p(\phi)\mathrm{d}\phi\right\} \tag{4-130}$$

这里，定义平均功率为

$$P_1=\sum_m|g_1(\phi_m)|^2a_m^2p(\phi_m)=\int_{-\pi+\phi_0}^{\pi+\phi_0}|g_1(\phi)|^2a_\phi^2p(\phi)\mathrm{d}\phi \tag{4-131}$$

$$P_2=\sum_m|g_2(\phi_m)|^2b_m^2p(\phi_m)=\int_{-\pi+\phi_0}^{\pi+\phi_0}|g_2(\phi)|^2b_\phi^2p(\phi)\mathrm{d}\phi \tag{4-132}$$

在达波等功率入射全向天线单元下，$g_1=g_2=1, a_m=b_m$，其归一化电压系数可

简化为

$$R_{xx}=\int_{-\pi+\phi_0}^{\pi+\phi_0}\cos\left[2\pi D/\lambda\sin(\phi)\right]p(\phi)\mathrm{d}\phi \tag{4-133}$$

$$R_{xy}=\int_{-\pi+\phi_0}^{\pi+\phi_0}\sin\left[2\pi D/\lambda\sin(\phi)\right]p(\phi)\mathrm{d}\phi \tag{4-134}$$

当两天线单元间距小于半波长时，须考虑两天线单元的互耦影响，利用方向图相乘原理可得接收信号为

$$\boldsymbol{r}^c(\phi)=\boldsymbol{Y}\begin{bmatrix}r_1(\phi)\\ r_2(\phi)\end{bmatrix}=\begin{bmatrix}1+\dfrac{Z_{11}}{Z_L} & \dfrac{Z_{12}}{Z_L}\\ \dfrac{Z_{21}}{Z_L} & 1+\dfrac{Z_{22}}{Z_L}\end{bmatrix}^{-1}\begin{bmatrix}\sum\limits_m g_1(\phi_m)a_m\mathrm{e}^{\mathrm{j}\beta_m}\sqrt{p(\phi_m)}\\ \sum\limits_m g_2(\phi_m)b_m\mathrm{e}^{\mathrm{j}\beta_m}\mathrm{e}^{\mathrm{j}\tau_m}\sqrt{p(\phi_m)}\end{bmatrix} \tag{4-135}$$

其中，Z_{11}和Z_{22}是天线单元自阻抗，Z_{12}和Z_{21}是互阻抗，Z_L是负载阻抗。令$\boldsymbol{Y}=\begin{bmatrix}a & b\\ b & a\end{bmatrix}$，则接收信号可表示为

$$\boldsymbol{r}^c(\phi)=\begin{bmatrix}a & b\\ b & a\end{bmatrix}\begin{bmatrix}\sum\limits_m g_1(\phi_m)a_m\mathrm{e}^{\mathrm{j}\beta_m}\sqrt{p(\phi_m)}\\ \sum\limits_m g_2(\phi_m)b_m\mathrm{e}^{\mathrm{j}\beta_m}\mathrm{e}^{\mathrm{j}\tau_m}\sqrt{p(\phi_m)}\end{bmatrix} \tag{4-136}$$

将式（4-136）代入式（4-126），并令$\tau(\phi)=\sin(\phi)2\pi D/\lambda$，可得电压相关系数的通式[17]。

$$R^c=R_{xx}^c+\mathrm{j}R_{xy}^c=\frac{\int_{-\pi+\phi_0}^{\pi+\phi_0}\left\{\left[bg_1(\phi)a_\phi+ag_2(\phi)b_\phi\mathrm{e}^{\mathrm{j}\tau(\phi)}\right]\left[ag_1(\phi)a_\phi+bg_2(\phi)b_\phi\mathrm{e}^{\mathrm{j}\tau(\phi)}\right]^*\right\}p(\phi)\mathrm{d}\phi}{\sqrt{\int_{-\pi+\phi_0}^{\pi+\phi_0}\left|g_1(\phi)\right|^2a_\phi^2p(\phi)\mathrm{d}\phi\int_{-\pi+\phi_0}^{\pi+\phi_0}\left|g_2(\phi)\right|^2b_\phi^2p(\phi)\mathrm{d}\phi}}=$$

$$\frac{\int_{-\pi+\phi_0}^{\pi+\phi_0}\left\{\begin{array}{l}a^*b\left|g_1(\phi)\right|^2a_\phi^2+ab^*\left|g_2(\phi)\right|^2b_\phi^2+\left|a\right|^2a_\phi b_\phi^*\cdot\\ \left[g_1^*(\phi)g_2(\phi)\mathrm{e}^{\mathrm{j}\tau(\phi)}+\left|\dfrac{b}{a}\right|^2g_1(\phi)g_2^*(\phi)\mathrm{e}^{-\mathrm{j}\tau(\phi)}\right]\end{array}\right\}p(\phi)\mathrm{d}\phi}{\sqrt{\int_{-\pi+\phi_0}^{\pi+\phi_0}\left|g_1(\phi)\right|^2a_\phi^2p(\phi)\mathrm{d}\phi\int_{-\pi+\phi_0}^{\pi+\phi_0}\left|g_2(\phi)\right|^2b_\phi^2p(\phi)\mathrm{d}\phi}} \tag{4-137}$$

在达波等功率入射全向天线单元下，其归一化相关系数可简化为

$$R=\int_{-\pi+\phi_0}^{\pi+\phi_0}\left\{\left[b+a\mathrm{e}^{\mathrm{j}\tau(\phi)}\right]\left[a+b\mathrm{e}^{\mathrm{j}\tau(\phi)}\right]^*p(\phi)\right\}\mathrm{d}\phi \tag{4-138}$$

因此，在考虑互耦影响下的电压相关系数可写为

$$R_{xx}^{c}=\left(|a|^{2}+|b|^{2}\right)R_{xx}+2\operatorname{Re}\left(ab^{*}\right) \tag{4-139}$$

$$R_{xy}^{c}=\left(|a|^{2}-|b|^{2}\right)R_{xy} \tag{4-140}$$

可见，互耦对 R_{xx} 和 R_{xy} 的影响程度不相同，如不考虑互耦，只须令式（4-137）中 a=1 和 b=0 即可。

以上仅考虑了两天线单元间的相关性，对于多天线单元系统，需用相同方法求出每两天线单元间的相关性，组成相关矩阵，用于分析 MIMO 系统性能和指导 MIMO 系统多天线设计。

4.5.3 空域相关性与 MIMO 信道

忽略天线互耦影响，接收信号向量可表示为

$$\boldsymbol{r}^{nc}(\phi)=\left[g_{1}(\phi),g_{2}(\phi)\mathrm{e}^{\mathrm{j}\tau(\phi)},\cdots,g_{M_{\mathrm{R}}}(\phi)\mathrm{e}^{\mathrm{j}\tau(\phi)(M_{\mathrm{R}}-1)}\right]^{\mathrm{T}} \tag{4-141}$$

其中，$g_{j}(\phi)$（$j=1,\cdots,M_{\mathrm{R}}$）是各天线单元的方向图，相邻两天线单元间的延迟为$\tau(\phi)=2\pi D\sin(\phi)/\lambda$，$d$ 是天线单元间距，λ 是波长，ϕ是达波方位向与阵列法线的夹角。

若考虑天线互耦影响，则接收信号可写为

$$\boldsymbol{r}^{c}(\phi)=\boldsymbol{C}_{r}\cdot\boldsymbol{r}^{nc}(\phi) \tag{4-142}$$

其中，$\boldsymbol{C}_r$ 是耦合系数矩阵。由于天线单元无源且互易，对于二元接收阵列，令耦合系数矩阵为$\boldsymbol{C}_{r}=\begin{bmatrix}a & b\\ b & a\end{bmatrix}$，将式（4-141）代入式（4-142）可得

$$\boldsymbol{r}^{c}(\phi)=\begin{bmatrix}\left(a+bg_{2}(\phi)\mathrm{e}^{\mathrm{j}\tau(\phi)}/g_{1}(\phi)\right)g_{1}(\phi)\\ \left(a+bg_{1}(\phi)\mathrm{e}^{-\mathrm{j}\tau(\phi)}/g_{2}(\phi)\right)g_{2}(\phi)\mathrm{e}^{\mathrm{j}\tau}\end{bmatrix} \tag{4-143}$$

比较式（4-141）与式（4-143），天线互耦的影响相当于使天线单元的方向图畸变为

$$\begin{bmatrix}g_{1}^{c}(\phi)\\ g_{2}^{c}(\phi)\end{bmatrix}=\begin{bmatrix}ag_{1}(\phi)+bg_{2}(\phi)\mathrm{e}^{\mathrm{j}\tau(\phi)}\\ ag_{2}(\phi)+bg_{1}(\phi)\mathrm{e}^{-\mathrm{j}\tau(\phi)}\end{bmatrix} \tag{4-144}$$

如果天线单元是全向的，即 $g_1=g_2=1$，则畸变后的单元方向图简化为

$$\begin{bmatrix} g_1^{omn-c}(\phi) \\ g_2^{omn-c}(\phi) \end{bmatrix} = \begin{bmatrix} a+b\mathrm{e}^{\mathrm{j}\tau(\phi)} \\ a+b\mathrm{e}^{-\mathrm{j}\tau(\phi)} \end{bmatrix} \tag{4-145}$$

设定达波功率角谱为 $p(\phi)$，定义两天线单元接收信号的相关系数为

$$\rho_{12} = R_{xx} + \mathrm{j}R_{xy} = \frac{1}{\sqrt{P_1P_2}}\int_{-\pi+\phi_0}^{\pi+\phi_0} r_1(\phi) r_2^*(\phi) p(\phi)\mathrm{d}\phi \tag{4-146}$$

其中，P_1 和 P_2 是两天线单元的平均接收功率，定义为

$$P_1 = \int_{-\pi+\phi_0}^{\pi+\phi_0} \left|r_1(\phi)\right|^2 p(\phi)\mathrm{d}\phi \tag{4-147}$$

$$P_2 = \int_{-\pi+\phi_0}^{\pi+\phi_0} \left|r_2(\phi)\right|^2 p(\phi)\mathrm{d}\phi \tag{4-148}$$

信号包络相关系数定义为

$$\rho_{\mathrm{env}} = \left|\rho_{12}\right|^2 = R_{xx}^2 + R_{xy}^2 \tag{4-149}$$

假设天线单元全向性且不考虑互耦，将式（4-141）代入式（4-146）～式（4-148），得空域相关系数为

$$\rho_{12}^{omn-nc} = R_{xx}^{omn-nc} + \mathrm{j}R_{xy}^{omn-nc} = \int_{-\pi+\phi_0}^{\pi+\phi_0} \mathrm{e}^{-\mathrm{j}\tau(\phi)} p(\phi)\mathrm{d}\phi \tag{4-150}$$

假设天线单元定向性且考虑互耦，将式（4-142）代入式（4-145）～式（4-147），得通用的空域相关系数为

$$\rho_{12}^{c} = \frac{1}{\sqrt{P_1^cP_2^c}}\int_{-\pi+\phi_0}^{\pi+\phi_0} \left[ag_1(\phi)+bg_2(\phi)\mathrm{e}^{\mathrm{j}\tau(\phi)}\right]\left[bg_1(\phi)+ag_2(\phi)\mathrm{e}^{\mathrm{j}\tau(\phi)}\right]^* p(\phi)\mathrm{d}\phi \tag{4-151}$$

式（4-151）中天线单元的平均接收功率为

$$P_1^c = \int_{-\pi+\phi_0}^{\pi+\phi_0} \left|ag_1(\phi)+bg_2(\phi)\mathrm{e}^{\mathrm{j}\tau(\phi)}\right|^2 p(\phi)\mathrm{d}\phi \tag{4-152}$$

$$P_2^c = \int_{-\pi+\phi_0}^{\pi+\phi_0} \left|bg_1(\phi)+ag_2(\phi)\mathrm{e}^{\mathrm{j}\tau(\phi)}\right|^2 p(\phi)\mathrm{d}\phi \tag{4-153}$$

令 $c=b/a$，可简化式（4-151）～式（4-153）为

$$P_1^c = |a|^2\int_{-\pi+\phi_0}^{\pi+\phi_0} \left[\left|g_1(\phi)\right|^2 + |c|^2\left|g_2(\phi)\right|^2 + 2\mathrm{Re}\left(cg_1^*(\phi)g_2(\phi)\mathrm{e}^{\mathrm{j}\tau(\phi)}\right)\right] p(\phi)\mathrm{d}\phi \tag{4-154}$$

$$P_2^c = |a|^2 \int_{-\pi+\phi_0}^{\pi+\phi_0} \left[|g_2(\phi)|^2 + |c|^2 |g_1(\phi)|^2 + 2\operatorname{Re}\left(c g_2^*(\phi) g_1(\phi) \mathrm{e}^{-\mathrm{j}\tau(\phi)}\right) \right] p(\phi) \mathrm{d}\phi \quad (4\text{-}155)$$

$$\rho_{12}^c = \frac{|a|^2}{\sqrt{P_1^c P_2^c}} \int_{-\pi+\phi_0}^{\pi+\phi_0} \left[\begin{array}{l} c|g_2(\phi)|^2 + c^*|g_1(\phi)|^2 + |c|^2 \left(g_2(\phi) g_1^*(\phi) \mathrm{e}^{\mathrm{j}\tau(\phi)}\right) + \\ \left(g_2^*(\phi) g_1(\phi) \mathrm{e}^{-\mathrm{j}\tau(\phi)}\right) \end{array} \right] p(\phi) \mathrm{d}\phi \quad (4\text{-}156)$$

若天线单元是全向的，则其平均接收功率与相关系数可进一步化简为

$$P_1^{omn-c} = |a|^2 \left[1 + |c|^2 + 2\operatorname{Re}(c) R_{xx}^{omn-nc} + 2\operatorname{Im}(c) R_{xy}^{omn-nc} \right] \quad (4\text{-}157)$$

$$P_2^{omn-c} = |a|^2 \left[1 + |c|^2 + 2\operatorname{Re}(c) R_{xx}^{omn-nc} - 2\operatorname{Im}(c) R_{xy}^{omn-nc} \right] \quad (4\text{-}158)$$

$$\rho_{12}^{omn-c} = \frac{\left[2\operatorname{Re}(c) + \left(1+|c|^2\right) R_{xx}^{omn-nc} + \mathrm{j}\left(1-|c|^2\right) R_{xy}^{omn-nc} \right]}{\sqrt{\left[1 + |c|^2 + 2\operatorname{Re}(c) R_{xx}^{omn-nc} \right]^2 - 4\left[\operatorname{Im}(c) R_{xy}^{omn-nc} \right]}} \quad (4\text{-}159)$$

其包络相关系数可写作

$$\rho_{\mathrm{env\_12}}^{omn-c} = \frac{\left(1+|c|^2\right)^2 \rho_{\mathrm{env\_12}}^{omn-nc} + 4\operatorname{Re}(c)^2 + 4\operatorname{Re}(c)\left(1+|c|^2\right) R_{xx}^{omn-nc} - 4|c|^2 \left(R_{xy}^{omn-nc}\right)^2}{4\operatorname{Re}(c)^2 \rho_{\mathrm{env\_12}}^{omn-nc} + \left(1+|c|^2\right)^2 + 4\operatorname{Re}(c)\left(1+|c|^2\right) R_{xx}^{omn-nc} - 4|c|^2 \left(R_{xy}^{omn-nc}\right)^2} \quad (4\text{-}160)$$

上述给出了相关系数的解析式。该结果表明，若考虑互耦，需要修正天线单元间的相关性，而这种修正是由耦合系数与不考虑互耦下的相关系数共同决定的。对于全向辐射天线单元，当归一化耦合系数 c 为纯虚数，且不考虑互耦条件下的相关系数为实数时，互耦对相关系数无影响。

由式（4-157）和式（4-158）得到，由于天线互耦引起的两全向天线单元平均接收功率的差异（即功率不平衡）为

$$\Delta P_{12}^{omn-c} = 4|a|^2 \operatorname{Im}(c) R_{xy}^{omn-nc} \quad (4\text{-}161)$$

式（4-154）和式（4-155）表明，天线单元实际平均接收功率与天线单元方向图、单元间距、互耦系数以及达波角谱有关。而式（4-161）指出其平均功率差是由归一化耦合系数虚部与不考虑互耦条件下的相关系数虚部共同决定的，即当 c 是实数或当不考虑互耦条件下的相关系数为实数时，功率是平衡的。比如，达波在整个方位面内均匀分布时，由式（4-150）可推知不考虑互耦的相关系数为如下实数（零阶贝塞尔函数）。

$$\rho_{12,\mathrm{uni}}^{omn-nc} = \frac{1}{2\pi} \int_{-\pi+\phi_0}^{\pi+\phi_0} \mathrm{e}^{-\mathrm{j}\tau(\phi)} \mathrm{d}\phi = J_0(2\pi D/\lambda) \quad (4\text{-}162)$$

此时，若考虑互耦影响，两天线单元的平均接收功率仍是平衡的，其相关系数可表示为

$$\rho_{12,\mathrm{uni}}^{omn-c}=\frac{2\mathrm{Re}(c)+\left(1+|c|^2\right)\rho_{12,\mathrm{uni}}^{omn-nc}}{1+|c|^2+2\mathrm{Re}(c)\rho_{12,\mathrm{uni}}^{omn-nc}} \tag{4-163}$$

当 c 为纯虚数时，互耦对相关性没有影响。将参数 c 代入式（4-163），可得达波在整个方位面内均匀分布下的相关系数，即

$$\rho_{12,\mathrm{uni}}^{omn-c}=\frac{2\mathrm{Re}\left(a^{*}b\right)+\left(|a|^2+|b|^2\right)J_0\left(2\pi D/\lambda\right)}{|a|^2+|b|^2+2\mathrm{Re}\left(a^{*}b\right)J_0\left(2\pi D/\lambda\right)} \tag{4-164}$$

若同时考虑接收天线单元间的互耦与空域相关性影响，等效的 MIMO 信道矩阵 $\boldsymbol{H}$ 可表示为

$$\boldsymbol{H}=\boldsymbol{C}_r\boldsymbol{R}_r^{1/2}\boldsymbol{H}_W \tag{4-165}$$

其中，$\boldsymbol{R}_r$ 是不考虑天线互耦条件下的接收阵列空域相关矩阵，其元素为不考虑互耦条件下阵元间的空域相关系数，$\boldsymbol{H}_W$ 是高斯矩阵，其元素是空域独立同高斯分布的。若空域相关系数已经考虑互耦影响，且相关矩阵为 $\boldsymbol{R}_{rc}$，则

$$\boldsymbol{H}=\boldsymbol{R}_{rc}^{1/2}\boldsymbol{H}_W \tag{4-166}$$

在发射端平均分配发射功率的情形下，MIMO 系统的瞬时信息容量为

$$C=\mathrm{lb}\left[\det\left(\boldsymbol{I}_{M_\mathrm{R}}+\frac{\rho}{M_\mathrm{T}}\boldsymbol{H}\boldsymbol{H}^\mathrm{H}\right)\right](\mathrm{bit/(s\cdot Hz)}) \tag{4-167}$$

其中，ρ 为各接收天线单元的平均信噪比，M_T 为发射天线单元数目。将式（4-166）代入式（4-167），即可评估互耦对 MIMO 信道容量的影响。

4.5.4　MIMO 多天线去耦

MIMO 天线之间的电磁耦合主要造成两方面的重要影响。首先，强电磁耦合将会影响多天线的端口特性。它不仅破坏了各端口原有的匹配状态，而且使得各端口之间的能量互相泄漏，即各端口之间的传输系数很大，最终使得天线的效率大大降低，甚至于完全不能使用。其次，强电磁耦合将改变辐射单元上的表面电流分布情况，造成辐射方向图与理想情况差距较大。为了降低 MIMO 天线之间的电磁耦合，很多专家学者对此进行了深入研究并得到了很多去耦技术，归纳起来大概可以分成如下 5 种方法：①采用含寄生辐射单元的去耦技术；

②采用分离式地平面结构的去耦技术；③采用特殊地平面结构的去耦技术；④采用滤波器机理的去耦技术；⑤采用附加去耦网络的去耦技术等。

1．寄生单元去耦技术

从理论上来说，天线的设计问题可以归结为一个带有特定电流分布辐射体的设计。天线的各种电性能参数（输入阻抗及辐射方向图等）都由其辐射体上的电流分布所决定。类似地，MIMO 天线之间的电磁耦合现象表现为各天线之间相互耦合的电流分布。Mark 等学者对这种多天线之间相互耦合的电流分布问题进行了深入研究并给出了采用寄生单元的去耦技术模型[18]，如图 4-18 所示。采用寄生单元的去耦技术的基本思想是在原来存在强耦合的多天线之间加入一个或多个寄生单元，使其产生新的电磁耦合。假如新产生的耦合与原来存在的耦合能够相互抵消，则达到了理想的去耦效果。

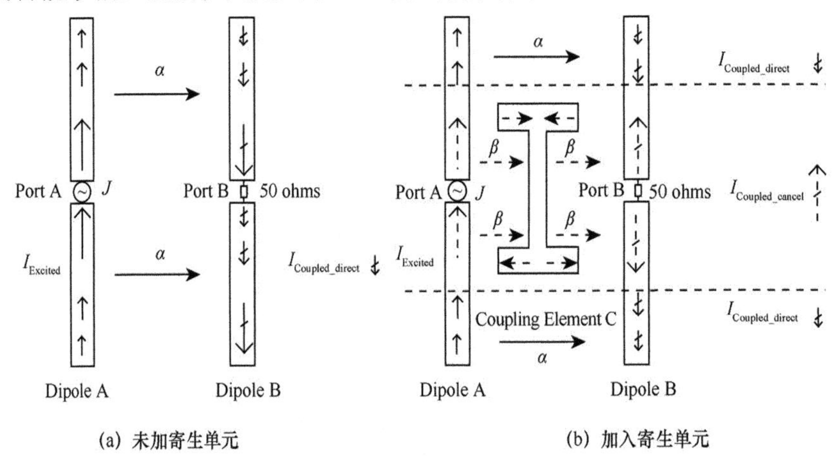

(a) 未加寄生单元　　(b) 加入寄生单元

图 4-18　采用寄生单元的去耦技术模型

在图 4-18(a) 中，当未加入寄生单元时，设偶极子 A 上的起始激励电流为 $\boldsymbol{I}_{\text{Excited}}$，由于两偶极子之间的距离很近，所有必然会发生很强的电磁耦合，最终将在偶极子 B 上产生耦合电流，设其为 $\boldsymbol{I}_{\text{Coupled\_direct}}$。设此时的耦合系数为 α，则偶极子 A 上的激励电流 $\boldsymbol{I}_{\text{Excited}}$ 与偶极子 B 上的耦合电流 $\boldsymbol{I}_{\text{Coupled\_direct}}$ 之间的关系为

$$I_{\text{Coupled\_direct}} = \alpha I_{\text{Excited}} \tag{4-168}$$

在图 4-18(b) 中，当加入寄生单元之后，则寄生单元也必将参与到两偶极子之间的电磁耦合。由于结构的对称性，设从偶极子 A 到寄生单元与从寄生单元到偶极子 B 的耦合系数均为 β，则由偶极子 A 通过寄生单元到偶极子 B 的新耦合电流 $\boldsymbol{I}_{\text{Coupled\_cancel}}$ 为

$$I_{\text{Coupled\_cancel}} = \beta^2 I_{\text{Excited}} \tag{4-169}$$

综合考虑两种耦合电流并存的情况，则偶极子 B 上的最终耦合电流 $\boldsymbol{I}_{\mathrm{Coupled\_all}}$ 为

$$I_{\mathrm{Coupled\_all}} = I_{\mathrm{Coupled\_direct}} + I_{\mathrm{Coupled\_cancel}} = \left(\alpha + \beta^2\right) I_{\mathrm{Excited}} \tag{4-170}$$

当 $\alpha+\beta^2=0$ 时，就可以达到有效的去耦效果。总之，采用寄生辐射单元的去耦技术关键就是使原来存在的耦合电流与通过寄生辐射单元产生的耦合电流相抵消，使它们满足大小相等、相位相反的条件。

根据采用寄生单元去耦技术的主要思想，上海交通大学陈念等人[19]设计了几种适用于手持移动终端的小间距矩形微带 MIMO 天线，如图 4-19 所示。并列结构的 MIMO 天线为两个矩形微带贴片天线，两天线缝隙间隔为 1/16 工作波长。在两天线之间插入两个“U”字形的寄生单元以提高两天线间的隔离度，相应端口反射系数和端口隔离度如图 4-20 所示。

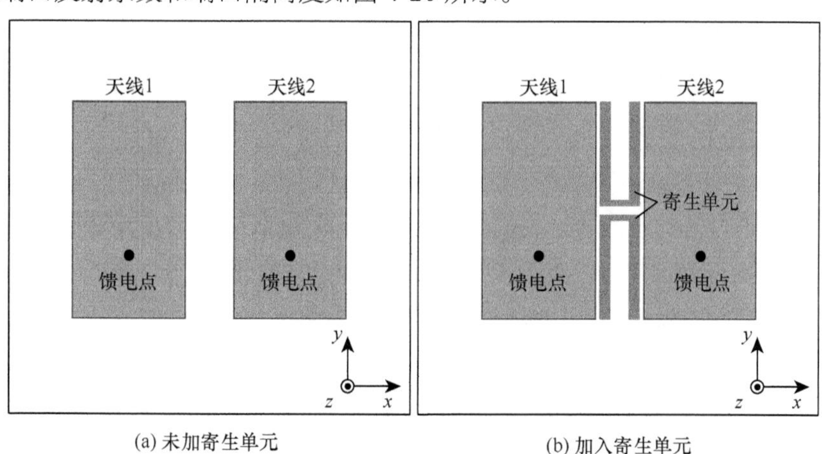

(a) 未加寄生单元　　(b) 加入寄生单元

图 4-19　双矩形微带贴片 MIMO 天线

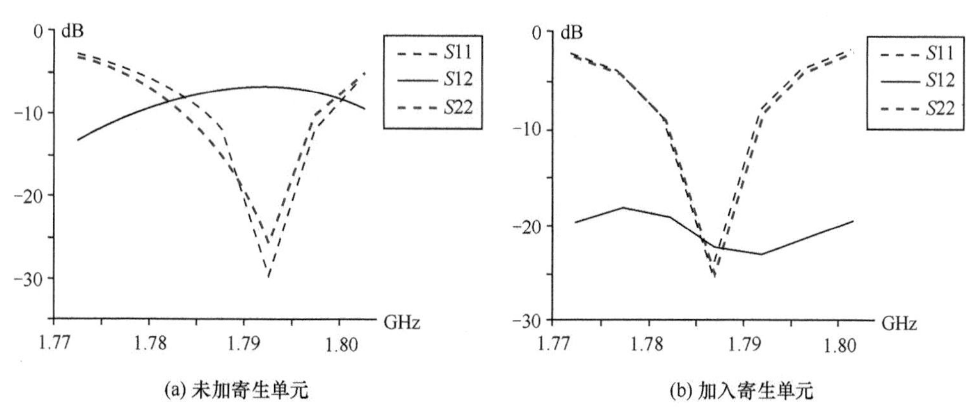

(a) 未加寄生单元　　(b) 加入寄生单元

图 4-20　*S* 参数对比

2. 分离式地平面结构去耦技术

分离式地平面结构指的是在同一块介质基板上的多天线分别有自己分开的地平面，即地平面之间不是物理连接在一起的。虽然分离式地平面结构可以有效地切断地平面之间的传导电流，但由于高频电磁耦合的存在，仍然会有感应电流的出现，使得同一块基板上的多天线各端口之间仍然会有很高的耦合度。通过采用分离式地平面结构并合理安排多天线之间的相对位置，是可以实现低互耦的。

Sharawi 等人[20]设计了一款适用于移动终端的电 MIMO 天线，其结构模型如图 4-21 所示。由图可见，该 MIMO 天线由两个曲折线形的天线组成，它们集成在同一块介质基板上却有着各自分开的地平面。为了减小天线的尺寸，辐射单元设计成以一定周期来回折叠式的曲折线形状。与此同时，为了获得较高的隔离度，不仅采用分开式地平面结构，而且在两分开地平面的边缘处分别延伸出一条合适尺寸的微带线。经过优化后，最终该双曲折线形的 MIMO 天线能够工作在 760 ～ 886 MHz 的频段，且具有很低的耦合度。

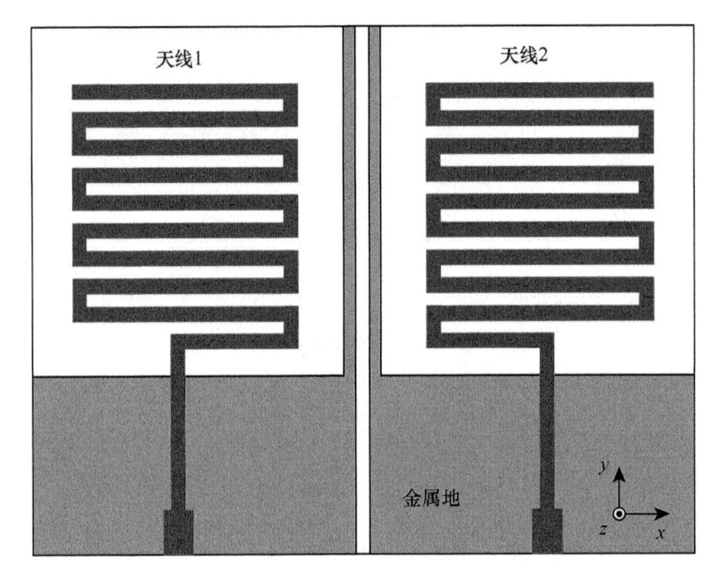

图 4-21　折线形的电小 MIMO 天线

3. 特殊地平面结构去耦技术

天线辐射电磁波时会在地平面上产生较大的地电流分布，即地电流也将参与到天线的辐射过程中，影响着输入阻抗及辐射方向图等天线特性参数。对于 MIMO 天线之间的电磁耦合现象，地平面上往往也会感应出较大的地电流，从而使得天线之间具有较高的互耦。如何减小地平面上的感应地电流是去耦成功的关键。很多专家学者对此进行了深入的研究，并取得了很多研究成果。其中缺陷接地结构（DGS）通过在地平面上蚀刻出不同的形状，改变地电流的分布，进而改变天线的各种性能。这对 MIMO 天线之间如何去耦具有较大的指导意义。只要能使耦合地电流分布大大减小的特殊地平面结构，就能实现有效的去耦。

Hong 等人 [21] 设计了一款应用于 PDA 的超宽带 MIMO 天线，其结构模型如图 4-22 所示。该 MIMO 天线由两个 Y 形的辐射单元及带有三微带分支结构的地平面组成。该天线印制在厚度为 1.6 mm 的 FR4 介质基板上，并由微带线进行馈电。为了得到超宽带的特性，辐射单元设计成 Y 形。为了减小耦合，在两个 Y 形辐射单元之间的地平面上伸出了 3 条微带线，其中微带分支 1 和分支 2 关于微带分支 3 对称分布。通过选择长度合适的微带分支线，可以实现有效的去耦。

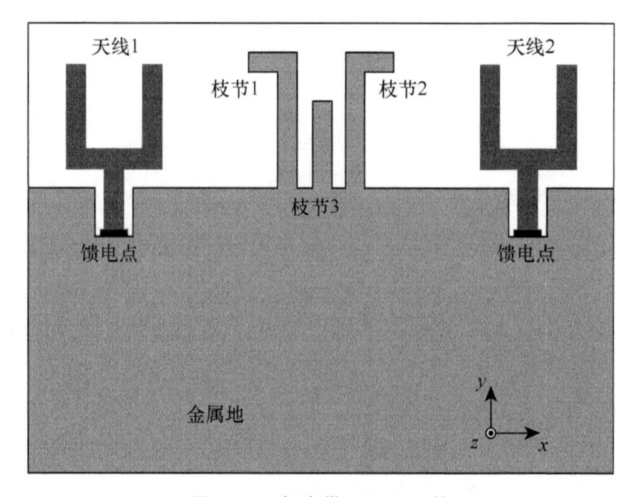

图 4-22　超宽带 MIMO 天线

4．滤波器机理去耦技术

电磁带隙（Electromagnetic Band Gap，EBG）结构是一种具有高阻抗及带阻等特性的周期性结构，可以将其应用于多天线之间的去耦问题中。但其结构的复杂性及高制作成本，大大限制了应用范围。Chiu 等人 [22] 设计出了一种基于滤波器机理的、制作简单且能有效去耦的地平面结构。一般来说，它是通过在一块完整的地平面中间挖出一些周期性的矩形缝隙而形成的。由于两条缝隙之间的部分可以等效为电容 C，中间连接缝隙的窄条微带线可以等效为电感 L。于是，这种地平面就等效地形成了一种并联 LC 滤波器。这种滤波器具有带阻的特性，可以有效地阻止地平面上耦合电流的流动，进而实现 MIMO 天线之间的去耦。图 4-23 给出了基于这种去耦地平面的 MIMO 天线的结构模型。该多天线由两个平面倒 F 天线及含有周期性缝隙的地平面组成。

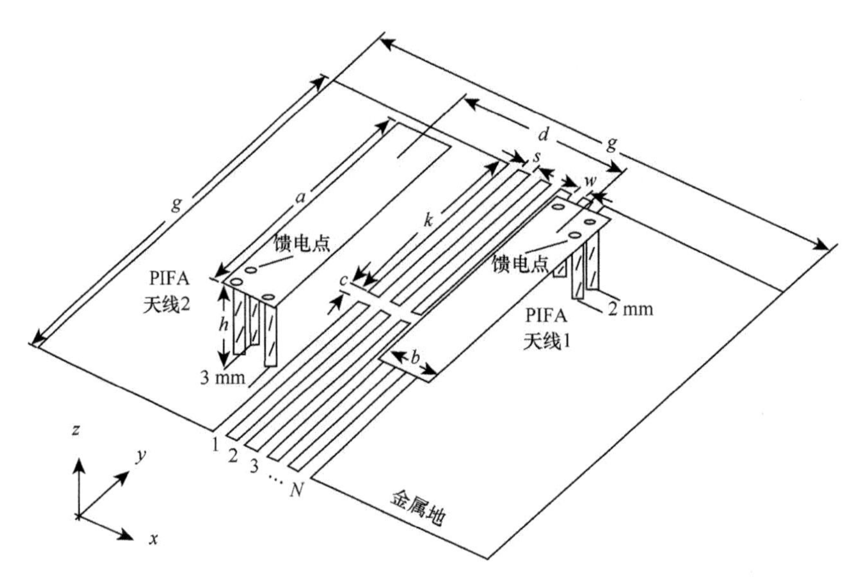

图 4-23 去耦地平面的 MIMO 天线

5. 附加去耦网络去耦技术

使用前面的几种去耦方法来进行多天线之间的去耦时，天线设计必须和去耦结构同时考虑，并进行联合优化才能得到满意的性能指标。这是因为各种去耦结构在去耦的同时，由于其上感应电流的存在，去耦结构在无形当中也担当了天线辐射单元的角色。当加入各种去耦结构之后，原来天线单元的辐射特性将必然发生改变。采用附加去耦网络的去耦方法与前面几种方法的最大优势在于去耦网络的设计可以和天线单元的设计分开进行，这种方法的核心思想是将耦合作为一种电路参数进行考虑，同时引入新的电路元件对耦合的作用进行抵消。而其最大的缺点在于隔离设计中需要大量的运算，并且对已经完成的计算结果而言，设计一种可用的馈电网络也是一个难题。Chen 等人[23]给出了一个双天线系统在采用去耦网络去耦时的原理性结构，如图 4-24 所示。在一个具有良好匹配但相互之间互耦很强的双天线系统中，首先经过去耦网络使得两天线之间的耦合大大降低。但此时天线的匹配效果很差，在去耦网络之后再分别加入两个匹配网络，这样就达到了既具有良好匹配又具有很高端口隔离度的目的。去耦网络一般由两段归一化电长度为 L、特性阻抗为 Z_0 的传输线和一个并联等效为感性或容性的元件组成。其中归一化电长度 L 的选择是以使得参考面 t_2 处的跨导变为纯虚数为标准；并联的感性或容性元件的作用是消除参考面 t_3 处的跨导，使其变为 0，即实现有效的去耦。匹配网络既可以由集总元件实现，也可以由微带传输线实现。在具体的实际应用中，有时候去耦网络与匹配网络是有机结合在一起的，同时完成去耦与匹配的双重功能。

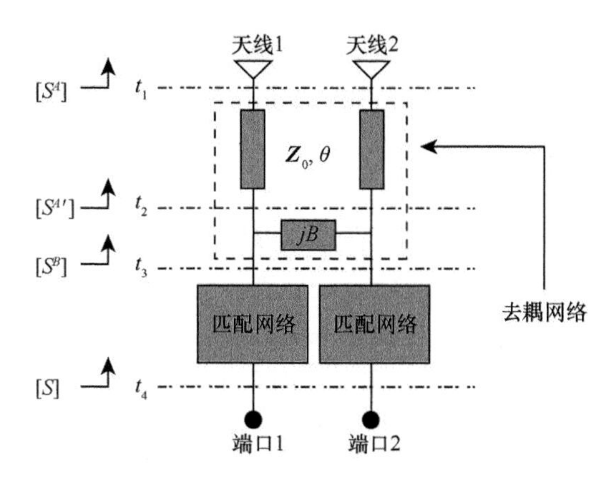

图 4-24　双天线系统中去耦网络的结构

4.5.5　MIMO 多天线选择

早期 MIMO 天线设计通常采用常规天线设计方案，如印制振子天线、微带天线等。后来逐步提出了许多新型天线的设计思路，并逐步走向实用化。当前研究 MIMO 天线的趋势在于探索高性能、低成本的天线单元设计与布局。

1. **多模天线**

1998 年 F.Demmerle 等人 [24] 研究了一种多模双锥多波束天线，其通过增大馈电同轴线的直径可得到很多高阶模式，通过改变馈点位置可控制波束在方位面的指向，从而实现角度分集；若再结合适当的移相网络还可以实现阵列综合。其优势在于只用单天线即可实现类似天线阵列的功能。T.Svantesosn 进一步分析了多模天线，并解析表示出各模式间的相关性，发现其相关性足够低，能够获得分集效果，这是由于不同的天线单元方向图可以激发或接收不同的多径信号。多模天线可以用作 MIMO 天线而无须占据太大的空间。

2. **开关寄生天线**

1999 年 R. Vauhgna 研究了一种开关寄生天线，其有源天线单元与收发信机连接，而寄生天线单元与端接阻抗连接。寄生单元与有源单元之间存在较强的耦合，通过控制寄生单元与端接阻抗的连接与否（即开与关，改变寄生天线单元的电流分布），可改变天线的方向图，从而实现角度分集，即 SAP 类似于具有几个固定波束的天线阵列，但是前者体积更小，更适于某些便携移动设备。为减小由于寄生单元的开关状态对有源单元阻抗的影响，通常将寄生单元对称放置在其周围。该天线方案比常规分集天线简单，后者通常采用多工器连接所有天线单元。2001 年 M. Wennstrom 等人 [25] 提出将 SAP 用于 MIMO 系统，并指出各信号模式间的相关性足够低，能够获得分集增益，也说明了采用 SAP 的信道容量可与采用天线阵列的信道相比拟。虽然前者在信噪比方面有所损失，但是只需要一部收发信机，而分集天线阵列中每副天线都连接一部收发信机，因此采用 SAP 可以节省成本。

3. 分形天线与平面倒 F 等印制天线阵列

分形天线具有大带宽、小尺寸、低副瓣、易共形等性能，是 MIMO 天线单元的候选方式之一。类似地，平面倒 F 天线（PIAF）具有紧凑的尺寸、较低的剖面、易调整与加工等显著特点，也普遍用于便携无线设备。M.Karaboikis 等人[26]研究了分形天线与平面倒 F 等印制天线用于 MIMO 终端设备，指出分别在便携终端上安置 2 个、3 个、4 个或 6 个分形单元或平面倒 F 印制天线可以满足分集要求。

4. 高介质天线阵列

在 MIMO 天线设计中，减小天线单元的尺寸是十分重要的。由于在天线设计中，采用高介质材料（如陶瓷）可以缩减天线尺寸，并提高某些性能，如去谐振电阻、辐射效率以及某些设计中产生的多谐振以改善带宽，因此，高介质天线成为 MIMO 天线设计的又一重要选择。高介质天线有 3 种基本形式：介质加载天线（介质不作为辐射器，仅用于缩减天线尺寸）、介质谐振器天线（其导电地板上方的介质谐振器是被激励的辐射器，具有中等带宽）与宽带介质单极天线（介质谐振器是被激励的辐射器，但去掉谐振器下面的金属地板，具有超宽带）。

5. 光子带隙 / 电磁带隙基片天线阵列

光子带隙（PBG）是光学中的一种现象，即在光子基片上呈周期性地放置一些小孔，若放置小孔的周期等于或接近照射光的波长，则其带隙频段内的光波被吸收而不传播。EBG 材料正是基于这种周期结构的 PBG 现象，即在基片上引入周期性扰动（如孔、介质柱等）。目前，已经提出很多用作平面天线阵列基片的 EBG 结构，仿真与测试均表明 EBG 基片天线具有卓越的特征，即抑制表面波、减小天线单元间的耦合影响、提高天线单元的增益与隔离性能。因此，EBG 材料在 MIMO 终端天线设计中具有突出优势。研究也表明，采用高介质基片结合 EBG 结构设计 MIMO 多天线，能够进一步提高天线单元的性能，如减小天线单元尺寸、抑制表面波、改善单元间的隔离性能等。

6. 袖珍立方布局天线阵列

1965 年 Gilbert 提出能量密集天线的概念，即在多径传播环境中，采用一个垂直极化电偶极子与两个水平极化磁偶极子分别接收的垂直极化的电场与两个水平极化的磁场是相互独立的。因此，磁场分量也是很好的分集源，也称为

场分量分集。2002 年 J. B.Andersen 等人在此基础上，指出设计 MIMO 系统的天线结构等效于根据传播环境设计低相关的分集系统，并提出一种袖珍立方布局天线阵列，即将 12 个电偶极子分别平行立方体各边放置，具有极化分集与空间分集效果，特别适于具有任意极化的多达波室内环境。

7. 三维正交布局单极天线阵列

2002 年 V.Jungnikcel 等人指出，对于 MIMO 系统，布置的多天线阵列应尽可能接收散射信号，而各天线单元应该接收来自不同方向的信号。一个很好的例子就是将接收天线固定在半球形金属表面。因此，V.Jungnikcel 等人[27]提出一种三维正交布局单极天线阵列，即在 3 个相互垂直的金属地板的中央分别放置一个与其相应地板垂直的四分之一波长单极天线，构成一个两两正交的单极天线阵列。根据 MIMO 系统需要，还可以构建更多相同形式的单极天线阵列。这种布局可以在一个地点对电场向量的 3 个分量进行独立采样。由于各单极天线单元间距足够大，其间的耦合小于 20 dB。测量结果表明，在室内环境中，实际信道接近 iid 信道，即使在室外环境中采用该天线也能获得大容量，该天线阵列明显优于其他阵列形式。

以上仅给出了一些典型的设计方案，但都是基于 MIMO 系统对天线设计的基本技术要求以及 MIMO 天线的特点，它们表示了 MIMO 天线设计的现状与研究方向，主要包括 3 个方面：多天线单元设计、新型材料与多天线布局的研究。这是因为在实际 MIMO 天线设计中，具有简单馈电网络的低剖面天线单元最适于 MIMO 系统，而没有一种天线能够提供理想的单一化分集。通常几种分集方式一并采用，天线单元间的隔离对于 MIMO 系统实现分集是至关重要的，如可采用 EBG 材料抑制表面波提高隔离性能，多天线单元的布局对分集性能也具有重要影响。

4.6　大规模 MIMO 技术

现有的 MIMO 系统中仅使用了较少数量的天线（比如 4G 系统中采用 4 根或 8 根天线），只发挥了 MIMO 技术益处的一小部分，获得的频谱效率也仅约为 15 bit/(s·Hz)，甚至更少。然而，如果我们在通信终端使用大量的天线，将会获取更大的收益。例如，在一个成百上千天线的 MIMO 系统中，在频谱效率几百 bit/(s·Hz) 的高频谱效率时，能实现千兆比特率传输。2010 年，贝尔实验室的 Marzetta[28]提出在基站侧设置大规模天线代替现有的多天线，基站天线数量远多于其能够同时服务的单天线移动终端数，由此形成了大规模 MIMO（Massive MIMO）无线通信系统。

4.6.1 大规模 MIMO 系统应用前景

使用多天线技术可以带来很多益处。首先，使用的天线数目越多，在空域中产生的自由度就越多，这有很多用处，如在不增加带宽的前提下提高数据传输速率，通过空间分集提高链路的可靠性。更具体地说，在一个点对点的 MIMO 通信系统中，M_T 表示发射天线的数目和 M_R 表示接收天线的数目，则链路中断的概率为

$$P_{\text{outage}} \propto SNR^{-M_T M_R} \tag{4-171}$$

因此，在 M_T 和 M_R 值很大的前提下，就误码率而言，随着 SNR 的增加，MIMO 链路的误码率呈指数下降。除此之外，可达到的速率尺度为

$$\min\left(M_T, M_R\right)\mathrm{lb}\left(1+SNR\right) \tag{4-172}$$

上述表达式表明了在 M_T 和 M_R 值很大的前提下不增加带宽而实现高数据速率的可能性。

大规模 MIMO 系统应用环境的不同，其系统结构也不尽相同。这其中包含点对点 MIMO 结构和多用户 MIMO 结构。在点对点 MIMO 结构中，发射机中发射天线的数目 M_T 和接收机中接收天线的数目 M_R 可以非常多，如使用多天线技术的基站之间提供高速无线回程连接，就是点对点大规模 MIMO 结构的一种典型应用。在多用户 MIMO 结构中，单点对多点（如蜂窝系统中的下行链路）和多点对单点（如蜂窝系统中的上行链路）的结构很常见。通信在单站和多个用户终端之间进行，这些用户终端可以是小型设备，如手机、智能手机等；也可以是中型设备，如笔记本电脑、机顶盒、电视等。在智能手机这类用户终端中，由于空间的限制，所以只能安装有限数量的天线；而在笔记本电脑、机顶盒、电视等这类用户终端中，可以安装更多的天线。无论用户终端尺寸有多大，也无论其能安装多少天线，在多用户 MIMO 结构的基站中使用成百上千的天线还是比较容易的。图 4-25 给出了几种大规模 MIMO 系统基站的实际天线布局场景设想[29]，在这种情况下，利用基站大规模天线配置所提供的空间自由度，提升频谱资源在多用户之间的复用能力、各个用户链路的频谱效率，由此大幅提升频谱资源的整体利用率。与此同时，利用基站大规模天线配置所提供的分集增益和阵列增益，每个用户与基站之间通信的功率和效率也可以得到进一步显著提升。

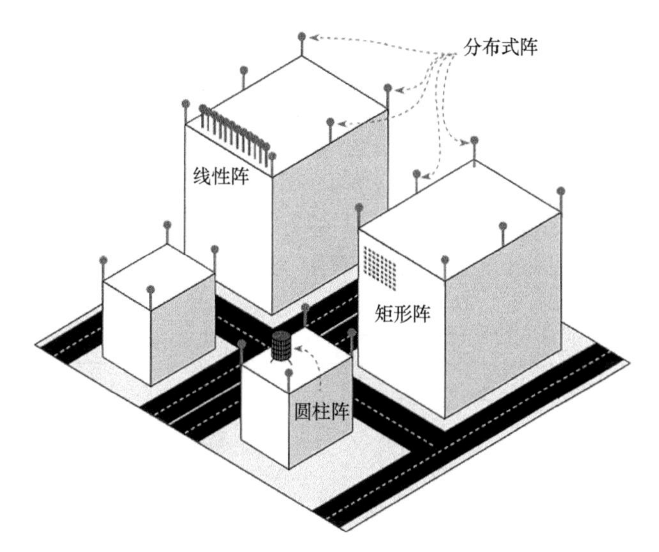

图 4-25　大规模 MIMO 基站天线布局场景设想

4.6.2　大尺寸下信道的硬化

大规模 MIMO 系统最明显的优势是提高数据速率和分集增益。除此之外，其大尺寸也能产生小型 MIMO 系统所不具备的优势，即随着信道矩阵 $\boldsymbol{H}$ 维度 $M_R \times M_T$ 的变大（例如 M_R 和 M_T 同时增加，且保持它们的比例不变），其奇异值的分布变得对信道矩阵元素的实际分布不敏感（只要信道矩阵元素是独立同分布），这就是 Marcenko-Pastur 定理的结果。它表明如果一个 $M_R \times M_T$ 的 $\boldsymbol{H}$ 矩阵，当 $M_R, M_T \to \infty$ 且 $M_R/M_T \to \beta$ 时，若 $\boldsymbol{H}$ 中的元素满足零均值独立同分布且方差是 $1/M_R$，则 $\boldsymbol{H}^H\boldsymbol{H}$ 的本征值的经验分布也就大致确定收敛于密度函数。

$$f_\beta(x) = \left(1 - \frac{1}{\beta}\right)^+ \delta(x) + \frac{\sqrt{(x-a)^+(b-x)^+}}{2\pi\beta x} \tag{4-173}$$

其中，$(z)^+ = \max(z, 0), a = \left(1 - \sqrt{\beta}\right)^2, b = \left(1 + \sqrt{\beta}\right)^2$。用同样的方式，可以得到 $\boldsymbol{H}\boldsymbol{H}^H$ 的本征值的经验分布收敛于

$$\tilde{f}_\beta(x) = (1-\beta)\delta(x) + \beta f_\beta(x) \tag{4-174}$$

根据不同的 β 值，方程式（4-173）和式（4-174）表示的图像分别为图 4-26（a）和图 4-26（b）[30]。

Marcenko-Pastur 定理有效的前提是信道矩阵很瘦或者很胖，这可以由

图 4-26 中 β=0.2 和 β=10 可以得出，使得 $\boldsymbol{H}^{\mathrm{H}}\boldsymbol{H}$ 和 $\boldsymbol{H}\boldsymbol{H}^{\mathrm{H}}$ 的非零本征值远离零。Marcenko-Pastur 定理也表明，信道的“硬化”意味着单一的本征值分布收敛于平均渐近本征值分布。从这个意义上说，随着天线数目的增多，信道也变得越来越确定。图 4-27 描绘了大尺寸信道硬化行为，其展示了当 $M_{\mathrm{R}}=M_{\mathrm{T}}$=8、32、96、256 时 $\boldsymbol{H}^{\mathrm{H}}\boldsymbol{H}$ 的强度图，其中 $\boldsymbol{H}$ 的元素是零均值单位方差独立同分布的高斯项。可以看出，随着 $\boldsymbol{H}$ 维度的增加，$\boldsymbol{H}^{\mathrm{H}}\boldsymbol{H}$ 对角线上值的幅度比非对角线上的值的幅度要大。

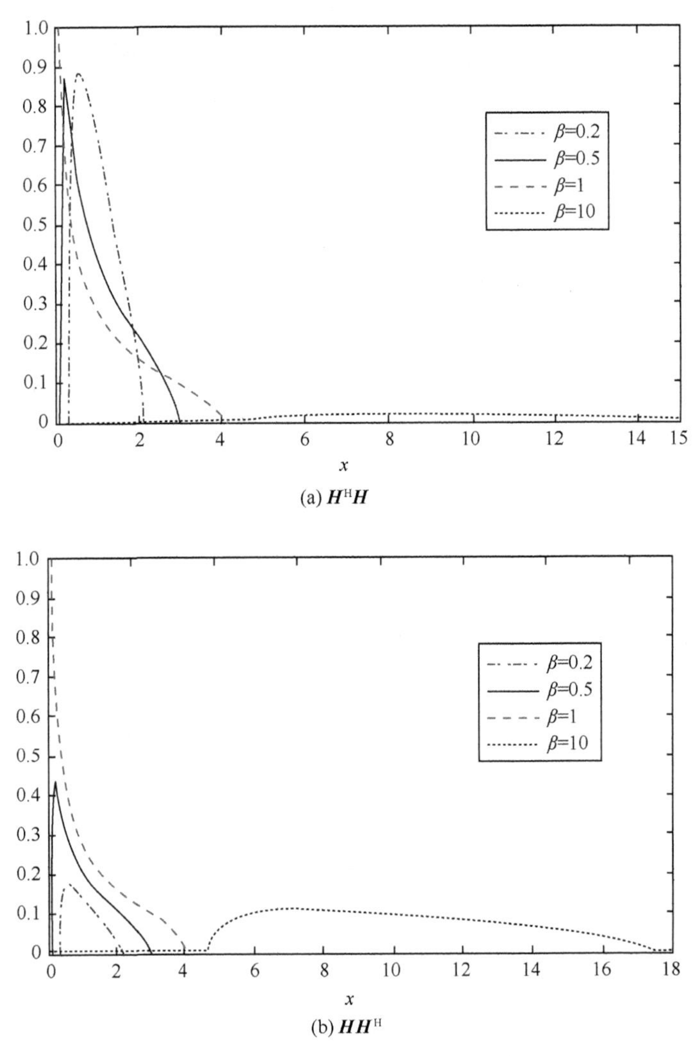

图 4-26 Marcenko-Pastur 密度函数

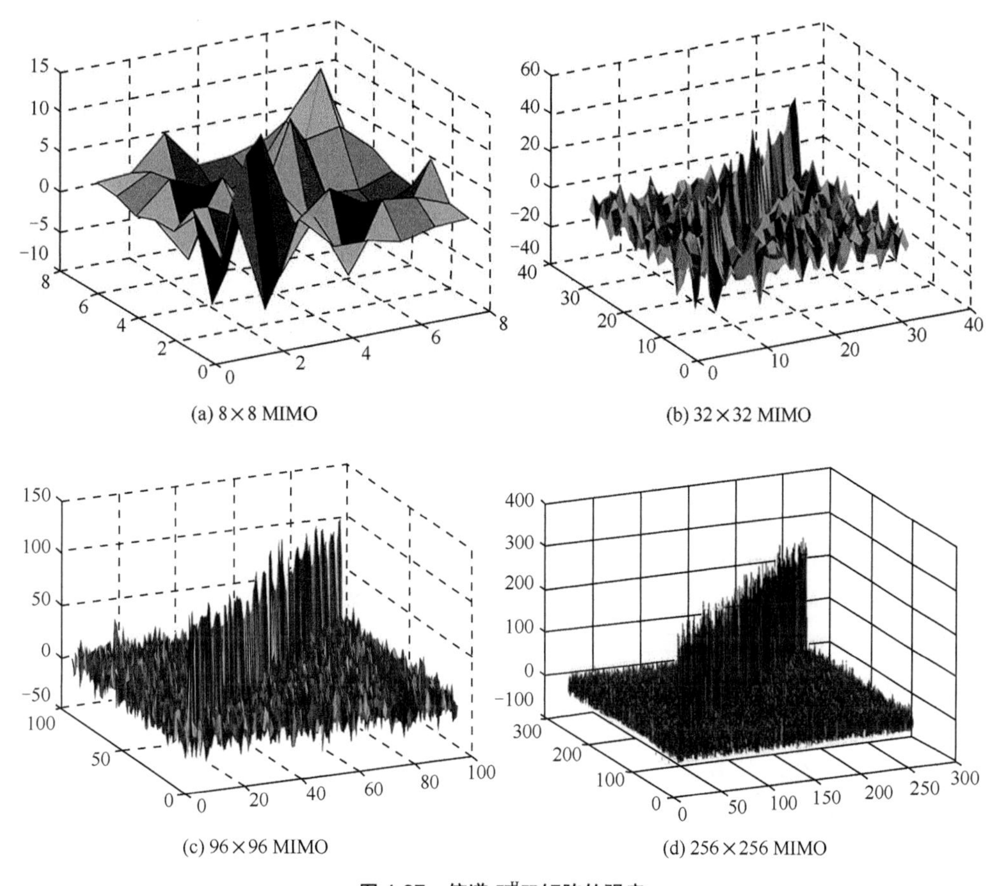

(a) 8×8 MIMO　　(b) 32×32 MIMO

(c) 96×96 MIMO　　(d) 256×256 MIMO

图 4-27　信道 $\boldsymbol{H}^{\mathrm{H}}\boldsymbol{H}$ 矩阵的强度

信道硬化对大维度的信号处理有很多优势。例如，实用迫零（ZF）检测器和最小均方误差检测器需要运用矩阵求逆。利用级数展开方法对大型随机矩阵求逆非常有利。由于信道硬化，通过级数展开和基于极限分布的确定性近似方法对大维度的近似矩阵求逆变得非常有效。信道硬化使得在大尺寸下可以通过简单的算法获取较优的性能。这种低复杂度的检测算法适用于大尺寸信道系统。

4.6.3　大规模 MIMO 面临的技术挑战

大规模 MIMO 无线通信通过显著增加天线的个数，以深度挖掘利于空间维度的无线资源，提升系统频谱效率，所涉及的问题是：如何突破天线个数显著增加所引发的无线传输技术“瓶颈”，探寻适合于大规模 MIMO 通信场景的无线传输技术。一些关键性技术如下：独立空间维度可用性；多天线和射频链布局；低复杂度大规模 MIMO 信号处理；多蜂窝处理。

1. *独立空间维度可用性*

无线通信节点周围的大量散射，使得实际信道独立空间维度的数目有限。即使有大量散射存在，针孔效应（指从发射天线到接收天线的所有路径通过一个共同的小孔）也可以产生。这些效应导致了独立空间维度的减少（例如低秩的信道矩阵）。除此之外，通信终端天线间的距离对决定独立空间维度的数目也是至关重要的。天线单元之间距离太近将会造成空间的相关性，降低 MIMO 信道的容量。倘若天线单元之间有足够的距离，则在中、大型的通信终端就可以安装很多天线，对于空间有限用户终端，安装较多的天线单元需要用小型化天线阵列。

在典型的室内和室外的城市环境中通常存在大量散射。对大规模 MIMO 信道等级结构和统计特性的测定需要在不同的物理环境中（室内、室外、城市、郊区、农村等），以及不同的通信频段（如 2.5 GHz、5 GHz、11 GHz 等）进行密集的信道测量。值得注意的是，一些大规模 MIMO 信道测量结果表明，尽管理论满秩信道模型与实验测量的信道模型有显著的不同，但实际中大型天线阵列的大部分理论性能增益是可以获得的。

2. *多天线和射频链布局*

在通信终端体积比较小的情况下放置较多数量的天线是一个难题。保持天线空间不变，增加天线数量就会减小单元间的距离，这会增大空间相关性，反过来又会减小 MIMO 的信道容量。作为经验法则，如果认为天线单元间几乎不相关，那么天线单元间的距离至少超过 $\lambda/2$（λ 为载波波长）。以下这些方法有助于减小天线和射频链布局的困难。

• 使用更高载频频率：由于载频频率越高，载频波长越短，这样在相同的天线空间中可以放置更多数目的天线。此外，就天线布局而言，工作在 11 GHz、30 GHz、60 GHz 的载频比较有吸引力。

• 充分利用天线空间：天线布局不仅在一个或两个维度（如线阵、平面阵列）上，还可以在一个紧凑的体积内，简称为 MIMO 立方体天线。

• 紧凑型天线阵列：紧凑型天线阵列指天线单元间距小于半个波长。紧凑型天线阵列的设计要求其单元互耦和辐射效率在可接受的条件下，用来解决在大规模 MIMO 系统中天线的布局问题。PIFA 天线就是一种典型的天线单元。

• 空间调制：空间调制是一种相对较新的、适用于多天线通信的调制方法，可在不降低效率的前提下，减少 MIMO 发射机中发送射频链的数目，这种方法降低了发送射频链的硬件复杂度、尺寸和成本。

3. 低复杂度大规模 MIMO 信号处理

同步、信号检测、预编码、信道估计和信道解码的低复杂度信号处理算法对于大规模 MIMO 系统的实现至关重要。

- MIMO 检测：接收机的 MIMO 检测器，用于恢复同时从多个发射天线发送的信号，通常是系统整体性能和复杂度的一个瓶颈。基于最大似然或最大后验概率（MAP）准则的最佳检测器，其复杂度与发射天线的数目呈指数关系。而在大规模 MIMO 系统中，应避免复杂度过高。现有的检测器要么是性能好、复杂度高（如球体解码器），要么是复杂度低、性能差（如 ZF 检测器、MMSE 检测器）。然而，大型矩阵的信道硬化已被证实很有用。一些基于局部搜索、元启发式、反向传播（BP）和采样技术的低复杂度算法等已经显示其性能和复杂度适用于大规模 MIMO 系统。它们与线性检测器有相同的复杂度，却表现出接近最优的性能，尤其是用在大维度信号检测上更能显示出其优势。

- LDPC 码：使用消息传递算法检测（比如大尺寸的反向传播）一个主要方面是图模型算法与 Turbo 或 LDPC 解码算法能够很好地结合，以实现在大规模 MIMO 系统中检测 / 解码的联合处理。这种联合算法需要针对大规模 MIMO 信道设计的 LDPC 码，特别是与大规模 MIMO 信道匹配的 LDPC 码，可通过检测 / 解码联合的外信息转移方式设计。在大规模 MIMO 信道中，这种专门设计的 LDPC 码要比一些现有 LDPC 码的性能好很多。

- 空间调制：一种相对较新的适用于多天线通信的调制方法。对大规模 MIMO 系统而言，这项技术很适合，因为它在不降低效率的前提下，允许使用比发射天线数目更少的射频链。在大规模 MIMO 系统中，这就降低了射频硬件的复杂度、尺寸和成本。这种调制的新颖之处在于，除了传统的调制（如 QAM）传送信息外，还可以通过选择天线来传送信息。

- 单载波通信：由于多载波系统较高的峰均比，单载波通信技术相比多载波技术如 OFDM/OFDMA 越来越受欢迎。LTE 标准在上行链路已经使用单载波频分多址技术（SC-FDMA），同样，SC-FDMA 也适用于多用户 MIMO 的下行链路。尽管 SC-FDMA 提供的峰均比和性能要优于 OFDMA，但是出于均衡的考虑，SC-FDMA 接收机要比 OFDMA 接收机更复杂。

- 信道估计：在 MIMO 接收机（用于信号检测）和发射机（用于预编码）中，信道估计方法起了重要作用。在导频辅助信道估计中，导频传输的训练时隙数随发射天线的数目呈线性增长，这导致数据的吞吐量减少；然而在大信道相干时间下，这种基于导频传输的吞吐量减少在慢衰落信道（比如固定无线信道）中可以降低。高移动性场景下的信道估计和频分双工系统中发射机到接收机发送大量信道估计系数的反馈，这在大规模 MIMO 系统环境下需要研究。

• 预编码：在发射机端应用信道状态信息（CSI）需要在发射机处对信号预编码。由于基站处有大量的天线用于下行链路多用户通信，一些可用的空间自由度也能被用于设计简单的预编码和减少峰均功率比。

4. 多蜂窝处理

除了上面讨论的不同无线链路级的问题之外，在大规模 MIMO 系统中，一些系统级的问题也不能忽视。一个重要的方面就是多蜂窝处理，包括蜂窝的大小，蜂窝间的频率、资源分配，一般的干扰处理，特别是单元间的干扰处理等问题，都会给大规模 MIMO 系统的布局带来新的挑战。基站协作是解决多蜂窝问题的一种新的有效方法。例如，通过基站协作的多蜂窝预编码方法是处理蜂窝间干扰的一种有效方法。如 LTE 的无线标准就已经采用了基站协作，比如协同多点传输（COMP），可以使不同基站的发送和接收动态协调。基站协作有望在大规模 MIMO 系统中发挥至关重要的作用。导频污染是多蜂窝处理的另一个突出问题，是蜂窝间干扰问题，出现在非正交的导频序列用于上行链路信道估计的多蜂窝系统中，而基站协作能够用于减轻导频污染问题。

尽管我们在前面讨论了各种技术难题，但是在实际文献中[31-32]，大规模的 MIMO 测试平台已经开始出现。这些测试平台采用了不同规模的 MIMO 结构，使用不同数目的天线、频带和带宽，并且安置在了不同的物理环境下进行测试（比如室内、室外）。然而实际上，所有的这些测试平台都表明高频谱效率得益于使用大量的天线以及 MIMO 系统的具体实现。

4.7 本章小结

MIMO 技术是实现未来高速宽带无线通信的关键技术之一。本章依次介绍了 MIMO 系统的信道模型，分析确定和随机的 MIMO 信道容量，并比较了平均功率分配的 SIMO、SOMI、MIMO 信道容量。首先，介绍了 MIMO 空时编码技术，包括空时格形码、空时分组码和分层空时码等；其次，对单用户和多用户介绍 MIMO 波束成形技术；再次，针对 MIMO 系统的一个重要部分—天线，讨论了 MIMO 系统天线的设计包括多天线间互耦、空域相关性以及多天线的互耦抑制等；最后，针对未来 MIMO 系统的发展，对大规模 MIMO 系统应用、大尺寸下的信道硬化以及大规模 MIMO 系统面临的一些技术挑战做了论述。

参考文献

[1] SHANNON C E. A mathematical theory of communication[J]. The Bell System Technical Journal, 1948, 27(7): 379-423.

[2] JANG J, LEE K B, LEE Y H. Transmit power and bit allocations for OFDM systems in a fading channel[C]// IEEE Global Telecommunications conference, San Francisco, USA, 2003.

[3] PROAKIS J G. Digital communications (Third Edition) [M]. New York: McGraw-Hill, 1995.

[4] FOSCHINI G J, GANS M J. On limits of wireless communications in a fading environment when using multiple antennas[J]. Wireless Personal Communications, 1998, 6(3): 311-335.

[5] VUCETIC B, YUAN J. Space-time coding[M]. England: John Wiley & Sons Ltd, 2003.

[6] GESBERT D, BOELCSKEI H, GORE D, et al. MIMO wireless channels: capacity and performance prediction[C]// IEEE Global Telecommunications Conference, San Francisco, CA, 2000.

[7] TAROKH V, SESHADRI N, CALDERBANK A R. Space-time codes for high data rate wireless communication: Performance analysis and code construction[J]. IEEE Transactions on Information Theory, 1998, 44(2): 744-765.

[8] VAHID T, NAMBI S, CALDERBANK A R. Space-time codes for high data rate wireless communications: performance criterion and code construction[J]. IEEE Transactions on Information Theory, 1998, 44: 744-765.

[9] ALAMOUTI S M. A simple transmit diversity technique for wireless communications[J]. IEEE Journal on Selected Areas in Communications, 1998, 16: 1451-1458.

[10] PALOMAR D P, CIOFFI J M, LAGUNAS M A. Joint Tx-Rx beamforming design for multicarrier MIMO channels: a unified framework for convex optimization[J]. IEEE Transactions on Signal Process, 2003, 51(9): 2381-2401.

[11] WIESEL A, ELDAR Y C, SHAMAI S. Linear precoding via conic optimization for fixed MIMO receivers[J]. IEEE Transactions on Signal Process, 2006, 54(1): 161-176.

[12] LOVE D J, HEATH R W. Equal gain transmission in multiple-input multiple output wireless systems[J]. IEEE Transactions on Communication, 2003, 51(7): 1102-1110.

[13] SPENCER Q H, PEEL C B, SWINDLEHURST A L, et al. An introduction to the multi-user MIMO downlink[J]. IEEE Communications Magazine, 2004, 42(10): 60-67.

[14] SHEN Z, CHEN R, ANDREWS J G, et al. Low complexity user selection algorithms for multiuser MIMO systems with block diagonalization[J]. IEEE Transactions Signal Process, 2006, 54(9): 3658-3663.

[15] CHUNG J, HWANG C S, KIM K. A random beamforming technique in MIMO systems exploiting multiuser diversity[J]. IEEE Journal on Selected Areas in Communications, 2003, 21(5): 848-855.

[16] 李忻 . 新一代无线通信系统中的 MIMO 信道建模与多天线设计研究 [D]. 成都：电子科技大学 , 2005.

[17] 李忻 , 聂在平 . MIMO 信道中衰落信号的空域相关性评估 [J]. 电子学报 , 2004, 32(12): 82-86.

[18] MAK A C K, ROWELL C R, MURCH R D. Isolation enhancement between two closely packed antennas[J]. IEEE Transactions on Antennas and Propagation, 2008, 56: 3411-3419.

[19] 陈念 , 耿军平 , 叶声， 等 . 紧耦合天线的反相耦合相消隔离技术 [J]. 中国电子科学研究院学报 , 2011, 5: 537-540.

[20] MOHAMMAD S S, YANAL S F. SHEIKH S I. Design and fabrication of a dual electrically small MIMO antenna system for 4G terminals[C]// German Microwave Conference (GeMIC), Darmstadt, 2011: 1-4.

[21] HONG S, LEE J, CHOI J. Design of UWB diversity antenna for PDA applications[C]// 10th International Conference on Advanced Communication Technology, Gangwon-Do, 2008, 1:583-585.

[22] CHIU C Y, CHENG C H, CORBETT R D, et al. Reduction of mutual coupling between closed-packed antenna elements[J]. IEEE Transactions on Antennas and Propagation, 2007, 55: 1732-1939.

[23] CHEN S C, WANG Y S, CHUNG S J. A decoupling technique for increasing the port isolation between two strongly coupled antennas[J]. IEEE Transactions on Antennas and Propagation, 2008, 56: 3650-3658.

[24] DEMMERLE F, WIESBEEK W. A biconical multibeam antenna for space-

division multiple access[J]. IEEE Transactions on Antennas and Propagation, 1998, 46(6):782-787.

[25] WENNSTROM M, SVANTESSON T. Antenna solution for MIMO channels: the switched parasitic antenna[C]// 12th IEEE International Symposium on Personal, Indoor and Mobile Radio Communications, San Diego, USA, 2001, 1:159- 163.

[26] KARABOIKIS M, SORAS C, TSACHTSIRIS G , et al. Compact dual-printed inverted-F antenna diversity systems for portable wireless devices[J]. IEEE Antennas and Wireless Propagation Letters, 2004, 3(1):9-14.

[27] JUNGNIEKEL V, POHL V, NGUYEN H, et al. High capacity antennas for MIMO radio systems[C]// 5th International Symposium on Wireless Personal Multimedia Communications, 2002, 2:407-411.

[28] MARZETTA T L. Noncooperative cellular wireless with unlimited numbers of base station antennas[J]. IEEE Transactions on Wireless Communications, 2010, 9(11): 2590-3600.

[29] LARSSON E G. Massive MIMO for next generation wireless systems[J]. IEEE Communications Magazine, 2014, 2:186-195.

[30] CHOCKALINGAM A, RAJAN B S. Large MIMO Systems[M]. Cambridge: Cambridge University Press, 2014.

[31] NISHIMORI K, KUDO R, HONMA N, et al. 16x16 multiuser MIMO testbed employing simple adaptive modulation scheme[C]// IEEE 69th Vehicular Technology Conference, 2009: 1-5.

[32] SUZUKI H, MATTHEWS J, KENDALL R, et al. Highly spectrally efficient Ngara rural wireless broadband access demonstrator[C]// International Symposium on Communications and Information Technologies (ISCIT), 2012: 914-919.

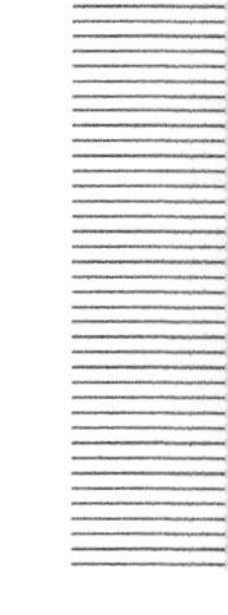

第5章 空间多维信号接收与迭代处理

在本章，我们将首先针对未编码MIMO系统，介绍基于格基规约的MIMO信号检测技术如何以较低的计算复杂度获得较高的性能；其次为了达到MIMO理论上所能够提供的信道容量，在本章我们将进一步介绍比特交织编码调制（Bit-Interleaved Coded Modulation，BICM）系统迭代解码的基本原理及最优的最大后验概率（Maximum A Posteriori Probability，MAP）迭代信号处理检测方法。在此基础上，为了避免MAP方法的高复杂度，最后还讨论了基于随机采样和比特滤波的低复杂度高性能检测方法，并与MAP方法在复杂度与性能方面进行了对比分析。

| 5.1 基于格基理论的 MIMO 检测技术 |

作为实现 MIMO 系统低复杂度、高性能信号检测的关键技术，格基规约（Lattice Reduction，LR）方法能够在多项式时间内将空间中的一组基底变换为一组准正交基底。当我们把 MIMO 系统的接收信号看成由其信道矩阵的基底（Basis）张成的向量空间的格基（Lattice）时，我们便可以应用 LR 方法对基底进行准正交变换，从而能以较低的计算复杂度大幅度提升空间组合信号的抗干扰能力。在格基译码和最近欧氏向量搜索方面，LR 已经有较为广泛的应用。在本节，我们介绍基于 LR 的信号检测方法，从而在高维 MIMO 系统中实现低复杂度、高性能及具备完全接收分集增益的信号检测。通常人们将使用 LR 技术的 MIMO 信号检测器称为基于 LR 的 MIMO 检测器[1]。

5.1.1 格基数学基础

根据格基理论，格基 $\boldsymbol{\varLambda}$ 定义为 n 维实数集 $\boldsymbol{R}^n$ 中的一个 M 维离散子集，即

$$\boldsymbol{\varLambda}=\left\{\boldsymbol{u}\mid\boldsymbol{u}=\sum_{m=1}^{M}\boldsymbol{b}_m z_m,\ z_m\in\mathbb{Z}\right\} \tag{5-1}$$

其中，$\boldsymbol{b}_m \in \boldsymbol{B}=\{\boldsymbol{b}_1,\boldsymbol{b}_2,\cdots,\boldsymbol{b}_M\}$，$\text{rank}(\boldsymbol{B})=M$，$M \leqslant n$，称 $\boldsymbol{B}$ 为格基 $\boldsymbol{\Lambda}$ 的基底，并称 $\boldsymbol{\Lambda}$ 为由 $\boldsymbol{B}$ 张成的格基。值得注意的是，同样的格基可由不同的基底张成。

首先，让我们回忆 MIMO 系统模型，即

$$\boldsymbol{y} = \boldsymbol{H}\boldsymbol{s} + \boldsymbol{n} \tag{5-2}$$

若将信道矩阵 $\boldsymbol{H}$ 看作一组基底，那么接收信号 $\boldsymbol{y}$ 则成为由基底 $\boldsymbol{H}$ 张成的格基中的一列向量。由格基的定义可知式（5-2）中 $\boldsymbol{s}$ 的元素应为整数，而 $\boldsymbol{H}$ 和 $\boldsymbol{y}$ 应由实数组成。

根据复数矩阵和实数矩阵之间的转换关系，我们可以将 $\boldsymbol{H}$ 变换为一组由实数基底组成的矩阵，变换方法为

$$\begin{bmatrix} \Re(\boldsymbol{y}) \\ \Im(\boldsymbol{y}) \end{bmatrix} = \begin{bmatrix} \Re(\boldsymbol{H}) & -\Im(\boldsymbol{H}) \\ \Im(\boldsymbol{H}) & \Re(\boldsymbol{H}) \end{bmatrix} \begin{bmatrix} \Re(\boldsymbol{s}) \\ \Im(\boldsymbol{s}) \end{bmatrix} + \begin{bmatrix} \Re(\boldsymbol{n}) \\ \Im(\boldsymbol{n}) \end{bmatrix} \tag{5-3}$$

其中，$\Re(\cdot)$和$\Im(\cdot)$分别代表实部和虚部。相应地，我们可以定义 $2N\times 1$ 的实数接收信号向量 $\boldsymbol{y}_{\mathrm{r}} = \left[\Re(\boldsymbol{y})^{\mathrm{T}}\ \Im(\boldsymbol{y})^{\mathrm{T}}\right]^{\mathrm{T}}$，$2M\times 1$ 的实数发送信号向量 $\boldsymbol{s}_{\mathrm{r}} = \left[\Re(\boldsymbol{s})^{\mathrm{T}}\ \Im(\boldsymbol{s})^{\mathrm{T}}\right]^{\mathrm{T}}$，$2N\times 1$ 的噪声向量 $\boldsymbol{n}_{\mathrm{r}} = \left[\Re(\boldsymbol{n})^{\mathrm{T}}\ \Im(\boldsymbol{n})^{\mathrm{T}}\right]^{\mathrm{T}}$，$2N\times 2M$ 的实数信道矩阵 $\boldsymbol{H}_{\mathrm{r}} = \begin{bmatrix} \Re(\boldsymbol{H}) & -\Im(\boldsymbol{H}) \\ \Im(\boldsymbol{H}) & \Re(\boldsymbol{H}) \end{bmatrix}$，于是式（5-3）可以写为

$$\boldsymbol{y}_{\mathrm{r}} = \boldsymbol{H}_{\mathrm{r}}\boldsymbol{s}_{\mathrm{r}} + \boldsymbol{n}_{\mathrm{r}} \tag{5-4}$$

其中，实数信道矩阵 $\boldsymbol{H}_{\mathrm{r}}$ 可以作为格基的一组基底。接下来，我们再利用平移和缩放将发送信号 $\boldsymbol{s}_{\mathrm{r}}$ 变换到连续整数域上。尽管最初人们是在实数基底 $\boldsymbol{H}_{\mathrm{r}}$ 上考虑格基空间，但是之后的研究表明可以通过复数信道矩阵 $\boldsymbol{H}$ 来得到格基空间，且应用复值格基规约可以降低 MIMO 检测的复杂度。

下面以复值 MIMO 系统模型为例，介绍基于格基规约的 MIMO 检测方法。由于 $\boldsymbol{s}$ 为非连续整数域，所以在进行格基规约前需对 $\boldsymbol{s}$ 进行适当的平移和缩放，以将 $\boldsymbol{s}$ 变换到连续整数域上。对于 QAM 调制来说，也就是

$$\{\alpha \boldsymbol{s} + \beta\} \subseteq \mathbb{C}, \boldsymbol{s} \in \mathcal{S} \tag{5-5}$$

这里 α 和 β 分别代表缩放和平移参数。对于 K-QAM 调制，可以得到符号集合

$$\mathcal{S} = \{s = a + \mathrm{j}b \mid a,b \in \{-(2P-1)A,\cdots,-3A,-A,A,3A,\cdots,(2P-1)A\}\} \tag{5-6}$$

其中，$P = \dfrac{\log K}{2}$，$A = \sqrt{\dfrac{3E_s}{2(K-1)}}$，表示符号能量。而使得式（5-5）成立的缩放和平移的参数为

$$\begin{cases} \alpha = \dfrac{1}{2A} \\ \beta = \dfrac{2P-1}{2}(1+\mathrm{j}) \end{cases} \tag{5-7}$$

这里需要注意，α 和 β 的取值并不是唯一的。那么基于格基规约的 MIMO 系统模型为

$$\begin{aligned} \tilde{\boldsymbol{y}} = \tilde{\boldsymbol{H}}\tilde{\boldsymbol{s}} + \boldsymbol{n} = \\ \tilde{\boldsymbol{H}}(\alpha\boldsymbol{s} + \beta\boldsymbol{I}) + \boldsymbol{n} = \\ \frac{\boldsymbol{H}}{\alpha}\alpha\boldsymbol{s} + \frac{\boldsymbol{H}}{\alpha}\beta\boldsymbol{I} + \boldsymbol{n} = \\ \boldsymbol{H}\boldsymbol{s} + \boldsymbol{n} + \frac{\boldsymbol{H}}{\alpha}\beta\boldsymbol{I} = \\ \boldsymbol{y} + \frac{\boldsymbol{H}}{\alpha}\beta\boldsymbol{I} \end{aligned} \tag{5-8}$$

也就是说，在接收端需要对接收信号 $\boldsymbol{y}$ 做如下处理。

$$\tilde{\boldsymbol{y}} = \boldsymbol{y} + \frac{\boldsymbol{H}}{\alpha}\beta\boldsymbol{I} \tag{5-9}$$

即等效将 $\boldsymbol{s}$ 变换到了连续整数域上。

此时，基于 LR 的 MIMO 系统模型可写为

$$\tilde{\boldsymbol{y}} = \tilde{\boldsymbol{H}}\tilde{\boldsymbol{s}} + \boldsymbol{n} \tag{5-10}$$

考虑到一个格基空间可以由不同基底或信道矩阵得到，为了消除噪声和多信号间的干扰，我们可以找到这样一个矩阵，它的基底能和原信道矩阵的基底张成同样的空间，而且其列向量之间近似正交。这种技术即为 LR，LR 应用在 MIMO 系统中可以提高 MIMO 次优检测方法的性能，相应的检测方法就被称为基于 LR 的 MIMO 检测方法。

5.1.2 基于格基规约的 MIMO 检测

若有两组基底 $\boldsymbol{H}$ 和 $\boldsymbol{G}$，能张成同样的格基空间，且每组基底的列向量是另一组基底列向量的整系数线性组合。例如

$$\boldsymbol{H} = \begin{bmatrix} 1 & 2 \\ 1 & 1 \end{bmatrix} \tag{5-11}$$

和

$$G=\begin{bmatrix}1&0\\0&1\end{bmatrix} \tag{5-12}$$

易得

$$\begin{bmatrix}1\\1\end{bmatrix}=\begin{bmatrix}1\\0\end{bmatrix}+\begin{bmatrix}0\\1\end{bmatrix} \tag{5-13}$$

和

$$\begin{bmatrix}2\\1\end{bmatrix}=2\times\begin{bmatrix}1\\0\end{bmatrix}+\begin{bmatrix}0\\1\end{bmatrix} \tag{5-14}$$

因此，基底 $\boldsymbol{H}$ 和 $\boldsymbol{G}$ 能张成同样的空间。我们还能得到

$$\boldsymbol{H}=\boldsymbol{GU} \tag{5-15}$$

其中，$\boldsymbol{U}$ 是一个幺模矩阵。于是，接收信号可以改写为

$$\begin{aligned}\boldsymbol{y}=\boldsymbol{GUs}+\boldsymbol{n}=\\ \boldsymbol{Gc}+\boldsymbol{n}\end{aligned} \tag{5-16}$$

其中，$\boldsymbol{c}=\boldsymbol{Us}$。幺模矩阵 $\boldsymbol{U}$ 中的元素均为整数，如果 $\boldsymbol{s}\in\mathbb{C}^M$，那么我们可以得到 $\boldsymbol{c}\in\mathbb{C}^M$。然而由于 $\boldsymbol{s}$ 是由 QAM 符号即 s_k 组成的，那么就可通过缩放和平移的参数将 s_k 的实部和虚部转换到连续整数域中。

根据式（5-16），由于接收信号可以被看作由基底（例如 $\boldsymbol{H}$ 或 $\boldsymbol{G}$）张成的格基空间中的点，而针对由此建立的 MIMO 系统，我们可以利用传统的低复杂度检测方法（例如线性或者 SIC 方法）来检测 $\boldsymbol{c}$。这里我们应该注意，若将 ML 检测方法应用于格基规约后的矩阵，则不会有性能的提升，这是因为传统的 ML 检测法已经具有了最优的性能表现。下面我们介绍找到近似正交矩阵的 LLL（Lenstra-Lenstra-Lovasz，复值）算法。

1．LLL 算法

LLL 算法可以对一个有着 $N\times M(N\geqslant M)$ 信道矩阵的 M 基底的 MIMO 系统进行 LR。LLL 算法最初是为实值矩阵设计的，而之后的研究将 LLL 算法拓展到了复值矩阵上，即 CLLL（Complex Lenstra- Lenstra-Lovasz）算法。在本节中，我们首先介绍 MIMO 系统 LR 中的实值 LLL 算法。

我们从 $N\times M$ 的复值矩阵 $\boldsymbol{H}$ 中得到 $2N\times 2M$ 的实值矩阵 $\boldsymbol{H}_{\mathrm{r}}$，于是 LLL 算法即可将给定的基底 $\boldsymbol{H}_{\mathrm{r}}$ 转变为一个由准正交基底向量构成的新矩阵 $\boldsymbol{G}_{\mathrm{r}}$。将 $\boldsymbol{G}_{\mathrm{r}}$ 进行 QR 分解为

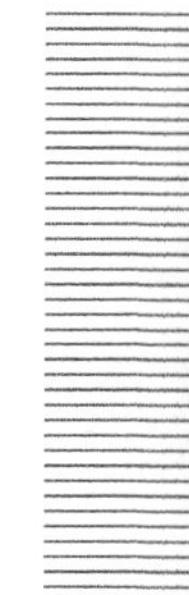

$$G_{\mathrm{r}}=Q_{\mathrm{r}}R_{\mathrm{r}} \tag{5-17}$$

其中，Q_{r} 是一个 $2N\times 2N$ 的酉矩阵（$Q_{\mathrm{r}}^{\mathrm{T}}Q_{\mathrm{r}}=I_N$），$R_{\mathrm{r}}$ 是一个 $2N\times 2M$ 的上三角矩阵。$2N\times 2M$ 的实值矩阵 G_{r} 可看作 LLL 规约后的矩阵，如果 QR 分解后的 R_{r} 的元素满足下列不等式。

$$\left|\left[R_{\mathrm{r}}\right]_{\ell,\rho}\right|\leqslant\frac{1}{2}\left|\left[R_{\mathrm{r}}\right]_{\ell,\ell}\right|,\quad 1\leqslant\ell<\rho\leqslant 2M \tag{5-18}$$

$$\delta\left[R_{\mathrm{r}}\right]_{\rho-1,\rho-1}^{2}\leqslant\left[R_{\mathrm{r}}\right]_{\rho,\rho}^{2}+\left[R_{\mathrm{r}}\right]_{\rho-1,\rho}^{2},\quad \rho=2,\cdots,2M \tag{5-19}$$

其中，$\left[R_{\mathrm{r}}\right]_{p,q}$表示 R_{r} 中的第（p,q）个元素。参数 δ 的选取对算法的性能和复杂度折中起着关键作用，在 LLL 和 CLLL 算法中 δ 取值范围通常分别为$\left(\frac{1}{4},1\right)$和$\left(\frac{1}{2},1\right)$，而选择$\delta=\frac{3}{4}$可以较好地满足性能和复杂度的折中要求。

LLL 算法从实值矩阵 H_{r} 生成 LLL 规约后的矩阵 G_{r} 的过程总结如下，其中输入和输出分别为 $\{H_{\mathrm{r}}\}$ 和 $\{Q_{\mathrm{r}},R_{\mathrm{r}},T_{\mathrm{r}}\}$。

INPPUT: $\{H_{\mathrm{r}}\}$

OUTPUT: $\{Q_{\mathrm{r}},R_{\mathrm{r}},T_{\mathrm{r}}\}$

（1）$[Q_{\mathrm{r}}\ R_{\mathrm{r}}]\leftarrow \mathrm{qr}(H_{\mathrm{r}})$

（2）$\zeta\leftarrow \mathrm{size}(H_{\mathrm{r}},2)$

（3）$T_{\mathrm{r}}\leftarrow I_{\zeta}$

（4）while $\rho\leqslant\zeta$

（5）　　for $\ell=1:\rho-1$

（6）　　$\mu\leftarrow\lceil\left(R_{\mathrm{r}}(\rho-\ell,\rho)/R_{\mathrm{r}}(\rho-\ell,\rho-\ell)\right)\rfloor$

（7）　　if $\mu\neq 0$

（8）　　　$R_{\mathrm{r}}(1:\rho-\ell,\rho)\leftarrow R_{\mathrm{r}}(1:\rho-\ell,\rho)-\mu R_{\mathrm{r}}(1:\rho-\ell,\rho-\ell)$

（9）　　　$T_{\mathrm{r}}(:,\rho)\leftarrow T_{\mathrm{r}}(:,\rho)-\mu T_{\mathrm{r}}(:,\rho-\ell)$

（10）　　end if

（11）　end for

（12）　　if $\delta\left(R_{\mathrm{r}}(\rho-1,\rho-1)\right)^2>R_{\mathrm{r}}(\rho,\rho)^2+R_{\mathrm{r}}(\rho-1,\rho)^2$

（13）　　将 R_{r} 中的第 $\rho-1$ 列与第 ρ 列交换，并将 T_{r} 中的第 $\rho-1$ 列与第 ρ 列交换

（14）　　$\Theta=\begin{bmatrix}\alpha & \beta \\ -\beta & \alpha\end{bmatrix}$，$\alpha=\dfrac{\boldsymbol{R}_{\mathrm{r}}(\rho-1,\rho-1)}{\left\|\boldsymbol{R}_{\mathrm{r}}(\rho-1:\rho,\rho-1)\right\|}$，$\beta=\dfrac{\boldsymbol{R}_{\mathrm{r}}(\rho,\rho-1)}{\left\|\boldsymbol{R}_{\mathrm{r}}(\rho-1:\rho,\rho-1)\right\|}$

（15）　　$\boldsymbol{R}_{\mathrm{r}}(\rho-1:\rho,\rho-1:\zeta)\leftarrow\Theta\boldsymbol{R}_{\mathrm{r}}(\rho-1:\rho,\rho-1:\zeta)$

（16）　　$\boldsymbol{Q}_{\mathrm{r}}(:,\rho-1:\rho)\leftarrow\boldsymbol{Q}_{\mathrm{r}}(:,\rho-1:\rho)\Theta^{\mathrm{T}}$

（17）　　$\rho\leftarrow\max\{\rho-1,2\}$

（18）　　else

（19）　　$\rho\leftarrow\rho+1$

（20）　　end if

（21）　end while

由输出可以得到 LLL 规约后的矩阵。利用规约后的矩阵 $\boldsymbol{G}_{\mathrm{r}}$ 和相应的整数幺模矩阵 $\boldsymbol{T}_{\mathrm{r}}$ 可实现基于 LR 的 MIMO 检测器。

这里，正交分离度（Orthogonal Deficiency，OD）可以用来比较原矩阵和 LLL 规约后矩阵的正交性，由

$$\text{正交分离度}\begin{cases}\boldsymbol{H}_{\mathrm{r}}:1-\dfrac{\det\left(\boldsymbol{H}_{\mathrm{r}}^{\mathrm{H}}\boldsymbol{H}_{\mathrm{r}}\right)}{\prod_{i=1}^{8}\left\|\boldsymbol{h}_i\right\|^2}=0.9995\\ \boldsymbol{G}_{\mathrm{r}}:1-\dfrac{\det\left(\boldsymbol{G}_{\mathrm{r}}^{\mathrm{H}}\boldsymbol{G}_{\mathrm{r}}\right)}{\prod_{i=1}^{8}\left\|\boldsymbol{g}_i\right\|^2}=0.3056\end{cases}\tag{5-20}$$

可以看出，高度相关的矩阵 $\boldsymbol{H}_{\mathrm{r}}$ 经过 LR 后转换为一个准正交矩阵 $\boldsymbol{G}_{\mathrm{r}}$。

如上文所述，CLLL 算法可直接对复值矩阵进行 LR。与 LLL 算法相比，CLLL 算法在提供相同性能的前提下，复杂度大约可以降低一半。因此，就降低复杂度而言，人们更推崇应用 CLLL 算法进行 LR 变换。

对于由一个 $N\times M$ 的矩阵 $\boldsymbol{H}$ 经过 CLLL 算法得到的矩阵 $\boldsymbol{G}$，进行 QR 分解我们有 $\boldsymbol{G}=\boldsymbol{QR}$。其中，$\boldsymbol{Q}$ 是酉矩阵，$\boldsymbol{R}$ 是上三角矩阵。如果 $\boldsymbol{R}$ 满足如下条件，$\boldsymbol{G}$ 便是经过 CLLL 规约后的矩阵

$$\begin{cases}\left|\Re\left([\boldsymbol{R}]_{\ell,\rho}\right)\right|\leqslant\dfrac{1}{2}\left|\Re\left([\boldsymbol{R}]_{\ell,\ell}\right)\right|\\ \left|\Im\left([\boldsymbol{R}]_{\ell,\rho}\right)\right|\leqslant\dfrac{1}{2}\left|\Re\left([\boldsymbol{R}]_{\ell,\ell}\right)\right|,\ 1\leqslant\ell<\rho\leqslant M\end{cases}\tag{5-21}$$

和

$$\delta\left|[\boldsymbol{R}]_{\rho-1,\rho-1}\right|^2 \leqslant \left|[\boldsymbol{R}]_{\rho,\rho}\right|^2 + \left|[\boldsymbol{R}]_{\rho-1,\rho}\right|^2, \rho=2,\cdots,M \tag{5-22}$$

其中，$[\boldsymbol{R}]_{p,q}$ 表示 $\boldsymbol{R}$ 中的第 (p,q) 个元素。令 $\delta=\left(\frac{1}{2},1\right)$，则 CLLL 算法可以总结如下，其中输入和输出分别为 $\{\boldsymbol{H}\}$ 和 $\{\boldsymbol{Q},\boldsymbol{R},\boldsymbol{T}\}$。

INPPUT: $\{\boldsymbol{H}\}$

OUTPUT: $\{\boldsymbol{Q},\boldsymbol{R},\boldsymbol{T}\}$

（1）$[\boldsymbol{Q}\ \boldsymbol{R}] \leftarrow \mathrm{qr}(\boldsymbol{H})$

（2）$\zeta \leftarrow \mathrm{size}(\boldsymbol{H},2)$

（3）$\boldsymbol{T} \leftarrow \boldsymbol{I}_\zeta$

（4）while $\rho \leqslant \zeta$

（5）　for $\ell=1:\rho-1$

（6）　　$\mu \leftarrow \lceil (\boldsymbol{R}(\rho-\ell,\rho)/\boldsymbol{R}(\rho-\ell,\rho-\ell)) \rfloor$

（7）　　if $\mu \neq 0$

（8）　　　$\boldsymbol{R}(1:\rho-\ell,\rho) \leftarrow \boldsymbol{R}(1:\rho-\ell,\rho)-\mu\boldsymbol{R}(1:\rho-\ell,\rho-\ell)$

（9）　　　$\boldsymbol{T}(:,\rho) \leftarrow \boldsymbol{T}(:,\rho)-\mu\boldsymbol{T}_{\mathrm{r}}(:,\rho-\ell)$

（10）　　end if

（11）　end for

（12）　　if $\delta\left|(\boldsymbol{R}(\rho-1,\rho-1))\right|^2 > \left|\boldsymbol{R}(\rho,\rho)\right|^2+\left|\boldsymbol{R}(\rho-1,\rho)\right|^2$

（13）　　　将 $\boldsymbol{R}$ 中的第 $\rho-1$ 列与第 ρ 列交换，并将 $\boldsymbol{T}_{\mathrm{r}}$ 中的第 $\rho-1$ 列与第 ρ 列交换

（14）　　$\boldsymbol{\Theta}=\begin{bmatrix}\alpha^* & \beta \\ -\beta & \alpha\end{bmatrix}$，$\alpha=\frac{\boldsymbol{R}(\rho-1,\rho-1)}{\|\boldsymbol{R}(\rho-1:\rho,\rho-1)\|}$，$\beta=\frac{\boldsymbol{R}(\rho,\rho-1)}{\|\boldsymbol{R}(\rho-1:\rho,\rho-1)\|}$

（15）　　$\boldsymbol{R}(\rho-1:\rho,\rho-1:\zeta) \leftarrow \boldsymbol{\Theta}\boldsymbol{R}(\rho-1:\rho,\rho-1:\zeta)$

（16）　　$\boldsymbol{Q}(:,\rho-1:\rho) \leftarrow \boldsymbol{Q}(:,\rho-1:\rho)\boldsymbol{\Theta}^{\mathrm{H}}$

（17）　　$\rho \leftarrow \max\{\rho-1,2\}$

（18）　　else

（19）　　　$\rho \leftarrow \rho+1$

（20）　　end if

（21）end while

CLLL 算法和 LLL 算法的主要不同之处有 3 点：第（6）步中的取整操作是在复整数中进行的；第（12）步中采用取绝对值操作；酉矩阵$\boldsymbol{\Theta}$是在复整数中

进行的。

应用复值幺模矩阵 $\boldsymbol{T}$ 和 CLLL 规约后的矩阵 $\boldsymbol{G}=\boldsymbol{HT}$，基于 LR 的线性和 SIC 检测器即可用于估计 $\boldsymbol{c}$。这里需要注意，为了将 $\boldsymbol{c}$ 转换到 $\boldsymbol{s}$，在实部和虚部做相应的平移和缩放是必要的。

2. **基于 LR 的线性检测**

利用 CLLL 算法可对信道矩阵 $\tilde{\boldsymbol{H}}$ 进行格基规约，格基规约后的矩阵为

$$\boldsymbol{G}=\tilde{\boldsymbol{H}}\boldsymbol{T} \tag{5-23}$$

其中，$\boldsymbol{T}$ 是一个整数幺模矩阵。于是式（5-10）可写为

$$\begin{aligned}\tilde{\boldsymbol{y}}=\tilde{\boldsymbol{H}}\tilde{\boldsymbol{s}}+\boldsymbol{n}=\\ \boldsymbol{G}\boldsymbol{T}^{-1}\tilde{\boldsymbol{s}}+\boldsymbol{n}=\\ \boldsymbol{G}\boldsymbol{c}+\boldsymbol{n}\end{aligned} \tag{5-24}$$

其中，$\boldsymbol{c}=\boldsymbol{T}^{-1}\tilde{\boldsymbol{s}}$。那么，此时在做 MIMO 检测时便可先检测出 $\hat{\boldsymbol{c}}$ 从而得到 $\hat{\tilde{\boldsymbol{s}}}$，再经反缩放和平移得到 $\boldsymbol{s}$。此时，基于 LR 的迫零检测器为

$$\boldsymbol{W}_{\text{LR-ZF}}=\boldsymbol{G}(\boldsymbol{G}^{\text{H}}\boldsymbol{G})^{-1} \tag{5-25}$$

$\hat{\boldsymbol{c}}$ 的检测值为

$$\begin{aligned}\hat{\boldsymbol{c}}_{\text{LR-ZF}}=\boldsymbol{W}_{\text{LR-ZF}}^{\text{H}}\tilde{\boldsymbol{y}}=\\ (\boldsymbol{G}^{\text{H}}\boldsymbol{G})^{-1}\boldsymbol{G}^{\text{H}}\tilde{\boldsymbol{y}}\end{aligned} \tag{5-26}$$

于是

$$\hat{\tilde{\boldsymbol{s}}}_{\text{LR-ZF}}=\boldsymbol{T}\lfloor\hat{\boldsymbol{c}}_{\text{LR-ZF}}\rceil \tag{5-27}$$

经反缩放和平移便可得到 $\hat{\tilde{\boldsymbol{s}}}_{\text{LR-ZF}}$。

MMSE 线性滤波器为

$$\begin{aligned}\boldsymbol{W}_{\text{LR-MMSE}}=\arg\min_{\boldsymbol{W}_{\text{LR-MMSE}}}\text{E}\left[\left\|\left(\boldsymbol{c}-\text{E}(\boldsymbol{c})\right)-\boldsymbol{W}^{\text{H}}\left(\tilde{\boldsymbol{y}}-\text{E}(\tilde{\boldsymbol{y}})\right)\right\|^{2}\right]=\\ \boldsymbol{G}\left(\boldsymbol{G}^{\text{H}}\boldsymbol{G}+\frac{N_0}{E_{\text{s}}}\boldsymbol{I}\right)^{-1}\end{aligned} \tag{5-28}$$

$\hat{\boldsymbol{c}}$ 的检测值为

$$\hat{\boldsymbol{c}}_{\text{LR-MMSE}}=\boldsymbol{W}_{\text{LR-MMSE}}^{\text{H}}\left(\tilde{\boldsymbol{y}}-\text{E}(\tilde{\boldsymbol{y}})\right)+\text{E}(\boldsymbol{c}) \tag{5-29}$$

于是，

$$\hat{\tilde{\boldsymbol{s}}}_{\text{LR-MMSE}}=\boldsymbol{T}\lfloor\hat{\boldsymbol{c}}_{\text{LR-MMSE}}\rceil \tag{5-30}$$

经反缩放和平移便可得到$\hat{s}_{\text{LR-MMSE}}$。

3．性能评价

在这一部分中，我们推导基于 LR 的 MIMO 检测的差错概率以验证基于 LR 的检测性能，其中信道矩阵 $\boldsymbol{H}$ 的元素是方差为σ_h^2的零均值 CSCG 随机变量。噪声向量 $\boldsymbol{n}$ 也可认为是零均值 CSCG 随机向量，且有$\mathrm{E}\left[\boldsymbol{n}\boldsymbol{n}^{\mathrm{H}}\right]=\boldsymbol{N}_0\boldsymbol{I}$。

定义一个 $N\times M$ 的矩阵$\boldsymbol{H}=\left[\boldsymbol{h}_1,\cdots,\boldsymbol{h}_M\right]$，其正交分离度定义为

$$\mathcal{OD}_M\left(\boldsymbol{H}\right)=1-\frac{\det\left(\boldsymbol{H}^{\mathrm{H}}\boldsymbol{H}\right)}{\prod_{i=1}^{M}\left\|\boldsymbol{h}_i\right\|^2} \tag{5-31}$$

LR 可以找到一个新的信道矩阵，相较于原矩阵具有更好的正交性（或有更低的正交分离度）。那么，系统模型可改写为

$$\boldsymbol{y}=\boldsymbol{G}\boldsymbol{U}\boldsymbol{s}+\boldsymbol{n} \tag{5-32}$$

其中，$\boldsymbol{U}$ 是一个幺模矩阵。在 $\boldsymbol{H}$ 转变为 $\boldsymbol{G}$ 的过程中应用了 CLLL 算法。根据式（5-21）和式（5-22），我们有

$$\begin{aligned}\left|[\boldsymbol{R}]_{\ell,\ell}\right|^2 \geqslant \delta\left|[\boldsymbol{R}]_{\ell-1,\ell-1}\right|^2-\left|[\boldsymbol{R}]_{\ell-1,\ell}\right|^2 \geqslant \\ \left(\delta-\frac{1}{2}\right)\left|[\boldsymbol{R}]_{\ell-1,\ell-1}\right|^2\end{aligned} \tag{5-33}$$

于是有

$$\left|[\boldsymbol{R}]_{\ell,\ell}\right|^2 \leqslant \left(\delta-\frac{1}{2}\right)^{\ell-\rho}\left|[\boldsymbol{R}]_{\rho,\rho}\right|^2 \tag{5-34}$$

其中，$1\leqslant\ell<\rho\leqslant M$。令 $\boldsymbol{r}_\rho$ 表示 $\boldsymbol{R}$ 的第 ρ 列，则我们有

$$\begin{aligned}\left\|\boldsymbol{r}_\rho\right\|^2=\left|[\boldsymbol{R}]_{\rho,\rho}\right|^2+\sum_{\ell=1}^{\rho-1}\left|[\boldsymbol{R}]_{\ell,\rho}\right|^2 \leqslant \\ \left|[\boldsymbol{R}]_{\rho,\rho}\right|^2+\sum_{\ell=1}^{\rho-1}\frac{1}{2}\left|[\boldsymbol{R}]_{\ell,\ell}\right|^2 \leqslant \\ \left|[\boldsymbol{R}]_{\rho,\rho}\right|^2+\sum_{\ell=1}^{\rho-1}\frac{1}{2}\left(\rho-\frac{1}{2}\right)^{\ell-\rho}\left|[\boldsymbol{R}]_{\rho,\rho}\right|^2\end{aligned} \tag{5-35}$$

令$\zeta=\dfrac{2}{2\rho-1}$，由于$\rho=\left(\dfrac{1}{2},1\right)$，因此$\zeta\in(2,\infty)$，且式（5-35）可改写为

$$\left\|\boldsymbol{r}_{\rho}\right\|^{2} \leqslant\left(\frac{1}{2}+\frac{1-\zeta^{\rho}}{2(1-\zeta)}\right)\left|[\boldsymbol{R}]_{\rho, \rho}\right|^{2} \leqslant \frac{1}{2} \zeta^{\rho}\left|[\boldsymbol{R}]_{\rho, \rho}\right|^{2} \tag{5-36}$$

那么，对于一个规约后的 $N\times M$ 矩阵 $\boldsymbol{G}$，正交分离度满足

$$\begin{aligned}
\mathcal{OD}_M(\boldsymbol{G}) = 1-\frac{\det(\boldsymbol{H}^{\mathrm{H}}\boldsymbol{H})}{\prod_{i=1}^{M}\left\|\boldsymbol{h}_i\right\|^2} = \\
1-\frac{\prod_{i=1}^{M}\left|[\boldsymbol{R}]_{i,i}\right|^2}{\prod_{i=1}^{M}\left\|\boldsymbol{r}_i\right\|^2} \leqslant \\
1-\frac{\prod_{i=1}^{M}\left|[\boldsymbol{R}]_{i,i}\right|^2}{\prod_{i=1}^{M}\frac{1}{2}\zeta^{i}\left|[\boldsymbol{R}]_{i,i}\right|^2} \leqslant \\
1-2^{M}\zeta^{-\frac{M(M+1)}{2}} = \\
1-2^{M}\left(\frac{2}{2\rho-1}\right)^{-\frac{M(M+1)}{2}}
\end{aligned} \tag{5-37}$$

我们可以发现

$$\sqrt{1-\mathcal{OD}_M(\boldsymbol{G})} \geqslant 2^{\frac{M}{2}}\left(\frac{2}{2\delta-1}\right)^{-\frac{M(M+1)}{4}} := c_{\delta} \tag{5-38}$$

LLL（实值）的推导可以得到同样的结果，那么经过 LLL/CLLL-LR 后（即 LR 使用 LLL 或 CLLL 算法），$\mathcal{OD}_M(\boldsymbol{G})$被限制在$1-c_{\delta}^{2}$。

定理 5-1：对于一个 $N\times M$ 的 MIMO 系统（$N\geqslant M$），基于 LR 的线性检测可以达到最大接收分集增益，即 N。

证明：为了获得分集增益，对基于 LR 的线性检测方式，我们计算其错误概率 $\boldsymbol{P}_{e,LR}$。基于 LR 的 MMSE 检测和基于 LR 的 ZF 检测有着相同的错误概率。为了便于分析，我们假设 MIMO 检测中应用基于 LR 的 ZF 方式。令$\boldsymbol{x}=\boldsymbol{G}^{\dagger}\boldsymbol{y}$表示基于 LR 的 ZF 检测的输出，其中$\boldsymbol{G}^{\dagger}$表示 $\boldsymbol{G}$ 的伪逆，于是有

$$\boldsymbol{x}=\boldsymbol{U}\boldsymbol{s}+\boldsymbol{G}^{\dagger}\boldsymbol{n} \tag{5-39}$$

则可得 $\boldsymbol{s}$ 的估计为

$$\hat{\boldsymbol{s}} = 2\boldsymbol{U}^{-1}\left\lfloor \frac{1}{2}\left(\boldsymbol{x}-\boldsymbol{U}\left(1+\mathrm{j}\right)\boldsymbol{1}\right) \right\rceil + \left(1+\mathrm{j}\right)\boldsymbol{1} = \boldsymbol{s} + 2\boldsymbol{U}^{-1}\left\lfloor \frac{1}{2}\boldsymbol{G}^{\dagger}\boldsymbol{n} \right\rceil \tag{5-40}$$

因为当$\left\lfloor \frac{1}{2}\boldsymbol{G}^{\dagger}\boldsymbol{n} \right\rceil = 0$时可以得到 $\boldsymbol{s}$ 的正确检测，所以对于给定的 $\boldsymbol{H}$，检测 $\boldsymbol{s}$ 的错误概率的上界为

$$P_{\mathrm{e},LR|\boldsymbol{H}} \leqslant 1-\Pr\left(\left\lfloor \frac{1}{2}\boldsymbol{G}^{\dagger}\boldsymbol{n} \right\rceil = 0 \,\middle|\, \boldsymbol{H}\right) \tag{5-41}$$

定义 $\boldsymbol{G}^{\dagger} = \left[\hat{\boldsymbol{g}}_1 \cdots \hat{\boldsymbol{g}}_M\right]^{\mathrm{T}}$，其中，$\hat{\boldsymbol{g}}_i^{\mathrm{T}}$（$i=1,2,\cdots,M$）表示$\boldsymbol{G}^{\dagger}$ 中的第 i 列；且 $\boldsymbol{G}=[\boldsymbol{g}_1,\cdots,\boldsymbol{g}_M]$，$\boldsymbol{g}_i$ 表示 $\boldsymbol{G}$ 中的第 i 列。于是，式（5-41）可改写为

$$P_{\mathrm{e},LR|\boldsymbol{H}} \leqslant \Pr\left(\max_{1\leqslant i\leqslant M}\left|\hat{\boldsymbol{g}}_i^{\mathrm{T}}\boldsymbol{n}\right| \geqslant 1 \,\middle|\, \boldsymbol{H}\right) \tag{5-42}$$

根据式（5-21）、式（5-22）和式（5-38），我们可以得到不等式

$$\max_{1\leqslant i\leqslant M}\left\|\hat{\boldsymbol{g}}_i^{\mathrm{T}}\right\| \leqslant \frac{1}{\sqrt{1-\mathcal{OD}_M\left(\boldsymbol{G}\right)}\cdot \min\limits_{1\leqslant i\leqslant M}\left\|\boldsymbol{g}_i\right\|} \tag{5-43}$$

因为

$$\max_{1\leqslant i\leqslant M}\left\|\hat{\boldsymbol{g}}_i^{\mathrm{T}}\boldsymbol{n}\right\| \leqslant \max_{1\leqslant i\leqslant M}\left\|\hat{\boldsymbol{g}}_i^{\mathrm{T}}\right\|\cdot\left\|\boldsymbol{n}\right\| \leqslant \frac{\left\|\boldsymbol{n}\right\|}{\sqrt{1-\mathcal{OD}_M\left(\boldsymbol{G}\right)}\cdot \min\limits_{1\leqslant i\leqslant M}\left\|\boldsymbol{g}_i\right\|} \tag{5-44}$$

于是 $\boldsymbol{P}_{e,LR|\boldsymbol{H}}$ 的上界可进一步表示为

$$P_{\mathrm{e},LR|\boldsymbol{H}} \leqslant \Pr\left(\frac{\left\|\boldsymbol{n}\right\|}{\sqrt{1-\mathcal{OD}\left(\boldsymbol{G}\right)}\cdot \min\limits_{1\leqslant i\leqslant M}\left\|\boldsymbol{g}_i\right\|} \geqslant 1 \,\middle|\, \boldsymbol{H}\right) \tag{5-45}$$

根据式（5-38），我们有$\sqrt{1-\mathcal{OD}_M\left(\boldsymbol{G}\right)} \geqslant c_{\delta}$。再用 $\boldsymbol{h}_{\min}$ 表示 $\boldsymbol{H}$ 张成的空间中所有向量里范数最小的非零向量，又因为 $\boldsymbol{H}$ 和 $\boldsymbol{G}$ 张成相同的空间，于是易得

$$\left\|\boldsymbol{h}_{\min}\right\| \leqslant \min_{1\leqslant i\leqslant M}\left\|\boldsymbol{g}_i\right\| \tag{5-46}$$

由式（5-41）和式（5-45）可得

$$
\begin{aligned}
P_{\mathrm{e},LR|\boldsymbol{H}} &\leqslant \Pr\left(\max_{1\leqslant i\leqslant M}\left|\hat{\boldsymbol{g}}_i^{\mathrm{T}}\boldsymbol{n}\right|\geqslant 1\,\middle|\,\boldsymbol{H}\right)\leqslant \\
&\Pr\left(\frac{\|\boldsymbol{n}\|}{\sqrt{1-\mathcal{OD}_M(\boldsymbol{G})}\cdot\min\limits_{1\leqslant i\leqslant M}\|\mathbf{g}_i\|}\geqslant 1\,\middle|\,\boldsymbol{H}\right)\leqslant \\
&\Pr\left(\|\boldsymbol{n}\|\geqslant c_\delta\|\boldsymbol{h}_{\min}\|\,\middle|\,\boldsymbol{H}\right)
\end{aligned} \tag{5-47}
$$

此外，符号平均错误概率的上界为

$$
\begin{aligned}
E_{\boldsymbol{H}}\left[P_{\mathrm{e},LR|\boldsymbol{H}}\right] &\leqslant E_{\boldsymbol{H}}\left[\Pr\left(\|\boldsymbol{n}\|^2\geqslant c_\delta^2\|\boldsymbol{h}_{\min}\|^2\,\middle|\,\boldsymbol{H}\right)\right]= \\
&E_{\boldsymbol{n}}\left[\Pr\left(\|\boldsymbol{h}_{\min}\|^2\leqslant\frac{\|\boldsymbol{n}\|^2}{c_\delta^2}\,\middle|\,\boldsymbol{n}\right)\right]
\end{aligned} \tag{5-48}
$$

用 $\boldsymbol{b}$ 表示一个非零的 $M\times 1$ 向量，其元素都属于复整数系数集，并令 $\boldsymbol{u}_b=\boldsymbol{H}\boldsymbol{b}$ 表示一个由 $\boldsymbol{H}$ 张成的空间 $\boldsymbol{\varLambda}$ 中的 $N\times 1$ 向量，那么有

$$
\|\boldsymbol{h}_{\min}\|^2=\arg\min_{\boldsymbol{u}_b\in\varLambda,\boldsymbol{u}_b\neq 0}\|\boldsymbol{u}_b\|^2 \tag{5-49}
$$

因为 $\boldsymbol{H}$ 中的元素是独立的，且满足分布 $\mathcal{CN}(0,1)$，那么 $\boldsymbol{u}_b$ 满足分布 $\mathcal{CN}(0,\|\boldsymbol{b}\|^2)$，且有为 $2N$ 自由度的中心卡方分布。因此，令 $\kappa=\frac{\|\boldsymbol{n}\|^2}{c_\delta^2}$，那么 $\|\boldsymbol{u}_b\|^2\leqslant\kappa$ 的概率上界为

$$
\begin{aligned}
\Pr\left(\|\boldsymbol{u}_b\|^2\leqslant\kappa\right)&=1-\mathrm{e}^{-\frac{\kappa}{\|\boldsymbol{b}\|^2}}\sum_{n=0}^{N-1}\frac{\left(\frac{\kappa}{\|\boldsymbol{b}\|^2}\right)^n}{n!}= \\
&\mathrm{e}^{-\frac{\kappa}{\|\boldsymbol{b}\|^2}}\sum_{n=N}^{\infty}\frac{\left(\frac{\kappa}{\|\boldsymbol{b}\|^2}\right)^n}{n!}\leqslant \\
&\left(\frac{1}{\|\boldsymbol{b}\|^2}\right)^N\kappa^N
\end{aligned} \tag{5-50}
$$

令 $\mathcal{H}_W$ 表示在 $w\in[1,\infty)$ 下 $\boldsymbol{u}_b$ 的第 w 种情况，且 $\mathcal{H}_{\min}=\|\boldsymbol{h}_{\min}\|^2$。由 $\mathcal{H}_{\min}$ 的累积分布函数

$$\Pr\left(\mathcal{H}_{\min} < v\right) = 1 - \Pr\left(\mathcal{H}_{\min} \geqslant v\right) = \\ 1 - \lim_{W\to\infty}\int_v^\infty \mathrm{d}\mathcal{H}_1 \int_v^\infty \mathrm{d}\mathcal{H}_2 \cdots \int_v^\infty f\left(\mathcal{H}_1, \mathcal{H}_2, \cdots, \mathcal{H}_W\right)\mathrm{d}\mathcal{H}_W \tag{5-51}$$

可得$\mathcal{H}_{\min}$的概率密度函数为

$$f(v) = \lim_{W\to\infty}\sum_{w=1}^{W}\int_v^\infty \mathrm{d}\mathcal{H}_1 \int_v^\infty \mathrm{d}\mathcal{H}_{w-1} \int_v^\infty \mathrm{d}\mathcal{H}_{w+1}\cdots \\ \int_v^\infty f\left(\mathcal{H}_1, \cdots, \mathcal{H}_{w-1}, v, \mathcal{H}_{w+1}, \cdots, \mathcal{H}_W\right)\mathrm{d}\mathcal{H}_W \leqslant \\ \sum_{w=1}^{\infty} f_{\mathcal{H}_W}(v) \tag{5-52}$$

其中，$f_{\mathcal{H}_W}(v)$表示$\mathcal{H}_W$的概率密度函数。那么，根据式（5-50）和式（5-52），我们有

$$\Pr\left(\left\|\boldsymbol{h}_{\min}\right\|^2 \leqslant \kappa\right) \leqslant \int_0^\kappa \sum_{w=1}^{\infty} f_{\mathcal{H}_W}(v)\mathrm{d}v \leqslant \\ \sum_{t=1}^{\infty}\sum_{\forall\|\boldsymbol{b}\|^2=t}\left(\frac{1}{\|\boldsymbol{b}\|^2}\right)^N \kappa^N \tag{5-53}$$

于是，当式（5-54）成立时，存在一个依赖于M和N的有限常数c_{NM}，使$N=M$也是如此。

$$\Pr\left(\left\|\boldsymbol{h}_{\min}\right\|^2 \leqslant \kappa\right) \leqslant c_{NM}\kappa^N \tag{5-54}$$

此外，由于$\|\boldsymbol{b}\|^2 = t$是一个$2M$维空间中半径为$\sqrt{t}$的超球体，那么在$\|\boldsymbol{b}\|^2 = t$条件下整数向量$\boldsymbol{b}$的个数则被限制在此超球体之内，于是进一步可得$\Pr\left(\left\|\boldsymbol{h}_{\min}\right\|^2 \leqslant \kappa\right)$的上界为

$$\Pr\left(\left\|\boldsymbol{h}_{\min}\right\|^2 \leqslant \kappa\right) \leqslant \sum_{t=1}^{\infty}\left(\frac{2\pi^M t^{M-\frac{1}{2}}}{(M-1)!}\left(\frac{1}{t}\right)^N\right)\kappa^N = \\ \left(\sum_{t=1}^{\infty}\frac{1}{t^{N-M+\frac{1}{2}}}\right)\frac{2\pi^M}{(M-1)!}\kappa^N \tag{5-55}$$

其中，当$N>M$时，不等式的右半部分能收敛到一个有限的常数。

简而言之，根据式（5-48）和式（5-54），平均错误概率的上界为

$$E_{\boldsymbol{H}}\left[P_{\mathrm{e},LR|\boldsymbol{H}}\right] \leqslant E_{\boldsymbol{n}}\left[\Pr\left(\left\|\boldsymbol{h}_{\min}\right\|^2 \leqslant \frac{\|\boldsymbol{n}\|^2}{c_\delta^2} \middle| \boldsymbol{n}\right)\right] \leqslant$$
$$E_{\boldsymbol{n}}\left[c_{NM}\left(\frac{1}{c_\delta^2}\right)^N \|\boldsymbol{n}\|^{2N}\right] = \tag{5-56}$$
$$c_{NM}\left(\frac{1}{c_\delta^2}\right)^N \frac{(2N-1)!}{(N-1)!}\left(\frac{1}{N_0}\right)^{-N}$$

由于式（5-56）中 $\boldsymbol{P}_{\mathrm{e},LR|H}$ 的上界为卡方随机变量$\|\boldsymbol{n}\|^2$的 N 阶矩，可见基于 LR 的线性检测器的接收分集增益大于或等于 N。值得注意的是，N 也是 $N\times M$ MIMO 系统的最大接收分集增益。因此，基于 LR 的线性检测器能够达到完全接收分集增益 N。

5.1.3　仿真结果

图 5-1 给出了 4×4 MIMO 系统 MIMO 多种检测器的误码性能。由图可以看出，与 MIMO 线性检测（ZF、MMSE）相比，最优检测器 ML 性能具有明显优势，但是其指数增长的复杂度导致其难以在实际系统中应用。线性检测器（ZF、MMSE）虽然复杂度较低，其性能却不尽如人意。基于 LR 的信号检测方法，可在一个较低复杂度的情况下，获得接近 ML 的性能，即能够获得完全的接收分集增益。因此，基于 LR 的信号检测方法可以获得性能和复杂度之间一个较好的折中。

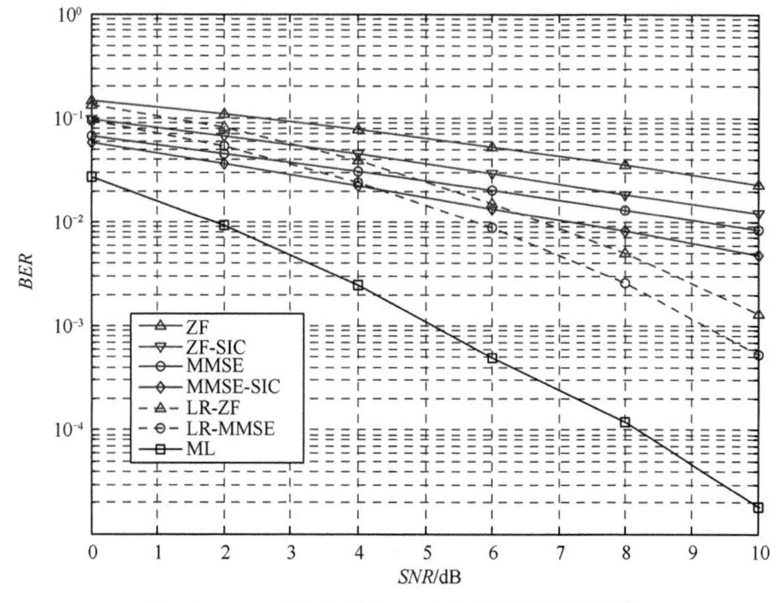

图 5-1　4×4 MIMO 系统 MIMO 多种检测器误码性能

5.2 迭代检测译码基本原理及最优 MAP 检测

在上一节，我们介绍了未编码 MIMO 系统基于格基规约的信号检测，但是未编码 MIMO 系统并不能够达到或接近系统的理论信道容量。为解决该问题，人们开始考虑 BICM-ID 系统。通过使用 BICM-ID 系统，可将信道解码与信号检测进行联合迭代处理，从而进一步提高系统性能。

5.2.1 BICM-ID 系统

对于接收机而言，当一个（信道）编码序列通过一个有噪信道传输时，为了均衡和检测，可以先假设传输信号是未编码信号。信号均衡或解调之后，再利用信道译码器提取信息比特序列。但是为了提高系统性能，我们可以考虑利用反馈设计迭代接收机。对于迭代接收机设计，随机比特交织器是一个重要的组成部分，而得到的传输方案被称作 BICM 结构。通常 BICM 接收机由 SISO 均衡器（或者解调器）、SISO 解码器、（比特）交织器和解交织器组成，如图 5-2 所示。

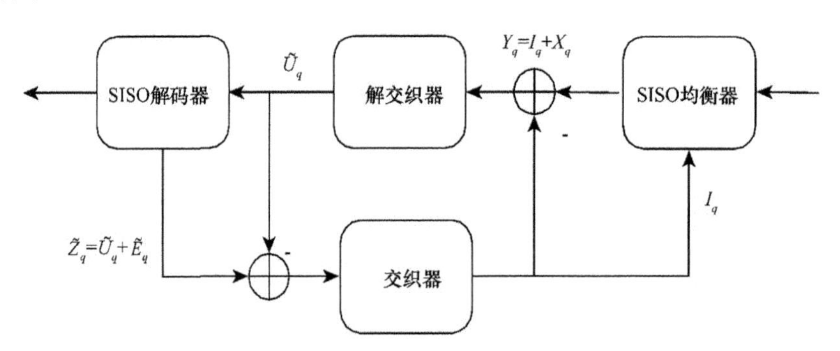

图 5-2 BICM 接收机示意

假设当时间为 t 时，平坦衰落信道上接收离散时间基带信号为

$$y_t = h_t s_t + n_t \tag{5-57}$$

With kind permission from Springer Science+Business Media:<Low Complexity MIMO Recievers, MIMO Iterative Receivers, 2014, pp.143-174, L.Bai, J.Choi, and Q. Yu>.

其中，h_t 指信道增益，$s_t \in S$ 是传输符号，n_t 表示方差为 N_0 的加性高斯白噪声。在基于 BICM-ID 的迭代接收机收到编码信号后，SISO 均衡器将首先据此计算编码信号的先验信息，并提供给 SISO 解码器。信道解码器将解码后的比特信息反馈给信道均衡器以进一步抑制噪声和衰落，以便均衡器在下次迭代时能提供更可信的信息给信道解码器。通过迭代，更可信的信息在均衡器和解码器之间交换。当噪声和衰落被完全抑制时，最佳的均衡信号将被提供给信道解码器，以获得理想的性能。

在迭代接收机中，为了获得更好的性能，数据软信息将在接收机内部通过迭代交换。SISO 均衡器和解码器的输入输出数据如图 5-2 所示。假设 SISO 均衡器在第 q 次迭代时提供输出为

$$Y_q = I_q + X_q \tag{5-58}$$

其中，I_q 是来自信道解码器的数据外在信息，X_q 则表示来自接收信号数据信息。通常，X_q 依赖于 I_q。若 SISO 均衡器能提供数据序列更可靠的信息 X_q，信道解码器便可得到更高可信度的 I_q。有了更高可信度的 I_q，解码后的比特信息便更接近发射机所发送的信息。注意，此时 Y_q、X_q 和 I_q 是指数据，后面将详细定义。

信道解码器的输出可以写成

$$\widetilde{Z}_q = \widetilde{U}_q + \widetilde{E}_q \tag{5-59}$$

其中，$\widetilde{U}_q$指输入信道解码器的信息，$\widetilde{E}_q$表示从信道解码器获得的外在信息。有“~”符号的量表示解交织后的变量，而没有“~”符号的量表示交织后的变量。例如，$\widetilde{U}_q$指解交织器的输出，而 U_q 指输入。根据图 5-2，U_q 按如下方式变成 X_q。

$$\begin{cases} U_q = Y_q - I_q = X_q \\ \tilde{U}_q = \tilde{X}_q \end{cases} \tag{5-60}$$

然后在下一次迭代中，我们有

$$\begin{cases} I_{q+1} = E_q \\ \tilde{Z}_{q+1} = \tilde{X}_{q+1} + \tilde{E}_{q+1} \end{cases} \tag{5-61}$$

通过迭代，编码比特的外在信息在 SISO 均衡器和 SISO 解码器之间交换，BICM-ID 的性能则通过迭代不断得到提高。

注意，由于信息的累积，每次迭代减去外在信息对避免偏离很重要。假设外在信息没有减去，然后我们有

$$\begin{cases} I_{q+1} = X_q + I_q + E_q \\ \widetilde{Z}_{q+1} = \left(\widetilde{X}_{q+1} + \widetilde{I}_{q+1}\right) + \widetilde{E}_{q+1} = \widetilde{X}_{q+1} + \widetilde{X}_q + \widetilde{I}_q + \widetilde{E}_q + \widetilde{E}_{q+1} \end{cases} \tag{5-62}$$

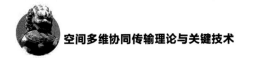

显然，当 $q \to \infty$，累积项 $\widetilde{Z}_q$ 中 $\sum_{k=0}^{q} \widetilde{X}_k$ 和 $\sum_{k=0}^{q} \widetilde{E}_k$ 会偏离，并通过 $\widetilde{I}_q$ 表现出来。此时，BICM-ID 便会偏离。

下面，我们定义变量 X_q、I_q 和 E_q。对于 SISO 均衡器，Y_q 指对数后验概率，X_q 和 I_q 分别指对数似然比和先验概率对数比（LAPRP）。对 s_t 中一个给定的比特 b 和接收到的信号 y_t，我们有

$$\underbrace{\log \frac{\Pr\left(b=+1 \mid y_t\right)}{\Pr\left(b=+1 \mid y_t\right)}}_{=Y} = \underbrace{\log \frac{\Pr\left(y_t \mid b=+1\right)}{\Pr\left(y_t \mid b=-1\right)}}_{=X} + \underbrace{\log \frac{\Pr\left(b=+1\right)}{\Pr\left(b=-1\right)}}_{=I} \tag{5-63}$$

当给定一个符号和一个有噪信道下的接收信号时，我们可以用同样的方法定义 Y_q、X_q 和 I_q。在这种情况下，我们将 MAP 检测应用到 SISO 均衡中。MAP 信道解码很适合提供式（5-59）中的输出。

设 $b_t(m)$ 表示 s_i 映射比特中第 m 个最重要的比特，MAP 均衡器的输出后验概率（Log-Ratio of A Posteriori Probability，LAPP）由下式给出。

$$L\left(b_t(m)\right) = \log \frac{\Pr\left(b_t(m)=+1 \mid y_t\right)}{\Pr\left(b_t(m)=-1 \mid y_t\right)} \tag{5-64}$$

若先验概率（APriori Probability，APRP）用 $\Pr\left(b_t(m)\right)$ 表示，信道解码器的输入对数似然比例（Log-Likelihood Ratio，LLR）则可由下式给出。

$$\begin{aligned} LLR\left(b_t(m)\right) &= \log \frac{f\left(y_t \mid b_t(m)=+1\right)}{f\left(y_t \mid b_t(m)=-1\right)} = \\ &\log \frac{\Pr\left(b_t(m)=+1 \mid y_t\right) / \Pr\left(b_t(m)=+1\right)}{\Pr\left(b_t(m)=-1 \mid y_t\right) / \Pr\left(b_t(m)=-1\right)} = \\ &L\left(b_t(m)\right) - \log \frac{\Pr\left(b_t(m)=+1\right)}{\Pr\left(b_t(m)=-1\right)} \end{aligned} \tag{5-65}$$

其中，$\log \frac{\Pr\left(b_t(m)=+1\right)}{\Pr\left(b_t(m)=-1\right)}$ 就是对数先验概率（Log-ratio of A Priori Probability，LAPRP）。

5.2.2　MIMO 迭代接收机——最优 MAP 检测

对于编码 MIMO 系统，比特交织编码调制（BICM）可以用在 MIMO 信道上，在接近信道容量的数据速率下获得良好的性能；同时，MIMO-BICM 系统又不会给发射机和接收机带来较高的计算开销。在 MIMO-BICM 系统中使用软输入软输出（SISO）信道解码器时，基于 Turbo 原则，可用迭代解码检测（Iterative Decoding and Detection，IDD）提高系统性能。在 MIMO-BICM-ID 中，MAP 检测可获得最优的检测性能。

MIMO 信道迭代接收机的结构如图 5-3 所示，其中 MIMO 检测器和信道译码器之间不断交换数据符号的 LLR。迭代接收机的原则和第 5.2.2 节中讨论的 BICM-ID 系统的原则一样。考虑发射天线为 N_t，接收天线为 N_r 的 MIMO 系统，其系统模型为

$$y = Hs + n \tag{5-66}$$

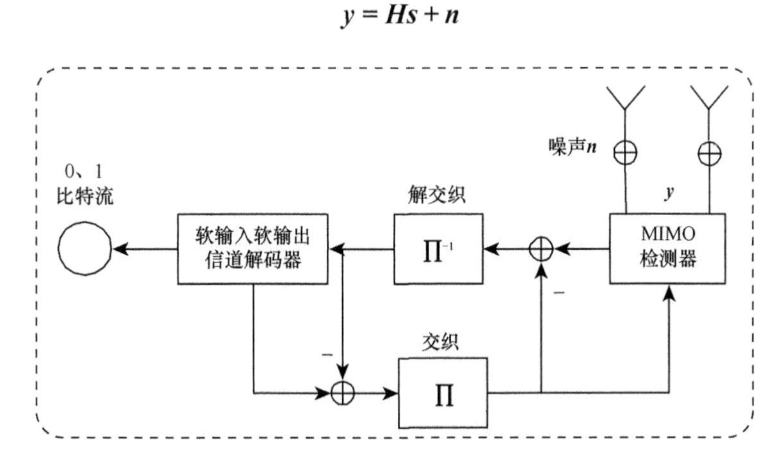

图 5-3　MIMO 信道迭代接收机示意

其中，$\boldsymbol{H}$、$\boldsymbol{s}=\left[s_1,\cdots,s_{N_t}\right]^{\mathrm{T}}$ 和 $\boldsymbol{n}$ 分别指 $N_r\times N_t$ 的信道矩阵、$N_t\times 1$ 数据符号向量和协方差矩阵为 $N_0\boldsymbol{I}$ 的 $N_r\times 1$ 零均值 CSCG 向量。令 $s_k\in A$，这里 A 表示字母符号，且 $|A|=2^M$。我们假设每个天线的平均发射功率归一化为 $E_s\triangleq\frac{1}{|A|}\sum_{s_k\in A}|s_k|^2=1$。

在本章中，我们统一假设在 BICM 发射机采用随机比特交织器，信道编码则使用码率为 $\boldsymbol{R}_c$ 的卷积编码。卷积编码后，连续多组 M 个（已交织）编码比特 $\{b_{k,1},b_{k,2},\cdots,b_{k,M}\}$ 分别被调制成 2^M 进制的发送信号 s_k，并通过第 k 个发射天线发射，这里的 $b_{k,l}\in\{\pm 1\}$ 是指 s_k 的第 l 个比特。发射符号 $\boldsymbol{s}$ 由 N_tM 个编码比特

组成。由于使用了随机比特交织，因此我们假设 s_k 相互独立，$b_{k,1}$ 也相互独立。

在 MIMO-BICM-ID 接收机中，MIMO 检测器首先将编码比特的软判决提供给 SISO 信道译码器，SISO 信道译码器进行软解码后，将比特外信息反馈给 MIMO 检测器。该信息在随后的迭代中被 MIMO 检测器作为传输数据符号的先验信息加以利用。MIMO-BICM-ID 系统便可通过迭代利用在检测器和解码器之间交换的软比特外在信息来提高系统性能。

在 MAP 检测中，输出软比特信息，也就是 $b_{k,1}$ 的精确 LLR 由下式给出。

$$L_E\left(b_{k,l}\right)=\log\frac{\sum_{s\in A_{k,l}^{+}}\Pr\left(s\mid y\right)}{\sum_{s\in A_{k,l}^{-}}\Pr\left(s\mid y\right)}-L_A\left(b_{k,l}\right) \tag{5-67}$$

其中，$A_{k,l}^{\pm}$表示满足 s_k 的第 l 个比特是 ±1 的 A^{N_t}的子集，是 SISO 译码器提供的作为先验信息的 LAPRP。这里，$\Pr\left(b_{k,l}\mid y\right)$和$\Pr\left(s\mid y\right)$分别表示 $b_{k,1}$ 的 APPs 和给定 $\boldsymbol{y}$ 时 $\boldsymbol{s}$ 的 APPs。

令

$$L_{\text{app}}\left(b_{k,l}\right)=\log\frac{\sum_{s\in A_{k,l}^{+}}\Pr\left(s\mid y\right)}{\sum_{s\in A_{k,l}^{-}}\Pr\left(s\mid y\right)} \tag{5-68}$$

由于噪声 $\boldsymbol{n}$ 为 CSCG 向量，根据贝叶斯准则，我们有

$$L_{\text{app}}\left(b_{k,l}\right)=\log\frac{\sum_{s\in A_{k,l}^{+}}\mathrm{e}^{-\frac{1}{N_0}\|\boldsymbol{y}-\boldsymbol{Hs}\|}\Pr_{\text{api}}\left(s\right)}{\sum_{s\in A_{k,l}^{-}}\mathrm{e}^{-\frac{1}{N_0}\|\boldsymbol{y}-\boldsymbol{Hs}\|}\Pr_{\text{api}}\left(s\right)} \tag{5-69}$$

其中

$$\Pr_{\text{api}}\left(s\right)=\exp\left(\frac{1}{2}\sum_{k=1}^{N_t}\sum_{l=1}^{M}b_{k,l;s}L_A\left(b_{k,l;s}\right)\right) \tag{5-70}$$

其中，$b_{k,l;s}$ 表示给定 $\boldsymbol{s}$ 时的第 (k,l) 个比特。

令

$$\boldsymbol{s}_{k,l}^{\pm}=\arg\max_{s\in A_{k,l}^{\pm}}\left\{-\frac{1}{N_0}\|\boldsymbol{y}-\boldsymbol{Hs}\|^2+\sum_{k=1}^{N_t}\sum_{l=1}^{M}b_{k,l;s}L_A\left(b_{k,l}\right)\right\} \tag{5-71}$$

由 $L_{k,l}^{\pm}\triangleq-\frac{\left\|\boldsymbol{y}-\boldsymbol{Hs}_{k,l}^{\pm}\right\|^2}{N_0}+\sum_{k=1}^{N_t}\sum_{l=1}^{M}b_{k,l;\boldsymbol{s}_{k,l}^{\pm}}L_A\left(b_{k,l}\right)$，我们可以将式（5-67）的最大对数约

数改写为[36]

$$L_E\left(b_{k,l}\right)\approx\frac{1}{2}\left(L_{k,l}^{+}-L_{k,l}^{-}\right)-L_A\left(b_{k,l}\right) \tag{5-72}$$

由式（5-67）或式（5-72）中的 $\mathcal{A}_{k,l}^{\pm}$ 可知，MAP 的计算复杂度随着 N_t 呈指数增长。因此，MIMO 系统中低复杂度次优方法被广泛研究，用以近似精确地估算 LLR。

| 5.3　基于随机采样的检测译码技术 |

为了避免最优 MAP 检测所具有的指数增长复杂度，基于随机采样的检测译码技术被提出[2]。随机采样基于随机串行干扰消除（Successive Interference Cancellation，SIC）检测，在列表生成过程中考虑了先验信息（A Priori Information，API），可生成具有高后验信息的候选解向量的列表。为了降低在 LR 域获得 API 的复杂度，该随机采样检测算法还使用了联合高斯分布来用于估计 API，使得随机采样检测可以一个较低的计算复杂度找到多个高后验概率（A Posteriori Probabilities，APP）的候选解向量。

5.3.1　系统模型

在本节，我们将首先采用等效的实值系统模型。令 n_t=2N_t，n_r=2N_r，$\mathcal{S}$ 表示对应于 $\mathcal{A}$ 的实值传输信号的有限集。令 $\boldsymbol{y}_\mathrm{r}=[\Re\{y\quad\Im\{y\}\}]^\mathrm{T},\boldsymbol{s}_\mathrm{r}=[\Re\{s\quad\Im\{s\}\}]^\mathrm{T}$，$\boldsymbol{n}_\mathrm{r}=[\Re\{n\quad\Im\{n\}\}]^\mathrm{T}$，且

$$\boldsymbol{H}_\mathrm{r}=\begin{bmatrix}\Re\{H\} & -\Im\{H\}\\ \Im\{H\} & \Re\{H\}\end{bmatrix}\in\mathbb{R}^{n_\mathrm{r}\times n_\mathrm{t}} \tag{5-73}$$

其中，$\boldsymbol{y}_\mathrm{r}\in\mathbb{R}^{n_\mathrm{r}}$，$\boldsymbol{n}_\mathrm{r}\in\mathbb{R}^{n_\mathrm{r}}$ 且 $\boldsymbol{s}_\mathrm{r}\in\mathcal{S}^{n_\mathrm{t}}$。则系统模型为

$$\boldsymbol{y}_\mathrm{r}=\boldsymbol{H}_\mathrm{r}\boldsymbol{s}_\mathrm{r}+\boldsymbol{n}_\mathrm{r} \tag{5-74}$$

其中，$\boldsymbol{s}_\mathrm{r}=[s_1,\cdots,s_{n_\mathrm{t}}]^\mathrm{T}$。

5.3.2　基于 LR 的采样列表生成方法

利用 LLL 算法，我们也可以找到一个近似正交的基向量组 $\boldsymbol{G}_\mathrm{r}$=$\boldsymbol{H}_\mathrm{r}\boldsymbol{T}_\mathrm{r}$，其中

$\boldsymbol{T}_{\mathrm{r}}$ 是复值整数幺模矩阵。令$\boldsymbol{u}_{\mathrm{r}}=\boldsymbol{T}_{\mathrm{r}}^{-1}\boldsymbol{s}_{\mathrm{r}}$，我们有

$$\boldsymbol{y}_{\mathrm{r}}=\boldsymbol{G}_{\mathrm{r}}\boldsymbol{u}_{\mathrm{r}}+\boldsymbol{n}_{\mathrm{r}} \tag{5-75}$$

再结合 $\boldsymbol{G}_{\mathrm{r}}$ 的 QR 分解，我们有 $\boldsymbol{G}_{\mathrm{r}}=\boldsymbol{Q}_{\mathrm{r}}\boldsymbol{R}_{\mathrm{r}}$，其中 $\boldsymbol{Q}_{\mathrm{r}}$ 是酉矩阵，$\boldsymbol{R}_{\mathrm{r}}$ 是上三角矩阵。对 $\boldsymbol{y}_{\mathrm{r}}$ 左乘$\boldsymbol{Q}_{\mathrm{r}}^{\mathrm{H}}$，我们有

$$\boldsymbol{x}_{\mathrm{r}}=\boldsymbol{Q}_{\mathrm{r}}^{\mathrm{H}}\boldsymbol{y}_{\mathrm{r}}=\boldsymbol{R}_{\mathrm{r}}\boldsymbol{u}_{\mathrm{r}}+\boldsymbol{n}_{\mathrm{r}} \tag{5-76}$$

由于$\boldsymbol{Q}_{\mathrm{r}}^{\mathrm{H}}\boldsymbol{n}_{\mathrm{r}}$和 $\boldsymbol{n}_{\mathrm{r}}$ 的统计特性相同，因此$\boldsymbol{Q}_{\mathrm{r}}^{\mathrm{H}}\boldsymbol{n}_{\mathrm{r}}$可由 $\boldsymbol{n}_{\mathrm{r}}$ 代替。所以，基于 LR 的复值 SIC，对 $\boldsymbol{u}_{\mathrm{r}}$ 的第 n 个符号检测为

$$\boldsymbol{u}_{\mathrm{r},n}=\frac{1}{\alpha}(\lfloor\tilde{\boldsymbol{u}}_{\mathrm{r},n}\rceil-(\beta+\mathrm{j}\beta)t_n\boldsymbol{1}) \tag{5-77}$$

其中，$\tilde{\boldsymbol{u}}_{\mathrm{r},n}=\alpha\boldsymbol{u}_{\mathrm{r}}+(\beta+\mathrm{j}\beta)t_n\boldsymbol{1}$ 且 $\boldsymbol{u}_{\mathrm{r}}=\left(\boldsymbol{x}_{\mathrm{r},n}-\sum\limits_{j=n+1}^{N_{\mathrm{t}}}\boldsymbol{r}_{n,j}\hat{\boldsymbol{u}}_j\right)\Big/\boldsymbol{r}_{n,n}$，$\boldsymbol{t}_n=[\boldsymbol{T}^{-1}]_{(n,1:N_{\mathrm{t}})}$。

为了改善近 MAP 检测的列表生成方法性能，应该在第一次迭代后考虑每个比特的 API。若使用枚举搜索，其复杂度将随发送天线的数目呈指数增长。因此在列表生成的过程中，我们使用一个高斯估计来获取 $\boldsymbol{u}_{\mathrm{r}}$ 的 API，然后再根据列表生成算法，利用一个合适的采样分布来为列表选择高 APP 的候选解。

1. 在 LR 域的高斯估计

为了获得 $\boldsymbol{u}_{\mathrm{r}}$ 的 API，若根据文献 [3] 中的方法生成 LR 域中的全部向量，将导致$O(2^{MN_{\mathrm{t}}})$的计算复杂度。因此，下面我们将介绍一种低复杂度的 LR 域 API 估计方法。该方法使用了 $\boldsymbol{u}_{\mathrm{r}}$ 的联合高斯分布来估计 $\boldsymbol{u}_{\mathrm{r}}$ 的 API。

考虑到 $\boldsymbol{u}_{\mathrm{r}}$ 是 $\boldsymbol{s}_{\mathrm{r}}$ 的线性组合并假设 $\boldsymbol{s}_{\mathrm{r}}$ 的统计特性可以从 SISO 解码器处获得。于是，$\boldsymbol{u}_{\mathrm{r}}$ 的均值向量和协方差矩阵为

$$\bar{\boldsymbol{u}}_{\mathrm{r}}=\mathrm{E}[\boldsymbol{T}_{\mathrm{r}}^{-1}\boldsymbol{s}_{\mathrm{r}}]=\boldsymbol{T}_{\mathrm{r}}^{-1}\mathrm{E}[\boldsymbol{s}_{\mathrm{r}}] \tag{5-78}$$

$$\begin{aligned}\boldsymbol{Q}_{\mathrm{r}}&=\mathrm{E}[\boldsymbol{u}_{\mathrm{r}}\boldsymbol{u}_{\mathrm{r}}^{\mathrm{T}}]-\bar{\boldsymbol{u}}_{\mathrm{r}}\bar{\boldsymbol{u}}_{\mathrm{r}}^{\mathrm{T}}=\\&\boldsymbol{T}_{\mathrm{r}}^{-1}\mathrm{E}[\boldsymbol{s}_{\mathrm{r}}\boldsymbol{s}_{\mathrm{r}}^{\mathrm{T}}]\boldsymbol{T}_{\mathrm{r}}^{-\mathrm{T}}-\bar{\boldsymbol{u}}_{\mathrm{r}}\bar{\boldsymbol{u}}_{\mathrm{r}}^{\mathrm{T}}\end{aligned} \tag{5-79}$$

这里需要注意，$\boldsymbol{u}_{\mathrm{r}}$ 中的各个单独符号 $\boldsymbol{u}_k$ 是由独立的 $\boldsymbol{s}_{\mathrm{r}}$ 中的各元素组成的。此外，每个单独符号 $\boldsymbol{u}_k$ 具有有限均值和方差。因此，根据中心极限定理，$\boldsymbol{u}_{\mathrm{r}}=[u_1,u_2,\cdots,u_{n_{\mathrm{t}}}]^{\mathrm{T}}$可以由 n_{t} 个联合高斯分布的随机变量来建模，其均值为$\bar{\boldsymbol{u}}_{\mathrm{r}}$，协方差为 $\boldsymbol{Q}_{\mathrm{r}}$。也就是说，当 n_{t} 足够大时，我们有

$$\boldsymbol{u}_{\mathrm{r}} \sim \mathcal{N}(\overline{\boldsymbol{u}}_{\mathrm{r}}, \boldsymbol{Q}_{\mathrm{r}}) \tag{5-80}$$

用 $\boldsymbol{u}_{\mathrm{r},D}^{(n)} = [u_{n+1}, \cdots, u_{n_{\mathrm{t}}}]$ 和 $\boldsymbol{u}_{\mathrm{r},ND}^{(n)} = [u_1, u_2, \cdots, u_n]^{\mathrm{T}}$ 表示已检测的符号和将要在 SIC 检测的第 n 层检测的符号。注意，此处 $\boldsymbol{Q}_{\mathrm{r}}$ 并不一定是对角矩阵。因此，$\boldsymbol{u}_{\mathrm{r},ND}^{(n)}$ 的 API 依赖于 $\boldsymbol{u}_{\mathrm{r},D}^{(n)}$，而且当给定 $\boldsymbol{u}_{\mathrm{r},D}^{(n)}$ 时，$\boldsymbol{u}_{\mathrm{r},ND}^{(n)}$ 的条件分布也需要被考虑在内。

对于给定的 $\boldsymbol{u}_{\mathrm{r},D}^{(n)}$，令 $\overline{\boldsymbol{u}}_{\mathrm{r}}^{(n)}$ 和 $\boldsymbol{Q}_{\mathrm{r}}^{(n)}$ 分别表示 $\boldsymbol{u}_{\mathrm{r},ND}^{(n)}$ 的条件期望和协方差矩阵，即 $\boldsymbol{Q}_{\mathrm{r}}^{(n_{\mathrm{t}})} = \boldsymbol{Q}_{\mathrm{r}}$，$\overline{\boldsymbol{u}}_{\mathrm{r}}^{(n_{\mathrm{t}})} = \overline{\boldsymbol{u}}_{\mathrm{r}}$，我们有

$$\overline{\boldsymbol{u}}_{\mathrm{r}}^{(n+1)} = \begin{bmatrix} \overline{\boldsymbol{u}}_{\mathrm{r},1}^{(n+1)} \\ \overline{u}_{\mathrm{r},2}^{(n+1)} \end{bmatrix} \tag{5-81}$$

其中，$\overline{\boldsymbol{u}}_{\mathrm{r}}^{(n+1)} \in \mathbb{R}^{n+1}, \overline{\boldsymbol{u}}_{\mathrm{r},1}^{(n+1)} = [\overline{\boldsymbol{u}}_{\mathrm{r},1}^{(n+1)}]_{(1:n,1)}$，且

$$\boldsymbol{Q}_{\mathrm{r}}^{(n+1)} = \begin{bmatrix} \boldsymbol{Q}_{\mathrm{r},1}^{(n+1)} & \boldsymbol{q}_{\mathrm{r},2}^{(n+1)} \\ \boldsymbol{q}_{\mathrm{r},3}^{(n+1)} & q_{\mathrm{r},4}^{(n+1)} \end{bmatrix} \tag{5-82}$$

此处，$\boldsymbol{Q}_{\mathrm{r}}^{(n+1)} \in \mathbb{R}^{(n+1)\times(n+1)}$，$\boldsymbol{Q}_{\mathrm{r},1}^{(n+1)} = [\boldsymbol{Q}_{\mathrm{r}}^{(n+1)}]_{(1:n,1:n)}$，$\boldsymbol{q}_{\mathrm{r},2}^{(n+1)} = [\boldsymbol{Q}_{\mathrm{r}}^{(n+1)}]_{(1:n,n+1)}$，$\boldsymbol{q}_{\mathrm{r},3}^{(n+1)} = [\boldsymbol{Q}_{\mathrm{r}}^{(n+1)}]_{(n+1,1:n)}$。于是，当给定 $\boldsymbol{u}_{\mathrm{r},D}^{(n)}$ 时，$\boldsymbol{u}_{\mathrm{r},ND}^{(n)}$ 的条件概率密度函数（Probability Density Function，PDF）为

$$f(\boldsymbol{u}_{\mathrm{r},ND}^{(n)} \mid \boldsymbol{u}_{\mathrm{r},D}^{(n)}) \propto \mathcal{N}(\overline{\boldsymbol{u}}_{\mathrm{r}}^{(n)}, \boldsymbol{Q}_{\mathrm{r}}^{(n)}) \tag{5-83}$$

其中，$\overline{\boldsymbol{u}}_{\mathrm{r},n} = \overline{\boldsymbol{u}}_{\mathrm{r},1}^{(n+1)} + \dfrac{\boldsymbol{q}_{\mathrm{r},2}^{(n+1)}}{q_{\mathrm{r},4}^{(n+1)}}(\hat{u}_{\mathrm{r},(n+1)} - \overline{u}_{\mathrm{r},2}^{(n+1)})$，$\boldsymbol{Q}_{\mathrm{r}}^{(n)} = \boldsymbol{Q}_{\mathrm{r},1}^{(n+1)} - \dfrac{\boldsymbol{q}_{\mathrm{r},2}^{(n+1)}\boldsymbol{q}_{\mathrm{r},3}^{(n+1)}}{q_{\mathrm{r},4}^{(n+1)}}$。

在 SIC 检测的第 n 层，因为 $\boldsymbol{R}_{\mathrm{r}}$ 是上三角，所以 $\boldsymbol{u}_{\mathrm{r},n}$ 的边缘 PDF $f(\boldsymbol{u}_{\mathrm{r},ND}^{(n)} \mid \boldsymbol{u}_{\mathrm{r},D}^{(n)})$ 被用来估计 $\boldsymbol{u}_{\mathrm{r},n}$ 的 API 则为

$$f(u_{\mathrm{r},n} \mid \boldsymbol{u}_{\mathrm{r},D}^{(n)}) \propto \left(-\frac{(u_{\mathrm{r},n} - \widehat{u}_{\mathrm{r},n}^{(n)})^2}{2\sigma^2} \right) \tag{5-84}$$

其中，$\sigma = \sqrt{\sigma_4(n)}$。因此，式（5-82）和式（5-83）可以用来在基于 LR 的 SIC 检测的第 n 层获得先验概率和后验概率的分布。利用 API 估计，我们可以在 LR 域生成一个具有高 APP 的候选解向量列表。

2. 基于 LR 的随机 IDD

在 $\mathcal{S}^{n_{\mathrm{t}}}$ 上，当生成候选列表时，可通过确定的迭代树搜索（Iterative Tree Search，ITS）方法，利用 API 信息以获得较好的检测性能。然而，对于基于 LR 的 IDD，在 LR 域上通过 ITS 来获得确切的比特信息需要较高的计算复杂度。由于在 LR 域的先验信息不能通过原比特软信息 LLR 来生成，因此采用 ITS 方

法时利用 API 是比较困难的。根据第 5.4.2.1 节所提的 API 高斯估计，我们可通过随机采样来在 LR 域以低复杂度找到具有高 APP 的候选解。此外，在基于 LR 的 SIC 检测中的第 n 层，通过使用恰当的分布，对接近 $\tilde{\boldsymbol{u}}_{\mathrm{r},n}$ 或 $(\alpha\bar{u}_{\mathrm{r},n}^{(n)}+\beta\boldsymbol{t}_n\boldsymbol{1})$ 的向量进行采样，还能够避免在 LR 域对符号进行枚举搜索。

在基于 LR 的 IDD 随机抽样检测中，获取一个恰当的采样分布对于列表生成方法的性能至关重要。对于非 IDD 系统中基于 LR 的检测方法，文献 [4] 中的采样算法使用式（5-85）所描述的分布可将 $\tilde{\boldsymbol{u}}_n$ 四舍五入为整数 z，以此获得接近 ML 检测的性能。此分布则可表述为

$$\mathrm{Pr}_{\mathrm{cond},n}(Z=z)=\frac{\exp(-c(\tilde{u}_{\mathrm{r},n}-z)^2)}{s(c)} \tag{5-85}$$

其中，对于 SIC 的第 n 层检测，$s(c)=\sum_{z=-\infty}^{infty}\exp(-c(\tilde{u}_{\mathrm{r},n}-z)^2)$ 且 $c=\frac{\log\rho}{\min\limits_{1\leqslant i\leqslant n_\mathrm{t}}|r_{i,i}|^2}|r_{n,n}|^2$。为方便读者理解，表 5-1 给出了文献 [4] 中的抽样算法。

表 5-1 随机采样算法伪代码

（1） function Rand_SIC$_\rho(\boldsymbol{x},\boldsymbol{R})$

（2） for $i=n_\mathrm{t}$ to 1 do

（3） $c_i\leftarrow r_{i,i}^2\log\rho/\min\limits_{1\leqslant i\leqslant n_\mathrm{t}}|r_{i,i}^2|^2$

（4） $\hat{u}_j\leftarrow \mathrm{Rand\_Round}_{c_i}\left(\left(x_i-\sum\limits_{j=i+1}^{n}r_{i,j}\hat{u}_j\right)\Big/r_{i\,i}\right)$

（5） end for

（6） return $\hat{u}$

（7） end function

虽然式（5-84）中的原采样分布可以一个较高概率找到 ML 候选解向量，但是对于 IDD 系统，由于没有考虑 API，它的性能与 MAP 并不可比。为了通过随机采样获得高 APP 的候选解向量，可以根据式（5-86）中的高斯分布，令

$$\mathrm{Pr}_{\mathrm{api},n}(Z=z)\propto\exp\left[-\frac{(\bar{u}'_{\mathrm{r},n}-z)^2}{2\omega_n^2}\right] \tag{5-86}$$

其中，$\bar{u}'_{\mathrm{r},n}=\alpha\bar{u}_{\mathrm{r},n}^{(n)}+\beta\boldsymbol{t}_n\boldsymbol{1}$，且 $\omega_n=\sqrt{|\alpha^2\sigma^2|}$。由于 $\boldsymbol{s}_\mathrm{r}$ 的 APP 分布是 $\mathrm{Pr}(\boldsymbol{y}_\mathrm{r}|\boldsymbol{s}_\mathrm{r})$ 和 $\mathrm{Pr}_{\mathrm{api}}(\boldsymbol{s}_\mathrm{t})$ 的乘积，$\bar{u}_{\mathrm{r},n}$ 和 $\tilde{\boldsymbol{u}}_{\mathrm{r},n}$ 则可分别看作在第 n 层 SIC 检测中基于 LR 的似然度和先验信息的软判决。所以，在进行第 n 层 SIC 检测的抽样分布可修正为

$$\mathrm{Pr}_n(Z=z)=C_n\mathrm{Pr}_{\mathrm{cond},n}(Z=z)\mathrm{Pr}_{\mathrm{api},n}(Z=z) \tag{5-87}$$

其中，C_n 为归一化常数。根据式（5-86）中的分布，每一层的 SIC 检测都可在格基域进行随机 SIC（Rand-SIC）采样。通过 K 次并行 Rand-SIC 采样，我们可获得具有高 APP 候选解向量的列表。显然，抽样到 MAP 解的概率会随着 K 的增加而增加。下面，我们通过一个引理证明其抽样性能。

引理 5-1： 令 LR 域的向量 $\boldsymbol{u}_{\mathrm{r}}=[u_{\mathrm{r},1},\cdots,u_{\mathrm{r},n_{\mathrm{t}}}]^{\mathrm{T}}$，$A=\log\rho/\min\limits_{1\leqslant i\leqslant n_{\mathrm{t}}}|r_{i,i}|^2$，$S=\prod\limits_{i=1}^{n_{\mathrm{t}}}s(A|r_{i,i}|^2)$，$\boldsymbol{y}$ 为 $\mathbb{R}^{n_{\mathrm{r}}}$ 中的向量。对于可以使 $AN_0>1$ 的 ρ，Rand-SIC 找到 $\boldsymbol{u}_{\mathrm{r}}$ 的概率的界为

$$\mathrm{Pr}_{\mathrm{samp}}(\boldsymbol{u}_{\mathrm{r}})\geqslant\frac{1}{S}\left(\mathrm{e}^{-\frac{1}{N_0}\|\boldsymbol{y}_{\mathrm{r}}-\boldsymbol{G}_{\mathrm{r}}\boldsymbol{u}_{\mathrm{r}}\|^2}\mathrm{Pr}_{\mathrm{api}}(\boldsymbol{u}_{\mathrm{r}})\right)^{AN_0} \tag{5-88}$$

其中，$\mathrm{Pr}_{\mathrm{api}}(\boldsymbol{u}_{\mathrm{r}})$ 代表 $\boldsymbol{u}_{\mathrm{r}}$ 的先验概率。

证明： 利用式（5-84）、式（5-85）和式（5-86），在第 i 层 SIC 采样到 u_i 的概率大于

$$\frac{C_i}{s(A|r_{i,i}|^2)}\mathrm{e}^{-A\left(x_i-\sum\limits_{j=i+1}^{n_t}r_{i,j}u_j\right)^2}\mathrm{Pr}_{\mathrm{api}}(u_{\mathrm{r},i}) \tag{5-89}$$

其中，$\mathrm{Pr}_{\mathrm{api}}(u_{\mathrm{r},i})=\mathrm{Pr}(u_{\mathrm{r},i}\mid\boldsymbol{u}_{\mathrm{r},D}^{(i)})$是给定$\boldsymbol{u}_{\mathrm{r},D}^{(i)}$的 $\boldsymbol{u}_{\mathrm{r},i}$ 的边缘条件概率。根据条件概率乘积法则，由式（5-82）可得

$$\begin{aligned}\mathrm{Pr}_{\mathrm{samp}}(\boldsymbol{u}_{\mathrm{r}})\geqslant&\frac{\mathrm{e}^{-A\|\boldsymbol{x}_{\mathrm{r}}-\boldsymbol{R}_{\mathrm{r}}\boldsymbol{u}_{\mathrm{r}}\|^2}}{S}\prod_{i=1}^{n_{\mathrm{t}}}\mathrm{Pr}_{\mathrm{api}}(u_{\mathrm{r},i})=\\&\frac{\mathrm{e}^{-A\|\boldsymbol{x}-\boldsymbol{R}\boldsymbol{u}\|^2}}{S}\prod_{i=1}^{n_{\mathrm{t}}}\mathrm{Pr}(u_{\mathrm{r},i}\mid\boldsymbol{u}_{\mathrm{r},D}^{(i)})=\\&\frac{1}{S}\mathrm{e}^{-A\|\boldsymbol{x}_{\mathrm{r}}-\boldsymbol{R}_{\mathrm{r}}\boldsymbol{u}_{\mathrm{r}}\|^2}\mathrm{Pr}_{\mathrm{api}}(\boldsymbol{u}_{\mathrm{r}})\end{aligned} \tag{5-90}$$

当 ρ 足够大时，$AN_0>1$，此时

$$\mathrm{Pr}_{\mathrm{samp}}(\boldsymbol{u}_{\mathrm{r}})\geqslant\frac{1}{S}\left(\mathrm{e}^{-\frac{1}{N_0}\|\boldsymbol{x}_{\mathrm{r}}-\boldsymbol{R}_{\mathrm{r}}\boldsymbol{u}_{\mathrm{r}}\|^2}\mathrm{Pr}_{\mathrm{api}}(\boldsymbol{u}_{\mathrm{r}})\right)^{AN_0} \tag{5-91}$$

证毕。

根据文献[4]，我们知道可通过优化参数 ρ 来最大化非 IDD 系统的解码半径。对于基于 LR 的 MAP 检测，同样需要优化参数 ρ 来最大化 IDD 系统中 SIC 检

测的解码半径。令 $\rho>1$，我们有

$$\prod_{i=1}^{n_t} s(c_i) < \exp\left(\frac{2n_t}{\rho}(1+g(\rho))\right) \tag{5-92}$$

其中，$g(\rho)=\rho^{-3}/(1-\rho^{-5})$ 且 $c_i = A|r_{i,i}|^2$。结合式（5-89）可知 $\boldsymbol{u}_r$ 的概率下届为

$$\Pr_{\text{samp}}(\boldsymbol{u}_r) > \mathrm{e}^{-\frac{2n_t}{\rho}(1+g(\rho))}\left(\mathrm{e}^{-\frac{1}{N_0}\|\boldsymbol{y}_r - \boldsymbol{G}_r\boldsymbol{u}_r\|^2}\Pr_{\text{api}}(\boldsymbol{u}_r)\right)^{AN_0} \tag{5-93}$$

令 $\boldsymbol{u}_{r,K}$ 为 LR 域的向量，且 $\Pr_{\text{samp}}(\boldsymbol{u}_{r,K}) > 1/K$。通过 K 次 Rand-SIC，$\boldsymbol{u}_{r,K}$ 不在列表中的概率则低于$\left(1-\frac{1}{K}\right)^K$。当 ρ 足够大时，我们可忽略 $g(\rho)$。因此，基于以下估计

$$\mathrm{e}^{-\frac{1}{2n_t}}\left(\mathrm{e}^{-\frac{1}{N_0}\|\boldsymbol{y}_r - \boldsymbol{G}_r\boldsymbol{u}_r\|^2}\Pr_{\text{api}}(\boldsymbol{u}_r)\right)^{AN_0} \approx \frac{1}{K} \tag{5-94}$$

我们有

$$\|\boldsymbol{y}_r - \boldsymbol{G}_r\boldsymbol{u}_r\|^2 - N_0\log\Pr_{\text{api}}([u_r]) \approx N_0 R_{\text{LRMAP}}(\rho) \tag{5-95}$$

其中，

$$R_{\text{LRMAP}}(\rho) = \frac{\min_i |r_{i,i}|^2}{N_0\log\rho}\left(\log K - \frac{2n_t}{\rho}\right) \tag{5-96}$$

从式（5-92）中可以看出 $R_{\text{LRMAP}}(\rho)$ 是 MAP 检测的半径平方的有效值。因此，可以最大化 $R_{\text{LRMAP}}(\rho)$，使得 Rand-SIC 可以高概率地找到 MAP 解。再令 $\frac{\partial R_{\text{LRMAP}}(\rho)}{\partial\rho}=0$，由 $\rho>1$ 可得$\log K = \frac{2n_t}{\rho}\log(\mathrm{e}\rho)$。因此，当 $AN_0>1$ 时，ρ 的最优值为

$$\rho = \max\left\{\mathrm{e}^{\frac{1}{N_0}\min_{1\leqslant i\leqslant n_t}|r_{i,i}|^2}, \rho_0\right\} \tag{5-97}$$

其中，ρ 是 $K=(\mathrm{e}\rho)^{2n_t/\rho_0}$ 的数值解。在大多数实际情况下，ρ 的取值都足够大，使得 $g(\rho)$ 变得可以忽略。

综上，我们可将基于 LR 的实值随机列表生成算法（Real-Valued LR-Based Randomized List Generation Algorithm，RLR-RLGA）总结见表 5-2。这里需要注意，由于 Rand-SIC 的 K 次采样可以独立进行，因此该方法很适合并行实现。

表 5-2　实值基于 LR 的随机列表生成算法

（1）预处理。令 $A=\log\rho/\min_i|r_{i,i}|^2$

（2）随机列表生成

for k=1:1:K do

$\boldsymbol{Q}^{(n_t)}=\boldsymbol{Q}$

$\bar{\boldsymbol{u}}^{(n_t)}=\bar{\boldsymbol{u}}$

for $n=n_t$:−1:1 do

更新 $\hat{\boldsymbol{u}}^{(n)}$ 和 $\boldsymbol{Q}^{(n)}$

$c=A|r_{n,n}|^2$

$u=\left(x_n-\sum_{j=n+1}^{n_t}r_{i,j}\hat{u}_j\right)/r_{i,i}$

$\tilde{u}_n=\alpha u+\beta \boldsymbol{t}_n\boldsymbol{1}$

$\hat{u}_{n'}=\alpha\hat{u}_n+\beta \boldsymbol{t}_n\boldsymbol{1}$

$w_n=\sqrt{\alpha^2 v_4^{(n)}}$

for $z=\lfloor\tilde{u}_n\rfloor-N+1:1:\lfloor\tilde{u}_n\rfloor+N$

$\Pr_{\text{cond},n}(Z=z)\propto\exp(-c(\tilde{u}_n-z)^2)$

$\Pr_{\text{api},n}(Z=z)\propto\exp(-c(\bar{u}_{n'}-z)^2/(2w_n^2))$

$\Pr_n(Z=z)\propto\Pr_{\text{cond},n}(Z=z)\Pr_{\text{api},n}(Z=z)$

end for

利用 $\Pr_n(Z=z)$ 的分布生成整数 Z

$\hat{u}_n=(Z-\beta \boldsymbol{t}_n\boldsymbol{1})/\alpha$

end for

$\hat{\boldsymbol{s}}^{(k)}=\boldsymbol{T}\hat{\boldsymbol{u}}$

如果必要，则将 $\hat{\boldsymbol{s}}^{(k)}$ 限制到原星座图

end for

（3）对每个比特利用 $\left\{\hat{\boldsymbol{s}}^{(1)},\cdots,\hat{\boldsymbol{s}}^{(K)}\right\}$ 计算 LLR

对于高效的四舍五入计算，我们将采样候选整数解限制在 $2N$ 个离 $\tilde{\boldsymbol{u}}_{\mathrm{r},n}$ 最近的整数。与此同时，由于采样后的点可能不属于原调制星座图上的点，在这种情况下，我们可直接将它赋值为离该点最近的星座点。此外，由于 LR-RLGA 的采样是随机的，所以基本不会出现 K 个候选解比传统 SIC 解的 APP 都小的情况。但是，为了提高采样检测性能，我们还是在第一次迭代时使用传统的基于 LR 的 SIC 结果，用于扩展候选解向量列表。

3．复值基于 LR 的列表生成

实值随机抽样算法实际上是扩展了系统维度，然后基于扩展维度后的系统模型来进行 RLR-RLGA 的。为了降低由此带来的计算复杂度，下面我们研究基于 LR 的复值列表生成算法（CLR-RLGA）。

利用复值 LLL 算法，我们也可以找到一个近似正交的基向量组 $\boldsymbol{G}=\boldsymbol{HT}$，其

中 $\boldsymbol{T}$ 是复值整数幺模矩阵。令 $\boldsymbol{u}=\boldsymbol{T}^{-1}\boldsymbol{s}$，我们有

$$y = \boldsymbol{G}\boldsymbol{u} + \boldsymbol{n} \tag{5-98}$$

结合 $\boldsymbol{G}$ 的 QR 分解，我们有 $\boldsymbol{G}=\boldsymbol{Q}\boldsymbol{R}$，其中 $\boldsymbol{Q}$ 是酉矩阵，$\boldsymbol{R}$ 是上三角矩阵。对 $\boldsymbol{y}$ 左乘 $\boldsymbol{Q}^{\mathrm{H}}$，我们有

$$\boldsymbol{x} = \boldsymbol{Q}^{\mathrm{H}} y = \boldsymbol{R}\boldsymbol{u} + \boldsymbol{n} \tag{5-99}$$

值得注意的是，由于 $\boldsymbol{Q}^{\mathrm{H}}\boldsymbol{n}$ 和 $\boldsymbol{n}$ 的统计特性是相同的，因此 $\boldsymbol{Q}^{\mathrm{H}}\boldsymbol{n}$ 可由 $\boldsymbol{n}$ 代替。此时，基于 LR 的复值 SIC 对 $\boldsymbol{u}$ 的第 n 个符号检测为

$$\boldsymbol{u}_n = \frac{1}{\alpha}(\lfloor \tilde{\boldsymbol{u}}_n \rceil - (\beta + \mathrm{j}\beta)\boldsymbol{t}_n \boldsymbol{1}) \tag{5-100}$$

其中，$\tilde{\boldsymbol{u}}_n = \alpha \boldsymbol{u} + (\beta + \mathrm{j}\beta)\boldsymbol{t}_n \boldsymbol{1}$ 且 $\boldsymbol{u} = (\boldsymbol{x}_n - \sum_{j=n+1}^{N_{\mathrm{t}}} \boldsymbol{r}_{n,j}\hat{\boldsymbol{u}}_j)/\boldsymbol{r}_{n,n}, \boldsymbol{t}_n = [\boldsymbol{T}^{-1}]_{(n,1:N_{\mathrm{t}})}$。由 $\boldsymbol{s}=\boldsymbol{T}\boldsymbol{u}$ 可得 $\boldsymbol{u}$ 的均值向量和协方差矩阵分别为

$$\boldsymbol{u} = \mathrm{E}[\boldsymbol{T}^{-1}\boldsymbol{s}] = \boldsymbol{T}^{-1}\mathrm{E}[\boldsymbol{s}] = \boldsymbol{T}^{-1}\mathrm{E}[\boldsymbol{s}] \tag{5-101}$$

和

$$\begin{aligned}\boldsymbol{Q} = \mathrm{E}[\boldsymbol{u}\boldsymbol{u}^{\mathrm{H}}] - \boldsymbol{u}\boldsymbol{u}^{\mathrm{H}} = \\ \boldsymbol{T}^{-1}\mathrm{E}[\boldsymbol{s}\boldsymbol{s}^{\mathrm{T}}]\boldsymbol{T}^{-\mathrm{H}} - \boldsymbol{u}\boldsymbol{u}^{\mathrm{H}}\end{aligned} \tag{5-102}$$

假设 LR 域符号向量 $\boldsymbol{u}$ 的每一个元素都是一个 CSCG 随机变量，基于中心极限定理，我们有

$$\boldsymbol{u} \sim \mathcal{CN}(\boldsymbol{u}, \boldsymbol{Q}) \tag{5-103}$$

同 RLR-RLGA 一样定义 $\boldsymbol{u}_D^{(n)}, \boldsymbol{u}_{ND}^{(n)}, \boldsymbol{u}^{(n)}$，令 $\boldsymbol{Q}^{(N_{\mathrm{t}})} = \boldsymbol{Q}$ 且 $\boldsymbol{u}^{(N_{\mathrm{t}})} = \boldsymbol{u}$，我们有

$$\boldsymbol{u}^{(n+1)} = \begin{bmatrix} \boldsymbol{u}_1^{(n+1)} \\ \overline{\boldsymbol{u}}_2^{(n+1)} \end{bmatrix} \tag{5-104}$$

其中，$\boldsymbol{u}^{(n+1)} \in \mathbb{C}^{n+1}, \boldsymbol{u}_1^{(n+1)} = [\boldsymbol{u}^{(n+1)}]_{(1:n,1)}$，且

$$\boldsymbol{Q}^{(n+1)} = \begin{bmatrix} \boldsymbol{Q}_1^{(n+1)} & \boldsymbol{q}_2^{(n+1)} \\ \boldsymbol{q}_3^{(n+1)} & q_4^{(n+1)} \end{bmatrix} \tag{5-105}$$

此处，$\boldsymbol{Q}^{(n+1)} \in \mathbb{C}^{(n+1)\times(n+1)}$，$\boldsymbol{u}_1^{(n+1)} = [\boldsymbol{Q}^{(n+1)}]_{(1:n,1:n)}$，$\boldsymbol{q}_2^{(n+1)} = [\boldsymbol{Q}^{(n+1)}]_{(1:n,n+1)}$，$\boldsymbol{q}_3^{(n+1)} = [\boldsymbol{Q}^{(n+1)}]_{(n+1,1:n)}$。由于 LR 域符号 $\boldsymbol{u}$ 的每一个元素都是 CSCG 随机变量，所以 SIC 第 n 层的条件概率密度函数为

$$f(\boldsymbol{u}_{ND}^{(n)} \mid \boldsymbol{u}_{D}^{(n)}) \propto \mathcal{CN}(\boldsymbol{u}^{(n)}, \boldsymbol{u}^{(n)}) \tag{5-106}$$

其中，$\boldsymbol{u}_n = \boldsymbol{u}_1^{(n+1)} + \dfrac{\boldsymbol{q}_2^{(n+1)}}{q_4^{(n+1)}}(\hat{\boldsymbol{u}}_{(n+1)} - \overline{\boldsymbol{u}}_2^{(n+1)})$，$\boldsymbol{Q}^{(n)} = \boldsymbol{Q}_1^{(n+1)} - \dfrac{\boldsymbol{q}_2^{(n+1)}\boldsymbol{q}_3^{(n+1)}}{q_4^{(n+1)}}$。

对于 RLR-RLGA，随机采样是结合实值整数来进行的。而在 CLR-RLGA 中，为了对复值的列表生成采取高斯随机采样，我们令同一个复值信号的实部和虚部方差相同。由于强制使用 CSCG 假设，有些统计信息可能会丢失，但仿真结果显示，从 CLR-RLGA 到 RLR-RLGA 的性能下降是很小的，且其计算复杂度也比 RLR-RLGA 低。

5.3.3　复杂度分析

在本小节，我们分析 LR-RLGA 检测器的复杂度，并与现有方法在性能和复杂度方面进行对比分析。为方便起见，我们采用平均浮点数（FLOPs）来衡量复杂度。

1．复杂度分析和降低

除了 LLL 算法以外，LR-RLGA 具有固定的计算复杂度，这与球形译码检测器不固定的计算复杂度相比，具有十分明显的优势[5-6]。考虑 $N_\mathrm{t}=N_\mathrm{r}$，下面分析 CLR-RLGA 算法的复杂度。

在本节中，我们主要根据 CLR-RLGA 算法的以下 3 个方面来分析其计算复杂度：①在 LR 域上的 API 计算和更新；②随机取整；③利用候选解列表计算 LLR。

对于 API 的计算，首先计算 $\boldsymbol{u}$ 的复杂度为 $O(N_\mathrm{t}^2)$。由于 $\mathrm{E}[\boldsymbol{s}\boldsymbol{s}^\mathrm{H}]$ 是对称的，所以获得 $\mathrm{E}[\boldsymbol{s}\boldsymbol{s}^\mathrm{H}]$ 的复数乘法的数量为 $\frac{1}{2}N_\mathrm{t}^2$，而计算 $\boldsymbol{Q}$ 的复杂度为 $O(N_\mathrm{t}^3)$。因此，API 初始化的复杂度阶数为 N_t^3。对于第 n 层的 SIC 检测，$\boldsymbol{u}^{(n)}$ 和 $\boldsymbol{Q}^{(n)}$ 的计算复杂度阶数皆为 $O((n+1)^2)$。所以，一次基于 API 更新并行 Rand-SIC 算法的复杂度阶数为 $O\left(\frac{1}{3}N_\mathrm{t}^3\right)$。

随机取整的复杂度为 $O(KN_\mathrm{t}^2)$ [4]，当列表长度为 K 时，LLR 计算的复杂度阶数为 $O(KN_\mathrm{t}^2)$，所以，列表长度为 K 时 CLR-RLGA 的复杂度为

$$\begin{aligned} &O(N_\mathrm{t}^3) + O\left(\frac{K}{3}N_\mathrm{t}^3\right) + O(KN_\mathrm{t}^2) + O(KN_\mathrm{t}^2) = \\ &O\left(KN_\mathrm{t}^2\left(\frac{K}{3}+1\right)N_\mathrm{t}^3\right) \end{aligned} \tag{5-107}$$

每次 API 更新的复杂度为$O\left(\frac{K}{3}N_{\mathrm{t}}^{3}\right)$，可通过考虑 $\boldsymbol{u}$ 的相关性来减小 API 更新的复杂度。由于该值是由它的协方差矩阵 $\boldsymbol{Q}$ 决定的，所以当没有进行格基归约时，由 $\boldsymbol{Q}$ 是对角阵可知 $\boldsymbol{u}$ 是互不相关的。然而，当结合格基归约时，由于格基归约变换矩阵 $\boldsymbol{T}$ 一般不是对角的，所以 $\boldsymbol{Q}$ 不再是对角的，$\boldsymbol{u}$ 也变成了互相关的。虽然 API 更新的过程对于一个互相关的矩阵来说是必要的，但是如果有些信道相关度很弱，那么就可以不进行 API 更新以减小计算复杂度。因此，如果 $\boldsymbol{u}$ 的元素是互不相关的，在第 n 层 SIC 检测中便可只根据 $\boldsymbol{u}_n$ 的边缘分布估计 API。下文的仿真结果也将说明，当不使用 API 更新时，CLR-RLGA 检测器的性能下降很小。所以，CLR-LRGA 的复杂度阶数可以被减少到$O(K+N_{\mathrm{t}})N_{\mathrm{t}}^{2}$。

2. 复杂度比较

在本小节中，我们将通过平均 FLOPs 数比较以下 7 种不同的 MIMO-BICM 检测器的计算复杂度。

① RLR-RLGA，有 API 更新。

② CLR-RLGA，有 API 更新。

③ RLR-RLGA，没有 API 更新。

④ CLR-RLGA，没有 API 更新。

⑤ 文献 [7] 中的固定候选解算法（Fixed Candidate Algorithm，FCA）。

⑥ 文献 [8] 中的最小均方误差并行干扰消除（MMSE-PIC）。

⑦ MAP 检测器。

对于 MAP 和 FCA 检测器，由于后续迭代过程只需要较小的复杂度，所以我们只考虑这两个检测器第一次迭代的 FLOPs 数量。对于 LR-RLGA 和 MMSE-PIC 检测器，由于每次迭代的计算复杂度是相同的，所以我们考虑平均每次迭代的 FLOPs 数。表 5-3 给出了单个向量符号平均每次迭代的 FLOPs 数量。

由表可知，基于 LR 域的列表生成算法，其复杂度阶数与调制指数 M 互不相关。相反地，FCA 的复杂度随 M 增长，这是由于其列表生成是在原调制星座图中进行的。由于 FCA 只需要在第一个迭代时生成一个列表，然后在接下来的迭代过程都将使用这个列表，所以它具有更低的计算复杂度。然而就性能而言，LR-RLGA 与 FCA 相比具有明显优势，这是因为 FCA 中的列表生成算法没有考虑 API。

表 5-3　MIMO-BICM 系统中不同 IDD 检测器的平均 FLOPs

平均 FLOPs（$\times 10^4$）							
$\{M, N_t, N_r, K\}$	I	II	III	IV	V	VI	VII
{2,4,4,10}	1.91	1.49	1.33	1.16	1.21	1.36	9.83
{2,4,4,20}	3.20	2.62	2.05	2.01	2.09	1.36	9.83
{2,4,4,30}	4.50	3.86	2.89	2.82	3.02	1.36	9.83
{2,4,4,60}	8.39	7.26	5.44	5.40	5.82	1.36	9.83
{4,4,4,10}	1.92	1.50	1.35	1.17	2.08	1.39	838.86
{4,4,4,20}	3.21	2.64	2.05	2.02	3.72	1.39	838.86
{4,4,4,30}	4.52	3.87	2.89	2.83	5.35	1.39	838.86
{4,4,4,60}	8.42	7.30	5.46	5.42	10.25	1.39	838.86
{2,8,8,10}	10.82	7.01	6.52	4.71	4.29	10.37	3 355.44
{2,8,8,20}	17.62	12.45	9.02	7.75	8.51	10.37	3 355.44
{2,8,8,30}	24.43	17.60	11.51	10.83	13.36	10.37	3 355.44
{2,8,8,60}	44.83	33.14	20.14	19.95	28.91	10.37	3 355.44

虽然 MMSE-PIC 在生成 LLR 时可以固定复杂度来实现全接收分集增益，由于没有使用列表，所以 MMSE-PIC 在性能方面相对较差。另外，通过调整 K，LR-RLGA 还可以提供性能—复杂度折中，第 5.3.4 节的仿真结果也将说明这一点。

此外，当 K 比较大时，对于无 API 更新的 LR-RLGA 和 CLR-RLGA 检测器来说，CLR-RLGA 的复杂度比 RLR-RLGA 要低得多。就两者的性能而言，根据第 5.3.4 节中的仿真结果，我们可以看出，从 CLR-RLGA 到 RLR-RLGA，使用或者不使用 API 更新的性能下降是很小的。

5.3.4　仿真结果

在本小节，我们通过 MATLAB 仿真分析 LR-RLGA 的误码率（BER）性能。假设信道矩阵的各元素满足$h_{n,k} \sim \mathcal{CN}(0,1/N_r)$且相互独立，每个符号向量对应一个独立的 $\boldsymbol{H}$。我们使用 QAM 作为调制方式，信道编码则采用（5,7）半速率卷积码，并应用随机交织以保证每个比特之间相互独立。这里，未编码信息序列的长度被设为 2^{10}，而对于 LR，我们采用 LLL 算法并令 δ=0.75，信噪比 SNR 则定义为 $E_b/N_0 = 1/(MN_0R_c)$，其中 $R_c = \dfrac{1}{2}$。

作为比较，我们仿真了文献[7]中的FCA，文献[8]中的MMSE-PIC，文献[9]中的LSD等，以说明基于LR随机采样法的性能。图5-4给出了4×4 MIMO系统采用4-QAM调制时不同IDD检测器的BER性能。对于该系统，其完整列表长度为4^4=256，而所有列表的生成长度都设为K=10。从图中可以看出，与FCA和MMSE-PIC检测器相比，基于LR的随机采样算法在第一次迭代后的性能具有明显优势。3次迭代后，LR-RLGA和MMSE-PIC都接近了最优性能，但是，FCA与MAP之间仍存在比较明显的性能差距。还可以看出，与CLR-RLGA相比，RLR-RLGA检测器不管使用或者不使用API更新，其性能的下降都是很小的。虽然MMSE-PIC具有和LR-RLGA相当的复杂度（见表5-3），但MMSE-PIC在性能上却与LR-RLGA存在较大差距。此外，基于LR的随机采样还可通过调整K以实现性能和复杂度之间的平衡。

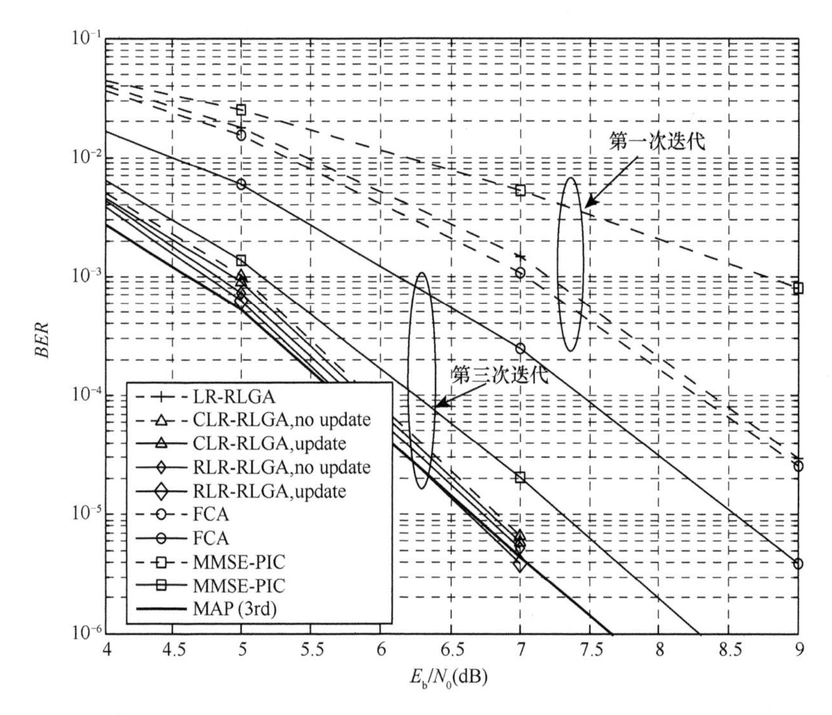

图5-4　不同IDD接收机在4-QAM，N_t=N_r=4，K=10下的BER性能

图5-5给出了当4×4 MIMO系统采用4-QAM调制时，在E_b/N_0=5 dB情况下，FCA与RLR-RLGA在不同K值下的BER性能。随着K增加到20（这与256的全长度相比足够小），RLR-RLGA检测器的性能几乎可达到MAP的性能。另外，和RLR-RLGA相比，FCA的性能随着K增加而迅速降低，这是

由于 FCA 中生成列表时没有考虑 API 信息。实际上，即使 FCA 的列表长度为 K=45 时，其性能仍比 K=10 的 RLR-RLGA 的性能差，而它们 3 次迭代总的复杂度相当（见表 5-3）。由此可见，通过调整 K，LR-RLGA 提供性能和复杂度的折中。

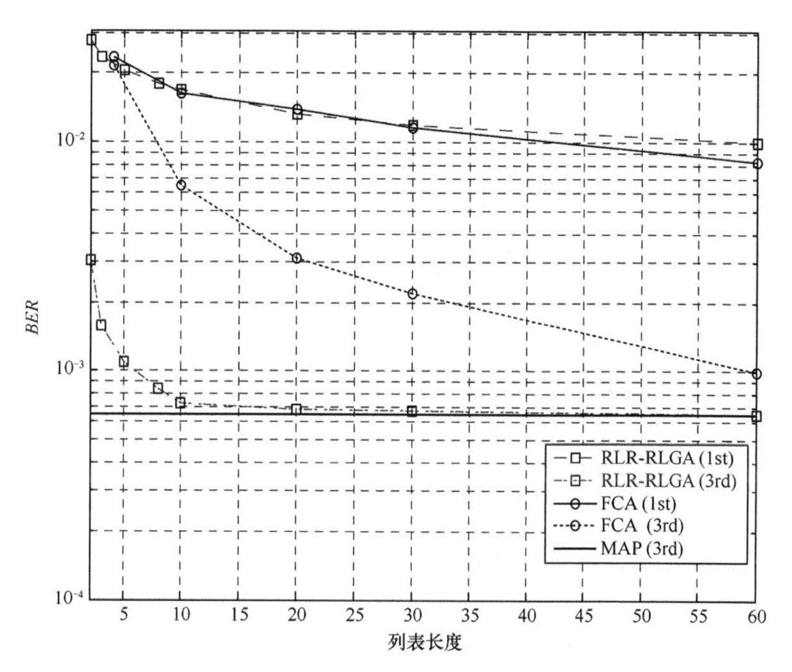

图 5-5　在 N_t=N_r=4，M=2，E_b/N_0=5 dB 时不同 K 的 BER 性能

5.4　基于比特滤波的检测译码技术

在上一小节，我们介绍了一种基于随机采样的检测译码技术，该技术可通过随机采用的方法抽样出具有高 APP 的候选向量解。除此之外，基于比特滤波的检测译码技术也可以较低的计算复杂度获得较好的性能。相比基于随机采用的检测译码技术，比特滤波 LR 结合了比特级检测以及整数扰动的列表生成法以提升性能。为了利用 API 找到具有高 APP 的候选向量，我们还研究了基于 LR 的比特级

With kind permission from Springer Science+Business Media:<Low Complexity MIMO Receivers, Bit-Wise MIMO- BICM-ID Using Lattice Reduction, 2014, pp.175-193, L.Bai, J.Choi, and Q. Yu>.

MMSE 滤波器。此外，为了降低 LR 检测器量化取整而带来的性能下降，我们还将介绍一种具有小检测半径、低复杂度的整数扰动列表生成方法[10]。

5.4.1 基于 LR 的 IDD 与比特级组合和列表生成

1. 基于 LR 的比特级 MMSE 滤波器设计

根据第 5.3.1 节的系统模型，考虑到调制星座图可以被分为 2 个子集，即 $\mathcal{A}_{k,l}^{+}$和 $\mathcal{A}_{k,l}^{-}$，分别表示为第 k 个符号的第 l 个比特分别是 +1 或 −1 的集合。因此，可通过结合 IDD 中 SISO 解码器生成的 API 来设计基于 LR 的比特级 MMSE 滤波器，用于估计$\boldsymbol{s}_{k,l}^{\pm}$。

对于 $b_{k,l}$，可定义

$$\tilde{\mathcal{A}}_{k,l}^{\pm}=\{\tilde{s}\,|\,\tilde{s}\in\tilde{\mathcal{A}}^{N_{\mathrm{t}}},b_{k,l;\tilde{s}}=\pm 1\} \tag{5-108}$$

$$\mathcal{U}_{k,l}^{\pm}=\{\boldsymbol{u}\,|\,\boldsymbol{u}=\boldsymbol{T}^{-1}\tilde{\boldsymbol{s}},\tilde{\boldsymbol{s}}\in\tilde{\mathcal{A}}^{N_{\mathrm{t}}},b_{k,l;\tilde{s}}=\pm 1\} \tag{5-109}$$

此外，为了推导 LR-MMSE 滤波器，还需求得给定 $b_{k,l}$ 情况下 $\boldsymbol{u}$ 的统计信息。因此，令

$$\boldsymbol{u}_{k,l}^{\pm}=\boldsymbol{T}^{-1}\tilde{\boldsymbol{s}}_{k,l}^{\pm} \tag{5-110}$$

$$\boldsymbol{m}_{k,l}^{\pm}=\mathrm{E}\{\boldsymbol{u}_{k,l}^{\pm}\}=\boldsymbol{T}^{-1}\mathrm{E}\{\tilde{\boldsymbol{s}}_{k,l}^{\pm}\} \tag{5-111}$$

$$\boldsymbol{R}_{k,l}^{\pm}=\mathrm{Cov}(\boldsymbol{u}_{k,l}^{\pm},\boldsymbol{u}_{k,l}^{\pm})=\boldsymbol{T}^{-1}\mathrm{Cov}(\tilde{\boldsymbol{s}}_{k,l}^{\pm},\tilde{\boldsymbol{s}}_{k,l}^{\pm})\boldsymbol{T}^{-\mathrm{H}} \tag{5-112}$$

此处，$\tilde{\boldsymbol{s}}_{k,l}^{\pm}$假设为如下随机向量

$$\tilde{\boldsymbol{s}}_{k,l}^{\pm}\in\{[\tilde{s}_1,\cdots,\tilde{s}_{k-1},\tilde{s}_{k,l}^{\pm},\tilde{s}_{k+1},\cdots,\tilde{s}_{N_{\mathrm{t}}}]^{\mathrm{T}}\} \tag{5-113}$$

其中，$\tilde{s}_{k,l}^{\pm}$是$\tilde{\boldsymbol{s}}_{k,l}^{\pm}$的第 k 个元素，$\tilde{\boldsymbol{s}}_{k,l}^{\pm}$由 $\tilde{\mathcal{A}}$的第 l 个元素为 −1 符号的子集组成。此外，由于各天线传输的符号统计上是独立的，我们假设$\tilde{s}_m\in\tilde{\mathcal{A}}$, $m\neq k$且每个$\tilde{\boldsymbol{s}}_{k,l}^{\pm}$中的元素假设是独立的。因此，$\mathrm{Cov}(\tilde{\boldsymbol{s}}_{k,l}^{\pm},\tilde{\boldsymbol{s}}_{k,l}^{\pm})$是对角阵。

为了获得$\tilde{\boldsymbol{s}}_{k,l}^{\pm}$的估计，令 LR-MMSE 滤波后$\boldsymbol{u}_{k,l}^{\pm}$的软估计为

$$\hat{\boldsymbol{u}}_{k,l}^{\pm}=\boldsymbol{W}_{k,l}^{\pm}(\tilde{\boldsymbol{y}}-\boldsymbol{Gm})+\boldsymbol{m}_{k,l}^{\pm} \tag{5-114}$$

此处，$\boldsymbol{W}_{k,l}^{\pm}$ 表示对于检测 $\tilde{\boldsymbol{s}}_{k,l}^{\pm}$ 的 LR-MMSE 滤波矩阵。假设接收信号为 $\tilde{\boldsymbol{y}}=\boldsymbol{G}\boldsymbol{u}_{k,l}^{\pm}+\boldsymbol{n}$，其中，$\boldsymbol{u}_{k,l}^{\pm}$是需要估计和检测的向量。因此，当使用 MMSE 准则时，令 $\dfrac{\partial\mathrm{E}\{\|\boldsymbol{u}_{k,l}^{\pm}-\hat{\boldsymbol{u}}_{k,l}^{\pm}\|\}}{\partial\boldsymbol{W}_{k,l}^{\pm}}=0$，可得

$$\boldsymbol{W}_{k,l}^{\pm}(\boldsymbol{G}\boldsymbol{Q}_{k,l}^{\pm}\boldsymbol{G}^{\mathrm{H}}+N_0\boldsymbol{I})=\boldsymbol{R}_{k,l}^{\pm}\boldsymbol{G}^{\mathrm{H}} \tag{5-115}$$

其中，

$$\boldsymbol{Q}_{k,l}^{\pm}=\mathrm{E}\{\boldsymbol{u}_{k,l}^{\pm}(\boldsymbol{u}_{k,l}^{\pm})^{\mathrm{H}}\}-\boldsymbol{m}(\boldsymbol{m}_{k,l}^{\pm})^{\mathrm{H}}-\boldsymbol{m}_{k,l}^{\pm}\boldsymbol{m}^{\mathrm{H}}+\boldsymbol{m}\boldsymbol{m}^{\mathrm{H}} \tag{5-116}$$

由此，我们可以得到

$$\boldsymbol{W}_{k,l}^{\pm}=\boldsymbol{R}_{k,l}^{\pm}\boldsymbol{G}^{\mathrm{H}}(\boldsymbol{G}\boldsymbol{Q}_{k,l}^{\pm}\boldsymbol{G}^{\mathrm{H}}+N_0\boldsymbol{I})^{-1} \tag{5-117}$$

最后可得$\tilde{\boldsymbol{s}}_{k,l}^{\pm}$的估计为

$$\hat{\boldsymbol{s}}_{k,l}^{\pm}=\alpha\mathcal{Q}_{\tilde{\mathcal{A}}_{k,l}^{\pm}}\left\{\left\lfloor \boldsymbol{T}\hat{\boldsymbol{u}}_{k,l}^{\pm}\right\rceil\right\}-\alpha\beta\boldsymbol{1} \tag{5-118}$$

值得注意的是，在式（5-114）中有两个不同的均值向量（$\boldsymbol{m}$ 和 $\boldsymbol{m}_{k,l}^{\pm}$），其中第一个向量 $\boldsymbol{m}$ 用于软消除，而第二个均值向量 $\boldsymbol{m}_{k,l}^{\pm}$ 可用于 LR-MMSE 滤波后获得$\boldsymbol{u}_{k,l}^{\pm}$的软估计。

上述比特级滤波器对于每个比特都需要作矩阵求逆，这将会导致较高的计算复杂度。但应注意到，当 API 足够可信时，$\boldsymbol{m}_{k,l}^{+}$或$\boldsymbol{m}_{k,l}^{-}$可接近 $\boldsymbol{m}$，且 $\mathrm{E}\{\boldsymbol{u}_{k,l}^{+}(\boldsymbol{u}_{k,l}^{+})^{\mathrm{H}}\}$或$\mathrm{E}\{\boldsymbol{u}_{k,l}^{-}(\boldsymbol{u}_{k,l}^{-})^{\mathrm{H}}\}$ 可接近 $\mathrm{E}\{\boldsymbol{u}\boldsymbol{u}^{\mathrm{H}}\}$。因此，我们可假设$\boldsymbol{m}_{k,l}^{+}\approx\boldsymbol{m}$，且 $\mathrm{E}\{\boldsymbol{u}_{k,l}^{+}(\boldsymbol{u}_{k,l}^{+})^{\mathrm{H}}\}\approx\mathrm{E}\{\boldsymbol{u}\boldsymbol{u}^{\mathrm{H}}\}$。基于此，$\boldsymbol{R}=\mathrm{E}\{\boldsymbol{u}\boldsymbol{u}^{\mathrm{H}}\}-\boldsymbol{m}\boldsymbol{m}^{\mathrm{H}}$ 则可以用来估计 $\boldsymbol{Q}_{k,l}^{+}$。但是，当 API 足够可信时，该近似对$\hat{\boldsymbol{s}}_{k,l}^{-}$估计的影响便可忽略，这样即可降低其对 LLR 计算的影响，使得检测变得更加准确。此外值得注意的是，在第一次迭代时，$\boldsymbol{R}$ 和$\boldsymbol{Q}_{k,l}^{+}$是相同的，这时可不用 API 信息。因此，通过 $\boldsymbol{R}$ 来估计 $\boldsymbol{Q}_{k,l}^{+}$ 也是合理的，而这样也只需要一次矩阵求逆。由于 $\boldsymbol{R}$ 和 $\{k,l\}$ 是独立的，所以相对于使用$\boldsymbol{Q}_{k,l}^{+}$或传统软消除的滤波矩阵生成方法，使用 $\boldsymbol{R}$ 具有明显优势。

为方便起见，下面我们称式（5-117）中的比特级 LR-MMSE 滤波法为 LR-IDD-1，称使用 $\boldsymbol{R}$ 的滤波法为 LR-IDD-2。通过复杂度和仿真分析，我们将证明 LR-IDD-2 相比于 LR-IDD-1 来说，其复杂度明显降低，而两者的检测性能接近。下面我们介绍 LR-IDD-2 中的列表生成方法。

2. **整数扰动列表生成**

下面我们介绍一种在 LR 域上的低复杂度列表生成方法，其核心思想是对估计的判决做出整数扰动，以此来改善比特级 LR-MMSE 滤波的性能。当然，列表也可以通过迭代树搜索[11-14]或枚举列表[15]来得到，但是这些方法由于没有利用到格基规约后的准正交基向量，其计算复杂度可能会较高。

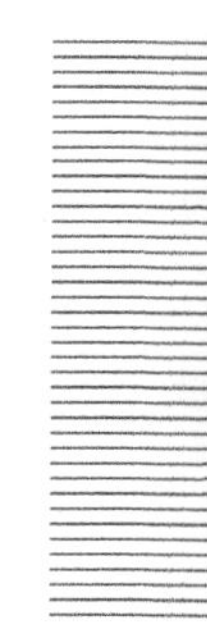

令

$$\dot{\boldsymbol{u}}_{k,l}^{\pm}=\boldsymbol{T}^{-1}\mathcal{Q}_{\tilde{\mathcal{A}}_{k,l}^{\pm}}\left\{\lfloor\boldsymbol{T}\hat{\boldsymbol{u}}_{k,l}^{\pm}\rceil\right\} \tag{5-119}$$

若使用球形译码（Sphere Decoder）来估计$\boldsymbol{u}_{k,l}^{+}$，其最优候选解集合为

$$\mathcal{C}_{\boldsymbol{u}_{k,l}^{\pm}}=\{\tilde{\boldsymbol{u}}_{k,l}^{\pm}:\|\tilde{\boldsymbol{u}}_{k,l}^{\pm}-\dot{\boldsymbol{u}}_{k,l}^{\pm}\|_{\boldsymbol{G}^{\mathrm{H}}\boldsymbol{G}}^{2}<r\} \tag{5-120}$$

此处搜索半径r是预定义的。由于使用格基归约导致$\boldsymbol{G}$接近正交，所以$\boldsymbol{G}^{\mathrm{H}}\boldsymbol{G}$接近对角阵。因此，$\mathcal{C}_{\boldsymbol{u}_{k,l}^{\pm}}$可以近似为

$$\mathcal{C}_{\boldsymbol{u}_{k,l}^{\pm}}=\{\tilde{\boldsymbol{u}}_{k,l}^{\pm}:\|\tilde{\boldsymbol{u}}_{k,l}^{\pm}-\dot{\boldsymbol{u}}_{k,l}^{\pm}\|^{2}<r\} \tag{5-121}$$

对于检测半径$r<\sqrt{2}$，当量化误差在可接受的范围内时，这个半径是足够大的，$\mathcal{C}_{\boldsymbol{u}_{k,l}^{\pm}}$中的元素可以仅通过在每个维度上增加或减小$\dot{\boldsymbol{u}}_{k,l}^{\pm}$的值来得到。

令列表长度为

$$K=4\sum_{m=1}^{\mathcal{M}}N_{m} \tag{5-122}$$

此处，$N_{m}\in\{0,1,2\}$，$\mathcal{M}\in\mathbb{Z}^{+}$且$\mathcal{M}\leqslant N_{\mathrm{t}}$。令$[\dot{\boldsymbol{u}}_{k,l}^{\pm}]_{m}$为$\dot{\boldsymbol{u}}_{k,l}^{\pm}$中的第$m$个元素。所得的列表生成算法可以总结如下。

① 计算$\boldsymbol{G}$的各列的欧几里得模，其中$\mathcal{M}$个最短列向量的集合为

$$\mathcal{G}=\{\boldsymbol{g}^{(1)},\boldsymbol{g}^{(2)},\cdots,\boldsymbol{g}^{(\mathcal{M})}\} \tag{5-123}$$

此处，$\boldsymbol{g}^{(m)}$表示$\boldsymbol{G}$的第m个最短列向量。

② 令

$$\begin{cases}\{P_{1},P_{2},\cdots,P_{8}\}=\{1,-1,\mathrm{j},-\mathrm{j},1+\mathrm{j},1-\mathrm{j},-1+\mathrm{j},-1-\mathrm{j}\}\\ \dot{\boldsymbol{s}}_{k,l}^{\pm}=\mathcal{Q}_{\tilde{\mathcal{A}}_{k,l}^{\pm}}\left\{\lfloor\boldsymbol{T}\hat{\boldsymbol{u}}_{k,l}^{\pm}\rceil\right\}\end{cases} \tag{5-124}$$

对于$\boldsymbol{g}^{(m)}$，$1\leqslant m\leqslant\mathcal{M}$，$N_{m}\in\{0,1,2\}$且$1\leqslant j\leqslant 4N_{m}$，附加的候选解为

$$\dot{\boldsymbol{s}}_{k,l}^{(\pm,m,j)}=\mathcal{Q}_{\tilde{\mathcal{A}}_{k,l}^{\pm}}\{\dot{\boldsymbol{s}}_{k,l}^{\pm}+[\boldsymbol{T}]_{m}(P_{j}+[\dot{\boldsymbol{u}}_{k,l}^{\pm}]_{m})\} \tag{5-125}$$

此处，$[\boldsymbol{T}]_{m}$代表$\boldsymbol{T}$的第m列。

③ 令

$$\begin{aligned}\tilde{\mathcal{A}}_{k,l}^{(\pm,K)} &= \dot{\boldsymbol{s}}_{k,l}^{\pm} \bigcup \{\dot{\boldsymbol{s}}_{k,l}^{(\pm,m,n)}\} = \\ &\{\boldsymbol{s}_{k,l}^{(\pm,1)}, \boldsymbol{s}_{k,l}^{(\pm,2)}, \cdots, \boldsymbol{s}_{k,l}^{(\pm,K+1)}\}\end{aligned} \tag{5-126}$$

定义

$$\mathcal{L}_{k,l}^{(\pm,K)} = \max_{\boldsymbol{s}\in\mathcal{A}_{k,l}^{(\pm,K)}} \left\{ -\frac{1}{N_0} \| \boldsymbol{y} - \boldsymbol{Hs} \|^2 + \sum_{k=1}^{N_t}\sum_{l=1}^{M} b_{k,l;s} L_A(b_{k,l}) \right\} \tag{5-127}$$

可得到 $b_{k,l}$ 的 LLR 估计为

$$L_E(b_{k,l}) \approx \frac{1}{2}(\mathcal{L}_{k,l}^{+} - \mathcal{L}_{k,l}^{-}) - L_A(b_{k,l}) \tag{5-128}$$

由于不同比特的 LLR 可同时获得，所以比特级 LR-MMSE 可以实现并行计算，这是其显著优点。此外值得注意的是，虽然满足$r \geqslant \sqrt{2}$ 的附加候选解可使用多维整数扰动得到，但由于信道矩阵在格基规约后变得接近正交，因此单维整数扰动便可以更低的计算复杂度达到接近最优的性能。

此外，若没有进行 LR，上述列表生成算法的性能在检测半径小时可能会受到严重的影响，这是由于此时格基向量可能不是接近正交的。事实上，如果不使用 LR 后的格基向量，列表生成还可使用 LSD 方法，但其计算复杂度会显著增加。

5.4.2　复杂度分析

在本小节，我们首先分析基于比特级滤波方法的复杂度阶数，然后讨论基于 LLL 格基规约的复杂度。为方便起见，可令 $N_t=N_r$，再考虑如下运算的复杂度阶数：①寻找 LR-MMSE 滤波器；②列表生成；③候选解列表的 LLR 计算。

为了得到 LR-IDD-1 的 MMSE 滤波矩阵，需要对每个比特单独进行一次矩阵求逆，这对每个比特需要$O(N_t^3)$的复杂度。因此，LR-IDD-1 的复杂度主要由矩阵求逆构成且其在寻找 LR-MMSE 滤波器时的复杂度是$O(MN_t^4)$。除了矩阵求逆，由于对于每个比特$\boldsymbol{Q}_{k,l}^{\pm}$和$\boldsymbol{R}_{k,l}^{\pm}$是不同的，因此寻找 LR-MMSE 滤波器也需要矩阵乘法。

相反地，LR-IDD-2 在寻找 LR-MMSE 滤波器时需要的计算复杂度要小得多。由于 $\boldsymbol{R}$ 和（k,l）独立，且 $\boldsymbol{G}^{\mathrm{H}}(\boldsymbol{G}^{\mathrm{H}}\boldsymbol{RG} + N_0\boldsymbol{I})^{-1}(\boldsymbol{y} - \boldsymbol{Gm})$可以在初始化时得到。在此以后，只需要一次矩阵—向量乘法来估计 $\dot{\boldsymbol{s}}_{k,l}^{\pm}$。因此，寻找比特级 LR-MMSE 滤波器的复杂度主要取决于得到$\boldsymbol{R}_{k,l}^{\pm}$的过程。由于$\mathrm{Cov}(\tilde{\boldsymbol{s}}_{k,l}^{\pm}, \tilde{\boldsymbol{s}}_{k,l}^{\pm})$是对角阵，这个过程只需要一次矩阵乘法的复杂度。所以，LR-MMSE 滤波的 LR-IDD-2 复杂

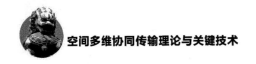

度阶数为$O(MN_t^4)$。

在列表生成的过程中，由于只是将整数扰动加到了$\dot{\boldsymbol{s}}_{k,l}^{\pm}$的每一个维度上，所以在原星座图中得到每一个候选解只需要一次向量—标量乘法。因此，对于每个符号向量的MN_t个比特，在LR域上列表生成的复杂度是$O(MKN_t^2)$。在本节，我们只考虑$K \approx N_t^2$的情况（通过第5.5.3节的仿真，可知在$K \approx N_t^2$的条件下，上述方法也可达到匹配滤波器界限（Matched Filter Bound，MFB））。此时，整数扰动列表生成方法的复杂度为$O(MN_t^4)$。

在计算LLR时，需要在初始化时计算

$$\{[\tilde{\boldsymbol{H}}]_m \tilde{s} \,|\, 1 \leqslant m \leqslant N_t, \tilde{s} \in \tilde{\mathcal{A}}\} \tag{5-129}$$

其中，$[\tilde{\boldsymbol{H}}]_m$代表$\tilde{\boldsymbol{H}}$的第$m$列。考虑到计算LLR的复杂度大约是$O(2^M N_t^2)$，可得在$N_t \geqslant 4$时，和获取LR-MMSE滤波器的复杂度相比，其复杂度并不占主要地位。

由于LR-IDD-2只需要1次矩阵求逆，而LR-IDD-1需要MN_t次矩阵求逆，所以LR-IDD-2的复杂度可以明显地小于LR-IDD-1的复杂度。对于LR-IDD-1，总的计算LR-MMSE滤波器的复杂度为$O(\varepsilon MN_t^4)$，此处，$\varepsilon>1$代表LR-IDD-2带来的复杂度增长。通过仿真可知LR-IDD-1和LR-IDD-2的性能差距较小，而LR-IDD-2的复杂度却比LR-IDD-1的复杂度低得多。

5.4.3 仿真结果

在本小节中，我们通过仿真结果来说明LR-IDD-1和LR-IDD-2的性能。假设信道矩阵的各元素独立，且$[\boldsymbol{H}]_{n,k} \sim \mathcal{CN}(0,1/N_r)$。每个单独的符号向量对应一个独立的信道矩阵$\boldsymbol{H}$并采用4-QAM调制，信道编码方式为$\frac{1}{2}$速率卷积码，其生成多项式为（5，7）。假设未编码信息序列的长度为2^{10}。对于格基规约，我们则使用了LLL算法并令$\delta=0.75$，再定义SNR为$E_b/N_0 = E_s/(MN_0R_c = 1/MN_0R_c)$，其中$R_c = \frac{1}{2}$。

为了对比分析，我们还仿真了文献[11]中的LSD、文献[16]中的MCMC以及文献[17]中的MMSE-SC等方法。对于LSD，4×4 MIMO系统采用的列表长度N_{cand}=64和N_{cand}=128，而N_{cand}=128、N_{cand}=256、N_{cand}=512以及N_{cand}=1 024则应用于8×8 MIMO系统中。此外，对于MCMC，我们采用6个并行吉布斯（Gibbs）采样器，其中每个采样器使用6个样本。

1. LR-IDD-1 和 LR-IDD-2 的比较

如上文所述，由于 LR-IDD-2 是 LR-IDD-1 的近似估计，我们首先比较 LR-IDD-1 和 LR-IDD-2 的性能。图 5-6 给出了 4×4 MIMO 系统中 LR-IDD-1 和 LR-IDD-2 在 E_b/N_0=5 dB 情况下的 BER 性能。我们可以看出 LR-IDD-1 和 LR-IDD-2 几乎没有性能差异，这也说明了 LR-IDD-2 是对 LR-IDD-1 而言比较合理的近似估计。

此外，为了说明列表生成方法对比特滤波器性能的影响，图 5-6 还给出了比特滤波方法使用或者不使用列表生成方法时的性能比较。当使用列表生成方法时，设定检测半径为 r=1。从图 5-6 可以看出，使用了整数扰动列表生成方法后，其比特滤波的性能得到了很大的提升。注意，由于在 LR-IDD 检测中，由列表生成部分所带来的复杂度较小，因此，由图 5-6 可知，LR-IDD 检测器可以在较低额外复杂度开销的情况下通过列表生成法获得性能的显著提升。

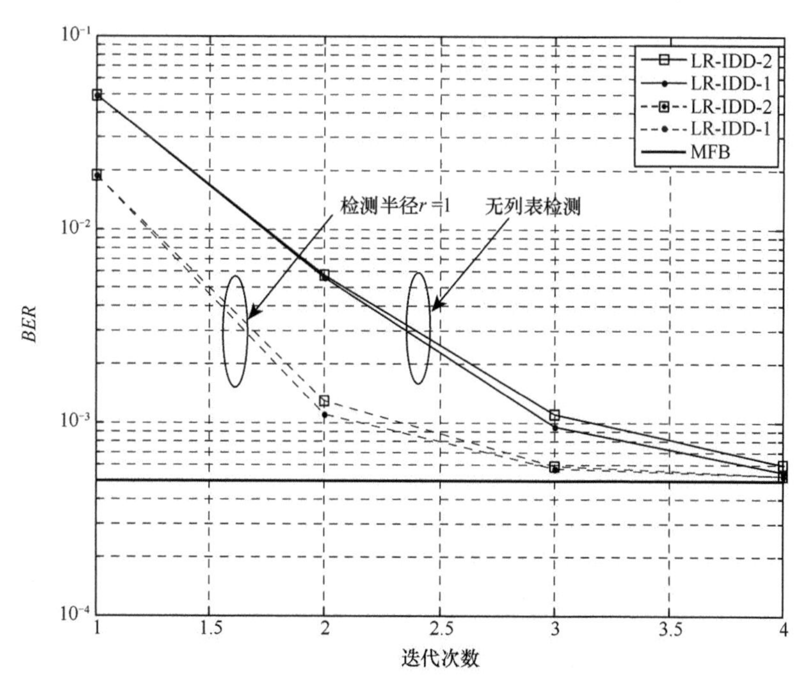

图 5-6 4×4 MIMO 系统 LR-IDD-1 和 LR-IDD-2 的性能比较

2. 复杂度比较

在这一小节中，我们通过平均浮点计算量（FLOPs）来比较 8×8 MIMO 系统不同迭代检测器的计算复杂度。由于某些检测器具有不固定的计算复杂度，为了公平起见，我们使用一次发送接收数据的平均 FLOPs 累计分布函数

（Cumulative Distribution Function，CDF）来衡量不同检测器的复杂度。对 8×8 MIMO 系统我们考虑 3 次迭代并将检测半径设为 r=1。

如上文所述，在 8×8 MIMO 系统内，由图 5-7 可以看出，和 LR-IDD-1 相比，LR-IDD-2 具有更低的计算复杂度，和 MMSE-SC 相近。需要注意的是，虽然 LSD 的复杂度通常是可变的，但是即使在其最好情况下（即在其复杂度最低的情况下）复杂度仍然过高；而比特滤波的复杂度是确定的，并与实际信道和 SNR 无关，这也是本节所介绍的比特滤波相对于 LSD 检测器的一个显著优势。

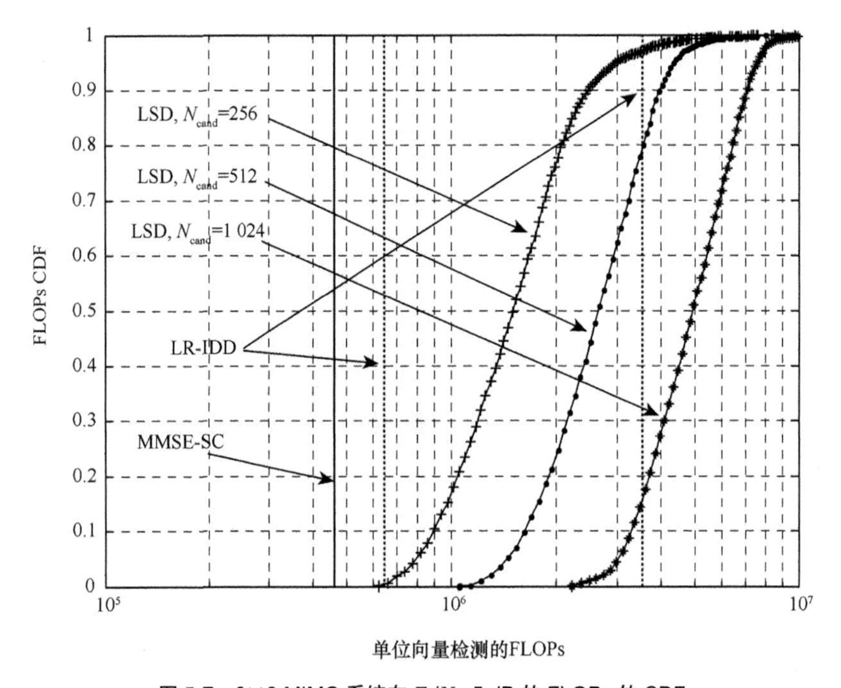

图 5-7　8×8 MIMO 系统在 E_b/N_0=5 dB 的 FLOPs 的 CDF

虽然 LR-IDD-2 有着和 MMSE-SC 检测器近似的复杂度，但是通过进一步的仿真，我们可知 LR-IDD-2 能够获得与 LSD 检测器相似的性能。

3. **收敛性分析**

IDD 的收敛行为可以通过外信息交换（Extrinsic Information Transfer，EXIT）图来分析。EXIT 最初是由文献 [18] 为了分析迭代解码器的收敛性而提出的。

假设传输比特 $b_{k,l}$ 以及 SISO 解码器的外信息 $L_A(b_{k,l})$ 的互信息量为 $I_{out}=I(L_A(b_{k,l};b_{k,l}))$。定义传输比特 $b_{k,l}$ 及输入至 SISO 解码器的外信息 $L_E(b_{k,l})$ 之间的互信息量为

$I_{out}=I(L_E(b_{k,l};b_{k,l}))$。对于给定的 SNR，$I_{in}$ 和 I_{out} 之间的传输函数为 $I_{out}=f(I_{in},E_b/N_0)$，$0 \leqslant I_{in},I_{out} \leqslant 1$。令 $b=b_{k,l}$，$L_A=L_A(b_{k,l})$，那么等概率二进制输入比特的互信息量 I_{in} 为

$$\begin{aligned} I_{in} = & H(b) - H(L_A \mid b) = \\ & H(b) - H(L_A;b) + H(L_A) = \\ & \frac{1}{2}\sum_{b\in\{\pm1\}}\int_{-\infty}^{\infty} f_{L_A|b}(l_A \mid b)\mathrm{lb}f_{L_A|b}(l_A \mid b)\mathrm{d}l_A - \\ & \int_{-\infty}^{\infty} f_{L_A}(l_A)\mathrm{lb}f_{L_A}(l_A)\mathrm{d}l_A \end{aligned} \tag{5-130}$$

其中，$f_{L_A}(l_A)=\frac{1}{2}\sum_{b\in\{\pm1\}} f_{L_A|b}(l_A \mid b)$。令$L_E = L_E(b_{k,l})$，我们有

$$\begin{aligned} I_{out} = & \frac{1}{2}\sum_{b\in\{\pm1\}}\int_{-\infty}^{\infty} f_{L_E|b}(l_A \mid b)\mathrm{lb}f_{L_E|b}(l_E \mid b)\mathrm{d}l_E - \\ & \int_{-\infty}^{\infty} f_{L_E}(l_E)\mathrm{lb}f_{L_E}(l_E)\mathrm{d}l_E \end{aligned} \tag{5-131}$$

且 EXIT 函数 $I_{out}=f(I_{in},E_b/N_0)$ 可以通过实验仿真得到。

图 5-8 给出了 8×8 MIMO 系统在 6 dB 时的 EXIT 图。由于 IDD 的收敛行为与映射规则及使用的信道编码无关 [19-20]，因此在本次仿真中我们使用相同的卷积码和映射规则。另外，由于 EXIT 图与信道编码是无关的，所以系统的收敛行为就只取决于不同的迭代检测器。通常来说，EXIT 曲线越高，检测器能达到的性能就越好。注意曲线中对应较大 I_{in} 值表示检测器迭代后期的性能，而较小 I_{out} 值则对应初期迭代的性能。由图 5-8 中可知，基于比特滤波方法的性能与 LSD 的性能相似，且 MMSE-SC 的性能比其他方法都差。此外还可以看出，基于比特滤波的方法对应较小 I_{in} 值的 EXIT 曲线的区域和 MAP 相比较低，这表明在迭代初期基于比特滤波的方法并不能提供接近 MAP 的性能。这是由于迭代初期获得的 API 并不十分可靠造成的。然而在几次迭代之后，基于比特滤波的方法便可接近 MAP 检测的性能。

4. BER 性能

在本小节，我们给出了 4×4 MIMO 系统下多种检测器的 BER 性能，如图 5-9 所示。对于基于比特滤波检测器，仍然设定 r=1 来保持低复杂度。如上文所分析的那样，MMSE-SC 检测器的性能最弱，该检测器具有较低的复杂度。LR-IDD-2 检测器能提供与 LSD 和 MCMC 检测器相近的 BER 性能，而其复杂度却与 MMSE-SC 检测器接近，进一步验证了 LR-IDD 高性能、低复杂度的优势。

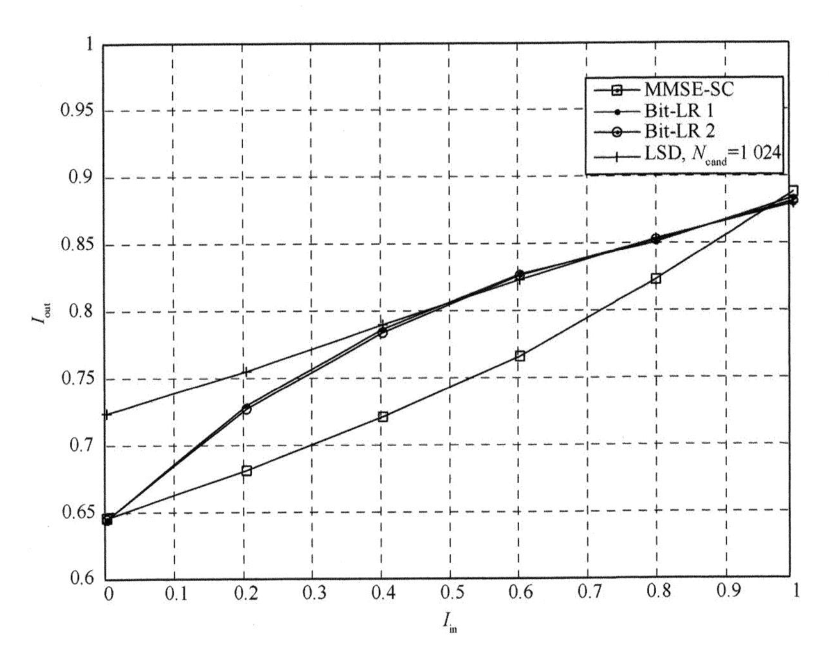

图 5-8　8×8 MIMO 系统 EXIT 图

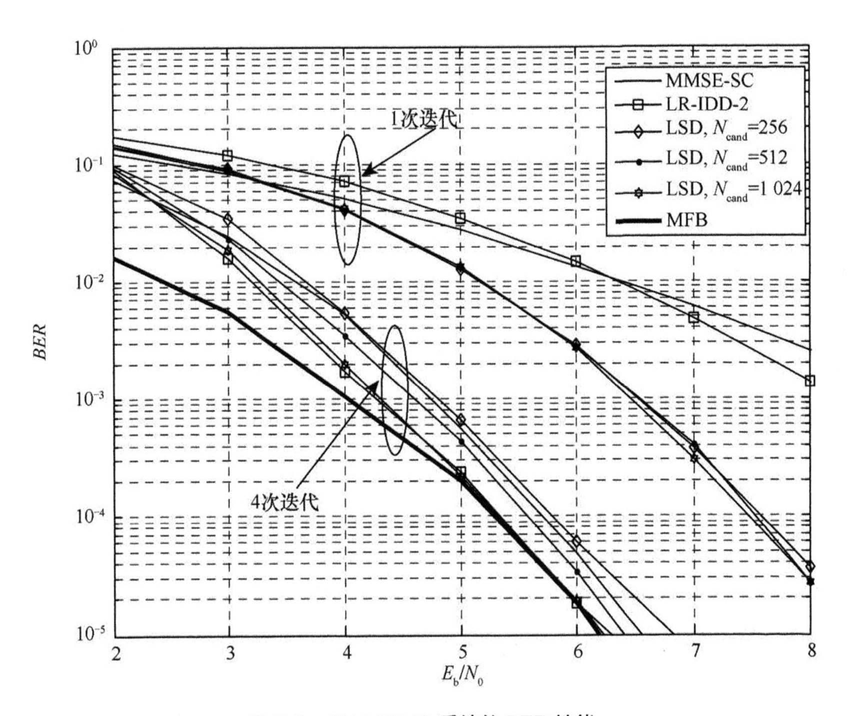

图 5-9　4×4 MIMO 系统的 BER 性能

5.5　本章小结

空间多维信号迭代接收处理技术是未来无线通信的关键技术之一。本章首先介绍了未编码 MIMO 系统基于格基规约的信号检测方法，并理论分析了其可获得全部的接收分集增益。在此基础之上，为了进一步达到或接近 MIMO 系统理论上所能提供的系统容量，本章随后讨论了 MIMO 编码系统中基于 IDD 的迭代解码检测技术。最后，为了避免最优 MAP 检测所需的指数复杂度，本章还介绍了基于比特滤波和基于随机采用的两种检测方法，以较低的计算复杂度获得近似最优的检测性能。

参考文献

[1] BAI L, CHOI J, YU Q. Low complexity MIMO detection[M]. Springer Science+ Business Media, 2014.

[2] BAI L, CHOI J. Lattice reduction-based MIMO iterative receiver using randomized sampling[J]. IEEE Transaction on Wireless Communication, 2013, 12(5): 2160- 2170.

[3] SILVOLA P, HOOLI K, JUNTTI M. Suboptimal soft-output MAP detector with lattice reduction [J]. IEEE Signal Processing Letters, 2006, 13(6): 321-324.

[4] LIU S, LING C, STEHLE D. Decoding by sampling: a randomized lattice algorithm for bounded distance decoding [J]. IEEE Transactions on Information Theory, 2011, 57(9): 5933-5945.

[5] VIKALO H, HASSIBI B, KAILATH T. Iterative decoding for MIMO channels via modified sphere decoding [J]. IEEE Transactions on Wireless Communications, 2004, 3(6): 2299-2311.

[6] CHOI J, HONG Y, YUAN J. An approximate MAP based iterative receiver for MIMO channels using a modified sphere detection [J]. IEEE Transaction on Wireless Communications, 2006, 5(8): 2199-2126.

[7] ZHANG W, MA X. Low-complexity soft-output decoding with lattice-reduction-ided detectors [J]. IEEE Transactions on Communications, 2010, 58(9): 2621-2629.

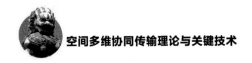

[8] WANG X, POOR H V. Iterative (turbo) soft interference cancellation and decoding for coded CDMA [J]. IEEE Transactions on Communications, 1999, 47(7): 1046-1061.

[9] HOCHWALD B, BRINK S T. Achieving near-capacity on a multiple antenna channel [J]. IEEE Transactions on Communications, 2003, 51(3): 389-399.

[10] LI Q Y, ZHANG J, BAI L, et al. Lattice reduction-based approximation MAP detection with bit-wise combining and integer perturbed list generation [J]. IEEE Transaction on Communications, 2013, 61(8): 3259-3269.

[11] HOCHWALD B, BRINK S. Achieving near-capacity on a multiple antenna channel [J]. IEEE Transactions on Communications, 2003, 51(3): 389-399.

[12] HAGENAUER J, OFFER E, PAPKE L. Iterative decoding of binary block and convolutional codes [J]. IEEE Transactions on Information Theory, 1996, 42(2): 429-445.

[13] VIKALO H, HASSIBI B, KAILATH T. Iterative decoding for MIMO channels via modified sphere decoding [J]. IEEE Transactions on Wireless Communications, 2004, 3(6): 2299-2311.

[14] CHOI J, HONG Y, YUAN J. An approximate MAP based iterative receiver for MIMO channels using a modified sphere detection [J]. IEEE Transactions on Wireless Communications, 2006, 5(8): 2199-2126.

[15] SILVOLA P, HOOLI K, JUNTTI M. Suboptimal soft-output MAP detector with lattice reduction [J]. IEEE Signal Processing Letters, 2006, 13(6): 321-324.

[16] FARHANG-BOROUJENY B, ZHU H, SHI Z. Markov chain Monte Carlo algorithms for CDMA and MIMO communication systems [J]. IEEE Transactions on Signal Processing, 2006, 54(5): 1896-1909.

[17] WANG X, POOR H V. Iterative (turbo) soft interference cancellation and decoding for coded CDMA [J]. IEEE Transactions on Communications, 1999, 47(7): 1046-1061.

[18] BRINK S T. Convergence behavior of iteratively decoded parallel concatenated codes [J]. IEEE Transactions on Communications, 2001, 49(10): 1727-1737.

[19] CHINDAPOL A, RITCEY J A. Design, analysis, and performance evaluation

for BICM-ID with square QAM constellations in Rayleigh fading channels [J]. IEEE Journal on Selected Areas Communications, 2001, 19(5): 944-957.

[20] FABREGAS A G, MARTINEZ A, CAIRE G. Bit-interleaved coded modulation[M]. Now Publishers Inc, 2008.

第 6 章
地基协同传输系统

从 1947 年美国贝尔实验室提出移动通信的概念至今，地基移动通信系统在近 30 年中取得了突飞猛进的发展，在越来越多的国家和地区得到广泛的应用。在本章，我们将首先概述地基无线通信系统特点及其发展历程，随后将重点介绍新一代地基协同传输系统中的多维联合资源调度、多用户协作传输、多小区协同传输与抗干扰方法以及未来5G 通信系统中的大规模 MIMO 等关键技术。

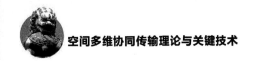

| 6.1 地基传输系统概述 |

从20世纪末开始，基于地面蜂窝系统的无线移动通信逐渐深入地影响和改变着人们的生活，并已经成为人类社会不可缺少的重要部分。国际电信联盟发布的2011年年终报告显示，全球手机用户数已经达到59亿，整体渗透率约为87%，发展中国家的渗透率也达到79%，移动通信已经成为现代通信网中主要的通信手段之一。

6.1.1 地基无线通信系统发展历程

1. 早期无线通信系统

1978年，贝尔实验室在芝加哥成功试验第一个蜂窝移动通信系统，即高级移动电话业务（Advanced Mobile Phone Service，AMPS）[1]，并于1983年投入商用。AMPS将整个覆盖区域划分成若干个蜂窝小区，相邻蜂窝小区使用不同频率资源，从而实现频率复用，并使得用户在覆盖区域内能自动接入公用电话交换网（Public Switched Telephone Network，PSTN）。随后，AMPS在美国得到迅速的发展。与此同时，英国建立了扩展式全向通信系统，日本建立了窄带完全接入通信系统，这些系统均为模拟制式的频分多址（Frequency Division

Multiple Access，FDMA）系统，属第一代（1G）移动通信系统。

1G系统采用蜂窝组网、频率复用等技术，实现了大区域覆盖、支持移动终端不间断通信的越区切换，并有效地提高了频谱利用率。但1G系统也存在局限，包括不同国家系统之间没有公共接口，无法实现全球漫游；无法承载数字业务；安全性低等。因此模拟蜂窝移动通信逐渐被数字蜂窝移动通信所代替，但1G所采用的系统架构则在随后的系统中得到沿用。

基于数字通信技术的第二代（2G）蜂窝移动通信系统于20世纪90年代初面世。1992年欧洲建设的全球移动通信系统（Global System for Mobile Communications，GSM）是第一个数字蜂窝移动通信网络[2]，随后日本数字式蜂窝（Japanese Digital Cellular，JDC）[3]和美国的IS-95[4]也相继投入使用。其中，GSM和JDC采用的是时分多址（Time Division Multiple Access，TDMA）方式，而IS-95采用的是码分多址（Code Division Multiple Access，CDMA）的接入技术，这些系统都是采用数字调制的技术传送语音和低速的数据业务，属于2G技术。

相比于1G系统，2G系统的频谱利用率更高，保密性更强，语音质量更好。随着多年的发展，2G的体制标准也都比较完善，技术也相对成熟。但随着数据业务的发展，需要有更强的系统支持高速的移动通信。

2. **第三代无线通信系统**

第三代（3G）移动通信的概念最早是由ITU于1985年提出，当时称为未来公共陆地移动通信系统（Future Public Land Mobile Telecommunications System，FPLMTS），1996年更名为国际移动通信-2000（International Mobile Telecommunications 2000，IMT-2000）系统，即该系统工作于2 000 MHz频段，且能提供最高2 000 kbit/s的数据速率。

按ITU总目标，第三代移动通信系统有如下特点。

① 提供高速和多种速率支持多种业务，能支持从话音到分组数据的多媒体业务，特别是互联网，能根据需要提供必要的带宽。其最低无线传输要求见表6-1。

表6-1 3G移动通信系统最低传输要求

环境	最高速率
快速移动环境	114 kbit/s
步行环境	384 kbit/s
室内环境	2 Mbit/s

② 全球覆盖及全球无缝漫游、全球使用共同频段（1 885 ～ 2 025 MHz，

2 110 ～ 2 200 MHz）。但不要求各系统在无线传输设备及网络内部技术完全一致，仅要求在网络接口、互通及业务能力方面的统一。

③ 高频谱效率。

④ 高服务质量。具有长话的话音质量，比特错误率小于 10^{-6} 的数据业务。

⑤ 核心网由电路交换向分组交换过渡，并最终向全 IP 网演进。

⑥ 低成本、低功耗、小体积、高保密等良好的商业特性。

从 1996 年开始，3G 系统的标准化研究进入实质阶段。1997 年 4 月，ITU 开始征集 IMT-2000 中无线传输的技术方案[5]，1999 年批准并通过了 3G 系统的接口技术规范建议，其中列入建议的包括 CDMA 和 TDMA 两大类共 5 种技术，具体如下。

（1）CDMA 技术

① IMT-2000 CDMA DS：通用陆地无线接入（Universal Terrestrial Radio Access，UTRA）/WCDMA 和直接序列（Direct Sequence，DS）cdma2000。

② IMT-2000 CDMA MC：多载波（Multicarrier，MC）cdma2000。

③ IMT-2000 CDMA TDD：时分同步码分多址（Time Division-Synchronous Code Division Multiple Access，TD-SCDMA）和 UTRA/TDD（又称 WCDMA TDD）。

（2）TDMA 技术

① IMT-2000 TDMA SC：UWC136。

② IMT-2000 TDMA MC：DECT。

北美的 cdma2000[6]、欧洲的 WCDMA[7-8] 和中国的 TD-SCDMA[9] 是主流的 3G 技术。其中，cdma2000 和 WCDMA 可工作在频分双工（Frequency Division Duplexing，FDD）模式。在 FDD 模式下，上下行链路使用不同的频带。cdma 2000 和 WCDMA FDD 的参数见表 6-2。

表 6-2　3G 系统 FDD 模式的参数

系统	占用带宽 /MHz	码片速率 /（Mchip/s）	扩频方式	多址方式
cdma 2000	3.84	1.2288N $N\in\{1,3,6,9,12\}$	下行：Walsh 码和准正交码。上行：Walsh 码和长码	多载波模式：MC-CDMA。单载波模式：DS-CDMA
WCDMA FDD	5	1.25N $N\in\{1,3,6,9,12\}$	OVSF，扩频系数： 下行：4 ～ 512 上行：4 ～ 256	DS-CDMA

WCDMA 和 TD-SCDMA 技术能够采用时分双工（Time Division Duplexing，

TDD）模式，上下行链路使用同一频带，一个时间段划分为多个时隙，每个时隙都可以分配给不同的用户。TD-SCDMA 和 WCDMA TDD 的参数比较见表 6-3。

表 6-3　3G 系统 TDD 模式的参数

系统	占用带宽 /MHz	码片速率 /（Mchip/s）	扩频方式	时隙数
TD-SCDMA	1.6	1.28	DS，扩频系数 1/2/4/8/16	7 个常规时隙 + 3 个特征时隙
WCDMA TDD	5	3.84	DS，扩频系数 1/2/4/8/16	15 个相同时隙

3. 第四代无线通信系统

自 2004 年起，第三代移动通信合作计划（3rd Generation Partnership Project，3GPP）组织开始启动长期演进技术（Long-Term Evolution，LTE）的研究[10]。LTE 是 3G 到第四代（4G）技术之间的一个过渡。它改进和增强了 3G 的空中接入技术，采用正交频分复用技术（Orthogonal Frequency Division Multiplexing，OFDM）和多输入多输出（Multiple-Input Multiple-Output，MIMO）作为无线网络的标准。诺基亚—西门子于 2009 年 9 月成功研发了世界上第一部 LTE 电话。

自 2003 年 ITU 对 IMT-2000 后续演进系统的框架与目标进行了初步的定义[11-12]后，ITU 于 2005 年 10 月正式将该演进系统定义为 IMT-Advanced，这就是所谓的 4G 移动通信系统。2007 年世界无线电大会为 IMT-Advanced 分配了频谱，并于 2008 年 3 月发出征集 IMT-Advanced 标准的通函，至 2009 年 10 月共征集到 6 个候选方案[13-18]。提案分为两大阵容，即 3GPP 的 LTE-Advanced[19] 和 IEEE802.16m[20]，两者的部分参数见表 6-4。LTE-Advanced 是 LTE 的演进，保持着与 LTE 的后向兼容，由 3GPP、ETSI 等支持；而 IEEE 802.16m 则属于 IEEE 802.16 系列的标准，其主要由 IEEE、WiMAX 等论坛及其合作伙伴所支持。

表 6-4　4G 系统 LTE-Advanced 和 IEEE 802.16m 的部分参数对比

系统	LTE-Advanced	IEEE 802.16m
峰值速率	下行 1 000 Mbit/s，上行 500 Mbit/s	静止 1 000 Mbit/s，移动 100 Mbit/s
支持带宽	1.25 ～ 20 MHz	5 ～ 20 MHz
多址方式	下行 OFDMA，上行 SC-FDMA	OFDMA

（续表）

系统	LTE-Advanced	IEEE 802.16m
干扰抵消技术	软频谱再用、基站协作调度、协作多点传输	干扰随机化、干扰感知基站协作调度、传输波束成形
兼容性	和 3GPP 早期系统兼容	和 WiMAX 早期系统兼容

在 ITU 工作组的指导下，来自世界各地的 14 个独立评价组对 4G 提案进行了严格评估和标准融合工作，并已于 2011 年 10 月完成了第一版 IMT-Advanced 的全球核心标准，基本确定了官方 IMT-Advanced 的技术框架。

IMT-Advanced 的特点如下。

① 在保持成本效率条件下和支持灵活、广泛的服务与应用基础上，达到世界范围内的高速通用性；

② 高质量的移动服务；

③ 用户终端适合全球使用；

④ 支持 IMT 业务和固定网络业务的能力；

⑤ 世界范围内的漫游能力；

⑥ 增强的峰值速率以支持新的业务和应用，如多媒体业务。

因此，IMT-Advanced 系统提出的要求主要有：室内（移动速度 0 ～ 10 km/h）单位带宽的峰值速率下行数据业务达 3 bit/(s·Hz)，上行达 2.25 bit/(s·Hz)；微蜂窝（移动速度 10 ～ 30 km/h）下行达 2.6 bit/(s·Hz)，上行 1.8 bit/(s·Hz)；城区（30 ～ 120 km/h）下行达 2.2 bit/(s·Hz)，上行达 1.4 bit/(s·Hz)；高速移动（12 ～ 350 km/h）下行达 1.1 bit/(s·Hz)，上行达 0.7 bit/(s·Hz)；弹性支持不同载波包括 1.25 MHz、1.4 MHz、2.5 MHz、3 MHz、5 MHz、10 MHz、15 MHz、20 MHz、40 MHz；呼叫建立延迟在空闲模式下小于 100 ms，休眠状态小于 50 ms。表 6-5 为 3G 和 4G 关键参数比较。

表 6-5　3G 和 4G 关键参数比较

系统	3G	4G
网络架构	基于广泛蜂窝	集成 WLAN 和 WAN
位速率	384 ～ 2 084 kbit/s	移动模式下 20 ～ 100 Mbit/s
频宽	1 800 ～ 2 400 MHz	2 ～ 8 GHz
带宽	5 ～ 20 MHz	100 MHz 或更高
交换	电路交换和数据交换	数据分组交换
IP	众多空中链接协议之一	全 IP（IPv6.0）

4. 未来无线通信系统发展趋势

从1G到4G，其核心技术可以依次体现为FDMA、TDMA、CDMA以及OFDMA，它们分别利用了频率、时间、码元等资源来提高系统的频谱效率，而对空间资源的利用上当前技术仍存在较广阔的发展空间。国际电信联盟（ITU）组织把Beyond IMT-Advanced标准化称为B4G移动通信标准。B4G移动通信标准包括多点传输空间信号组合技术、协同网络传输、干扰协同技术、家庭基站传输模式、大规模MIMO技术、认知无线电以及物联网等。其中，空间资源的合理利用以及相应的多天线技术的发展将成为B4G性能提升的一个重要技术手段。与此同时，合理的资源调度、多用户协作、多小区协同与抗干扰方法也成为支撑B4G发展的必要组成部分。

6.1.2 地基无线通信系统特点

综上所述，与其他通信手段相比，地基移动通信系统具有以下主要特点。

（1）利用无线信道传输信息

无线信道有别于恒参的介质传输信道，其重要特征是多径和时变[21]。在移动通信中，发射机发送出的信号会产生直射、反射、绕射、散射等多种途径到达接收机，这种多径传输使得接收机会收到多个相同信号的叠加信号，从而影响接收信号的稳定性。此外当发射机或接收机处于运动状态时，信道状态会随着时间而不断变化，信号的载波频率也会产生频移，即多普勒频移。这就要求移动通信系统必须具有抗时变多径衰落的能力，从而保证通信质量。

（2）在有干扰的条件下工作

移动通信系统会受到来自于外界的各种干扰，如来自于自然或人为的白噪声干扰[22]、窄带干扰[23]、短时干扰[24]等。此外，移动通信系统自身也会产生干扰，包括互调干扰[25]、邻道干扰[26]、同频干扰[27]、不同用户之间的多址接入干扰[28]等。这便要求无线通信系统必须具有一定的抗干扰能力。

（3）频谱资源受限

不同的移动通信系统多要求工作在特定的频率段，中国已规划的公众移动通信频率有525 MHz，移动通信可利用的频谱是极其有限的。为满足用户需求量的增加，只能在已有的有限频段中采取提高频谱利用率的方法，这就需要采用适当的无线资源管理和分配方案，以提高系统在给定带宽下的传输速率。

（4）对设备的要求苛刻

由于移动设备长期处于不固定的位置，外界的振动、碰撞等都会对移动设备产生影响，这就要求移动设备具有较强的适应能力。此外为满足不同业务、不同人群的需求，移动设备应具有简洁、实用的交互界面和操作方式，这对移动设备的研制和开发都提出了不小的挑战。

考虑到移动通信所具备的上述特点，为了给用户提供随时随地、迅速可靠的通信服务，各种理论与相关技术被大量研究以克服移动通信的种种瓶颈。

6.2 地基无线通信系统多维联合资源管理

随着互联网的迅猛发展，多种无线通信网络与互联网的融合势必会在未来形成一个以“核心—接入—终端”分级结构为特点的泛在异构网络。这种分级和异构的网络特性也将会给未来无线资源管理带来巨大的挑战，而传统的基于蜂窝网的无线资源管理架构已经不能应对这种挑战。本节我们就针对这些挑战，从功能模型和实现架构的角度介绍空时频联合无线资源管理架构。

6.2.1 基于双层认知环路的无线资源管理模型

自从 1999 年 Mitola 博士提出认知无线电（Cognitive Radio，CR）[29] 的概念以来，认知技术被广泛应用于无线通信研究的各个领域。认知的目的就是提升无线通信系统的智能性，而解决未来无线资源管理系统所面临的多维无线资源分配和异构网络环境等复杂问题的根本途径就是提升系统的智能性。因此，本节我们主要介绍一种基于双层认知环路的智能无线资源管理模型。

1. 需求分析

在介绍基于双层认知环路的智能无线资源管理模型之前，我们先来分析一下未来无线资源管理架构的设计需求。

① 支持“核心—接入—终端”分级的网络结构，能够实现网络集中式、网络分布式、终端决策式多种无线资源管理模式的有机结合。

② 支持异构的网络环境，不仅能够实现特有无线接入技术（Radio Access Technology，RAT）的资源管理，还要能够协调不同 RAT 间的无线资源调度。

③ 支持空域资源的有效利用，实现空、时、频、码、功率、速率等多维无线资源的联合优化配置。

④ 支持认知功能，实现具有学习能力的智能的无线资源管理，并通过数据的采集与挖掘获取无线资源管理的相关领域知识。

需要注意的是，上述需求分析主要针对相比于传统无线资源管理，未来无线资源管理增加的一些功能需求，并不代表整个无线资源管理系统的设计需求，这也是在下一步设计中主要考虑的一些因素。下面我们就先来介绍一下未来无线资源管理架构的设计基础——双层认知环路模型。

2. *双层认知环路模型*

认知环路是认知行为的基本模型，已经在无线通信领域得到了广泛研究。在文献 [30] 中，Thomas 等人指出，对于认知网络，认知环路的设计要领可以基于由 Boyd 提出并应用于军事指挥中的观察—定位—决策—行动（Observe-Orient-Decide-Act，OODA）环路。迄今为止，OODA 环路已经在多数的认知环路设计中被采用。其中，P. Balamuralidhar 等人将 OODA 环路模型应用到无线通信场景中[31]，并将整个认知过程分成 5 部分，包括感知—分析—决策—重配置—通信（Sense-Analyze- Decide-Reconfigure-Communicate，SADRC）；与此同时，C. Fortuna 等人提出了自己的认知环路模型[32]，包括认知—计划—决策—行动—学习—策略（Sense-Plan- Decide-Act-Learn-Policy，SPDALP）6 个状态。特别需要注意的是，在认知网络中影响最大的是 Mitola 在文献 [29] 中提出的观察—定位—计划—决策—行动—学习（Observe-Orient-Plan-Decide-Act-Learn，OOPDA-L）6 个环节的环路模型。OOPDA-L 环路将知识的获取与应用引入环路中，并用来描述认知无线电的认知行为。

从实际应用的角度来看，在无线通信系统，特别是在分级的异构网络（比如移动互联网）中，具有不同作用或承担不同任务的实体需要通过互相协作来共同达到某个既定目标。某些被配置在移动互联网管理与控制平面的实体，包括传输控制实体、服务控制实体以及网络管理实体等，这些实体能够运行在一个统一的平面，通常能容易地获得网络中的全局信息。因此，管理与控制实体更适合基于全局的利益，包括整体用户的偏好、网络态势等信息做出全局优化决策。而终端离用户侧更近，能把握不同用户的需求以及应用场景中的实时细节。因此，更适合在控制与管理实体的建议下，通过协作方式自适应地实时调整通信参数与通信模式。但同时也由于网络中各个设备在地理位置、服务功能、软硬件等各方面的差异，这些实体的功能将面临不同的条件限制。综合上述分析，单环的认知模型不能准确、充分地抽象类似移动互联网络中不同实体的认知行为。我们正迫切需要一个更清晰、更准确的认知模型来刻画复杂网络场景中的认知行为。基于此，一种分级的认知结构——双层认知环路模型被提出[33]，用于匹配移动互联网中不同实体在管理与角色划分、交互通信过程中的认知行为。

如图 6-1 所示，双层认知环路模型包括决策环路：OOPDA-L 环路与执行环路（OODA 环路）。其中，OOPDA-L 环路可以运行在集中式的管控平台面，承担着管理与控制系统中“大脑”的角色以提供智能的策略与指导。同时，基于

OOPDA-L 下发的策略以及实际应用中收集的场景信息，OODA 环路完成自适应的参数重配置。双层认知环路的运行结果包括状态的调整或操作的执行，最终将作用于外部世界，并从外部世界分别得到相应的信息反馈，以此来不断调整整个环路的运行，从而使系统得到更好的收益。

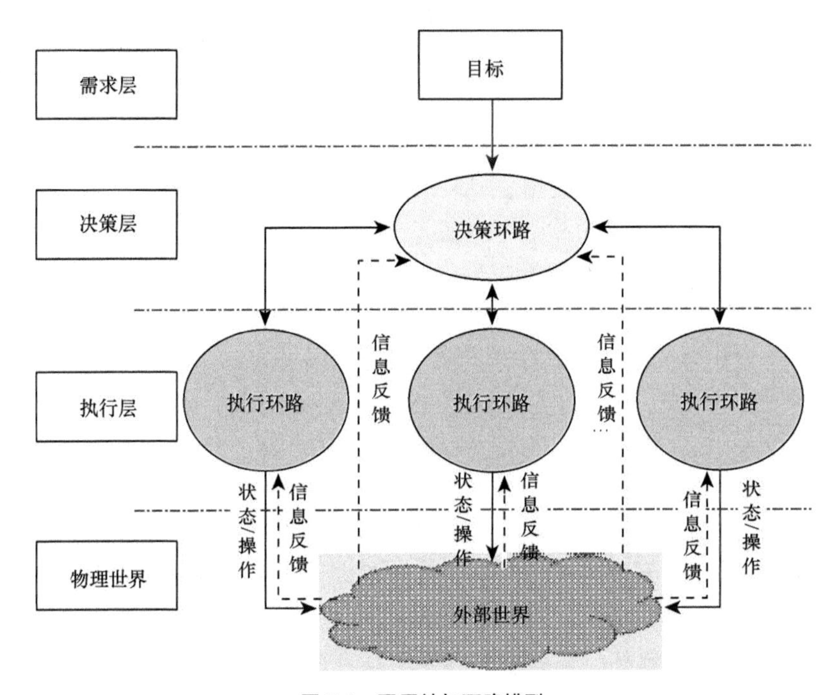

图 6-1 双层认知环路模型

从系统论的角度来看，双层认知环路模型可以认为是一个开放系统，即系统在任何时候都能与外部世界进行信息交换，包括网络状态、管理者的意图等。在该开放系统中，所有来自外部世界的信息都被当作输入参数；同时，来自决策实体下发的网络操作命令被当作输出参数。一旦接收到需求层的请求，决策平台将基于收集到的信息与历史通信规则制定最佳策略。而在某些场景下，一个决策组件可以给多个执行组件同时提供优化决策。通常考虑到两个不同环路将承担不同的任务，两个环路也将表现出不同的特征，本章对执行环路与决策环路的特性进行了比较，见表 6-6。

表 6-6 决策环路与执行环路的特征比较

决策环路	执行环路
偏定性的描述	偏定量的描述

（续表）

决策环路	执行环路
制定策略	以策略为指导优化控制
生成策略的过程是准实时的；学习的过程是非实时的	实时控制
人机（网）结合，人在环路	由机器自动完成
智能、学习	自适应，敏捷
相对主动的	相对被动的

（1）决策环路

表6-6说明决策环路以学习为手段，能够为执行环路制定宏观的策略，承担着智能移动互联网智慧源头的作用。决策环路可以抽象管理与控制平台实体中的认知行为，包括网络管理实体、传输控制实体、服务控制实体等。从表6-6的总结来看，决策环路的运行将是一个人机（网络）结合的过程。一方面，人可以归纳知识，甚至将专家知识输入规则库中；另一方面，通过机器对网络中海量数据的挖掘，将会获得有价值的通信规则，这些长期的统计规律将会为未来通信提供进一步的知识支持，以提高移动互联网中用户的体验。通常从实际应用的角度，决策环路中海量数据的学习过程是离线的、相对主动的。为了给执行环节提供更多的灵活性与自适应性，决策实体制定的策略集基本上是偏定性的描述，并以一种执行实体可以理解的规则表征形式下发。基于文献[29]提出的认知环路模型，决策环路模型设计为如图6-2所示的OOPDA-L模型。

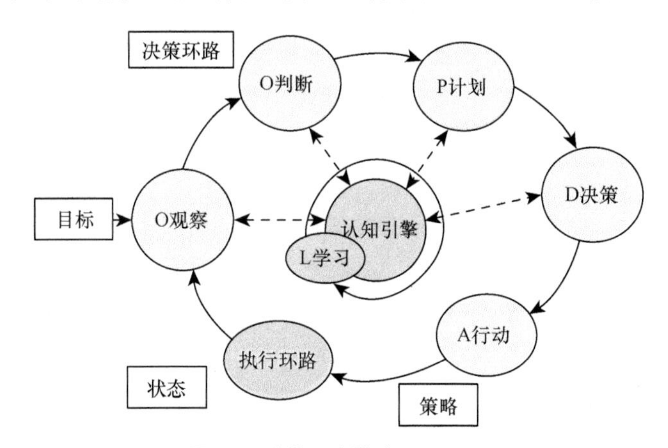

图6-2 决策环路模型OOPDA-L

OOPDA-L环路的核心组件是基于人工智能技术的认知引擎。与文献[29]中的认知模型不同，OOPDA-L环路将学习环节抽离成一个独立的部分。其主要原因是，面对类似移动互联网中复杂的应用背景，海量的通信数据和复杂的网络状态必然造成学习过程不可能实时完成，而决策环节要求策略的制定是一个准实时的过程，因此有必要将学习过程设置成独立的离线模式。此外，学习环节的独立抽取将突出以学习为手段的认知引擎组件在决策环路中“大脑”般的地位，形成独特的认知源头。OOPDA-L 环路包括了观察、定位、计划、决策、行动、学习 6 个部分，下面将详细介绍和分析。

- 观察：观察组件作为开放系统的信息输入环节。输入信息包括：网络管理者的意图、全网的实时资源状态、用户侧的信息反馈以及收集执行环路上报的状态，并主动收集所需信息存储到数据库中。
- 判断：判断组件将对接收到的信息作预处理，基于预处理后的信息及认知引擎（Cognitive Engine，CE）的知识支撑形成当前场景下的全局态势。
- 计划：根据全局态势，同时联合既定输入目标与认知引擎的知识支撑，计划组件将制定可能的策略集。
- 决策：基于认知引擎的规则及用户的偏好，决策组件对决策集进行优先级排序，同时决定最后的策略输出。
- 行动：行动组件将下发最终的策略集给执行环路的相关实体。
- 学习：学习组件是决策环路中最核心的部分，将影响整个决策过程，包括观察、定位、计划以及决策组件。

决策环路中最主要的学习手段包括数据挖掘、学习以及推理技术等人工智能方法。通过学习组件，一方面将减少海量数据的维度，另一方面也有助于 CE 理解数据。通过抽取相关的信息，CE 将形成当前用户需求及网络场景下全局最优的知识或者规则。下面将着重介绍认知引擎结构，认知引擎包括数据库、学习机、知识库、推理机四大组件，同时强化人在环路中的地位，如图 6-3 所示。

- 数据库：数据库存储通信过程相关的所有历史数据[34]，包括用户信息、服务请求等级（VIP 或者普通用户）、场景信息、网络状态、网络资源分布、用户反馈等。在实际应用中，数据库设计与应用紧密相关，数据库的条目须与通信场景特征兼容一致。
- 学习机：学习机将用于归纳推理，主要流程包括学习任务建模、历史数据挖掘以及获取相关知识或者规则。
- 知识库：知识库将用于存储通过归纳推理后获得的格式化规则。同时，人（专家）的专业经验也将作为实用规则加入知识库中。
- 推理机：推理机将用于演绎推理。根据知识库中的规则以及当前网络的状态及用户信息，推理机通过关联有效规则，预测并输出相关执行的策略。

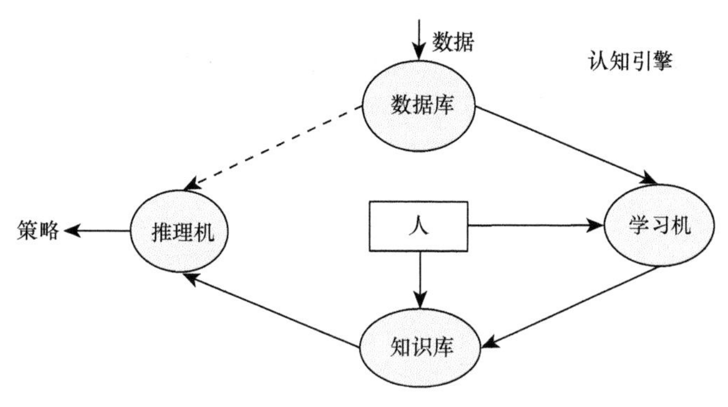

图 6-3 认知引擎结构

• 人：人在认知引擎中占据着相对特别的地位。一方面，对于特别的学习任务，人将辅助学习机进行学习过程建模，这是人机结合的一个重要体现；另一方面，在认知引擎的智能性还未完善之时或者引擎启动初期，人将专家知识输入规则库中，同时会根据自己的先验知识修正当前规则。所以说人在认知引擎中的作用是更好地完善认知引擎。因此，随着认知引擎智能化程度的提高，人的作用将逐渐弱化，直至认知引擎自主运行后即可退出。

（2）执行环路

在决策环路宏观策略的指导下，执行环路以一种自适应的方式执行下发的策略。因此，执行环路保持敏捷与灵活特征。执行环路可以运行在路由器、基站以及终端等相关实体上。这些实体可以分布式地执行优化策略，改变网络状态以及响应外部环境，最后自适应地达到目标服务质量。执行环路通常由观察组件、定位组件、决策组件、行动组件组成，如图 6-4 所示。

• 观察：观察组件将接收决策环路下发的策略并收集执行实体运行的实时外部环境信息。

• 判断：对外部环境状态进行分析推理，得出比较客观的运行情况。

• 决策：从策略库中取出上层决策环路下发的策略，按照优化目标执行优化，确定相应实体的操作和参数。

• 行动：行动组件向具体执行实体，比如路由器、基站等输出最适合的配置参数，并向决策环上报状态。

比较双层认知环路模型与 Mitola 提出的 OOPDA-L 认知环路，其首要的不同点是将单环结构推广到具有通用性的分级结构。此外，双环认知模型还具有两个主要不同的特征：一方面，双层认知环路模型能准确抽象并描述类似移动互联网场景中不同实体间分层次协作的行为以及协作实体间信息交互的过程，

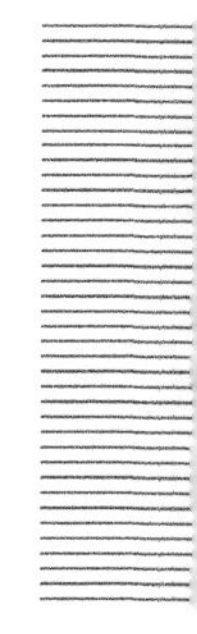

根据通信角色与地位的不同将双层认知环路模型分为决策环路与执行环路；另一方面，将认知模型中的学习环节抽取出来并定位成一个相对独立的过程。在OOPDA-L 环路中，学习环节需要运用数据挖掘方法对海量历史数据进行处理，并结合学习与推理技术获取有助于提高通信质量的实时信息与规则。

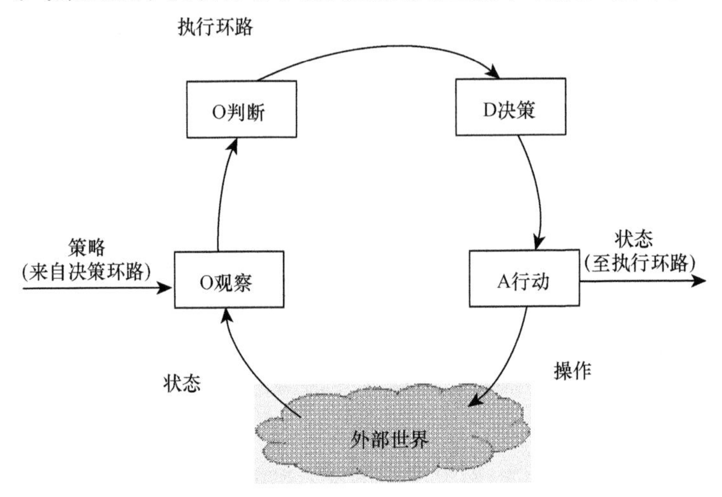

图 6-4 执行环路模型 OODA

6.2.2 智能无线资源管理模型

针对未来分级的异构网络结构，结合双层认知环路模型，智能无线资源管理的模型应采用分级的结构：核心层、接入层和终端层，如图 6-5 所示。核心层指处于核心网的公共管理实体，包括高级无线资源管理（Advanced Radio Resource Management，ARRM）功能实体和认知引擎功能实体。接入层指处于接入网的无线资源管理实体，包括本地无线资源管理（Local Radio Resource Management，LRRM）功能实体。终端层处于终端侧的无线资源管理实体，包括终端决策管理（Terminal Decision Management，TDM）功能实体。

ARRM 实体主要用于异构网络间的准入控制和负载均衡，通过准入控制可以达到预防性的流量控制，从而有效防止网络的拥塞。ARRM 可根据 CE 中的相关知识产生不同接入网的无线资源管理策略和接入网选择策略，并以建议的形式下发给 LRRM 和 TDM，LRRM 和 TDM 根据下发的策略做最终的决策，这样可以有效应对一些突发的事件。CE 实体可以收集并存储终端和接入网的大量相关数据，并对这些数据进行学习和挖掘，形成相关的领域知识指导 ARRM 策略的产生。LRRM 实体主要根据 ARRM 的下发策略决定具体的空、时、频等无线资源的分配方案。TDM 实体根据 ARRM 产生的接入网选择策略进行决策，并根据决策对终端进行波形参数的重配置。

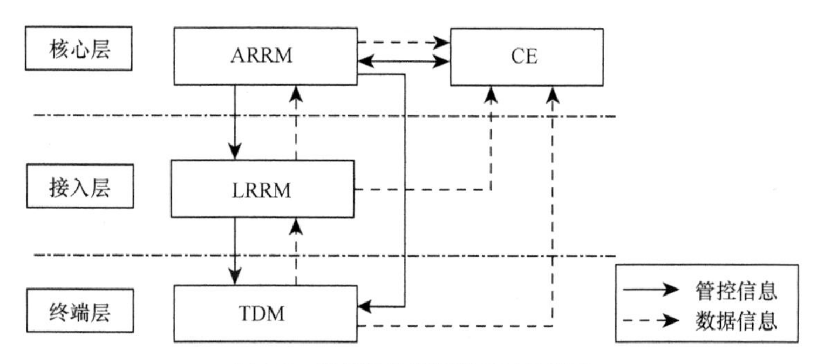

图 6-5　智能无线资源管理系统模型

下面我们来详细介绍一下智能无线资源管理模型中各功能实体的功能及它们之间的关系，如图 6-6 所示。

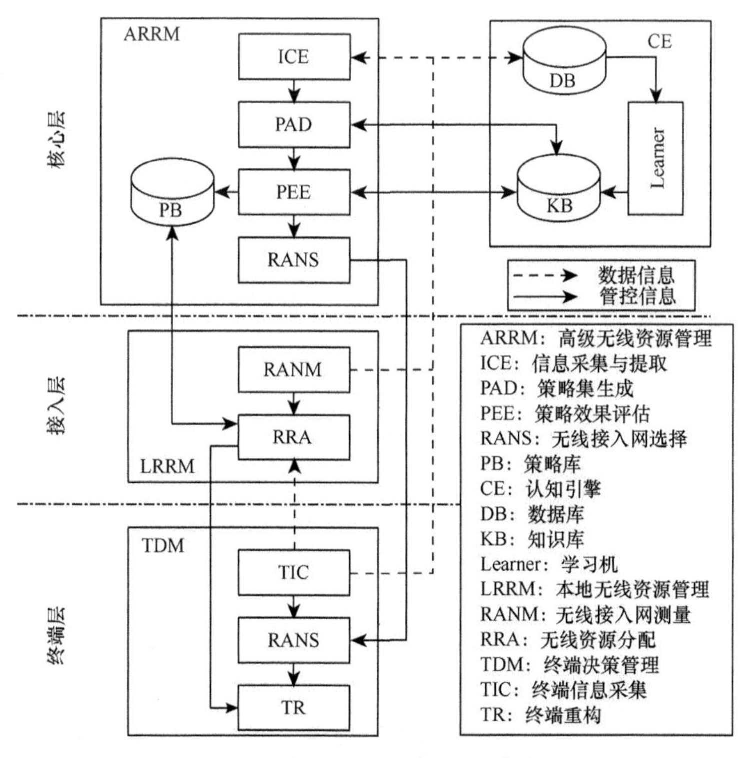

图 6-6　智能无线资源管理功能架构

（1）高级无线资源管理

ARRM 主要包含 5 个功能模块：信息采集与提取（Information Collection and Extraction，ICE）、策略集生成（Policy Assembly Derivation，PAD）、策略效果评估（Policy Efficiency Evaluation，PEE）、无线接入网选择（Radio Access Network Selection，RANS）和策略库（Policy Base，PB）。

• ICE 模块：ICE 模块负责采集各 RAN（Radio Access Network，无线接入网络）信息，包括网络负载和覆盖范围等，信息的采集可以通过 LRRM 定期上报的方式，也可以通过询问的方式。根据采集的 RAN 信息，ICE 会判断网络负载是否超过门限，RAN 间负载是否均衡、是否需要切换等。此外，ICE 模块还会接受终端 TDM 的入网请求，并采集相关的终端和用户信息。终端信息包括终端能力（主要指终端支持的接入模式）、终端状态（终端位置、移动速度、当前可用网络等）和业务质量（Quality of Service，QoS）需求等；用户信息包括用户偏好和签约信息等。ICE 模块主要实现双层认知环路模型中决策环路的感知和判断功能。

• PAD 模块：PAD 模块负责根据 ICE 模块的判断信息和 CE 知识库中相关的知识，制定可行的策略集，包括准入和切换时可选的目标网络等策略的集合。在生成策略集合时，除了考虑上面接入网、用户、终端等信息外，还要考虑运营商的策略偏好，运营商在一些网络的运营上是有所侧重的。PAD 模块主要实现双层认知环路模型中决策环路的计划功能。

• PEE 模块：PEE 模块负责根据 CE 知识库中相关的知识，对 PAD 模块产生的策略集合中的各个策略进行效果评估，并根据评估的结果对可选策略进行排序，并将建议的策略下发到策略库和无线接入网选择模块中。PEE 模块主要实现双层认知环路模型中决策环路的决策功能。

• RANS 模块：RANS 模块负责对终端相应模块下发策略进行建议。RANS 模块主要实现双层认知环路模型中决策环路的行动功能。

• PB 模块：PB 负责存储 PEE 生成的无线资源管理策略，并根据接入网的无线资源分配请求下发相应策略。PB 还会根据接入网的调整（比如升级）等情况，更新相应的内容。

（2）认知引擎

认知引擎主要包括 3 个功能模块：数据库（Data Base，DB）、学习机（Learner）和知识库（Knowledge Base，KB）。

• DB 模块：DB 负责存储各类原始数据，包括上述接入网、终端和用户等不同层面的数据。此外，DB 还要存储如用户反馈的用户体验（Quality of Experience，QoE）和接入网反馈的网络性能等方面的数据，作为进一步学习的目标。

• Learner 模块：学习机负责对 DB 中的数据进行离线学习和数据挖掘，形成专家领域知识，并将知识存储到知识库中。学习机可以采用定期学习的机制，定期学习所采用的时间尺度要远大于底层自适应无线资源分配所采用的时间尺度；学习机还可以采用基于事件触发的学习机制，比如当数据库进行更新时就可以触发学习，对新的数据进行学习。

• KB 模块：KB 负责存储学习得到的知识，并根据 ARRM 中 PAD 和 PEE 的请求下发相应的知识，用于指导判断和决策。

（3）本地无线资源管理

LRRM 主要包括 2 个功能模块：无线接入网测量（Radio Access Network Measurement，RANM）和无线资源分配（Radio Resource Allocation，RRA）。

• RANM 模块：RANM 模块负责采集接入网的各种信息，并将信息上报 ARRM 中的 ICE 模块和 CE 中的数据库。RANM 模块主要实现双层认知环路模型中执行环路的观察功能。

• RRA 模块：RRA 模块首先根据 ARRM 下发的策略判断是否接受其建议，如果接受，则 RRA 根据 RANM 的观察信息和相应的策略制订资源分配的方案；如果不接受，则直接根据 RANM 的观察信息制订资源分配方案。资源分配方案包括空、时、频、码等多维资源的具体分配。RRA 模块主要实现双层认知环路模型中执行环路的判断和决策功能。

（4）终端决策管理

TDM 主要包括 3 个功能模块：终端信息采集（Terminal Information Collection，TIC），RANS 和终端重构（Terminal Reconfiguration，TR）。

• TIC 模块：TIC 模块负责采集终端侧的信息，包括终端信息和用户信息，并将信息上报给 ARRM 的 ICE 模块和数据库。TIC 还负责反馈用户的 QoE 信息，以便 CE 进行学习。TIC 模块主要实现双层认知环路模型中执行环路的观察功能。

• RANS 模块：RANS 模块负责根据 ARRM 中 RANS 下发的建议进行决策，决策还需要根据用户的喜好，比如有的用户喜欢自己做出接入网选择的决定。该模块主要体现终端决策的无线资源管理模式。RANS 模块主要实现双层认知环路模型中执行环路的决策功能。

• TR 模块：TR 模块负责根据 RANS 下发的接入网选择策略以及相应的接入网资源分配方案，实施终端波形参数的重构，以便接入相应目标网络。TR 功能需要终端的支持，重构能力也是对未来异构网络终端的重要指标要求。TR 模块主要实现双层认知环路模型中执行环路的行动功能。

综上所述，智能无线资源管理模型是以双层认知环路为基础，并充分考虑

未来异构网络的无线资源管理需求进行设计的模型，实现了本节开始提出的设计目标。其中 ARRM 和 CE 功能实体执行粗粒度、大时间尺度异构网络间无线资源智能的协调与管理，主要实现双层环路中决策环路的相应功能，并以策略的形式对执行环路实行建议；LRRM 和 TR 功能实体执行细粒度、小时间尺度的接入网内无线资源的自适应分配，主要实现双层认知环路模型中执行环路的相应功能，并将执行结果反馈给决策环路。

6.2.3 面向服务的无线资源管理实现架构

传统无线资源管理架构都是紧耦合的结构，系统内的联系依赖于预先定义的语言、平台和接口。在异构网络环境下，这种紧耦合架构显然不能灵活处理不同制造商、不同运营商设备之间复杂的无线资源管理交互问题。针对这个问题，本小节将介绍一种松耦合的面向服务的无线资源管理的实现架构。

面向服务架构（Service-Oriented Architecture，SOA）[35] 是一种软件风格架构，是继面向过程、面向对象、面向组件的软件开发与集成的新阶段，已被广泛用于企业间异构系统的开发与集成。基于 SOA 的系统由松耦合、独立于平台且接口定义良好的服务所组成，这些服务可以通过基于 Web 的发布 / 订阅机制灵活地编排组合成各种应用。如图 6-7 所示，SOA 中主要有 3 个角色：服务注册中心（Service Registry）、服务提供者（Service Provider）和服务使用者（Service Consumer）。服务提供者将所提供的服务描述发布到服务注册中心供服务使用者进行查找，当服务使用者在服务注册中心查找到所需服务时就可以根据服务的描述文件对该服务进行绑定和调用。这种服务提供者和服务使用者通过第三方（服务注册中心）间接寻址的方式可以使二者形成松耦合的关系，从而保证服务间开发和集成的独立性，提高组件的重用性与系统的灵活性。松耦合也是 SOA 最显著的特点。

随着各种无线电功能的软件化，无线电架构和软件架构不断接轨，软件通信架构（Software Communication Architecture，SCA）就是软件架构发展到组件化的产物。现在软件架构已经发展到服务化阶段，于是面向服务的无线电架构（Service-Oriented Radio Architecture，SORA）[36] 应运而生。SORA 是一种开放的分布式无线电架构，它利用 SOA 中的设计原理进行

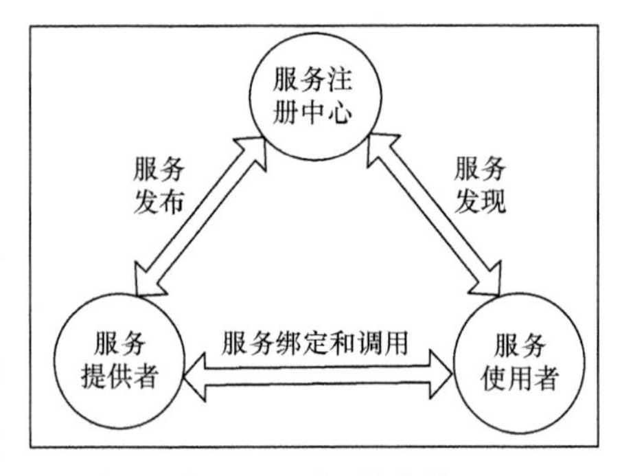

图 6-7 面向服务架构

无线系统的开发与集成。

SORA 就是对无线系统功能模块进行基于 Web 服务标准的服务化封装，然后利用上述原理进行系统的设计与集成，从而提高无线系统的灵活性。这里有两点需要注意：第一，SORA 是开放的，即 SORA 采用了一系列开放的 Web 服务标准，开放将有利于系统的可扩展性和创新性；第二，SORA 是分布式的，系统组件可分布式地部署在网络上，通过间接寻址和远程调用实现系统集成从而形成虚拟的无线电系统，这突破了传统的无线电架构，提高了系统组件的可重用性和松耦合性。

6.2.4 MIMO-OFDM 系统无线资源调度

MIMO 技术和正交频分复用（Orthogonal Frequency Division Multiplexing，OFDM）技术被公认为 4G 系统物理层的两项关键技术，OFDM 技术通过使用子载波传输，将频率选择性衰落转化为平衰落，能够有效地抵抗多径干扰；而 MIMO 技术利用信道的多径结构提供多个并行传输的子信道，能够极大地提升系统容量。MIMO 与 OFDM 技术的结合将成为未来无线通信系统强有力的空中接口技术，并能够通过多维无线资源的合理配置有效提升频谱的利用率。下面我们将 MIMO-OFDM 技术分为 5 类，然后分别介绍相关的无线资源管理策略。

1. 基于空间复用的 OFDM 技术

首先，我们介绍基于空间复用的 OFDM 技术。空间复用技术在多个发射天线上同时传输多个符号，接收端天线的数目要多于发射端天线的数目。优化的目标包括：优化功率效率，保证每个用户的服务质量，对每个用户服务的公平性问题以及对不同的多用户检测算法的普适性问题等。

2. 基于空时编码 / 空频编码 / 空时频编码的 OFDM 技术

我们知道，对 MIMO-OFDM 系统在时间、频率以及空间上进行编码可以提高信息传输的可靠性和稳健性。因此我们对基于空时编码 / 空频编码 / 空时频编码的 OFDM 技术进行比较时发现，基于空时编码的 OFDM 技术具有最低的解码复杂度；基于空频编码的 OFDM 技术可以最小化用户间干扰；基于空时频编码的 OFDM 技术可以取得端到端的最大分集增益。

3. 基于波束成形的 OFDM 技术

基于波束成形的 OFDM 技术主要包括两类：一类是自适应波束成形 MIMO-OFDM 系统；另一类是特征波束成形 MIMO-OFDM 系统。自适应波束成形 MIMO-OFDM 系统主要是根据信道状态调整波束成形方案，进行自适应调制和自适应频率域功率分配。特征波束成形 MIMO-OFDM 系统主要是利用特征波束成形技术将 MIMO 信道分解成多个并行的子信道，在约束误包率、比特速率和总发射功率的前提下，通过动态子载波和比特分配达到最大化总传输速率的目的。

4. 基于天线选择的 OFDM 技术

基于天线选择的 OFDM 技术包括 3 类：第一类是端到端的单输入单输出（Single-Input and Single-Output，SISO）天线选择系统；第二类是端到端的单输入多输出（Single-Input and Multi-Output，SIMO）天线选择系统和多输入单输出（Multi-Input and Single-Output，MISO）天线选择系统；第三类是端到端的 MIMO 天线选择系统。端到端的 SISO 天线选择系统是指在发射端和接收端各选择一根天线，使得信道的增益最大。端到端的 SIMO 天线选择系统是在发射端选择一根天线，在接收端使用天线阵列进行最大合并比接收，对于不同的天线选择方案，我们选择使接收端信噪比最大的发射天线。端到端的 MISO 天线选择系统在发射端采用发射波束成形，在接收端选择一根天线，对于不同的天线选择方案，我们选择使接收端信噪比最大的接收天线。对于端到端的 MIMO 天线选择系统，我们从两个角度进行天线选择：可以选择能提供最大波束成形增益的发射天线组和接收天线组，也可以选择能提供最多并行子信道的发射天线组和接收天线组。前一方案主要提高了可靠性，后一方案主要提高了系统的有效性。

5. 多用户 MIMO-OFDM 技术

多用户 MIMO-OFDM 技术主要是结合一些 MIMO 技术中的多用户波束成形技术，例如迫零波束成形等，在减少用户间干扰的前提下对 MIMO-OFDM 系统进行优化。

此外值得注意的是，MIMO-OFDM 系统的无线资源管理技术主要集中在物理层和 MAC 层，属于小时间尺度的动态资源分配问题。这类问题一般处于联合无线资源管理架构中较低的层级，采用自适应的方式进行资源分配，包括子载波、子空间、速率、功率等多个维度的自适应分配。

6.3 多用户协作传输方法

地基协同传输系统是一个服务多用户的无线通信系统，当考虑到多个用户同时接入的情况，如何合理地借助不同用户的信道差异最大限度地获取空间资源是提升未来无线通信系统整体性能的关键。本小节针对地基多用户接入系统，阐述如何利用多用户协作传输方法提升系统整体性能和频谱效率，重点介绍正交波束成形、多用户中继波束成形和多用户选择等关键技术。

6.3.1 正交波束成形技术

1. **系统模型**

考虑多个移动通信用户和固定通信用户混合接入的场景，基站装备 N_t 根天线，下行链路有 M 个子载波，A 组为移动用户所在组，B 组为固定用户所在组，A 组中用户优先级高于 B 组，即 B 组用户接入时不能影响 A 组用户。

在子载波 m 上，基站广播组合信号 $\boldsymbol{s}_m=\boldsymbol{s}_{A,m}+\boldsymbol{s}_{B,m}$ 给全体用户，且

$$\begin{cases}\boldsymbol{s}_{A,m}=\boldsymbol{w}_{A,m}a_m\\ \boldsymbol{s}_{B,m}=\boldsymbol{w}_{B,m}b_m\end{cases}\tag{6-1}$$

其中，a_m 和 b_m 分别为发送给 A 组用户和 B 组用户的原始信号；$\boldsymbol{w}_{A,m}$ 和 $\boldsymbol{w}_{B,m}$ 分别为发送给 A 组和 B 组用户的归一化波束成形向量，且 $\|\boldsymbol{w}_{A,m}\|=\|\boldsymbol{w}_{B,m}\|=1$。定义信号功率为 $P_A=\mathrm{E}\left[\left|a_{m,q}\right|^2\right]$，$P_B=\mathrm{E}\left[\left|b_m\right|^2\right]$。假设 A 组的用户数为 K，则用户 k_m 接收到的信号为

$$x_{m,k_m}=\boldsymbol{h}_{m,k_m}^{\mathrm{H}}\left(\boldsymbol{s}_{A,m}+\boldsymbol{s}_{B,m}\right)+n_{m,k_m}\tag{6-2}$$

其中，$\boldsymbol{h}_{m,k_m}$ 为基站到 A 组用户 k_m 的信道向量，n_{m,k_m} 为服从 $\mathcal{CN}(0,\sigma^2)$ 分布的高斯白噪声，$k_m=1,2,\cdots,K$。同样，假设 B 组的用户数为 R，则 B 组中用户 r_m 接收信号为

$$y_{m,r_m}=\boldsymbol{g}_{m,r_m}^{\mathrm{H}}\left(\boldsymbol{s}_{\mathrm{I},m}+\boldsymbol{s}_{\mathrm{II},m}\right)+n_{m,r_m}\tag{6-3}$$

其中，$\boldsymbol{g}_{m,r_m}$ 为基站到 B 组用户 r_m 的信道向量，n_{m,r_m} 为服从 $\mathcal{CN}(0,\sigma^2)$ 分布的高斯白噪声，$r_m=1,2,\cdots,R$。

发送波束成形系统如图 6-8 所示。假设在一个时间段内，A 组实际有 Q 个用户接入，$Q\leqslant K$，同时从 B 组的 R 个用户中选择一个用户混合接入，需要保证在不影响 A 组用户正常通信的前提下使 B 组用户达到最大吞吐量。

假设从 A 组中选择 Q 个用户发射信号，则有

$$\begin{cases}\boldsymbol{s}_{A,m}=\sum\limits_{q=1}^{Q}\boldsymbol{w}_{A,m,q}a_{m,q}\\ \boldsymbol{s}_{B,m}=\boldsymbol{w}_{B,m}b_m\end{cases}\tag{6-4}$$

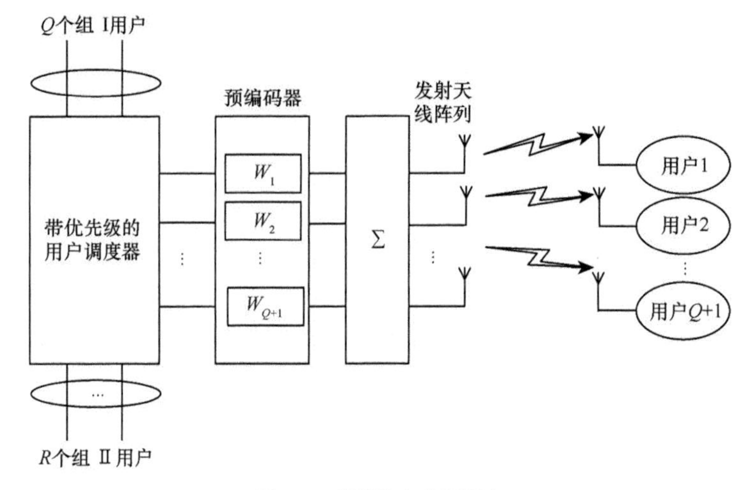

图 6-8　发送波束成形系统

2. A 组用户选择

基于文献 [37] 和文献 [38] 的方法，通过选择信道近似相互正交的用户接入系统以提高系统性能。则有

$$1-\frac{\left|\boldsymbol{h}_{m,k_m^i}^{\mathrm{H}}\boldsymbol{h}_{m,k_m^j}\right|^2}{\left\|\boldsymbol{h}_{m,k_m^i}\right\|^2\left\|\boldsymbol{h}_{m,k_m^j}\right\|^2}>1-\varepsilon,\quad i、j=1,2,\cdots,Q \tag{6-5}$$

其中，$\boldsymbol{h}_{m,k_m^q}$ 为第 q 个用户的信道向量，$q=1,2,\cdots,Q$。假设选择的用户信道相互正交，即

$$\boldsymbol{h}_{m,k_m^i}\perp\boldsymbol{h}_{m,k_m^j},\quad \forall m=1,\cdots,M,\quad i、j=1,\cdots Q,\quad i\neq j \tag{6-6}$$

因此，A 组用户的波束成形矩阵可以表示为

$$\boldsymbol{W}_{\mathrm{A},m}=\left[\frac{\boldsymbol{h}_{m,k_m^1}}{\left\|\boldsymbol{h}_{m,k_m^1}\right\|},\cdots,\frac{\boldsymbol{h}_{m,k_m^Q}}{\left\|\boldsymbol{h}_{m,k_m^Q}\right\|}\right] \tag{6-7}$$

3. 正交波束成形

在子载波 m 上选出的 A 组中的 Q 个用户的集合定义为 $\mathcal{U}_m$，则用户 k_m^q 在子载波 m 上的接收信干噪比可表示为

$$SINR_{A,m,k_m^q}=\frac{\left|\boldsymbol{h}_{m,k_m^q}^{\mathrm{H}}\boldsymbol{w}_{A,m,q}\right|^2 P_A}{\sum\limits_{i=1,i\neq q}^{Q}\left|\boldsymbol{h}_{m,k_m^q}^{\mathrm{H}}\boldsymbol{w}_{A,m,i}\right|^2 P_A+\left|\boldsymbol{h}_{m,k_m^q}^{\mathrm{H}}\boldsymbol{w}_{B,m,q}\right|^2 P_B+\sigma^2} \tag{6-8}$$

其中，$\boldsymbol{h}_{m,k_m^i}\perp\boldsymbol{h}_{m,k_m^j}$，$\forall m=1,\cdots,M,i\neq j$。对于用户$k_m^q$，使SINR最大化的最优波束成形向量可表述为

$$\boldsymbol{w}_{A,m,q}=\frac{\boldsymbol{h}_{m,k_m^q}}{\left\|\boldsymbol{h}_{m,k_m^q}\right\|} \tag{6-9}$$

B组中用户r_m接收信干噪比为

$$SINR_{B,m,r_m}=\frac{\left|\boldsymbol{g}_{m,r_m}^{\mathrm{H}}\boldsymbol{w}_{B,m}\right|^2 P_B}{\sum\limits_{i=1}^{Q}\left|\boldsymbol{g}_{m,r_m}^{\mathrm{H}}\boldsymbol{w}_{A,m,i}\right|^2 P_A+\sigma^2} \tag{6-10}$$

式（6-10）中，在已知$\boldsymbol{w}_{A,m,i}$的情况下，可通过最大化$\left|\boldsymbol{g}_{m,r_m}^{\mathrm{H}}\boldsymbol{w}_{B,m}\right|$实现SINR的最大化，则在正交约束下最大化SINR的优化问题可表示为

$$\begin{aligned}&\text{maximize} && \left|\boldsymbol{g}_{m,r_m}^{\mathrm{H}}\boldsymbol{w}_{B,m}\right|\\&\text{subject to} && \boldsymbol{w}_{B,m}\perp\boldsymbol{h}_{m,k_m^i},\ \forall i=1,\cdots,Q\\& && \boldsymbol{h}_{m,k_m^i}\perp\boldsymbol{h}_{m,k_m^j},\ i、j=1,\cdots,Q,\ i\neq j\end{aligned} \tag{6-11}$$

为了简化对上述优化问题的求解，我们省略所有下标，则问题可重述为

$$\begin{aligned}&\text{maximize} && \left|\boldsymbol{g}^{\mathrm{H}}\boldsymbol{w}\right|\\&\text{subject to} && \boldsymbol{w}\perp\boldsymbol{h}_i,\ \forall i=1,\cdots,Q\\& && \boldsymbol{h}_i\perp\boldsymbol{h}_j,\ i、j=1,\cdots,Q,\ i\neq j\end{aligned}$$

假设$\boldsymbol{v}$为任意$L\times 1$维向量，向量$\boldsymbol{v}-\frac{\boldsymbol{h}_i}{\|\boldsymbol{h}_i\|}\frac{\boldsymbol{h}_i^{\mathrm{H}}\boldsymbol{v}}{\|\boldsymbol{h}_i\|}$即为与$\boldsymbol{h}_{\mathrm{i}}$垂直的向量。令向量$\boldsymbol{v}$减去$\boldsymbol{v}$在多个垂直方向上的投影，可得到与这组正交向量所组成的子空间垂直的向量，即

$$\boldsymbol{v}-\sum_{i=1}^{Q}\frac{\boldsymbol{h}_i}{\|\boldsymbol{h}_i\|}\frac{\boldsymbol{h}_i^{\mathrm{H}}\boldsymbol{v}}{\|\boldsymbol{h}_i\|} \tag{6-12}$$

遍历$\boldsymbol{v}$，可得到所有与向量$\boldsymbol{h}_i$所组成的子空间垂直的向量，则优化问题的定义域$\boldsymbol{w}$可由$\boldsymbol{v}$表示

$$w = v - \sum_{i=1}^{Q} \frac{h_i}{\|h_i\|} \frac{h_i^{\mathrm{H}} v}{\|h_i\|} = \left(I - \sum_{i=1}^{Q} \frac{h_i h_i^{\mathrm{H}}}{\|h_i\|^2} \right) v \tag{6-13}$$

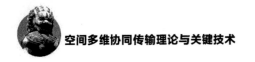

通过调整 v 实现 $\|w\| = 1$ 的条件约束。

目标函数 $|g^{\mathrm{H}} w|$ 转化为

$$|g^{\mathrm{H}} w| = \left| g^{\mathrm{H}} \left(I - \sum_{i=1}^{Q} \frac{h_i h_i^{\mathrm{H}}}{\|h_i\|^2} \right) v \right| \tag{6-14}$$

则有

$$w = \left(I - \sum_{i=1}^{Q} \frac{h_i h_i^{\mathrm{H}}}{\|h_i\|^2} \right) v = \left(I - \sum_{i=1}^{Q} \frac{h_i h_i^{\mathrm{H}}}{\|h_i\|^2} \right) \left(I - \sum_{i=1}^{Q} \frac{h_i h_i^{\mathrm{H}}}{\|h_i\|^2} \right)^{\mathrm{H}} g \tag{6-15}$$

由于矩阵 $X = \left(I - \sum_{i=1}^{Q} \frac{h_i h_i^{\mathrm{H}}}{\|h_i\|^2} \right)$ 具有 $X^{\mathrm{H}}=X$ 且 $X^n=X(n=1,2,\cdots)$ 的特性，式（6-15）可进一步化简得

$$w = \left(I - \sum_{i=1}^{Q} \frac{h_i h_i^{\mathrm{H}}}{\|h_i\|^2} \right) g$$

对向量进行归一化，得到最终形式为

$$\hat{w}_{\mathrm{B},m} = \left(I - \sum_{i=1}^{Q} \frac{h_{m,k_m^i} h_{m,k_m^i}^{\mathrm{H}}}{\left\|h_{m,k_m^i}\right\|^2} \right) g_{m,r_m} = \left(I - \sum_{i=1}^{Q} w_{\mathrm{A},m,k_m^i} w_{\mathrm{A},m,k_m^i}^{\mathrm{H}} \right) g_{m,r_m} = \left(I - W_{\mathrm{A},m} W_{\mathrm{A},m}^{\mathrm{H}} \right) g_{m,r_m} \tag{6-16}$$

其中，$W_{\mathrm{A},m} = \left[w_{\mathrm{A},m,1}, w_{\mathrm{A},m,2}, \cdots, w_{\mathrm{A},m,Q} \right]$。

综上可知，使式（6-11）达到最优解的 B 组用户波束成形向量为

$$w_{\mathrm{B},m} = \frac{1}{\left\|\hat{w}_{\mathrm{B},m}\right\|} \hat{w}_{\mathrm{B},m} \tag{6-17}$$

6.3.2　多用户中继系统的波束成形技术

为使中继系统能同时服务多个用户，每个用户只能占用一个正交频分复用子载波，这虽然能避免用户间干扰，但会导致系统频谱资源利用率低，考虑利用 MIMO 技术的空间分集增益则可以进一步提高 OFDM 系统的频谱资源利用率。利用 MIMO 空间分集，多用户可以使用一定的波束成形方式在同一个子载波上同时传输信息。

考虑基站有 N 根天线，通过 M 个中继发送混合信号给 Q 个用户，并假设中继和用户均装备单天线，且 $N>M$。所有中继均采用 2 个时隙放大转发策略。系统模型如图 6-9 所示。

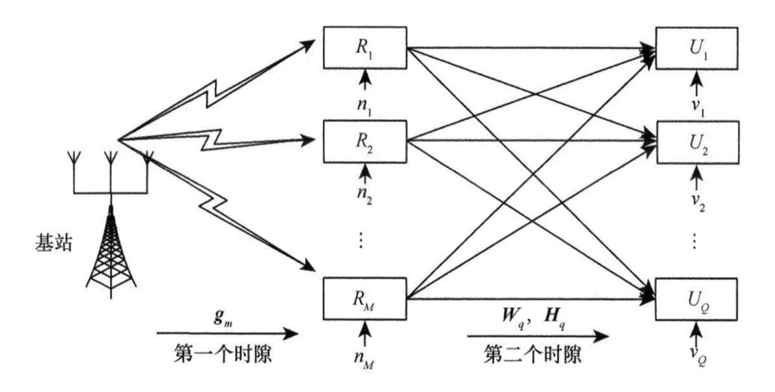

图 6-9　中继系统多模型

在第一个时隙中，利用 MIMO 空间分集技术，基站发送信号 s_q 给各中继，则中继 m 接收到的信号 y_m 可表示为

$$y_m = \boldsymbol{g}_m \sum_{q=1}^{Q} \boldsymbol{b}_q s_q + n_m, \ m = 1,2,\cdots,M \tag{6-18}$$

其中，$\boldsymbol{g}_m$ 为基站到中继 m 的信道向量，$\boldsymbol{b}_q$ 为基站发送的波束成形向量，n_m 为中继 m 附近的噪声。

在第二时隙中，中继利用波束成形技术将信号转发给用户，则第 q 个用户接收到的信号为

$$\begin{aligned} r_q &= \boldsymbol{H}_q \boldsymbol{W}_q \boldsymbol{y} + v_q = \\ &\boldsymbol{H}_q \boldsymbol{W}_q \boldsymbol{G} s_q + \boldsymbol{H}_q \boldsymbol{W}_q \boldsymbol{G} \sum_{i \neq q}^{Q} s_i + \boldsymbol{H}_q \boldsymbol{W}_q \boldsymbol{n} + v_q, \ q = 1,2,\cdots,Q \end{aligned} \tag{6-19}$$

其中，$\boldsymbol{H}_q$ 为所有中继对用户 q 的信道矩阵，$\boldsymbol{W}_q$ 为所有中继对用户 q 的波束成形向量，$\boldsymbol{y}$ 为所有中继接收到的信号向量 $\boldsymbol{y}=[y_1,y_2,\cdots,y_M]^{\mathrm{T}}$，$\boldsymbol{v}_q$ 为用户 q 附近噪声，$\boldsymbol{G}$ 为基站到所有中继的信道矩阵 $\boldsymbol{G}=[\boldsymbol{g}_1,\boldsymbol{g}_2,\cdots,\boldsymbol{g}_M]^{\mathrm{T}}$，$\boldsymbol{n}$ 为所有中继附近的噪声 $\boldsymbol{n}=[n_1,n_2,\cdots,n_M]^{\mathrm{T}}$。

用户 q 接收的信噪比为

$$SINR_q=\frac{P_s^q}{P_s^q+P_n^q}=\frac{P_q\left|\boldsymbol{H}_q\boldsymbol{W}_q\boldsymbol{G}\right|^2}{\sum\limits_{i=1,i\neq q}^{Q}P_i\left|\boldsymbol{H}_q\boldsymbol{W}_q\boldsymbol{G}\right|^2+\left|\boldsymbol{H}_q\boldsymbol{W}_q\right|^2N+N_q} \tag{6-20}$$

其中，$P_q=\mathrm{E}\left[\left|s_q\right|^2\right]$，$P_i=\mathrm{E}\left[\left|s_i\right|^2\right]$，$i\neq q$，$\boldsymbol{N}$ 和 $\boldsymbol{N}_q$ 分别表示 n_m 和 v_q 的噪声功率，即 $n_m\sim\mathcal{CN}(\boldsymbol{I},N)$，$v_q\sim\mathcal{CN}(\boldsymbol{I},N_q)$。

在此模型下考虑如下典型优化问题。

用户接收信噪比约束条件下的中继总功率最小化问题，即

$$\begin{aligned}&\min_{W_q}\sum_{m=1}^{M}P_m\\&\text{subject to}\ \ SINR_q\geqslant SINR_q^*,\ q=1,2,\cdots,Q\end{aligned} \tag{6-21}$$

其中，$SINR_q^*$为用户 q 的接收信噪比限制。

在中继功率约束条件下，最差用户接收信噪比最大化问题的限制条件可分为两类。

（1）中继总功率约束

$$\begin{aligned}&\max_{W_q}\min_{q}\ \ SINR_q\\&\text{subject to}\ \ \sum_{m=1}^{M}P_m\leqslant P_{\mathrm{t}},\ m=1,2,\cdots,M\end{aligned} \tag{6-22}$$

其中，P_{t} 为中继总功率约束。

（2）每个中继功率单独约束

$$\begin{aligned}&\max_{W_q}\min_{q}\ \ SINR_q\\&\text{subject to}\ \ P_m\leqslant P_m^*,\ m=1,2,\cdots,M\end{aligned} \tag{6-23}$$

其中，P_m^* 为每个中继功率单独约束。

这两种优化问题均可以通过 SDP 等凸优化方法得到最优解。Zheng 等人[39]研究了多天线基站通过中继系统给多用户发送信号的场景，提出了一种联合优化基站预编码矩阵和中继波束成形矩阵的迭代算法，其对存在中继转发用户干扰信号的场景进行了初步探索，但它只考虑了在用户 SINR 限制的情况下如何使基站和中继消耗的总功率最小。但对多用户系统，在功率约束下最大化最差用户的 SINR 以及多天线基站中天线选择矩阵的最优化设计等问题至今没有得到有效的解决。

6.3.3　多用户选择策略

在某些情况下，我们需要从多个候选用户中选择出一组最佳用户同时接入 MIMO 信道。针对此问题，我们重点讨论如何从多个候选用户中选出一组最优用户同时接入系统的多用户选择策略[40]。

1．系统模型

假设在一个多用户 MIMO 系统中，Q 个用户通过上行链路向基站发送信号，其中每个用户装备 P 根发送天线，基站装备 N 根接收天线。用户的信号长度为 L，$\boldsymbol{H}_q$ 和 $\boldsymbol{S}_q$ 分别表示每个用户的 $N\times P$ 维信道矩阵和 $P\times L$ 维信号矩阵，其中 q=1,2,⋯,Q。在基站处使用不同的 MIMO 检测器检测来自各个用户的信号。我们假设所有用户共享上行信道，并假设可同时接入的用户数为 K $\left(K\leqslant\left\lfloor\dfrac{N}{P}\right\rfloor\right)$。

假设 MIMO 信道为块衰落信道，在某个时隙内，若 Q=9，K=4，选择第 1、4、6、7 个用户同时接入信道，如图 6-10 所示。

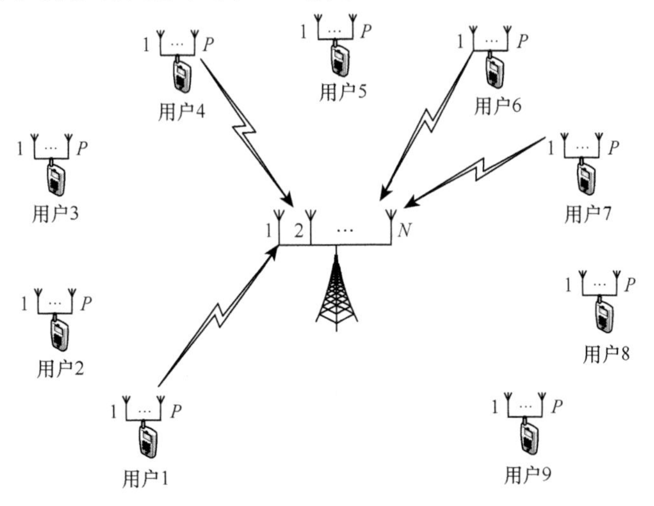

图 6-10　多用户 MIMO 系统的用户选择

影响用户选择的因素有很多，如传输优化[41]、信息流状况和用户优先级[42-43]等。由于篇幅所限，我们此处只讨论根据信道状况来进行用户选择的方案。

（1）穷举选择策略

① 基于 ML 和线性检测的用户选择。根据系统模型，假设每个用户发送的信号长度 L=1，则在一个时隙内，基站接收的信号可表示为

$$\boldsymbol{y}_{\mathcal{Q}} = \boldsymbol{H}_{\mathcal{Q}}\boldsymbol{s}_{\mathcal{Q}} + \boldsymbol{n} \tag{6-24}$$

其中，$\mathcal{Q}$ 为被选择用户序号集合 $\mathcal{Q}=\left\{q_{(1)}, q_{(2)}, \cdots, q_{(k)}\right\}$，其中，$q_{(k)}$ 表示第 k 个选出的用户在全部候选用户中的序号 $\left(\mathcal{Q}=\left\{q_{(1)}, q_{(2)}, q_{(3)}, q_{(4)}\right\} \subseteq \{1,4,6,7\}\right)$，$\boldsymbol{H}_{\mathcal{Q}}=\left[\boldsymbol{H}_{q_{(1)}}, \boldsymbol{H}_{q_{(2)}}, \cdots, \boldsymbol{H}_{q_{(K)}}\right]$表示 $N \times KP$ 维的组合信道矩阵，$\boldsymbol{s}_{\mathcal{Q}}=\left[s_{q_{(1)}}, s_{q_{(2)}}, \cdots, s_{q_{(k)}}\right]^{\mathrm{T}}$ 表示 $KP \times 1$ 维组合发送信号向量，$\boldsymbol{n}$ 表示 $N \times 1$ 维高斯白噪声。

简单起见，我们省略用户序号$\mathcal{Q}$，则 ML 检测和线性检测的估计信号可分别写为

$$\hat{\boldsymbol{s}} = \arg\min_{\boldsymbol{s} \in \mathcal{S}^{KP}} \left\|\boldsymbol{y} - \boldsymbol{H}\boldsymbol{s}\right\|^2 \tag{6-25}$$

$$\hat{\boldsymbol{s}} = \boldsymbol{W}^{\mathrm{H}}\boldsymbol{y} \tag{6-26}$$

式（6-26）中，ZF 检测器为

$$\boldsymbol{W} = \boldsymbol{H}\left(\boldsymbol{H}^{\mathrm{H}}\boldsymbol{H}\right)^{-1} \tag{6-27}$$

MMSE 检测器为

$$\boldsymbol{W} = \boldsymbol{H}\left(\boldsymbol{H}^{\mathrm{H}}\boldsymbol{H} + \frac{N_0}{E_{\mathrm{s}}}\boldsymbol{I}\right)^{-1} \tag{6-28}$$

对于特定的 MIMO 检测器，其检测性能主要取决于系统中的信道矩阵。因此，对于 ML 检测，我们采用 MDist 或 ME 策略；而对于线性检测，我们需要采用 ME 策略进行用户选择。

当 K>1 时，基于 MDist 或 ME 的用户选择策略可分别表示为

$$\mathcal{Q}_{\mathrm{MDist}} = \arg\max_{\mathcal{Q}} \mathcal{D}(\boldsymbol{H}_{\mathcal{Q}}) \tag{6-29}$$

$$\mathcal{Q}_{\mathrm{ME}} = \arg\max_{\mathcal{Q}} \lambda_{\min}(\boldsymbol{H}_{\mathcal{Q}}^{\mathrm{H}}\boldsymbol{H}_{\mathcal{Q}}) \tag{6-30}$$

其中，$\mathcal{D}(\boldsymbol{H}_{\mathcal{Q}})$表示由$\boldsymbol{H}_{\mathcal{Q}}$产生的具有最短长度非零向量的格基，$\lambda_{\min}(\boldsymbol{A})$ 表示矩阵 $\boldsymbol{A}$ 的最小特征值。当使用 ML 检测器时，使用 MDist 选择策略选出具有最小误

码率的 K 个用户；当使用 ME 策略时，则选出 K 个具有最高信噪比的用户。

② 基于 LR 的线性和 SIC 检测的用户选择。同样忽略式（6-24）中的用户序号集 $\mathcal{Q}$，基于 CLLL 算法的 LR 变换可表示为

$$\begin{cases} \boldsymbol{G} = \boldsymbol{H}\boldsymbol{U}^{-1} \\ \boldsymbol{c} = \boldsymbol{U}\boldsymbol{s} \end{cases} \tag{6-31}$$

其中，$\boldsymbol{G}$ 是具有近似正交列向量的矩阵，$\boldsymbol{U}$ 是幺模矩阵，则式（6-24）可重写为

$$\boldsymbol{y} = \boldsymbol{G}\boldsymbol{c} + \boldsymbol{n} \tag{6-32}$$

用 $\boldsymbol{W}$ 表示矩阵 $\boldsymbol{G}$ 的线性滤波器，则 $\boldsymbol{c}$ 的判决表示为

$$\hat{c} = \left\lfloor \boldsymbol{W}^{\mathrm{H}}\boldsymbol{y} \right\rfloor \tag{6-33}$$

其中，LR-ZF 滤波器为

$$\boldsymbol{W}^{\mathrm{H}} = \left(\boldsymbol{G}^{\mathrm{H}}\boldsymbol{G}\right)^{-1}\boldsymbol{G}^{\mathrm{H}} \tag{6-34}$$

LR-MMSE 滤波器为

$$\boldsymbol{W}^{\mathrm{H}} = \left(\boldsymbol{G}^{\mathrm{H}}\boldsymbol{G} + \frac{N_0}{E_{\mathrm{s}}}\boldsymbol{U}^{-\mathrm{H}}\boldsymbol{U}^{-1}\right)^{-1}\boldsymbol{G}^{\mathrm{H}} \tag{6-35}$$

对于基于 LR 的 ZF-SIC 检测，对式（6-32）中的矩阵 $\boldsymbol{G}$ 进行 QR 分解得

$$\boldsymbol{G} = \boldsymbol{Q}\boldsymbol{R} \tag{6-36}$$

其中，$\boldsymbol{Q}$ 为酉矩阵，$\boldsymbol{R}$ 为上三角阵，则式（6-32）重写为

$$\boldsymbol{y} = \boldsymbol{Q}\boldsymbol{R}\boldsymbol{c} + \boldsymbol{n} \tag{6-37}$$

在式（6-37）两边同时左乘 $\boldsymbol{Q}^{\mathrm{H}}$，则有

$$\boldsymbol{Q}^{\mathrm{H}}\boldsymbol{y} = \boldsymbol{R}\boldsymbol{c} + \boldsymbol{Q}^{\mathrm{H}}\boldsymbol{n} \tag{6-38}$$

由于 $\boldsymbol{Q}^{\mathrm{H}}\boldsymbol{n}$ 和 $\boldsymbol{n}$ 具有相同的统计特性，则式（6-38）可重写为

$$\boldsymbol{Q}^{\mathrm{H}}\boldsymbol{y} = \boldsymbol{R}\boldsymbol{c} + \boldsymbol{n} \tag{6-39}$$

对于基于 LR 的 MMSE-SIC 检测，式（6-24）可扩展为

$$\boldsymbol{y}_{\mathrm{ex}} = \boldsymbol{H}_{\mathrm{ex}}\boldsymbol{s} + \boldsymbol{n}_{\mathrm{ex}} \tag{6-40}$$

其中，$\boldsymbol{y}_{\text{ex}}=\begin{bmatrix}\boldsymbol{y}\\ \boldsymbol{0}\end{bmatrix}$，$\boldsymbol{H}_{\text{ex}}=\begin{bmatrix}\boldsymbol{H}\\ \sqrt{\dfrac{N_0}{E_{\text{s}}}}\boldsymbol{I}\end{bmatrix}$，$\boldsymbol{n}_{\text{ex}}=\begin{bmatrix}\boldsymbol{n}\\ -\sqrt{\dfrac{N_0}{E_{\text{s}}}}\boldsymbol{s}\end{bmatrix}$。

LR 变换后有

$$\boldsymbol{H}_{\text{ex}}=\boldsymbol{G}_{\text{ex}}\boldsymbol{U}_{\text{ex}} \tag{6-41}$$

其中，$\boldsymbol{U}_{\text{ex}}$ 为幺模矩阵，对 $\boldsymbol{G}_{\text{ex}}$ 进行 QR 分解，则有

$$\boldsymbol{G}_{\text{ex}}=\boldsymbol{Q}_{\text{ex}}\boldsymbol{R}_{\text{ex}} \tag{6-42}$$

其中，$\boldsymbol{Q}_{\text{ex}}$ 为酉矩阵，$\boldsymbol{R}_{\text{ex}}$ 为上三角阵，则式（6-40）可重写为

$$\boldsymbol{y}_{\text{ex}}=\boldsymbol{Q}_{\text{ex}}\boldsymbol{R}_{\text{ex}}\boldsymbol{U}_{\text{ex}}\boldsymbol{s}+\boldsymbol{n}_{\text{ex}} \tag{6-43}$$

对上式两边左乘$\boldsymbol{Q}_{\text{ex}}^{\text{H}}$可得

$$\begin{aligned}\boldsymbol{Q}_{\text{ex}}^{\text{H}}\boldsymbol{y}_{\text{ex}}=\boldsymbol{R}_{\text{ex}}\boldsymbol{U}_{\text{ex}}\boldsymbol{s}+\boldsymbol{Q}_{\text{ex}}^{\text{H}}\boldsymbol{n}_{\text{ex}}=\\ \boldsymbol{R}_{\text{ex}}\tilde{\boldsymbol{c}}+\tilde{\boldsymbol{n}}\end{aligned} \tag{6-44}$$

其中，$\tilde{\boldsymbol{c}}=\boldsymbol{U}_{\text{ex}}\boldsymbol{s}$，$\tilde{\boldsymbol{n}}=\boldsymbol{Q}_{\text{ex}}^{\text{H}}\boldsymbol{n}_{\text{ex}}$。

至此，根据式（6-39）和式（6-44）便可使用 SIC 方法检测出信号 $\boldsymbol{c}$ 和$\tilde{\boldsymbol{c}}$。针对 LR 线性检测器的 ME 标准，可表述为

$$\mathcal{Q}_{\text{ME}}=\arg\max_{\mathcal{Q}}\lambda_{\min}\left(\boldsymbol{G}_{\mathcal{Q}}^{\text{H}}\boldsymbol{G}_{\mathcal{Q}}\right) \tag{6-45}$$

同样，针对基于 LR-SIC 检测的 MD 标准为

$$\mathcal{Q}_{\text{MDist}}=\arg\max_{\mathcal{Q}}\left\{\min_{l}\left|r_{l,l}^{(\mathcal{Q})}\right|\right\} \tag{6-46}$$

其中，$r_{l,l}^{(\mathcal{Q})}$ 为式（6-39）中 $\boldsymbol{R}$ 或式（6-44）中 $\boldsymbol{R}_{\text{ex}}$ 的第 (l,l) 个元素。

由于上述方法均是在 Q 个候选用户中穷举列出所有可能的 K 个用户的组合并选取一组最优用户，所以上述用户选择策略也成为穷举选择策略。

（2）贪婪选择策略

由于（1）中所述方法的计算复杂度会随着 K 或 Q 的增大而急剧增大，复杂度极高且不具有实用性，所以我们需要找出一种能够应用于实际系统中低复杂度多用户选择策略。

基于 LR 检测的贪婪用户选择法：为降低 LR 穷举选择策略的复杂度，考虑基于 LR 的贪婪（Lattice Reduction Based Greedy，LRG）用户选择算法。设 k=1，$\bar{\mathcal{Q}}=\{1,2,\cdots,Q\}$，则算法可表述为以下 3 个步骤。

① 根据式（6-47）可获得第一个被选择的用户序号。

$$q_{(1)} = \arg\max_{q\in\mathcal{Q}} \lambda_{\min}\left(\boldsymbol{G}_q^{\mathrm{H}}\boldsymbol{G}_q\right) \tag{6-47}$$

若 LR-ZF 检测，则 $\boldsymbol{G}_q$ 为 $\boldsymbol{H}_q$ 格基规约后的矩阵；若 LR-MMSE 检测，则 $\boldsymbol{G}_q$ 为 $\boldsymbol{H}_{\mathrm{ex},q} = \begin{bmatrix} \boldsymbol{H}_q \\ \sqrt{\dfrac{N_0}{E_{\mathrm{s}}}}\boldsymbol{I} \end{bmatrix}$ 格基规约后的矩阵。由于用户天线数 $P=1$，则可知 $\boldsymbol{H}_q$ 退化为一个向量，所以不需要进行 LR 操作，由此式（6-47）可以替换为

$$q_{(1)} = \arg\max_{q\in\mathcal{Q}} \lambda_{\min}\left(\boldsymbol{H}_q^{\mathrm{H}}\boldsymbol{H}_q\right) \tag{6-48}$$

至此，第一个用户已经被选出，之后我们进行如下操作。

- 将 $q_{(1)}$ 添加到已选择用户序号集合$\mathcal{Q}$;
- 在$\bar{\mathcal{Q}}$中除去已经选出的 $\{q_{(1)}\}$，即$\bar{\mathcal{Q}} \leftarrow \bar{\mathcal{Q}} \setminus \left\{q_{(1)}\right\}$；
- $\boldsymbol{H}_{(1)} = \boldsymbol{H}_{q_{(1)}}$。

② 令 $k \leftarrow k+1$，$\boldsymbol{H}_{(k),q} = \left[\boldsymbol{H}_{(k-1)}, \boldsymbol{H}_q\right]$，其中，$q \in \bar{\mathcal{Q}}$，此时第 k 个选择的用户的序号为

$$q_{(k)} = \arg\max_{q\in\mathcal{Q}} \lambda_{\min}\left(\boldsymbol{G}_{(k),q}^{\mathrm{H}}\boldsymbol{G}_{(k),q}\right) \tag{6-49}$$

同样，针对 LR-ZF，$\boldsymbol{G}_{(k),q}$ 为 $\boldsymbol{H}_{(k),q}$ 格基规约后的矩阵；针对 LR-MMSE，$\boldsymbol{G}_{(k),q}$ 为 $\boldsymbol{H}_{\mathrm{ex},q} = \begin{bmatrix} \boldsymbol{H}_q \\ \sqrt{\dfrac{N_0}{E_{\mathrm{s}}}}\boldsymbol{I} \end{bmatrix}$。这样我们可以选出第 k 个用户，之后进行如下操作。

- 将 $q_{(k)}$ 添加到已选择用户序号集合$\mathcal{Q}$;
- 在$\bar{\mathcal{Q}}$中除去已经选出的 $\{q_{(k)}\}$，即$\bar{\mathcal{Q}} \leftarrow \bar{\mathcal{Q}} \setminus \left\{q_{(k)}\right\}$；
- $\boldsymbol{H}_{(k)} = \boldsymbol{H}_{(k),q_{(k)}}$。

③ 如果 $k=K$，停止算法，否则转向步骤②。

基于 LR-SIC 检测 LRG 用户选择算法：设 $k=1$，$\bar{\mathcal{Q}}=\{1,2,\cdots,Q\}$，则算法步骤如下。

① 如前所述，针对 LR-ZF-SIC，$\boldsymbol{G}_q$ 为 $\boldsymbol{H}_q$ 格基规约后的矩阵；针对 LR-MMSE- SIC，$\boldsymbol{G}_q$ 为 $\boldsymbol{H}_{\mathrm{ex},q} = \begin{bmatrix} \boldsymbol{H}_q \\ \sqrt{\dfrac{N_0}{E_{\mathrm{s}}}}\boldsymbol{I} \end{bmatrix}$ 格基规约后的矩阵。对 $\boldsymbol{G}_q$ 进行 QR 分解，即 $\boldsymbol{G}_q=\boldsymbol{Q}_q\boldsymbol{R}_q$，其中，$\boldsymbol{Q}_q$ 为酉矩阵，$\boldsymbol{R}_q$ 为上三角阵，则第一个选中用户的序号为

$$q_{(1)} = \arg\max_{q \in \mathcal{Q}} \left\{ \min_{l} \left| r_{l,l}^{(q)} \right| \right\} \tag{6-50}$$

其中，$r_{l,l}^{(q)}$表示矩阵$\boldsymbol{R}_q$的第（l,l）个元素。同样由于天线数P=1，所以$\boldsymbol{H}_q$退化成一个向量，即不再需要进行LR或QR操作，因此式（6-50）可用式（6-48）代替。在选择出第一个用户的序号之后，我们进行如下操作。

- 将$q_{(1)}$添加到已选择用户序号集合$\mathcal{Q}$；
- 在$\bar{\mathcal{Q}}$中除去已经选出的$\{q_{(1)}\}$，即$\bar{\mathcal{Q}} \leftarrow \bar{\mathcal{Q}} \setminus \{q_{(1)}\}$；
- $\boldsymbol{H}_{(1)} = \boldsymbol{H}_{q_{(1)}}$。

② 令$k \leftarrow k+1$，$\boldsymbol{H}_{(k),q} = \left[\boldsymbol{H}_{(k-1)}, \boldsymbol{H}_q\right]$，其中，$q \in \bar{\mathcal{Q}}$。再次针对LR-ZF-SIC或LR-MMSE-SIC检测，$\boldsymbol{G}_{(k),q}$分别为$\boldsymbol{H}_{(k),q}$或$\boldsymbol{H}_{\mathrm{ex}(k),q}$格基规约后的矩阵。对$\boldsymbol{G}_{(k),q}$进行QR分解，即$\boldsymbol{G}_{(k),q}$=$\boldsymbol{Q}_{(k),q}\boldsymbol{R}_{(k),q}$，其中，$\boldsymbol{Q}_{(k),q}$为酉矩阵，$\boldsymbol{R}_{(k),q}$为上三角阵。因此，第$k$个被选择的用户序号为

$$q_{(k)} = \arg\max_{q \in \mathcal{Q}} \left\{ \min_{l} \left| r_{l,l}^{(k),q} \right| \right\} \tag{6-51}$$

其中，$r_{l,l}^{(k),q}$表示矩阵$\boldsymbol{R}_{(k),q}$的第（l,l）个元素。当第k个用户选定之后，我们进行如下操作。

- 将$q_{(k)}$添加到已选择用户序号集合$\mathcal{Q}$；
- 在$\bar{\mathcal{Q}}$中除去已经选出的$\{q_{(k)}\}$，即$\bar{\mathcal{Q}} \leftarrow \bar{\mathcal{Q}} \setminus \{q_{(k)}\}$；
- $\boldsymbol{H}_{(k)} = \boldsymbol{H}_{(k),q_{(k)}}$。

③ 如果k=K，停止算法，否则转向步骤②。

在上述两种算法中，复值矩阵$\boldsymbol{H}_{(k)}$表示k个选定用户的$N \times kP$维联合信道矩阵，$\boldsymbol{H}_{q(k)}$表示第k个备选用户的$N \times P$维信道矩阵，该用户的序号为$q_{(k)}$，且$q_{(k)} \in \bar{\mathcal{Q}}$，$\bar{\mathcal{Q}}=\{1,2,\cdots,Q\} \setminus \{q_{(1)}, q_{(2)}, \cdots, q_{(k-1)}\}$。

2. LR基底迭代更新法

在上述的LRG用户选择策略中，对每一个新的信道矩阵所有列向量均要进行LR操作，如果我们能利用前$(k-1)p$个LBR向量的运算结果，就有可能只针对新增的p个列向量进行LR操作，从而极大地降低计算复杂度。我们可以设计一种能利用已完成格基规约的基底来进行局部LR运算的方法，我们称该算法为LR基底迭代更新（Updated Basis Lattice Reduction，UBLR）算法。

UBLR算法是基于CLLL算法实现的。CLLL算法能将给定的基底转换成一个基底向量接近正交的新的基底，即

$$\mathcal{L}\left(\boldsymbol{G}_{(k)}\right) = \mathcal{L}\left(\boldsymbol{H}_{(k)}\right) \leftrightarrow \boldsymbol{G}_{(k)} = \boldsymbol{H}_{(k)} \boldsymbol{U}_{(k)} \tag{6-52}$$

其中，$\boldsymbol{U}_{(k)}$ 为幺模矩阵。对 $\boldsymbol{G}_{(k)}$ 进行 QR 分解得

$$\boldsymbol{G}_{(k)} = \boldsymbol{Q}_{(k)}\boldsymbol{R}_{(k)} \tag{6-53}$$

其中，$\boldsymbol{Q}_{(k)}$ 为酉矩阵，$\boldsymbol{R}_{(k)}$ 为上三角阵，如果 $\boldsymbol{R}_{(k)}$ 满足下列不等式[44]，$\boldsymbol{G}_{(k)}$ 可称为 δ 下的格基规约。

$$\left|\Re\left(\left[\boldsymbol{R}\right]_{i,j}\right)\right| \leqslant \frac{1}{2}\left|\left[\boldsymbol{R}\right]_{i,i}\right| \text{ 且 } \left|\Im\left(\left[\boldsymbol{R}\right]_{i,j}\right)\right| \leqslant \frac{1}{2}\left|\left[\boldsymbol{R}\right]_{i,i}\right|,\ 1 \leqslant i < j \leqslant kP \tag{6-54}$$

$$\delta\left|\left[\boldsymbol{R}\right]_{j-1,j-1}\right|^2 \leqslant \left|\left[\boldsymbol{R}\right]_{j,j}\right|^2 + \left|\left[\boldsymbol{R}\right]_{j-1,j}\right|^2,\ j = 2,3,\cdots,kP \tag{6-55}$$

其中，$[\boldsymbol{R}]_{i,j}$ 表示矩阵 $\boldsymbol{R}_{(k)}$ 中的第 (i,j) 个元素，δ 是算法复杂度和性能之间的均衡参数[45]。文献 [44] 表明，对于 CLLL 算法，δ 可在（1/2,1）之间选择。在此，我们假设 δ=3/4。

（1）CLLL 算法

在 CLLL 算法中，信道矩阵 $\boldsymbol{H}_{(k)}$ 产生了一个接近正交的矩阵 $\boldsymbol{G}_{(k)}$ 和一个幺模矩阵 $\boldsymbol{U}_{(k)}$，对 $\boldsymbol{H}_{(k)}$ 进行 QR 分解得

$$\boldsymbol{H}_{(k)} = \tilde{\boldsymbol{Q}}_{(k)}\tilde{\boldsymbol{R}}_{(k)} \tag{6-56}$$

其中，$\tilde{\boldsymbol{Q}}_{(k)}$为酉矩阵，$\tilde{\boldsymbol{R}}_{(k)}$为上三角阵。设矩阵集合$\tilde{\mathcal{M}}_{(k)}$为

$$\tilde{\mathcal{M}}_{(k)} = \left\{\tilde{\boldsymbol{Q}}_{(k)}, \tilde{\boldsymbol{R}}_{(k)}, \tilde{\boldsymbol{T}}_{(k)}\right\} \tag{6-57}$$

其中，$\tilde{\boldsymbol{T}}_{(k)} = \boldsymbol{I}_{mP}$。将集合$\tilde{\mathcal{M}}_{(k)}$作为 CLLL 算法的输入，则输出为

$$\mathcal{M}_{(k)} = \left\{\boldsymbol{Q}_{(k)}, \boldsymbol{R}_{(k)}, \boldsymbol{T}_{(k)}\right\} \tag{6-58}$$

则 LBR 矩阵 $\boldsymbol{G}_{(k)}$ 可写成

$$\boldsymbol{G}_{(k)} = \boldsymbol{Q}_{(k)}\boldsymbol{R}_{(k)} = \boldsymbol{H}_{(k)}\boldsymbol{T}_{(k)} \tag{6-59}$$

由于 CLLL 算法为迭代算法，将$\boldsymbol{Q}_{(k)} \leftarrow \tilde{\boldsymbol{Q}}_{(k)}$，$\boldsymbol{R}_{(k)} \leftarrow \tilde{\boldsymbol{R}}_{(k)}$，$\boldsymbol{T}_{(k)} \leftarrow \tilde{\boldsymbol{T}}_{(k)}$作为初始化参数输入 CLLL 算法。令 j=2，则算法总结见表 6-7。

表 6-7　CLLL 算法

INPUT: $\left\{\tilde{\boldsymbol{Q}}_{(k)}, \tilde{\boldsymbol{R}}_{(k)}, \tilde{\boldsymbol{T}}_{(k)}\right\}$

OUTPUT: $\left\{\boldsymbol{Q}_{(k)}, \boldsymbol{R}_{(k)}, \boldsymbol{T}_{(k)}\right\}$

（1）$\gamma = \text{size}\left(\tilde{\boldsymbol{T}}_{(k)}, 2\right)$

（续表）

（2）$\boldsymbol{Q}_{(k)} \leftarrow \tilde{\boldsymbol{Q}}_{(k)}$，$\boldsymbol{R}_{(k)} \leftarrow \tilde{\boldsymbol{R}}_{(k)}$，$\boldsymbol{T}_{(k)} \leftarrow \tilde{\boldsymbol{T}}_{(k)}$

（3）while $j \leqslant \gamma$

（4）　for i=1: j−1

（5）$\mu \leftarrow \left\lfloor \boldsymbol{R}_{(k)}(j-i,j)/\boldsymbol{R}_{(k)}(j-i,j-i) \right\rceil$

（6）　　if $\mu \neq 0$

（7）$\boldsymbol{R}_{(k)}(1:j-i,j) \leftarrow \boldsymbol{R}_{(k)}(1:j-i,j) - \mu \boldsymbol{R}_{(k)}(1:j-i,j-i)$

（8）$\boldsymbol{T}_{(k)}(:,j) \leftarrow \boldsymbol{T}_{(k)}(:,j) - \mu \boldsymbol{T}_{(k)}(:,j-i)$

（9）　end if

（10）　　end for

（11）　　if $\delta\left|\boldsymbol{R}_{(k)}(j-1,j-1)\right|^2 > \left|\boldsymbol{R}_{(k)}(j,j)\right|^2 + \left|\boldsymbol{R}(j-1,j)\right|$

（12）　分别将 $\boldsymbol{R}_{(m)}$ 和 $\boldsymbol{T}_{(m)}$ 中的第（j−1）列与第 j 列交换

（13）　$\boldsymbol{\Theta} = \begin{bmatrix} \alpha^* & \beta \\ -\beta & \alpha \end{bmatrix}, \alpha = \dfrac{\boldsymbol{R}_{(k)}(j-1,j-1)}{\left\|\boldsymbol{R}_{(k)}(j-1:j,j-1)\right\|}, \beta = \dfrac{\boldsymbol{R}_{(k)}(j,j-1)}{\left\|\boldsymbol{R}_{(k)}(j-1:j,j-1)\right\|}$

（14）　$\boldsymbol{R}_{(k)}(j-1:j,j-1:\gamma) \leftarrow \boldsymbol{\Theta}\boldsymbol{R}_{(k)}(j-1:j,j-1:\gamma)$

（15）　$\boldsymbol{Q}_{(k)}(:,j-1:j) \leftarrow \boldsymbol{Q}_{(k)}(:,j-1:j)\boldsymbol{\Theta}^{\mathrm{T}}$

（16）　$j \leftarrow \max\{j-1,2\}$

（17）　　else

（18）　$j \leftarrow j+1$

（19）　end if

（20）　end while

在 LRG 用户选择策略中，当选择第 k 个用户时，我们有

$$\boldsymbol{H}_{(k)} = \left[\boldsymbol{H}_{(k-1)}, \boldsymbol{H}_{(k)}\right] \tag{6-60}$$

在选择第 k−1 个用户时，CLLL 算法已在矩阵 $\boldsymbol{H}_{(k-1)}$ 上执行并得到了相应的格基规约矩阵 $\boldsymbol{G}_{(k-1)}$，如果我们可以利用 $\boldsymbol{G}_{(k-1)}$ 的信息得到 $\boldsymbol{G}_{(k)}$，那么将会在很大程度上降低复杂度，我们将该算法称为 UBLR 算法。

（2）UBLR 算法

UBLR 算法利用已知的矩阵集合 $\mathcal{M}_{(k-1)} = \left\{\boldsymbol{Q}_{(k-1)}, \boldsymbol{R}_{(k-1)}, \boldsymbol{T}_{(k-1)}\right\}$ 来提高 $\boldsymbol{H}_{(k)}$ 转换成格基规约矩阵 $\boldsymbol{G}_{(k)}$ 的效率。在选择第 k−1 个用户时，产生的格基规约矩阵为

$$\boldsymbol{G}_{(k-1)}=\boldsymbol{Q}_{(k-1)}\boldsymbol{R}_{(k-1)}=\boldsymbol{H}_{(k-1)}\boldsymbol{T}_{(k-1)} \tag{6-61}$$

其中，$\boldsymbol{R}_{(k-1)}$ 满足式（6-54）和式（6-55），$\boldsymbol{T}_{(k-1)}$ 为幺模矩阵，用于 CLLL 算法的列向量交换。

利用已知的 $\mathcal{M}_{(k-1)}$，UBLR 算法可以从第 $j=(k-1)P+1$ 列开始进行运算以减少迭代次数。对矩阵 $\boldsymbol{H}_{(k-1)}$ 进行 QR 分解

$$\boldsymbol{H}_{(k-1)}=\tilde{\boldsymbol{Q}}_{(k-1)}\tilde{\boldsymbol{R}}_{(k-1)} \tag{6-62}$$

其中，$\tilde{\boldsymbol{Q}}_{(k-1)}$为酉矩阵，$\tilde{\boldsymbol{R}}_{(k-1)}$为上三角阵。当$\tilde{\boldsymbol{T}}_{(k-1)}=\boldsymbol{I}_{(k-1)}$时，矩阵集合可以写为

$$\tilde{\mathcal{M}}_{(k-1)}=\left\{\tilde{\boldsymbol{Q}}_{(k-1)},\tilde{\boldsymbol{R}}_{(k-1)},\tilde{\boldsymbol{T}}_{(k-1)}\right\} \tag{6-63}$$

由于$\tilde{\boldsymbol{R}}_{(k-1)}$为 $N\times(k-1)P$ 维上三角阵，$\tilde{\boldsymbol{R}}_{(k)}$为 $N\times kP$ 为上三角阵，则存在

$$\tilde{\boldsymbol{R}}_{(k-1)}=\tilde{\boldsymbol{R}}_{(k)}\left(:,1:(k-1)P\right) \tag{6-64}$$

即在矩阵$\tilde{\boldsymbol{R}}_{(k)}$的前 $(k-1)P$ 列中所进行的约简和列变换操作，与在$\tilde{\boldsymbol{R}}_{(k-1)}$中所进行的操作相同。令$\mathcal{M}_{(k)}\leftarrow\tilde{\mathcal{M}}_{(k)}$，将 $\boldsymbol{R}_{(k-1)}$ 中的值代入 $\boldsymbol{R}_{(k)}$ 中，即

$$\boldsymbol{R}_{(k)}\left(:,1:(k-1)P\right)\leftarrow\boldsymbol{R}_{(k-1)} \tag{6-65}$$

可知 $\boldsymbol{R}_{(k)}$ 的前 $(k-1)P$ 列均满足式（6-54）和式（6-55）。同理，我们可将$\left\{\boldsymbol{Q}_{(k-1)},\boldsymbol{T}_{(k-1)}\right\}$的值代入$\left\{\boldsymbol{Q}_{(k)},\boldsymbol{T}_{(k)}\right\}$来实现低复杂度更新，即

$$\begin{aligned}&\boldsymbol{Q}_{(k)}\leftarrow\boldsymbol{Q}_{(k-1)}\\&\boldsymbol{T}_{(k)}\left(1:(k-1)P,1:(k-1)P\right)\leftarrow\boldsymbol{T}_{(k-1)}\end{aligned} \tag{6-66}$$

上述基底更新的方法见表 6-8。

表 6-8　UBLR 算法中的基底更新算法（第一部分）

（6）	$\boldsymbol{T}_{(k)}\left(1:(k-1)P,1:(k-1)P\right)\leftarrow\boldsymbol{T}_{(k-1)}$
（7）	$\boldsymbol{Q}_{(k)}\leftarrow\boldsymbol{Q}_{(k-1)}$
（8）	$\boldsymbol{R}_{(k)}\left(:,1:(k-1)P\right)\leftarrow\boldsymbol{R}_{(k-1)}$

至此，我们已经利用 $\boldsymbol{Q}_{(k-1)}$ 和 $\boldsymbol{T}_{(k-1)}$ 完成了对矩阵 $\boldsymbol{Q}_{(k)}$ 和 $\boldsymbol{T}_{(k)}$ 的更新操作。但表 6-8 的第（8）行尚未考虑$\boldsymbol{R}_{(k)}\left(1:(k-1)P,(k-1)P+1:kP\right)$的更新。由于在 $\boldsymbol{H}_{(k)}$ 上直接执行 CLLL 算法时，$\boldsymbol{R}_{(k)}\left(1:(k-1)P,(k-1)P+1:kP\right)$也会相应地更新，所以我们需要对$\mathcal{M}_{(k)}$中的$\boldsymbol{R}_{(k)}\left(1:(k-1)P,(k-1)P+1:kP\right)$项进行一些额外的恢复操

作。定义

$$\mathcal{A}_{(k-1)} = \left\{ \Theta_{(k-1)}, \varphi_{(k-1)}, \xi_{(k-1)} \right\} \tag{6-67}$$

其中，

$$\begin{aligned} &\Theta_{(k-1)} = \left\{ \Theta_{(k-1,1)}, \Theta_{(k-1,2)}, \cdots, \Theta_{(k-1,\xi)} \right\} \\ &\varphi_{(k-1)} = \left\{ \varphi_{(k-1,1)}, \varphi_{(k-1,2)}, \cdots \varphi_{(k-1,\xi)} \right\} \\ &\xi_{(k-1)} = \xi \end{aligned} \tag{6-68}$$

其中，$\Theta_{(k-1)}$用户存储$\boldsymbol{Q}_{(k-1)}$和$\boldsymbol{R}_{(k-1)}$交换操作，$\boldsymbol{\varphi}_{(k-1)}$用于存储其交换过的向量，$\xi_{(k-1)}$用于存储其交换次数。根据保持在$\mathcal{A}_{(k-1)}$中的信息，表 6-9 给出了对$\boldsymbol{R}_{(k)}\left(1:(k-1)P,(k-1)P+1:kP\right)$的更新算法，此时 i=kP。

表 6-9　UBLR 算法中基底更新算法（第二部分）

(9)	for $i = 1:\xi_{(k-1)}$
(10)	$\boldsymbol{R}_{(k)}\left(\varphi_{(k-1,i)}-1:\varphi_{(k-1,i)},(m-1)P+1:\gamma\right) \leftarrow \Theta_{(k-1,i)}\boldsymbol{R}_{(k)}\left(\varphi_{(k-1,i)}-1:\varphi_{(k-1,i)},(m-1)P+1:\gamma\right)$
(11)	end for

根据表 6-8 和表 6-9 所示的基底更新方法，UBLR 算法可以高效地完成对$\mathcal{M}_{(k)}$的更新。之后，我们便可以利用 CLLL 算法产生格基规约矩阵$\boldsymbol{G}_{(k)}$。

根据表 6-8 和表 6-9 提供的算法的不同部分，表 6-10 对选择第 k 个用户的 UBLR 算法进行了总结。

表 6-10　选择第 k 个用户的 UBLR 算法（基于 CLLL）

INPUT: $\left\{\mathcal{M}_{(k-1)},\mathcal{A}_{(k-1)},\boldsymbol{H}_{(k-1)},\boldsymbol{H}_{q_{(k)}}\right\}$
OUTPUT: $\left\{\mathcal{M}_{(k)},\mathcal{A}_{(k)}\right\}$
(1) $\boldsymbol{H}_{(k)} \leftarrow \left[\boldsymbol{H}_{(k-1)},\boldsymbol{H}_{q_{(k)}}\right]$
(2) $\omega \leftarrow \mathrm{size}\left(\boldsymbol{H}_{(k-1)},2\right)$
(3) $\gamma \leftarrow \mathrm{size}\left(\boldsymbol{H}_{(k)},2\right)$
(4) $\left[\boldsymbol{Q}_{(k)},\boldsymbol{R}_{(k)}\right] \leftarrow \mathrm{qr}\left(\boldsymbol{H}_{(k)}\right)$
(5) $\boldsymbol{T}_{(k)} \leftarrow \boldsymbol{I}_{\gamma}$
⋮

（续表）

进行基底更新第一部分（见表 6-8）
⋮
进行基底更新第二部分（见表 6-9）
⋮
（12）$j \leftarrow \omega+1$
（13）$\xi_{(k)} \leftarrow 0$
⋮
进行 CLLL 算法（见表 6-7）

若使用实值 LR 算法（即 LLL 算法），UBLR 算法也可以在实数信道矩阵上执行。在多用户 MIMO 系统中，使用 LLL 算法的用户选择策略和使用 CLLL 算法的用户选择策略具有相同的性能。

6.4　多小区协同传输与抗干扰方法

在上一节中，我们介绍了单小区中多用户协作传输方法。然而，当用户处于小区边缘时，将会受到邻近小区的强干扰，使得边缘用户的服务质量和吞吐量急剧下降。在这一小节，我们将针对小区边缘用户强烈互干扰导致服务质量和吞吐量下降的问题，介绍多小区协同传输和抗干扰方法。

6.4.1　多小区协同传输

LTE 系统中的同频组网方式严重限制了边缘用户的服务质量和吞吐量，因而小区间干扰成为主要干扰。如何降低小区间干扰，提升同频组网的性能是 LTE-Advanced 系统中需要解决的一个主要问题。

多点协同传输（Coordinated Multiple Points，CoMP）被认为是降低小区间干扰、提升小区边缘吞吐量和系统吞吐量的有效技术[46]，其核心思想是小区边缘用户能同时与多个小区进行信号的接收和发送，并对信号进行协调。在下行通信过程中，如果能对来自多个小区的发射信号进行协同，以避免彼此间的干扰，就能大大提升下行通信的性能。在上行通信中，信号由多个小区联合接收、合并，如果同时对多个小区协调调度，则能抑制小区间干扰，提升接收信号的信噪比。

CoMP 包括上行接收和下行发射。上行 CoMP 接收通过多个小区对用户数据进行联合接收来提升小区边缘用户吞吐量；下行 CoMP 发射则根据业务数据是否在多个协调点上获取，采用协同调度 / 波束赋形（Coordinate Schedule/ Beamforming，CS/CB）”和联合处理（Joint Processing，JP）两种协同方式[47]。

1. **协同调度 / 波束赋形**

协同调度 / 波束赋形指多个小区间进行动态信息交互，协调相应的调度和发射权重等，尽可能减少多个小区间的互干扰。如图 6-11 所示，用户 1 和用户 2 的服务小区分别为小区 1 和小区 2，用户 1 和用户 2 接收到的数据分别来自小区 1 和小区 2。当不同小区的终端地理位置比较接近（如都处于各自小区的边缘）时，极有可能出现两个终端的信号相互干扰的情况，这时可以利用协同波束赋形技术将两个终端的数据传输分配到不同的时频资源上，而相同的时频资源则分配给其他不相邻的终端使用。通过这种调度协调的方式能尽可能地减少对相邻小区边缘用户的干扰。

2. **联合处理技术**

联合处理指多个小区通过协调的方式共同为终端服务，联合处理技术又可分为联合传输（Joint Transmission，JT）和动态小区选择（Dynamic Cell Selection，DCS）技术。在联合处理中，多个传输点可以同时向终端传输数据，协作集合中的全部小区在相同的时频资源下发送相同或不同的数据到终端，即多个协作小区在同一时刻发送数据到同一个用户。 如图 6-12 所示，用户 1 的服务小区为小区 1、小区 2 和小区 3 的协作小区集合，这 3 个小区同时为用户 1 协作传输数据。这种方式将获得来自两方面的增益：一是参与协作的小区的信号都是有用信号，可以降低终端所受到的总的干扰；二是参与协作的小区的信号相互叠加，可以提高终端接收信号的功率水平。

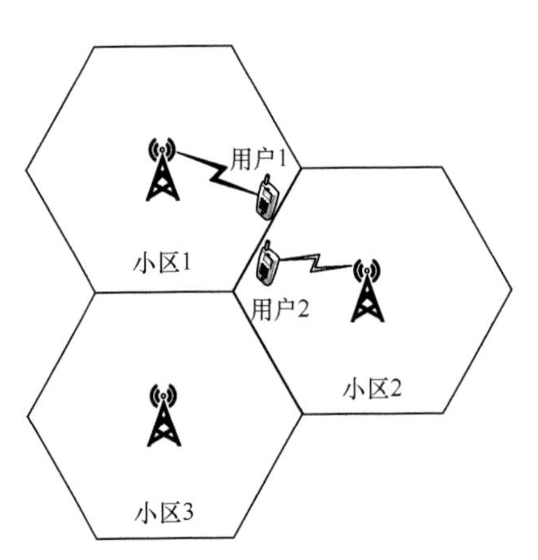

图 6-11　协同调度 / 波束赋形示意

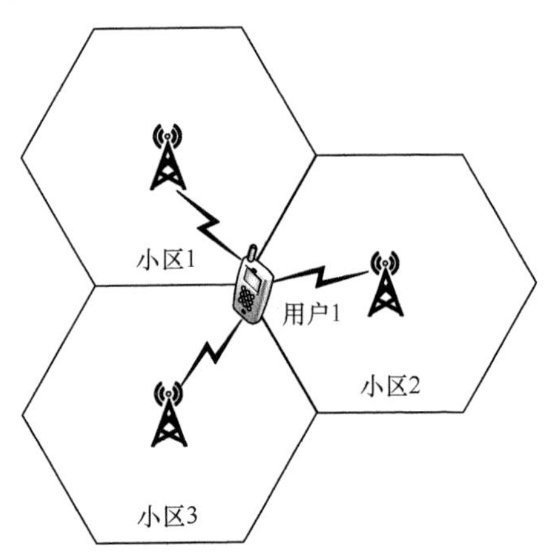

图 6-12　多小区联合协作处理示意

由于在联合处理模式下，用户的数据由多个小区基站同时发出，服务小区要将发往终端的数据共享给其他协作小区。与协同调度 / 波束赋形方式相比，不但基站之间要交互信道信息和调度信息，还需要共享数据信息，所以联合处理对小区之间连接的速率和时延有更高的要求。此外，联合处理方案性能的上限是采用全局预编码，而全局预编码对信息的反馈也有较高的要求。

作为 LTE-A 的一项关键技术，CoMP 有效提高了系统的平均吞吐量以及小区边缘用户的信噪比。虽然 CoMP 会增加系统的复杂度，但它在提高系统容量和覆盖增益上有优势。

事实上，在多小区协同传输的过程中，消除或降低小区边缘用户的干扰对于提升多小区协同传输性能具有重要意义。因此在下一小节，我们将详细介绍多小区抗干扰方法。

6.4.2　多小区干扰系统几何建模

地基蜂窝系统的设计初衷是为了缓解无线通信频率受限和提升无线通信系统容量。在传统多小区系统中，有一定距离的蜂窝小区采用相同频率，而相邻的蜂窝小区则采用不同的频率以降低小区间干扰。但是，随着无线通信的发展，移动用户的激增以及用户对数据率、业务类型等的更高要求，频谱资源变得越来越紧张，传统的这种多小区结构已无法满足当前需求。为了解决这个问题，相关研究提出了全频复用的概念，即所有小区将复用全部频率以提高频谱利用率和小区容量。此外由于 OFDM 技术在 LTE 中的广泛应用，小区内频间干扰可通过 OFDM 技术得到较好的抑制。这便导致用户所受到的干扰主要来自小区间的同频干扰，尤其是考虑到未来小区微型化、网络扁平化的发展趋势，用户处于小区边缘的机会增多，从而更易受到来自相邻小区的干扰。因此，多小区同频干扰已成为制约未来通信系统容量和质量提升的瓶颈。

首先，我们建立多小区干扰系统的几何模型[48]（如图 6-13 所示），以说明多小区用户间的相互干扰问题。设定中心小区基站坐标为原点，令小区的半径为 R，则可确定每个基站的坐标，如基站 2 的坐标为（1.5R, 0.86R）。

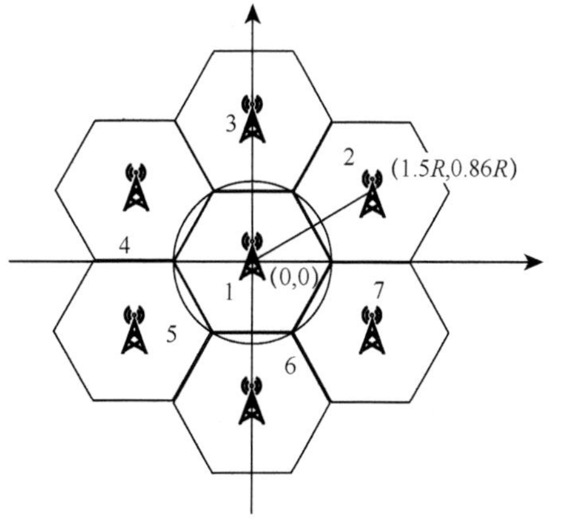

图 6-13　多小区系统示意

以各基站为原点，作边长为 2R 的正方形，将用户随机均匀地分布在正方形内，得到用户坐标值（x, y），将正六边形的小区等效为一个半径为 R 的圆，如图 6-13 所示。当用户坐标值（x, y）落在半径为 R 的圆内，表明该用户为小区内部用户，如图 6-14 黑点所示；当用户坐标（x, y）落在半径为 R 的圆外且在边长为 $2R$ 的正方形内，表明该用户为小区边缘用户，如图 6-14 白点所示。对于小区中心的用户来说，其本身离基站就比较近，距离其他小区的干扰信号源比较远，因此其信干噪比相对较大。但对小区边缘用户来说，即用户到基站的距离大于 R，由于相邻小区占用同样载波资源的用户对其干扰比较大，加之本身距离基站又远，信干噪比相对就较小，导致虽然小区整体吞吐量较高，但小区边缘用户服务质量差，吞吐量较低。因此，为提升小区边缘的服务质量，对边缘用户采用小区间干扰抑制技术就显得非常重要。

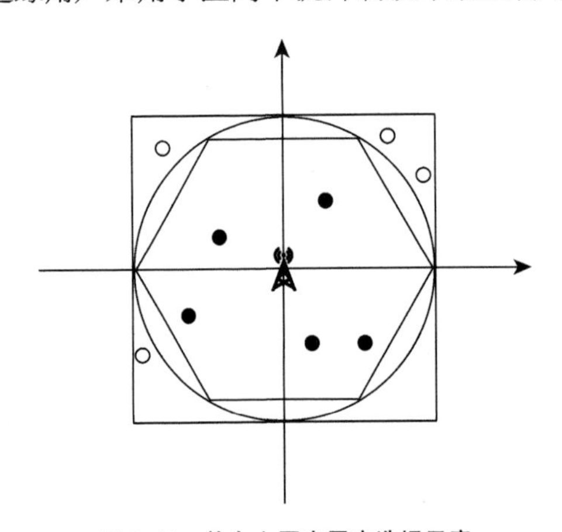

图 6-14　单个小区内用户选择示意

6.4.3　多小区系统抗干扰技术

为了抑制小区间的干扰，从而提高边缘小区的服务质量，当前多种抗干扰技术已被广泛研究，主要包括干扰随机化、干扰删除以及干扰协同 / 避免。下面我们将概述这些抗干扰技术。

1．**干扰随机化**

干扰随机化就是将干扰信号通过人为的信号叠加方式进行随机化。这种随机化方式不能降低干扰的能量，但是能使干扰信号接近白噪声，然后在终端使用白噪声处理方式进行干扰抑制。目前主要的干扰随机化方法有以下几种。

（1）小区特定的加扰

对各小区的信号在信道编码和信道交织后采用不同的伪随机扰码进行加扰，

以获得干扰白噪声化的效果，如图 6-15 所示。

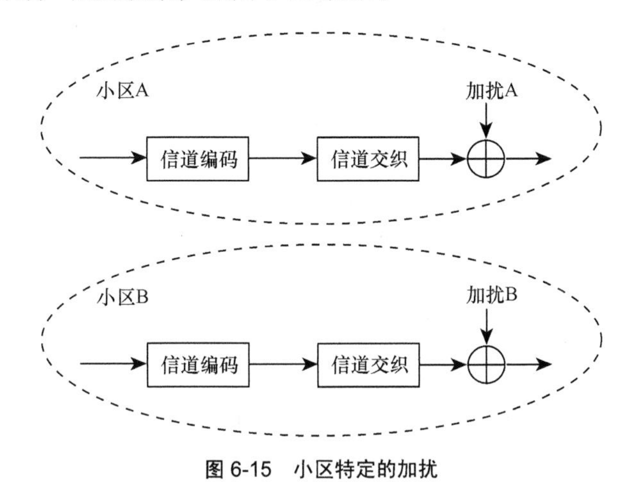

图 6-15　小区特定的加扰

小区 A 与小区 B 采用各自不同的信道编码和交织方式，在小区 A 的发射端加扰特定的干扰信号，使得在小区 A 内的接收用户看来，来自小区 B 的干扰信号成了白噪声，通过在小区 A 内的接收端使用匹配滤波器以抑制来自小区 B 的干扰信号。对小区 B 进行同样的操作，可分别提高各小区的接收信号质量。

（2）小区特定的交织

对各小区的信号在信道编码后采用不同的交织图案进行信道交织，以获得干扰白噪声化效果，也称为交织多址（IDMA）技术。与小区特定加扰类似，采用在发送数据信道编码之后加入特定的交织图案，各小区的接收端用已知的接收图案来解出自己需要的信号。

对于干扰随机化来说，小区特定加扰和小区特定交织取得的性能是相似的。此外，还可以考虑在不同小区采用不同的跳频图案进行跳频以取得干扰随机化效果。

2. **干扰删除**

干扰删除可以通过不同的扩频码将干扰小区信号解调、解码，然后将来自该小区的干扰信号重构、删除。小区间干扰删除的实现方法主要有以下两种。

（1）传统的信号联合检测

利用在接收端的多天线空间抑制方法来进行干扰删除，相关的检测算法如 LR 方法、迭代接收信号处理等，在 MIMO 的研究中已经被广泛采用（参见本书第 5 章）。

（2）基于检 *N*/ 删除的方法

典型的如采用 IDMA 删除小区间的干扰，与 CDMA 的扩频方式类似，将小区看成用户，IDMA 可以通过伪随机交织器产生不同的交织图案分配给不同的小区，接收机使用相应的交织图案解交织，即可将目标信号和干扰信号分别解出；再利用串行干扰消除的思想，在总的接收信号中减去干扰信号，进而有效提高接收信号的信干噪比。

小区间干扰删除的优势在于，对小区边缘的频率资源没有限制，相邻小区即使在小区边缘也可以使用相同的频率资源，以获得更高的小区边缘频谱效率和总频谱效率；但局限在于小区间必须保持同步，目标小区必须知道干扰小区的导频结构，以对干扰信号进行信道估计，这就要求在多小区协同系统方案中考虑用户信号和控制信令的传输机制。对于要进行小区干扰删除的用户，必须给其分配相同的频率资源。

3. 干扰协同/避免

干扰协同/避免的核心思想是通过小区间的协调对一个小区的可用资源进行某种限制，以减少本小区对相邻小区的干扰，进而提高相邻小区在这些资源上的信噪比以及小区边缘用户的数据传输速率。

6.4.4 多小区系统协同干扰抑制

除了多小区干扰技术外，使用多点协作、协同中继、智能天线等多种协同技术，也可有效地对小区间干扰进行抑制，从而提高小区的覆盖能力、用户跨区切换的稳定度及小区边缘用户的通话质量。

在多小区协同通信系统中，可选取协作基站中的一个作为主基站，收集与发布控制信息和传输数据，在这个协作簇内实现资源的优化配置，而其他基站则退化为射频拉远单元（RRU）。在这种结构下，由于簇间干扰因地理距离远而受到极大的抑制，导致系统的干扰主要来自协作簇内的同频干扰。又由于协作簇内上下行的时频资源得到优化配置，信令的传输延迟将会得到有效改善，数据信息则可从多个接入点同时对用户进行发送，从而可有效地抑制簇内干扰问题。

多小区协同技术主要是利用多基站协作来降低簇内干扰，从而扩大覆盖面积，提高系统总容量和用户通信质量。目前现有的协同关键技术[49]有以下几种。

① 智能关联。用户终端（UE）在协同信令机制下能够自动搜寻路劲损耗最小的接入点进行接入。协同多小区控制器能根据各接入点报告的参考信息来确定对应的接入或选择多个接入点对多个用户进行联合发送。

② 站间负荷均衡技术。多个站点需要通过 eNodeB 的调配来合理分担覆盖区域的业务负荷，使得无线资源能得到合理的利用，并能满足网络硬件设备的负载要求，从而促进系统总容量和性能的提升。

③ 多天线协作 MIMO 技术。为了提高系统的频谱利用率，在多接入点覆盖

的区域可利用多个接入点在基站控制器的调配下对多个用户进行联合波束赋形，使得在占用相同时频资源情况下区分用户，以提高系统容量。

④ 协作站点选取技术。通过基站调度技术来合理选择协作基站的个数及位置，以降低协作复杂度，并提高整体性能。

⑤ 动态多小区干扰协调技术。在协同多小区系统中，基站之间采用光纤通信，能够高速且精确地传输基站间协同所需要的交互信息，从而实现动态多小区干扰协调。

⑥ 中继协作技术。多小区协同系统结合中继协同技术可进一步扩大覆盖范围，提高无线链路传输质量，多点中继、中继功率等都是研究的热点。

我们将以 LTE-A 系统中协同调度和联合发送协同干扰抑制技术为例，简述其协同抗干扰原理。

如图 6-16 所示，下行多小区协同一般采用联合发送的方式来抑制共信道干扰，协同基站数为 M，每个基站配置的天线数为 n_t，用户数为 M，每个用户配置的天线数为 n_r，这就组成了一个 $n_tM \times n_rM$ 的虚拟 MIMO 系统。

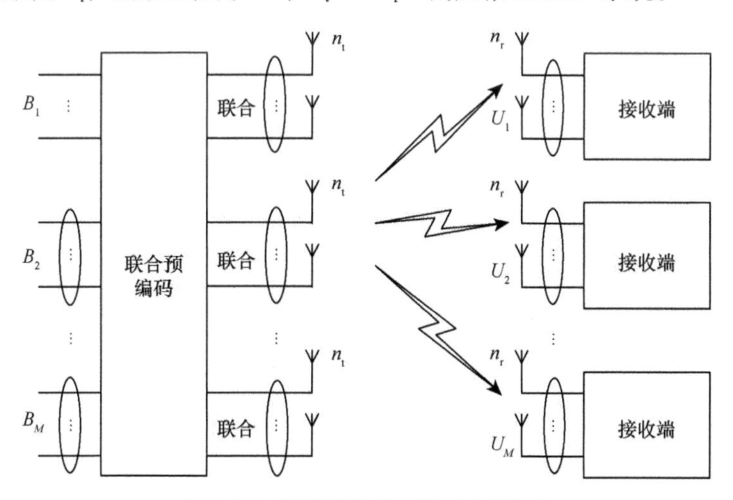

图 6-16　基于预编码的下行多小区协同

令基站到用户 k 的归一化复高斯增益信道为

$$\boldsymbol{H}_k = \boldsymbol{G}_k \boldsymbol{F}_k \tag{6-69}$$

其中，$\boldsymbol{G}_k$ 为分解矩阵，$\boldsymbol{F}_k$ 为接收功率

$$\boldsymbol{F}_k = \mathrm{diag}\left\{\sqrt{P_{k,1}}, \sqrt{P_{k,2}}, \cdots, \sqrt{P_{k,n_tM}}\right\} \tag{6-70}$$

总的信道矩阵为

$$\boldsymbol{H} = \left[\boldsymbol{H}_1, \boldsymbol{H}_2, \cdots, \boldsymbol{H}_M\right]^{\mathrm{T}} \tag{6-71}$$

若 $\boldsymbol{s}_k=[s_{k,1},s_{k,2},\cdots,s_{k,l}]^{\mathrm{T}}$ 表示用户 k 发送的数据，则总发送数据为 $\boldsymbol{s}=[s_1,s_2,\cdots,s_M]^{\mathrm{T}}$。假设用户 k 的预编码矩阵为$\boldsymbol{W}_k\in\mathbb{C}^{n_t M\times 1}$，则经过预编码矩阵处理后的信号为

$$\boldsymbol{x}=\sum_{k=1}^{M}\boldsymbol{W}_k\boldsymbol{s}_k=\boldsymbol{W}\boldsymbol{s} \tag{6-72}$$

其中，$\boldsymbol{W}=[\boldsymbol{W}_1,\boldsymbol{W}_2,\cdots,\boldsymbol{W}_M]$ 为总预编码矩阵，则用户 k 接收到的信号可表示为

$$\boldsymbol{r}_k=\boldsymbol{H}_k\sum_{i=1}^{M}\boldsymbol{W}_i\boldsymbol{s}_i+\boldsymbol{n}_k \tag{6-73}$$

在多小区系统中，联合发送的设计准则是要尽量减少多小区间的干扰。可通过联合迫零、联合对角化以及联合脏纸编码来实现。

1．联合迫零

将 M 个小区联合起来，看成一个虚拟 MIMO 系统，每个用户的数据都来自所有的协同基站，采用联合迫零来消除用户数据间的干扰。

预编码矩阵取信道矩阵的广义逆矩阵[50]

$$\boldsymbol{W}=\boldsymbol{H}^{\dagger}=\left[\boldsymbol{H}_1^{\dagger},\boldsymbol{H}_2^{\dagger},\cdots,\boldsymbol{H}_M^{\dagger}\right]^{\mathrm{T}} \tag{6-74}$$

则用户 k 接收到的信号为

$$\begin{aligned}\boldsymbol{r}_k=\boldsymbol{H}_k\boldsymbol{W}_k\boldsymbol{x}_k+\boldsymbol{H}_k\sum_{i=1,i\neq k}^{M}\boldsymbol{W}_i\boldsymbol{x}_i+\boldsymbol{n}_k=\\ \boldsymbol{x}_k+\boldsymbol{H}_k\sum_{i=1,i\neq k}^{M}\boldsymbol{W}_i\boldsymbol{x}_i+\boldsymbol{n}_k\end{aligned} \tag{6-75}$$

2．联合对角化

（1）构建用户信道矩阵的零空间[51]

用户 k 对应的扩充矩阵为

$$\tilde{\boldsymbol{H}}_k=\left[\boldsymbol{H}_1,\cdots,\boldsymbol{H}_{k-1},\boldsymbol{H}_{k+1},\cdots,\boldsymbol{H}_M\right]^{\mathrm{T}} \tag{6-76}$$

对$\tilde{\boldsymbol{H}}_k$进行奇异值分解，得

$$\tilde{\boldsymbol{H}}_k=\tilde{\boldsymbol{U}}_k\begin{bmatrix}\tilde{\boldsymbol{\Sigma}}_k & \boldsymbol{0}\\ \boldsymbol{0} & \boldsymbol{0}\end{bmatrix}\begin{bmatrix}\tilde{\boldsymbol{V}}_k^{(1)} & \tilde{\boldsymbol{V}}_k^{(0)}\end{bmatrix}^{\mathrm{H}} \tag{6-77}$$

其中，$\tilde{\boldsymbol{\Sigma}}_k$为对角阵，$\tilde{\boldsymbol{V}}_k^{(1)}$为包含$\tilde{\boldsymbol{H}}_k$非零奇异值对应的左奇异值向量，$\tilde{\boldsymbol{V}}_k^{(0)}$为包含$\tilde{\boldsymbol{H}}_k$非零奇异值对应的右奇异值向量，因此$\tilde{\boldsymbol{V}}_k^{(0)}$是$\tilde{\boldsymbol{H}}_k$零空间的一个正交基。则预编码矩阵可以表示为

$$\boldsymbol{W}=\left[\boldsymbol{B}_1,\boldsymbol{B}_2,\cdots,\boldsymbol{B}_M\right]=\left[\hat{\tilde{\boldsymbol{V}}}_1^{(0)},\hat{\tilde{\boldsymbol{V}}}_2^{(0)},\cdots,\hat{\tilde{\boldsymbol{V}}}_M^{(0)}\right] \tag{6-78}$$

通过式（6-78）预编码矩阵处理，可以使得用户信道矩阵对角化，从而完全消

除用户间的干扰。

（2）用户内部使用 ZF 来消除流间干扰

对用户 k 的等效信道矩阵进行奇异值分解

$$\boldsymbol{H}_k\hat{\tilde{\boldsymbol{V}}}^{(0)}=\boldsymbol{U}_k\begin{bmatrix}\boldsymbol{\Sigma}_k & \boldsymbol{0}\\ \boldsymbol{0} & \boldsymbol{0}\end{bmatrix}\begin{bmatrix}\boldsymbol{V}_k^{(1)} & \boldsymbol{V}_k^{(0)}\end{bmatrix}^{\mathrm{H}} \tag{6-79}$$

从而可获得用户 k 的完全预编码矩阵

$$\boldsymbol{W}_k=\hat{\tilde{\boldsymbol{V}}}_k^{(0)}\boldsymbol{V}_k^{(1)} \tag{6-80}$$

则可得整个系统的预编码矩阵为

$$\boldsymbol{W}=\left[\boldsymbol{W}_1,\boldsymbol{W}_2,\cdots,\boldsymbol{W}_M\right]=\left[\hat{\tilde{\boldsymbol{V}}}_1^{(0)}\boldsymbol{V}_1^{(1)},\hat{\tilde{\boldsymbol{V}}}_2^{(0)}\boldsymbol{V}_2^{(1)},\cdots,\hat{\tilde{\boldsymbol{V}}}_M^{(0)}\boldsymbol{V}_M^{(1)}\right] \tag{6-81}$$

3．联合脏纸编码

在脏纸编码 [52] 的基础上向多小区扩展，可表述为以下内容。

（1）对 $\boldsymbol{H}^{\mathrm{H}}$ 进行 QR 分解

$\boldsymbol{H}^{\mathrm{H}}=\boldsymbol{QR}$，则有 $\boldsymbol{H}=\boldsymbol{Q}^{\mathrm{H}}\boldsymbol{R}^{\mathrm{H}}$，令 $\boldsymbol{L}=\boldsymbol{R}^{\mathrm{H}}$ 为下三角阵，$\boldsymbol{F}=\boldsymbol{Q}^{\mathrm{H}}$。构建矩阵

$$\boldsymbol{W}=\mathrm{diag}\left(\frac{1}{r_{1,1}},\ldots,\frac{1}{r_{Mn_t,Mn_t}}\right)\boldsymbol{L} \tag{6-82}$$

在发射端用 $\boldsymbol{W}$ 作为预编码矩阵，采用循环迭代来消除干扰。发射信号可表示为

$$\begin{aligned}&x_1=a_1\\&x_2=a_2-b_{21}x_1\\&\cdots\\&x_k=a_k-\sum_{i=1}^{k-1}b_{kj}x_j\end{aligned} \tag{6-83}$$

则第 k 路接收数据为

$$\begin{aligned}r_k&=\sum_{i=1}^{k}b_{kj}x_k+n_k=\\&a_k-\sum_{i=1}^{k-1}b_{kj}x_j+\sum_{i=1}^{k-1}b_{kj}x_k+n_k=\\&a_k+n_k\end{aligned} \tag{6-84}$$

通过 DPC 原理可以消除多个通道间的干扰。

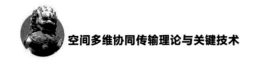

（2）注水法实现容量最大化

将 $\boldsymbol{H}$ 进行分解

$$\boldsymbol{H}=\boldsymbol{L}\boldsymbol{U} \tag{6-85}$$

其中，$\boldsymbol{L}$ 为下三角阵，$\boldsymbol{U}$ 为正交阵。若 $\boldsymbol{L}$ 对角元素为 l_{ii} 且均为正数，则该分解是唯一确定的。设各数据流的发射功率为 p_i，则有

$$p_i=\left\lfloor \zeta-\frac{N_0}{\left|l_{ii}\right|^2}\right\rfloor^+ \tag{6-86}$$

其中，$\lfloor A\rfloor^+=\max(A,0)$，$\zeta$ 为注水线。各子流的功率应满足

$$\sum_{i=1}^{ML_s} p_i=P_{\mathrm{t}} \tag{6-87}$$

从而其系统容量可表示为

$$C=\sum_{i=1}^{ML_s}\mathrm{lb}\left(1+\frac{p_i\left|l_{ii}\right|^2}{N_0}\right) \tag{6-88}$$

6.5 大规模 MIMO 系统

在本书第 4 章，我们曾在信道特性、应用前景及面临的技术挑战等方面简要介绍过大规模 MIMO（Massive MIMO）技术。在本小节，我们将针对系统数学模型，进一步讨论大规模 MIMO 基本原理。

6.5.1 大规模 MIMO 基本概念回顾

随着无线通信的迅猛发展，传统的 MIMO 技术已经不能满足呈指数上涨的数据通信需求。在 2010 年底，贝尔实验室科学家 Thomas L. Marzetta 提出了在基站端设置大规模天线代替现有的多天线，基站天线数远大于其能够同时服务的单天线移动终端数，由此形成了大规模 MIMO（Massive MIMO，Large-Scale Antenna System，Full-Dimension MIMO）无线通信系统[53]。如图 6-17 所示，大规模 MIMO 系统的基本特征就是通过在基站端配置数量众多的天线（从几十到几千），获得比传统 MIMO 系统（天线数不超过 8 根）更为精确的波束控制

能力；通过空间复用技术，在相同的时频资源上同时服务更多用户来提升无线通信系统的频谱效率，从而满足未来 5G 无线系统中海量信息的传输需求。另外，当基站天线数趋于无穷时，严重影响通信系统性能的热噪声和小区间干扰可忽略不计，而且最简单的波束成形也可以变成最优的波束成形方案，比如最大比合并接收机(MRC Receiver)。与 LTE 相比，在同样占用 20 MHz 带宽的情况下，大规模 MIMO 的小区吞吐率可以达到 1 200 Mbit/s，频谱利用率达到了史无前例的 60 bit/(s·Hz·cell)。因此，大规模 MIMO 技术与现有的无线通信技术相比，有着以下不可比拟的优点，也使其成了未来 5G 通信系统的核心技术。大规模 MIMO 系统特点可总结如下。

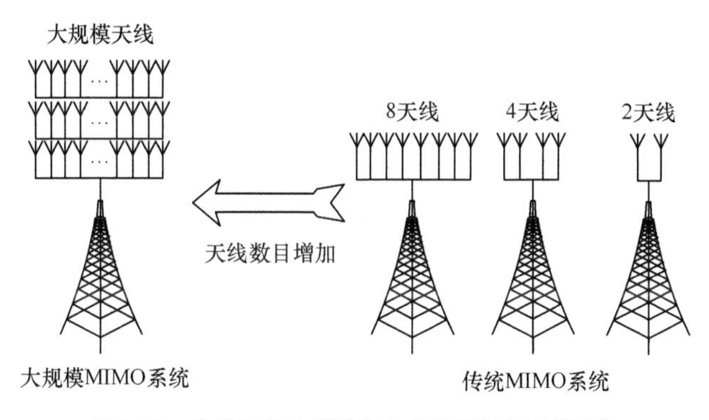

图 6-17　传统 MIMO 系统和大规模 MIMO 系统对比

① 相对于传统的通过缩小小区规模提高系统容量的方法 [54]，大规模 MIMO 通过直接增加基站的天线数就可以使系统容量增加。

② 大规模 MIMO 增加了天线孔径，通过相干合并可以降低上下行链路所需的发射功率，符合未来“绿色通信”的要求 [55]。文献 [56] 已证明在多小区 MIMO 系统中，当保证一定的 QoS 并具有理想 CSI(Channel State Information，信道状态信息)时，用户的发射功率与基站的天线数成反比；而当 CSI 不理想时，则与基站天线数的平方成反比。

③ 利用上下行信道互易性，信道训练的开销仅与每个小区的用户数有关，与基站的天线数无关。因此，当基站天线数趋向于无穷时，并不会增加系统的反馈开销，文献 [57] 已证明额外的天线数对性能的提升是有益的。

④ 与以往干扰协调不同，大规模 MIMO 可以通过数量众多的收发天线将小区间的干扰和热噪声平均掉。这是由于随着基站天线数的增加，期望用户和干扰用户的信道矢量的内积增长速率低于期望用户信道矢量和其自身的内积增长速率。因此，通常影响系统性能的热噪声和小区间的干扰可被忽略。

下面，就大规模 MIMO 的上述优点，我们分别从单用户、多用户和多小区这 3 种情况进一步深入地讨论大规模 MIMO 基本原理及其特点。

6.5.2 单用户大规模 MIMO

针对单用户大规模 MIMO，假设基站装备天线数为 M，用户装备天线数为 N，则用户接收到的信号可以表示为

$$y=\sqrt{p_d}\boldsymbol{H}\boldsymbol{s}+\boldsymbol{n} \tag{6-89}$$

其中，$\boldsymbol{H}$ 为 $N\times M$ 维复高斯信道矩阵，$\boldsymbol{s}$ 为 $M\times 1$ 维信号向量，$\boldsymbol{n}$ 为 $N\times 1$ 维复高斯噪声，p_d 表示基站的发射功率。假设用户端已知完全信道信息 $\boldsymbol{H}$，则接收信噪比可以表示为

$$SNR=\frac{p_d\|\boldsymbol{H}\|^2}{N_0}=p_d\|\boldsymbol{H}\|^2 \tag{6-90}$$

① 当发射天线数大于接收天线数时，接收端的容量可表述为

$$C=\mathrm{lb}\det\left(\boldsymbol{I}_N+\frac{p_d}{M}\boldsymbol{H}\boldsymbol{H}^{\mathrm{H}}\right) \tag{6-91}$$

其中，

$$\frac{1}{M}\boldsymbol{H}\boldsymbol{H}^{\mathrm{H}}=\frac{1}{M}\begin{bmatrix}\|\boldsymbol{h}_1\|^2 & \boldsymbol{h}_1\boldsymbol{h}_2^{\mathrm{H}} & \cdots & \boldsymbol{h}_1\boldsymbol{h}_N^{\mathrm{H}}\\ \boldsymbol{h}_2\boldsymbol{h}_1^{\mathrm{H}} & \|\boldsymbol{h}_2\|^2 & \cdots & \boldsymbol{h}_2\boldsymbol{h}_N^{\mathrm{H}}\\ \vdots & \vdots & & \vdots\\ \boldsymbol{h}_N\boldsymbol{h}_1^{\mathrm{H}} & \boldsymbol{h}_N\boldsymbol{h}_2^{\mathrm{H}} & \cdots & \|\boldsymbol{h}_N\|^2\end{bmatrix} \tag{6-92}$$

可知当基站天线数 M 趋近于无穷时，存在

$$\begin{aligned}&\frac{\|\boldsymbol{h}_i\|^2}{M}=\frac{|h_1^i|^2+|h_2^i|^2+\cdots+|h_M^i|^2}{M}\approx\underbrace{\mathrm{Var}[h]}_{1}+\underbrace{(\mathrm{E}[h])}_{0}=1\\ &\frac{\boldsymbol{h}_i\boldsymbol{h}_j^{\mathrm{H}}}{M_{(i\neq j)}}=\frac{1}{M}\left(\underbrace{h_1^i h_1^{j*}}_{\text{Gaussian}}+\underbrace{h_2^i h_2^{j*}}_{\text{Gaussian}}+\cdots+\underbrace{h_M^i h_M^{j*}}_{\text{Gaussian}}\right)\approx\mathrm{E}[h]=0\end{aligned} \tag{6-93}$$

由式（6-92）和式（6-93）可知

$$\frac{1}{M}\boldsymbol{H}\boldsymbol{H}^{\mathrm{H}}\approx\boldsymbol{I}_N \tag{6-94}$$

所以当基站天线数远远大于用户天线数，即$M \gg N$时，式（6-91）可进一步表述为

$$
\begin{aligned}
C &\approx \operatorname{lb}\det\left(\boldsymbol{I}_N + p_d \boldsymbol{I}_N\right) = \\
&\operatorname{lb}\det\left(\begin{bmatrix} 1+p_d & 0 & \cdots & 0 \\ 0 & 1+p_d & \cdots & 0 \\ \vdots & \vdots & & \vdots \\ 0 & 0 & \cdots & 1+p_d \end{bmatrix}_{N\times N}\right) = \\
&N\operatorname{lb}\left(1+p_d\right)
\end{aligned}
\tag{6-95}
$$

由式（6-95）可知，在$M \gg N$的情况下，系统容量与发射天线数 M 无关，并随着接收天线数 N 增多呈线性增长。

② 当发射天线数小于接收天线数时，接收端的容量可表述为

$$
C = \operatorname{lb}\det\left(\boldsymbol{I}_M + \frac{p_d}{M}\boldsymbol{H}^{\mathrm{H}}\boldsymbol{H}\right)
\tag{6-96}
$$

其中，

$$
\frac{1}{M}\boldsymbol{H}^{\mathrm{H}}\boldsymbol{H} = \frac{N}{M}\cdot\frac{1}{N}\begin{bmatrix} \|\boldsymbol{h}_1\|^2 & \boldsymbol{h}_1\boldsymbol{h}_2^{\mathrm{H}} & \cdots & \boldsymbol{h}_1\boldsymbol{h}_M^{\mathrm{H}} \\ \boldsymbol{h}_2\boldsymbol{h}_1^{\mathrm{H}} & \|\boldsymbol{h}_2\|^2 & \cdots & \boldsymbol{h}_2\boldsymbol{h}_M^{\mathrm{H}} \\ \vdots & \vdots & & \vdots \\ \boldsymbol{h}_M\boldsymbol{h}_1^{\mathrm{H}} & \boldsymbol{h}_M\boldsymbol{h}_2^{\mathrm{H}} & \cdots & \|\boldsymbol{h}_M\|^2 \end{bmatrix}
\tag{6-97}
$$

当接收端的天线数 N 趋于无穷时，也存在

$$
\begin{aligned}
&\frac{\|\boldsymbol{h}_i\|^2}{N} = \frac{\left|h_1^i\right|^2 + \left|h_2^i\right|^2 + \cdots + \left|h_2^i\right|^2}{N} \approx \underbrace{\operatorname{Var}[h]}_{1} + \underbrace{\left(\operatorname{E}[h]\right)}_{0} = 1 \\
&\frac{\boldsymbol{h}_i\boldsymbol{h}_j^{\mathrm{H}}}{N_{(i\neq j)}} = \frac{1}{N}\left(\underbrace{h_1^i h_1^{j*}}_{\text{Gaussian}} + \underbrace{h_2^i h_2^{j*}}_{\text{Gaussian}} + \cdots + \underbrace{h_N^i h_N^{j*}}_{\text{Gaussian}}\right) \approx \operatorname{E}[h] = 0
\end{aligned}
\tag{6-98}
$$

由式（6-97）和式（6-98）可知

$$
\frac{N}{M}\frac{1}{N}\boldsymbol{H}^{\mathrm{H}}\boldsymbol{H} \approx \frac{N}{M}\boldsymbol{I}_M
\tag{6-99}
$$

所以当接收端天线数远远大于发射端天线数，即$N \gg M$时，式（6-96）可进一步表述为

$$C \approx \mathrm{lb}\det\left(\boldsymbol{I}_M + \frac{Np_d}{M}\boldsymbol{I}_N\right) = $$
$$\mathrm{lb}\det\left(\begin{bmatrix} 1+\frac{Np_d}{M} & 0 & \cdots & 0 \\ 0 & 1+\frac{Np_d}{M} & \cdots & 0 \\ \vdots & \vdots & \ddots & \vdots \\ 0 & 0 & \cdots & 1+\frac{Np_d}{M} \end{bmatrix}_{M\times M}\right) = \tag{6-100}$$
$$M\mathrm{lb}\left(1+\frac{Np_d}{M}\right)$$

由式（6-100）可知，在$N \gg M$的情况下，系统容量与接收天线数N呈指数关系。

6.5.3 多用户大规模 MIMO

1. 大规模 MIMO 下行信道

考虑如图 6-18 所示的多用户 MIMO 系统模型，假设基站端有M根天线，小区内有K个装备单天线的用户。$\boldsymbol{h}_k$表示基站到第k个用户的信道向量，$\boldsymbol{w}_k$为第k个用户的波束成形向量，此时用户接收到的信号可以表示为

$$y = \sqrt{p_d}\boldsymbol{Hx} + \boldsymbol{n} + \sqrt{p_d}\boldsymbol{HWs} + \boldsymbol{n} \tag{6-101}$$

其中，$\boldsymbol{H} \triangleq [\boldsymbol{h}_1, \boldsymbol{h}_2, \cdots, \boldsymbol{h}_K]$，$\boldsymbol{W} \triangleq [\boldsymbol{w}_1, \boldsymbol{w}_2, \cdots, \boldsymbol{w}_K]$，且波束成形满足总功率约束，即$\mathrm{E}\left[\|\boldsymbol{x}\|^2\right] = \mathrm{tr}\left(\boldsymbol{W}^{\mathrm{H}}\boldsymbol{W}\right) \leqslant P$，$n_i \sim \mathcal{CN}(0,1)$。

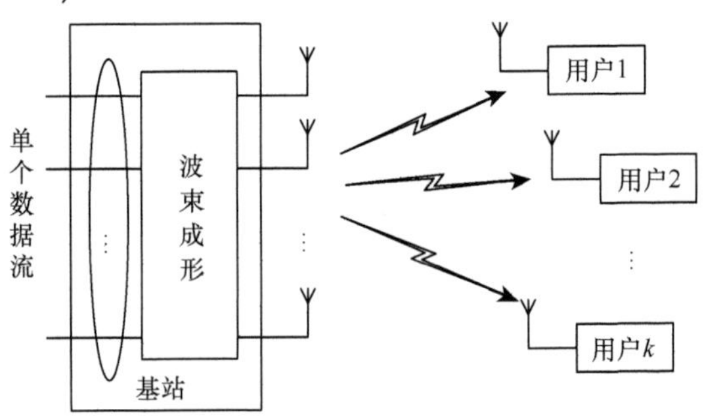

图 6-18　多用户 MIMO 系统模型

我们考虑使用 MRT 和 ZFBF 两种传统线性预处理的方法，其中，MRT 的

滤波矩阵为 $\boldsymbol{W}=\boldsymbol{H}^{\mathrm{H}}$，ZFBF 的滤波矩阵为 $\boldsymbol{W}=\boldsymbol{H}^{\mathrm{H}}(\boldsymbol{H}\boldsymbol{H}^{\mathrm{H}})^{-1}$。用户 k 接收到的信号可以表示为

$$y_k=\underbrace{\sqrt{p_d}\boldsymbol{h}_k\boldsymbol{w}_k s_k}_{\text{期望信号}}+\underbrace{\sqrt{p_d}\sum_{i=1,i\neq k}^{K}\boldsymbol{h}_k\boldsymbol{w}_i s_i}_{\text{干扰信号}}+\underbrace{\boldsymbol{n}}_{\text{噪声}} \tag{6-102}$$

由式（6-102）可知，第 k 个用户的信干噪比可以表示为

$$SINR_k=\frac{p_d\left|\boldsymbol{h}_k\boldsymbol{w}_k\right|^2}{p_d\sum_{i=1,i\neq k}^{K}\left|\boldsymbol{h}_k\boldsymbol{w}_i\right|^2+1} \tag{6-103}$$

第 k 个用户的速率可以表示为

$$R_k=\mathrm{lb}\left(1+SINR_k\right) \tag{6-104}$$

系统的和速率为

$$R_{\mathrm{sum}}=\sum_{k=1}^{K}\mathrm{E}\left\{R_k\right\} \tag{6-105}$$

假设基站天线数和用户数都趋于无穷，即在 $M,K\to\infty$ 且 $M/K=\alpha$ 情况下，我们可确定 $SINR_k$ 和 R_{sum} 的表达形式。首先考虑 MRT 预编码，由于 $\left|\boldsymbol{h}_k\boldsymbol{h}_i^{\mathrm{H}}\right|^2\sim\chi_M^2$，可知

$$\frac{1}{K}\sum_{i=1,i\neq k}^{K}\left|\boldsymbol{h}_k\boldsymbol{h}_i^{\mathrm{H}}\right|^2\approx\mathrm{E}\left\{\left|\boldsymbol{h}_k\boldsymbol{h}_i^{\mathrm{H}}\right|^2\right\}=M \tag{6-106}$$

则第 k 个用户的 SINR 可以表示为

$$SINR_k^{\mathrm{MRT}}=\frac{\frac{p_d}{\gamma}\left|\boldsymbol{h}_k\boldsymbol{h}_k^{\mathrm{H}}\right|^2}{\frac{p_d}{\gamma}\sum_{i=1,i\neq k}^{K}\left|\boldsymbol{h}_k\boldsymbol{h}_i^{\mathrm{H}}\right|^2+1}\approx\frac{p_d\alpha}{p_d+1} \tag{6-107}$$

其中，$\gamma=\left\|\boldsymbol{H}^{\mathrm{H}}\right\|_{\mathrm{F}}^2\approx KM$，由式（6-105）可知系统的和速率为

$$R_{\mathrm{sum}}^{\mathrm{MRT}}=K\mathrm{lb}\left(1+\frac{p_d\alpha}{p_d+1}\right) \tag{6-108}$$

再考虑使用 ZFBF 的情况。由于 $1\Big/\mathrm{tr}\left(\left(\boldsymbol{H}^{\mathrm{H}}\boldsymbol{H}\right)^{-1}\right)=\dfrac{M-K}{K}$，即 ZFBF 的分集阶数，因此第 k 个用户的 SINR 可以表示为

$$SINR_k^{\mathrm{ZF}} = \frac{p_d}{\mathrm{tr}\left(\left(\boldsymbol{H}^{\mathrm{H}}\boldsymbol{H}\right)^{-1}\right)} \approx p_d\left(\alpha - 1\right) \tag{6-109}$$

则系统和速率为

$$R_{\mathrm{sum}}^{\mathrm{ZF}} = K\mathrm{lb}\left(1 + p_d\left(\alpha - 1\right)\right) \tag{6-110}$$

2. **大规模 MIMO 上行信道**

下面我们分析大规模 MIMO 系统上行信道的情况，如图 6-19 所示。

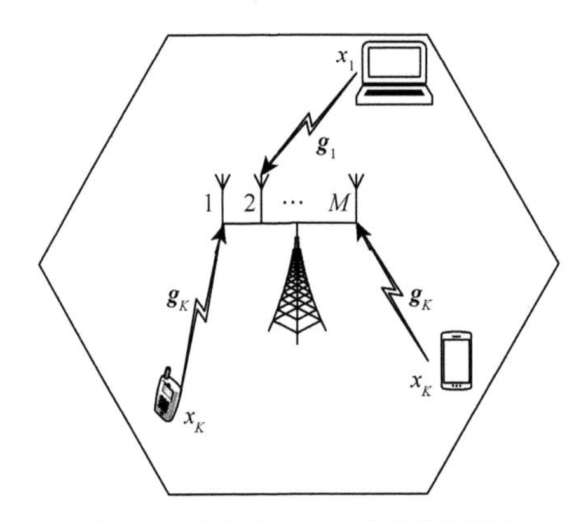

图 6-19　大规模 MIMO 上行链路系统

基站接收到的信号可以表示为

$$\boldsymbol{y} = \sqrt{p_u}\boldsymbol{G}\boldsymbol{x} + \boldsymbol{n} \tag{6-111}$$

其中，$\boldsymbol{y}$ 表示基站接收到的 $M\times 1$ 维信号向量，$\boldsymbol{G}$=$\boldsymbol{H}\boldsymbol{D}^{1/2}$，$\boldsymbol{H} \triangleq [\boldsymbol{h}_1,\boldsymbol{h}_2,\cdots,\boldsymbol{h}_k]$，$\boldsymbol{D} \triangleq \mathrm{diag}(\beta_1, \beta_2, \cdots, \beta_K)$，$\mathrm{E}\left[\left|x_k\right|^2\right] = 1$。

在这里，我们使用最简单的最大比合并（MRC）线性检测器，即 $\boldsymbol{A}$=$\boldsymbol{G}$，则处理后的接收信号可以表示为

$$\boldsymbol{r} = \sqrt{p_u}\boldsymbol{A}^{\mathrm{H}}\boldsymbol{G}\boldsymbol{x} + \boldsymbol{A}^{\mathrm{H}}\boldsymbol{n} \tag{6-112}$$

第 k 个用户的接收信号可进一步表示为

$$\begin{aligned} r_k &= \sqrt{p_u}\boldsymbol{a}_k^{\mathrm{H}}\boldsymbol{G}\boldsymbol{x} + \boldsymbol{a}_k^{\mathrm{H}}\boldsymbol{n} = \\ &\underbrace{\sqrt{p_u}\boldsymbol{a}_k^{\mathrm{H}}\boldsymbol{g}_k x_k}_{\text{期望信号}} + \underbrace{\sqrt{p_u}\sum_{i=1,i\neq k}^{K}\boldsymbol{a}_k^{\mathrm{H}}\boldsymbol{g}_i x_i}_{\text{干扰信号}} + \underbrace{\boldsymbol{a}_k^{\mathrm{H}}\boldsymbol{n}}_{\text{噪声}} \end{aligned} \tag{6-113}$$

第 k 个用户的 SINR 为

$$SINR_k=\frac{p_u\left|\boldsymbol{a}_k^{\mathrm{H}}\boldsymbol{g}_k\right|^2}{p_u\sum\limits_{i=1,i\neq k}^{K}\left|\boldsymbol{a}_k^{\mathrm{H}}\boldsymbol{g}_i\right|^2+\left\|\boldsymbol{a}_k\right\|^2} \tag{6-114}$$

第 k 个用户的上行可达速率为

$$R_{P,k}=\mathrm{E}\left\{\mathrm{lb}\left(SINR_k\right)\right\}=\mathrm{E}\left\{\mathrm{lb}\left(1+\frac{p_u\left|\boldsymbol{a}_k^{\mathrm{H}}\boldsymbol{g}_k\right|^2}{p_u\sum\limits_{i=1,i\neq k}^{K}\left|\boldsymbol{a}_k^{\mathrm{H}}\boldsymbol{g}_i\right|^2+\left\|\boldsymbol{a}_k\right\|^2}\right)\right\} \tag{6-115}$$

当检测器为 MRC 时，式（6-115）可进一步表示为

$$\begin{aligned}R_{P,k}^{\mathrm{MRC}}&=\mathrm{E}\left\{\mathrm{lb}\left(1+\frac{p_u\left\|\boldsymbol{g}_k\right\|^4}{p_u\sum\limits_{i=1,i\neq k}^{K}\left|\boldsymbol{g}_k^{\mathrm{H}}\boldsymbol{g}_i\right|^2+\left\|\boldsymbol{g}_k\right\|^2}\right)\right\}\geqslant\\&\mathrm{lb}\left(1+\left(\mathrm{E}\left\{\frac{p_u\sum\limits_{i=1,i\neq k}^{K}\left|\boldsymbol{g}_k^{\mathrm{H}}\boldsymbol{g}_i\right|^2+\left\|\boldsymbol{g}_k\right\|^2}{p_u\left\|\boldsymbol{g}_k\right\|^4}\right\}\right)^{-1}\right)=\\&\mathrm{lb}\left(1+\frac{p_u\left(M-1\right)\beta_k}{p_u\sum\limits_{i=1,i\neq k}^{K}\beta_i+1}\right)\triangleq\widetilde{R}_{P,k}^{\mathrm{MRC}}\end{aligned} \tag{6-116}$$

设 $p_u=E_u/M$，则

$$\widetilde{R}_{P,k}^{\mathrm{MRC}}=\mathrm{lb}\left(1+\frac{\frac{E_u}{M}\left(M-1\right)\beta_k}{\frac{E_u}{M}\sum\limits_{i=1,i\neq k}^{K}\beta_i+1}\right) \tag{6-117}$$

当基站天线数 $M\rightarrow\infty$ 时，有

$$\widetilde{R}_{P,k}^{\mathrm{MRC}}=\mathrm{lb}\left(1+\beta_k E_u\right) \tag{6-118}$$

可知，在基站天线数 $M\rightarrow\infty$ 时，小尺度衰落和用户间干扰都消失了，发射功率与天线数成反比。

6.5.4 多小区大规模 MIMO

下面我们将讨论在多小区情况下的大规模 MIMO 技术。为了方便理解，在这里我们仅讨论使用 MRT 预编码器的两小区情况，如图 6-20 所示。这里我们针对用户 1，对小区间的干扰进行分析。而对于用户 2，则可采用相同的方法进行分析。

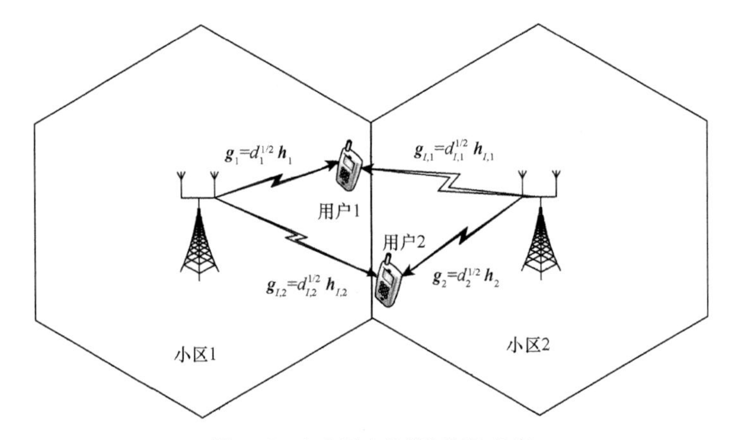

图 6-20 多小区大规模 MIMO 示意

经过 MRT 预编码器处理后，基站 1 和基站 2 的发射信号可分别表示为

$$\begin{cases} x_1 = \dfrac{1}{\sqrt{\gamma_1}} \boldsymbol{h}_1^{\mathrm{H}} \tilde{x}_1 \\ x_2 = \sqrt{\gamma_2} \boldsymbol{h}_2^{\mathrm{H}} \tilde{x}_2 \end{cases} \tag{6-119}$$

当基站天线数 M 很大时，式（6-119）可进一步写为

$$\begin{cases} x_1 \approx \dfrac{1}{\sqrt{M}} \boldsymbol{h}_1^{\mathrm{H}} \tilde{x}_1 \\ x_2 \approx \dfrac{1}{\sqrt{M}} \boldsymbol{h}_2^{\mathrm{H}} \tilde{x}_2 \end{cases} \tag{6-120}$$

则用户 1 接收到的信号可以表示为

$$y_1 \approx \sqrt{\frac{p_d}{M}} d_1^{1/2} \boldsymbol{h}_1 \boldsymbol{h}_1^{\mathrm{H}} \tilde{x}_1 + \sqrt{\frac{p_d}{M}} d_{I,1}^{1/2} \boldsymbol{h}_{I,1} \boldsymbol{h}_2^{\mathrm{H}} \tilde{x}_2 + n_1 \tag{6-121}$$

使用$1/\sqrt{M}$对接收到的y_1进行缩放处理，则有

$$\frac{1}{\sqrt{M}}y_1 \approx \sqrt{p_d}d_1^{1/2}\frac{\boldsymbol{h}_1\boldsymbol{h}_1^{\mathrm{H}}}{M}\tilde{x}_1 + \sqrt{p_d}d_{I,1}^{1/2}\frac{\boldsymbol{h}_{I,1}\boldsymbol{h}_2^{\mathrm{H}}}{M}\tilde{x}_2 + \frac{1}{\sqrt{M}}n_1 \tag{6-122}$$

对于大规模 MIMO，即$M\to\infty$时，存在

$$\begin{cases} \dfrac{1}{\sqrt{M}}n_1 = 0 \\ \dfrac{\|\boldsymbol{h}_i\|^2}{M} = \dfrac{|h_1^i|^2 + \cdots + |h_M^i|}{M} \approx \underbrace{\mathrm{Var}[h]}_{1} + \underbrace{(\mathrm{E}[h])^2}_{0} = 1 \\ \dfrac{\boldsymbol{h}_i\boldsymbol{h}_j^{\mathrm{H}}}{M_{(i\neq j)}} = \dfrac{1}{M}\left(\underbrace{h_1^i h_1^{j*}}_{\text{Gaussian}} + \underbrace{h_2^i h_2^{j*}}_{\text{Gaussian}} + \cdots + \underbrace{h_M^i h_M^{j*}}_{\text{Gaussian}}\right) = \mathrm{E}[h] = 0 \end{cases} \tag{6-123}$$

因此，式（6-122）可重写为

$$\frac{1}{\sqrt{M}}y_1 \approx \sqrt{p_d}d_1^{1/2}\tilde{x}_1 \tag{6-124}$$

所以用户 1 接收到的信号y_1可进一步表示为

$$y_1 = \sqrt{p_d M}d_1^{1/2}\tilde{x}_1 \tag{6-125}$$

从式（6-125）可以看出，当M非常大时，式中已经没有小区间干扰和噪声干扰了，并且在接收功率保持一定的情况下，发射功率随着M的增加而减小。

6.6 本章小结

本章针对地基传输系统，首先概述了其发展历程及特点。在此基础上，针对未来无线资源管理架构所面临的问题，重点研究了基于双层认知环路的无线资源管理模型和基于 SORA 的无线资源管理实现架构，以提高地基无线通信系统对空、时、频等多维无线资源的利用效率。此外，作为认知环路架构中接入层的关键组成部分，本章还介绍了多用户协作传输技术和多小区协同传输抗干扰技术，以利用有限的频谱资源提升系统性能，增大系统容量。

参考文献

[1] YOUNG W R. Advanced mobile phone service: introduction, background, and objectives [J]. Bell System Technical Journal, 1979, 58: 1-14.

[2] Groupe Speciale Mobile (GSM). Recommendations [Z]. 1988.

[3] RCR STD 27-B. Personal digital cellular telecommunication system [Z]. 1995.

[4] TIA/EIA/IS-95 Interim StandardL. Mobile station-base station compatibility standard for dual mode wideband spread spectrum cellular system [Z]. 1993.

[5] ITU-R Recommendation M.1457. Detailed specifications of the radio interfaces of international mobile telecommunications-2000 (IMT-2000) [S]. 2000.

[6] 3GPP2 C.S0002-D, Version 1.0. Physical layer standard for cdma 2000 spread spectrum systems[S]. 2004.

[7] 3GPP TS 25.211 V4.2.0. Physical channels and mapping of transport channels onto physical channels (TDD) [S].2001.

[8] 3GPP TS 25.211-840. Physical channels and mapping of transport channels onto physical channels (FDD) [S]. 2001

[9] 彭木根 , 王文博 . TD-SCDMA 移动通信系统 [M]. 第 2 版 . 北京：机械工业出版社 , 2007.

[10] HOLMA H, TOSKALA A. LTE for UMTS-OFDMA and SC-FDMA based radio access [M]. Chippenham, UK: Wiley-Blackwell, 2009.

[11] ITU-R M.2038. Technology trends [Z]. 2004.

[12] ITU-R M.1645. Framework and overall objectives of the future development of IMT-2000 and systems beyond IMT-2000 [Z]. 2004.

[13] ITU-R IMT-ADV/4-E. Acknowledgement of candidate submission from China under step 3 of the IMT-advanced process (3GPP technology) [S]. 2009.

[14] ITU-R IMT-ADV/4-E. Acknowledgement of candidate submission from IEEE under step 3 of the IMT-advanced process (IEEE technology) [S]. 2009.

[15] ITU-R IMT-ADV/5-E. Acknowledgement of candidate submission from japan under step 3 of the IMT-advanced process (IEEE technology) [S]. 2009.

[16] ITU-R IMT-ADV/6-E. Acknowledgement of candidate submission from Japan under step 3 of the IMT-advanced process (3GPP technology) [S]. 2009.

[17] ITU-R IMT-ADV/7-E. Acknowledgement of candidate submission from tta under step 3 of the IMT-advanced process (IEEE technology) [S]. 2009.

[18] ITU-R IMT-ADV/8-E. Acknowledgement of candidate submission from 3GPP proponent under step 3 of the IMT-advanced process (3GPP technology) [S]. 2009.

[19] 3GPP TR 36.913 v.8.0.1. Requirements for further advancements for E-UTRA [R]. Tech.rep, 3rd Generation Partnership Project, 2009.

[20] IEEE P802.16m/D3. Part 16: Air interface for broadband wireless access systems, advanced air interface [Z]. 2009.

[21] SALEH A, VALENZUELA R. A statistical model for indoor multipath propagation [J]. IEEE Journal on Selected Areas Communication, 1987, 5(2) : 128-137.

[22] BERGMANS P. A simple converse for broadcast channels with additive white Gaussian noise (Corresp) [J]. IEEE Transactions Information Theory, 1974, 20(2): 279-280.

[23] SAULNIER G J. Suppression of narrowband jammers in a spread-spectrum receiver using transform-domain adaptive filtering [J]. IEEE Journal on Selected Areas Communications, 1992, 10(4): 742-749.

[24] REDUNDANCY J W. The discrete Fourier transform, and impulse noise cancellation [J]. IEEE Transactions on Communication, 1983, 31(3): 458-461.

[25] BABCOCK W C. Intermodulation interference in radio systems [J]. Bell Systems Technical Journal, 1953, 32: 63-73.

[26] KAHN L R. Reduction of adjacent channel interference [Z]. 1980, US Patent 4, 192, 970.

[27] SUEHIRO N. A signal design without co-channel interference for approximately synchronized CDMA systems [J]. IEEE Journal on Selected Areas Communication, 1994, 12(5): 837-841.

[28] MOSHAVI S. Multi-user detection for DS-CDMA communications [J]. IEEE Communication Magazine, 1996, 34(10): 124-136.

[29] MITOLA J, MAGUIRE G Q. Cognitive radio: making software radios more personal [J]. IEEE Personal Communication, 1999, (6): 13-18.

[30] THOMAS R W, FRIEND H. Cognitive networks: adaptation and learning to achieve end-to-end performance objectives [J]. IEEE Communication Magazine, 2006, 44(12): 51-57.

[31] BALAMURALIDHAR P, PRASAD R. A context driven architecture for cognitive radio nodes [J]. Wireless Personal Communications, 2008, 45(3): 423-434.

[32] FORTUNA C, MOHORCIC C. Trends in the development of communication networks: cognitive networks [J]. Computer Networks, 2009, (53): 1354-1376.

[33] 董旭，李颖，魏胜群．认知引擎功能架构设计与实现 [J]. 科学通报，2012, 57(12):1067-1073.

[34] LIU J, LI J, LIU C, et al. Discover dependencies from data-a review [J]. IEEE Transactions on Knowledge and Data Engineering, 2009, (99): 38-45.

[35] 喻坚, 韩燕波. 面向服务的计算——原理和应用 [M]. 北京：清华大学出版社, 2006.

[36] DONG X, WEI S, LI Y. Service-oriented radio architecture: a novel M2M network architecture for cognitive radio systems [J]. International Journal of Distributed Sensor Networks, 2012.

[37] HUANG K, ANDEREWS J G, HEATH R W. Performance of orthogonal beamforming for SDMA with limited feedback[J]. IEEE Transactions on Vehicular Technology, 2009, 58(1): 152-164.

[38] YOO T, JINDAL N, GOLDSMITH A. Multi-antenna downlink channels with limited feedback and user selection[J]. IEEE Journal on Selected Areas in Communications, 2007, 25(7): 1478-1491.

[39] ZHENG Y, BLOSTEIN S. Downlink distributed beamforming through relay networks [C]\\ IEEE Global Telecommunication Conference, 2009: 1-6.

[40] BAI L, CHEN C, CHOI J, et al. Greedy user selection using a lattice reduction updating method for multiuser MIMO systems [J]. IEEE Transactions on Vehicular Technology, 2011, 60(1): 136-147.

[41] NAM S, LEE K. Transmit power allocation for an extended V-BLAST system[C]\\ IEEE Personal, Indoor and Mobile Radio Communications, 2002, (2): 843- 848.

[42] LAU V K N. Proportional fair space-time scheduling for wireless communications [J]. IEEE Transactions on Communication, 2005, 53(4): 1353-1360.

[43] YANG L, KANG M, ALOUINI M S. On the capacity-fairness tradeoff in multiuser diversity systems [J]. IEEE Transactions on Vehicular Technology, 2007,

56(4): 1901-1907.

[44] MA X, ZHANG W. Performance analysis for MIMO systems with lattice- reduction aided linear equalization [J]. IEEE Transactions on Communications, 2008, 56(2): 309-318.

[45] LENSTRA A K, LENSTRA H W, LOVASZ L. Factoring polynomials with rational coefficients [C]// Math Annual, 1982, (261): 515-534.

[46] 3GPP R1-083069 LTE-Advanced Coordinated multipoint transmission/ reception [S].

[47] 3GPP TR36.814 V9.0.0-2010. Further advancements for e-utra physical layer aspects [S]. 2010.

[48] 刘亚东 . 多小区 MIMO 系统中的协同调度及干扰抑制技术的研究 [D]. 成都：电子科技大学，2010.

[49] SUN H X. Network Evolution and interference in coordinated multi-point communication system[Z]. ZTE Com Tec, 2010.

[50] SPENCER Q H, SWINDLEHURST A L, HAARDT M, et al. Zero-forcing methods for downlink spatial multiplexing in multi-user MIMO channels[J]. IEEE Transactions on Signal Processing, 2004, 52: 22-24.

[51] ZHANG J, CHEN R H, ANDREWS J G, et al. Coordinated multi-cell MIMO system with cellular block diagonalization [C]// Conference Record of the Forty- First Asilomar Conference on Signals, Systems and Computers, Pacific Grove, CA, 2007: 1669-1673.

[52] COSTA M H M. Writing on dirty paper [J]. IEEE Transactions on Information Theory, 1983, 29(5): 439-441.

[53] MARZETTA T L. Noncooperative cellular wireless with unlimited numbers of base station antennas [J]. IEEE Transactions on Wireless Communications, 2010, 9(11): 3590-3600.

[54] ANDREWS J G, CLAUSSEN H, DOHLER M, et al. Femto cells: past, present, and future [J]. IEEE Journal on Selected Areas in Communications, 2012, 30(3): 497-508.

[55] LI G Y, XU Z K, XIONG C, et al. Energy-efficient wireless communication: tutorial, survey, and open issues [J]. IEEE Wireless Communications, 2011, 18(6): 28-35.

[56] NGO H Q, LARSSON E G, MARZETTA T L. Energy and spectral efficiency of

very large multiuser MIMO systems [J]. IEEE Transactions on Communications, 2012, 61(4): 1436-1449.

[57] MARZETTA T L, LABS B, TECHNO L. How much training is required for multiuser MIMO [C]// Fortieth Asilomar Conference on Signal, Systems and Computers, Pacific Grove, CA, 2006: 359-363.

第7章 空基协同传输系统

随着网络服务的不断发展，传统地面蜂窝通信系统在覆盖面和传送速率等问题上的缺陷更加显著，新型的空基传输系统作为地基传输系统的重要补充，逐渐引起了广泛关注。高空平台（High Altitude Platform Station，HAPS）被认为是一种具有良好潜在应用价值的空基宽带无线接入手段，有可能成为地面无线通信系统和卫星通信系统之后的第三个无线通信系统。它可以实现用户的高移动性和高数据速率，而且只需较少的基站就可以完成广域覆盖，部署也较快。本章以空基为角度、协同传输为方法，首先介绍了高空平台通信系统的背景，包括谷歌的 Project Loon。其次，介绍了基于阵列的空基传输系统，探讨了基于二维滤波的空基波束赋形技术，并给出了高空平台小区规划方法。最后介绍了高空平台之间的高效传输机制。

| 7.1 空基传输技术概述 |

不同于地基通信系统，空基通信系统的基站是高空平台，漂浮在低空领域。因此，空基传输系统的频段选择、小区规划等与地基系统有着显著区别。本小节将综合介绍高空平台通信系统，同时详细介绍谷歌公司的 Project Loon 项目。

7.1.1 高空平台通信系统简介

高空平台通信系统是与地球同步运行的位于 17 ～ 22 km 高度的空间站，是一种具有微波中继和卫星通信系统优点的新的通信手段。它可与地面控制设备、入口设备以及多种无线用户构成通信系统，主要频率波段为 47/48 GHz 和 28/31 GHz。高空平台通信系统特别适用于有限区域、偏远地带以及应急情况下的临时服务。平台可借助自身的动力系统移动到世界各地，保持位置稳定并可返回地面；平台间距离半径可达 500 km 左右，作为单独的移动通信枢纽时，覆盖范围可达数百平方公里，且管理使用方便，可以为通信网络无法全面覆盖的地区提供更广泛的宽带网络。因此，特别适合发展中国家采用。

图 7-1 展示了高空平台服务的场景。HAPS 由天空端和地面端组成，天空端主要包括处于平流层的平台（飞行器）和机载通信设备，高空通信平台由一

个巨大的气球和控制系统组成 [1]，平流层的稳定性是一大难题。根据测量数据，长期平均风力水平在 30 ～ 40 m/s，高空平台无法承受突如其来的狂风，进而造成临时通信的损失。虽然平流层的风向比较稳定，但平台仍然需要应对风向变化。最近，复合材料的进步、电脑和导航系统的更新，低速、高空空气动力学的研究以及内燃机和太阳能组成的推进系统，使平台的位置保持可以实现。平台通过风力和自身动力保持相对于地面静止，不能脱离大气，因此需要由国家航空和电信部门进行监管 [2]。鉴于化石能源不易携带，所以平台采用的能源首选的就是太阳能，而且高空大气稀薄，非常适合设计表面积很大的太阳能电池板。技术关键在于需要一个耐用、高效和轻量级的集成太阳能 / 燃料电池供电，并且能存储一个夜晚需要的能量。因此再生燃料电池（RFC）是最合适的选择，它不仅轻便，而且有很高的储存能力，白天氢气和氧气发生电化学反应生成电力和水，晚上氢气和氧气从水中电解释放存储的电能 [3]。不少国家相继发展了通信飞艇，例如已经报道的平台系统的气球其球体质量可达 6 000 kg，载荷达 5 000 kg，体积达 17 000 m^3，气球的外表由 4 层材料复合组成，具有强度高、质量轻、抗紫外线的能力，上表面覆盖太阳能电池，可提供 520 kW 的动力，并使用 GPS 定位。目前，美国、加拿大、日本、以色列等国家正在积极开展平流层通信飞艇研究。

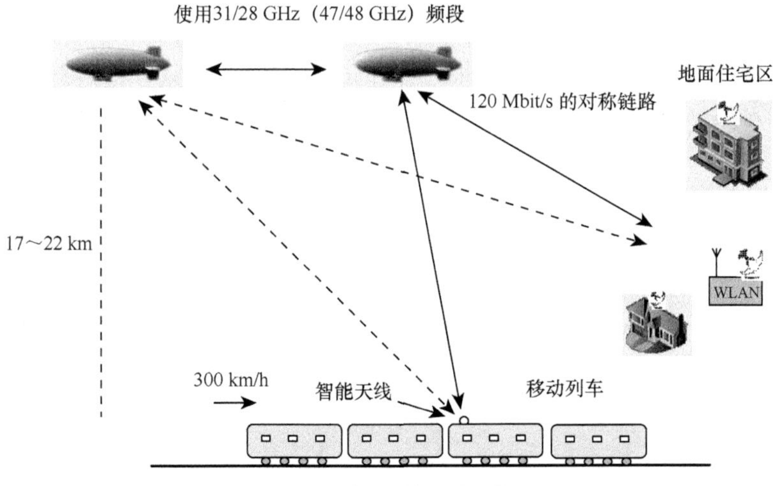

图 7-1　高空平台通信场景

HAPS 的目的是为处在偏远地区或高速公共交通工具（如火车，300 km/h）的用户提供有效的网络服务，利用无线技术使数据率达到 120 Mbit/s，覆盖面达 60 km 宽。这样的技术关键在于与其他通信平台（如卫星、陆地）有相近的通信标准。其他通信平台需要为高空平台覆盖不到的区域提供服务，这样可以保证移动用户随时通信，问题的关键在于是否可以尽可能大地覆盖地面区域。或许在不久的将来，高空平台通信系统服务范围将显著高于陆地和卫星通信系统。当大部分流量集中在高空平台时，卫星通信技术可以提供有限的带宽分配，也可以为非常遥远的地区提供各种广播内容（如视频等），而陆地通信可以提供高容量点对点的服务，并实现与其他网络的无缝连接。不久的将来，传统的天基通信模式就会被天—空基通信模式取代[4]。

- 高空平台通信系统旨在达到 120 Mbit/s 的高传输速率，这样高质量的标准主要基于国际电信联盟——电信标准化部门（International Telecommunication Union- Telecommunication Standardization Sector，ITU-T）的 G.1010 和 Y.1541 标准。所用协议依然是通用的 TCP/IP，除了基本服务以外，还需要包括以下一些特殊情况。

- 提供独立于核心网络的私有网络（如企业局域网）;
- 核心网络之间点对点的主干连接（如互联网服务提供商 [ISP] 支柱连接）;
- 许多用户可以同时访问核心网络。

由此可见，当移动用户访问网络时，集成和自动化服务与维修变得非常重要。

使用多个平台联合的方式，可以为更广范围、更多方位的公共区域提供服务，同时对重叠地区增加更多更快的服务，这时它们使用相同的频率分配。这一技术主要基于用户天线的方向，用户选定其中一个平台，其他平台对用户所用链路的影响很小。所以在起初实行时，可以先部署一个，在获得一定收入之后拓展为多个平台，形成一个完整的联合服务群体。对于频率分配，目前主要使用的频段是 31/28 GHz 或者 47/48 GHz。

天线系统是 HAPS 系统的关键部分，由于多个访问同时存在以及信息的重复使用，天线系统必须支持极高的频谱利用率。为了确保可以与现有通信系统进行互联，国际电信联盟已经定义了基于 CDMA 系统的 HAPS 标准，它使用数字波束赋形技术，减少了相邻链路引起的衰减，增加了 CDMA 系统的容量。目前，各国正在着手研究和发展 HAPS 的多波束天线，日本和韩国已经提出初步的设计方案[5-6]，HAPS 的设计主要在于天线的工作频率、旁瓣限制、系统容量、平台功能及稳定性和可靠性[5]。

地面相对固定的系统采用传统的蜂窝网络，覆盖范围主要由天线阵的设计决定，每个小区拥有一定的带宽，通过合理分配控制整个系统达到容量最大。HAPS 系统可以提供移动蜂窝覆盖或者固定无线服务，通过与地面电信网络的结合，实现整个地区的即时通信。平台—网络（回程）和平台之间通信可以使用光学通信，相比于毫米波波段通信，光学通信系统具有更高的数据传输率，

因此光学回程可以在无云覆盖的情况下大大拓展无线链路，特别适合传输没有严格时间要求的数据。而平台之间需要很高的通信速度（至少 14 Gbit/s），传统的手段比较难以实现，利用光学通信可以很好地达到这一要求。由于平台位置高于云层位置，所以内部通信不会受到天气因素影响，这一方式可以用来建立一个空中网络，使偏远地带无需特别复杂和昂贵的地面设备。

2004 年 8—10 月，在英国小镇 Pershore 进行了平台试验，使用处于 300 m 高度的球形环形器，成功地进行了以下演示。

- 固定用户使用 28 GHz 的宽带固定无线接入（BFWA）；
- 端到端网络连接；
- 高速网络服务和视频点播；
- HAP 到地面的光学通信。

这一次实验以及以后更多的尝试都在一步步试验高空平台通信的各项指标。平流层飞行器的负载重量限制，28/29 GHz 及 28/31 GHz 毫米波段的使用，单波束覆盖地面范围，嵌入式天线的设计以及信号的调制和编码都得到了验证。通过纳米激光的使用，实现了平台到地面站传输 270 Mbit/s 的视频信号。

为处在高速行驶状态的用户提供通信支持也是高空平台服务的一项目标，下面基于火车进行一些车载 WLAN 介绍[4]。

HAPS 网络需要与现有通信网络进行无缝的集成，因此在现有的开发标准上有必要考虑一些具体要求和特定的环境。调查表明，目前相对成熟的宽带标准无法十分符合未来 HAPS 高速通信的要求，主要原因可能是频段不合适。仍在开发的 IEEE 802.16 系列标准很有可能成为适合未来高速通信的标准。然而，HAP 和移动车辆之间的毫米波段信号传播受到降水衰减和散射的影响比较严重，同时多普勒效应的影响也需要考虑，不同时间传送量的多少和缓存的使用可以优化降水引起的衰减。信号的调制和解调也很关键，相移键控（QPSK）、正交频分多路复用（OFDM）以及卷积编码等方法都能拓展到火车 WLAN 网络，新兴的 MIMO 无线通信技术也可以运用到高空平台网络，最终拥有一个可行的数字信号处理（DSP）平台，实现基于 HAPS 的车载 WLAN 网络。然而，车辆的高速以及频繁的交错对于资源分配来说是重大的挑战，提供高效的频谱利用率和足够的服务质量是目前正在探索的关键。车辆使用的天线要考虑效率、灵活性以及成本效率，基于种种要求，先进的波束成形技术必须尽快得到应用。

高空平台通信系统是近年来新出现的一种通信方式，在民用与军事方面都有较好的应用前景，国际电信联盟也为其指定了专用频谱研究频谱资源的复用方法。近几年各项实验的成功为 HAPS 系统的发展指明了道路。下一节简单介绍谷歌公司的高空平台服务计划——Project Loon。

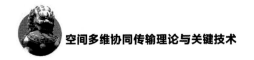

7.1.2 Project Loon 简介

Project Loon 是谷歌公司的一项实验性计划，由谷歌 X 实验室负责，目的是希望通过架设热气球，建立网络节点，为发展中国家，特别是相对落后的农村地区提供廉价而稳定的网络连接。因为世界上 2/3 的人还支付不起昂贵的宽带费用，另外遇到自然灾害时，平时的网络总是很容易受到影响，导致通信中断。

Project Loon 项目场景如图 7-2 所示，使用的热气球采用聚乙烯塑料，完全展开有 12 m 高，可以比普通的气象学探空气球承受更大的压力，中间为太阳能电池板，下面为收发信号的电子设备。而这种依托太阳能遥控的热气球将在平流层 20 km 以上的地方移动，避开了距地球表面 10 km 范围内的云层、飞机航行领域。也就是说，比许多飞机飞行的高度要高得多。工作方式类似于卫星网络，气球会和地上的特殊天线和接收机进行信号传输。平流层中风向有明显的分层，Project Loon 利用软件计算出气球的飞行方向，并让它飞到特定的某一层，顺风飞到正确的方向，乘风扩散成巨大的高空网络。

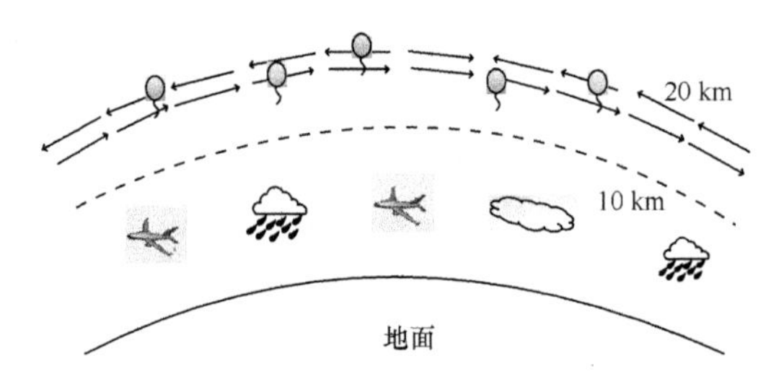

图 7-2 Project Loon 项目场景

这个项目最明显的障碍是，高空上层的大气一直是移动的，而谷歌暂时表示会用“一些复杂算法和大量的计算能力”优势来解决这个问题，具体方案还在进一步探索中。由于这一计划需要全新地使用无线传送，而且最好使用全新的频谱，因此受到了各个国家严格地监管，实行起来也比较艰难。

Project Loon 通信场景如图 7-3 所示，平台之间的互联形成较大的通信网络。气球在空中收到地面发射的网络信号后，发射给附近的气球和地面其他的接收点。通过不停地发射和接收，将网络信号传递到更多地方。地面用户之间通过合理的分配使频谱资源利用率达到最优，保证他们都能享受较为快速的网络服务。

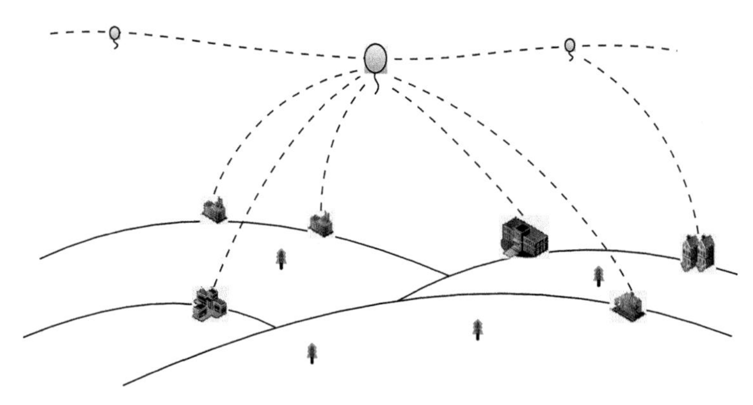

图 7-3 Project Loon 通信场景

现在 Project Loon 的第一个试点已于 2013 年 6 月在新西兰展开，当地村民反馈“热气球网络接入的速率和质量，比我使用的拨号网络要好得多”。目前谷歌也正在为下一阶段寻找合作伙伴，希望未来的农村漫游服务仅靠一个气球就能解决。

7.2 基于阵列的空基传输系统

高空平台可以在很大区域内提供视距（Line of Sight，LOS）链接给大量用户使用，相对陆地网络来说，也可以减少基础设施的使用。这种系统使用蜂窝小区结构来提供总体信道容量，小区是由 HAP 上许多点波束提供服务的。

1989 年，Lee 对陆地蜂窝结构的功能进行了描述 [7]。为了提供大范围的覆盖面积，我们将小区进行划分。为了控制同信道干扰，不同的信道被分配给邻近的小区。分配可以采取的形式有频率、时隙和编码。通常，三、四或者七个小区聚合成群，在他们之间进行总体频率分配。聚合群中小区的数量越多，复用距离越大，载波一干扰比（CIR）越大，但是每个小区的信道数目就越少，在大多数移动通信系统中这是一个基本的折中。在无衰减的环境中固定的信道分配可以提供最高的信道容量，但是当每个小区的通信负载变化时，动态的分配才能获得较高的信道容量 [8-10]。当环境或者通信负载无法预测时，动态信道分配也十分有用 [11-13]。

高空平台通信系统与陆地通信系统既有相同点，也有不同点。复用方案仍然可用（固定的或者是动态的），但是主要的不同是产生干扰的方式和它是如何随距离衰减的。在高空平台系统中，干扰是由天线用相同的信道提供服务导致的，由主瓣重叠或旁瓣重叠而产生。本节我们将说明共享同一信道的天线数量与 CIR 在地面分布的关系。

理想的天线波束在小区的上方用统一的功率照射对应的小区，在小区之外功率衰落为零，在这种情况下，天线实际上是一个空间的滤波器。在实践中，可实现的点波束不符合理想标准，尤其是在毫米波频段，阵列波束合成技术难以实现。对于这个应用，最可行的天线可能是孔径类型，它的辐射特性已经完美地确立。为了最小化干扰，很低的旁瓣和陡峭的主瓣下降波束是非常有利的。而旁瓣抑制可以通过波纹喇叭的设计[14]，下降的速率主要是受主瓣宽度，即方向性的影响。如果选择了太高的方向性，小区的边缘将遭受过多的功率衰减；如果选择了太低的指向性，过多的功率将会超出小区的范围。对于 HAPS 的频率分配，如 48 GHz，有限的可用传输能力加上雨衰减增加了边缘链路预算，特别是在小区的边缘。在这一小节中，我们给出一个基于在每个小区边缘最大化功率的优化方向性规则，这与类似工作[15]是相反的，在那些小区中，被定义为在半功率波束宽度的范围之内。

在高空平台的无线通信网络，同信道干扰是关于天线波束宽度、角间距和旁瓣水平的函数。当毫米波应用于 HAPS 服务小区时，平台上的阵列孔径天线类型是一种可行的方法。我们为椭圆波束的辐射模式给出了一种基于曲线拟合近似的预测同信道干扰的方法，它描述了小区边缘的最优功率和一种估算普通六边形布局的小区最优波束宽度的方法。这种方法被应用到一个具有 121 个小区的建筑中。旁瓣被建模成平坦的，低于峰值 40 dB 的水平。有 4 个小区的小区群的载波—干扰比（CIR）从小区边缘的 15 dB 变化到小区中心的 27 dB。在采用 7 个小区的小区群时，这些数字将会分别增加为 19 dB 和 30 dB。降低旁瓣的水平，CIR 就可以得到改善[16]。

本节将首先描述计算天线波束图形的简单模型。随后，通过计算传统布局大小相等的六角形小区所需的波束宽度和指向角度，来计算功率和地面的 CIR 水平，并给出计算结果。我们的意图是通过使用简单的构建块来建立一种多天线波束的系统规划方法。

7.2.1 天线波束的数学模型

孔径天线和高方向性系数可以通过余弦函数的 n 次幂逼近得到主瓣模型[17]。

$$D = D_{\max}(\cos\theta)^n \tag{7-1}$$

其中，θ 表示相对于天线视轴的角度，n 代表模型的滚降系数。图 7-4 所示为一个典型的波纹喇叭辐射图的拟合曲线。

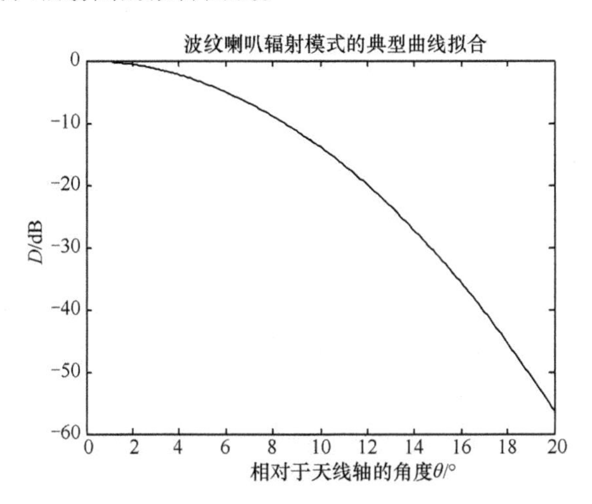

图 7-4　波纹喇叭辐射模式的典型曲线拟合（$(\cos\theta)^n$，n=208）

在方向图变化到峰值的 −26 dB 以前，曲线对主瓣的拟合度是非常好的。另外，由于曲线不会产生新的旁瓣结构，所以低平的旁瓣结构更加适合模型的仿真 [18]。像图 7-4 一样，当旁瓣水平非常低时，峰值方向性系数可以由下式近似得到 [19]。

$$D_{\max} = \frac{32\log 2}{\theta_{3\text{dB}}^2 + \phi_{3\text{dB}}^2} \tag{7-2}$$

其中，$\theta_{3\text{dB}}$ 和 $\phi_{3\text{dB}}$ 表示两个正交平面的 3 dB 波束宽度，由于采用均匀圆形波束，所以这些值相等，于是该天线的方向性系数进一步近似为

$$D = (\cos\theta)^n \frac{32\log 2}{2\theta_{3\text{dB}}^2} \tag{7-3}$$

3 dB 波束宽度是 n 的函数，此时方向性系数是最大值的一半，我们有

$$\cos\left(\frac{\theta_{3\text{dB}}}{2}\right)^n = 0.5 \tag{7-4}$$

所以，

$$\theta_{3\text{dB}} = 2\arccos\left(\sqrt[n]{\frac{1}{2}}\right) \tag{7-5}$$

因此，方向性系数可以只表示为 θ 和 n 的函数

$$D=(\cos\theta)^n\frac{32\log 2}{2\left(2\arccos\left(\sqrt[n]{\frac{1}{2}}\right)\right)^2} \tag{7-6}$$

我们假设 $\theta=\theta_{\text{edge}}$，使 D 固定在小区边缘，n 为变量。如图 7-5 所示，对于一个小区边缘给定的角度，方向图的最大值对应一个固定的 n 值 [16]。当所对应的角度增加时，较小的 n 可以得到小区边缘（EOC）方向最大值。这个值的计算可以通过使 D' 等于零实现，D' 是关于 n 的偏导数。

$$\frac{\partial D}{\partial n}=\frac{-1.67\sqrt[n]{0.5}(\cos\theta)^n}{\sqrt{1-(0.5)^{\frac{2}{n}}}\,n^2[\arccos(\sqrt[n]{0.5})]^3}-\frac{4n\ \log 2(\cos\theta)^{n-1}(\sin\theta)}{(\arccos\sqrt[n]{0.5})^2} \tag{7-7}$$

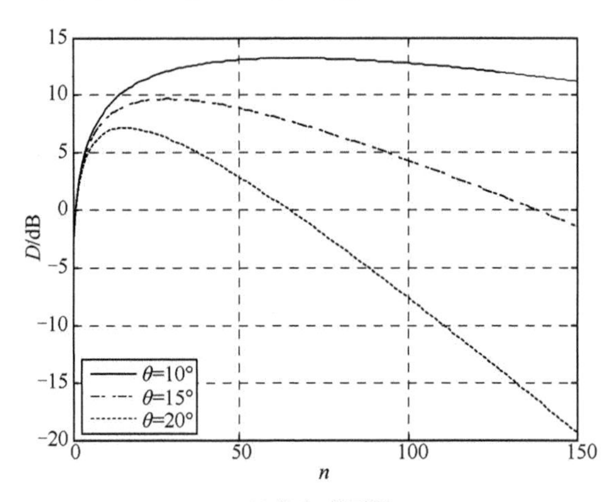

(a) 作为n的函数

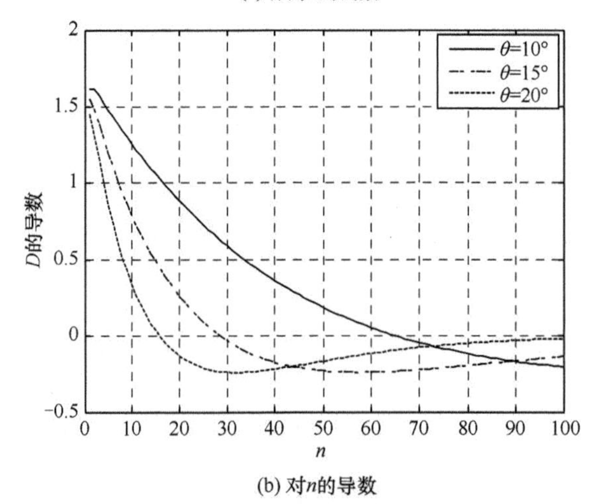

(b) 对n的导数

图 7-5　小区边缘的方向性系数

因此，选择一个最优的小区边缘方向性，这种曲线只有单一变量 n，是一种很方便的拟合方法。

例如，在图 7-5 中，要使指向高空平台 15° 的小区边缘获得最大化功率，我们选择 n 的值为 30。然后根据式（7-2）的峰值方向性系数选择适合的天线。

在一般的公式中，小区的方向角、高度角指向不同的角度，并且产生两个正交波束宽度的同时在椭圆波束两个平面优化小区边缘的功率。产生优化地理覆盖范围的椭圆波束天线技术在文献 [20] 也讨论了。CIR 的影响将在下文中给出。

7.2.2　预测同信道干扰的高效算法

小区大小一般为 100 ～ 200，这是由于当小区大小减小时，对天线总的孔径面积的需求增长很快。由于对产生更多小区（意味着更多天线）有需求，并且每个天线都变得更有指向性，我们预测 HeliNet 有效载荷将受限于小至 1 m^2 的孔穴面积 [21]。

对于共享已知信道的小区，首先计算天线的指向角，对于指向不同的小区每根天线，使用以上的方法，方向角和高度角可以用来优化椭圆波束。角度需要表示成高空平台高度的函数。为此，我们将小区的坐标表示为 $\{n_r,n_c\}$，n_r 表示同轴六边形小区环数，n_c 表示同轴环的小区数。图 7-6 所示为第三个环上第一边的小区分布 [16]。

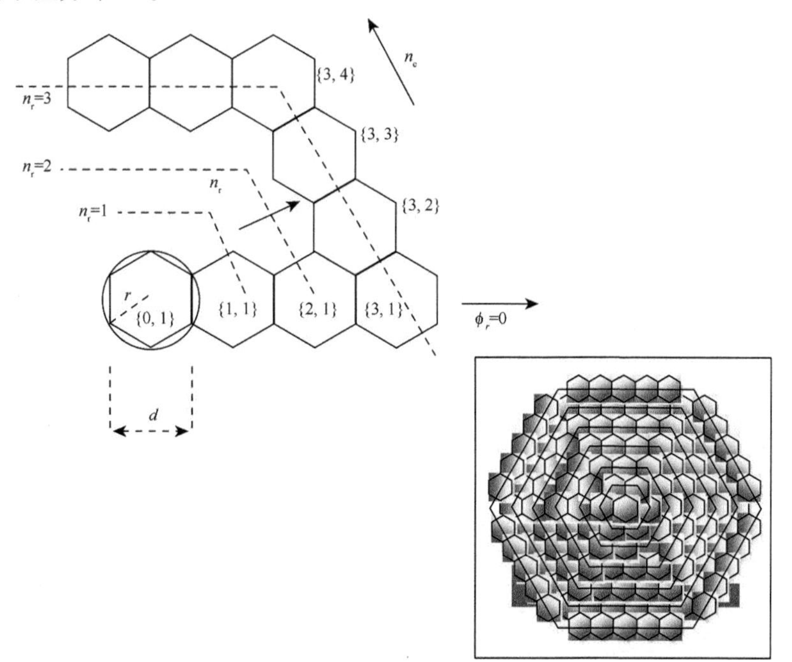

图 7-6　六边形小区布局的坐标系（插图：121 个小区布局）

方向角和高度角是由高空平台指向任何小区的中心，可以由下式计算。

$$\theta_0 = \arctan\frac{g}{h} \tag{7-8}$$

$$\phi_0 = \arcsin\frac{(c'-1)d\sin\frac{\pi}{3}}{g} + (n_s - 1)\frac{\pi}{3} \tag{7-9}$$

其中，d 是六边形小区的宽度，如图 7-7 所示，h 是高空平台的高度，高空平台到小区中心的地面距离为 g，有

$$g = \sqrt{(n_r d)^2 + ((c'-1)d)^2 - 2n_r d^2 (c'-1)\cos\left(\frac{\pi}{3}\right)} \tag{7-10}$$

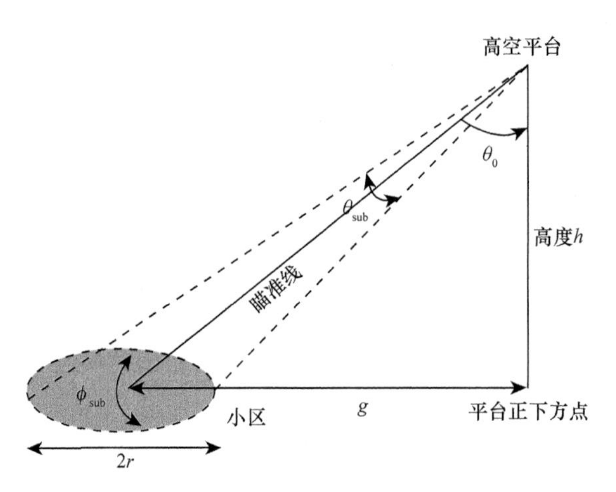

图 7-7　HAP 和小区的几何形状

因为在六边形小区的每一条边结果都是一样的，c' 用来表示每条边上相对于第一个小区的小区位置

$$c' = n_c - (n_s - 1)n_r \tag{7-11}$$

其中，n_s 是一个 1 到 6 之间的整数，表示六边形的不同边

$$n_s = 1 + \text{floor}\left[\frac{n_c - 1}{n_r}\right] \tag{7-12}$$

其中， floor 表示向下取整的运算符。指向半径为 r 的方向角和高度角由下式可以算出，它包括小区

$$\theta_{sub} = \arctan\left(\frac{g+r}{h}\right) - \arctan\left(\frac{g-r}{h}\right) \tag{7-13}$$

$$\phi_{sub} = 2\arctan\frac{r}{\sqrt{g^2+h^2}} \tag{7-14}$$

对每一个天线波束，将方向角高度角 θ_a、ϕ_a 用已瞄准线为轴的极坐标表示，可以计算在地面（x,y）点的能量，小区方位旋转变化为

$$x_0 = \sqrt{x^2+y^2}\cos\left(\arctan\frac{y}{x} - \phi_0\right) \tag{7-15}$$

$$y_0 = \sqrt{x^2+y^2}\sin\left(\arctan\frac{y}{x} - \phi_0\right) \tag{7-16}$$

然后有

$$\theta_a = \arctan\left(\frac{\sqrt{{x_a}^2+{y_0}^2}}{h\cos\theta_0 + x_0\sin\theta_0}\right) \tag{7-17}$$

$$\phi_a = \arctan\frac{y_0}{x_a} \tag{7-18}$$

其中，x_a 是 x_0 在垂直于瞄准线的平面上的投影，如图 7-8 所示[16]。

$$x_a = (x_0 - h\tan\theta_0)\cos\theta_0 \tag{7-19}$$

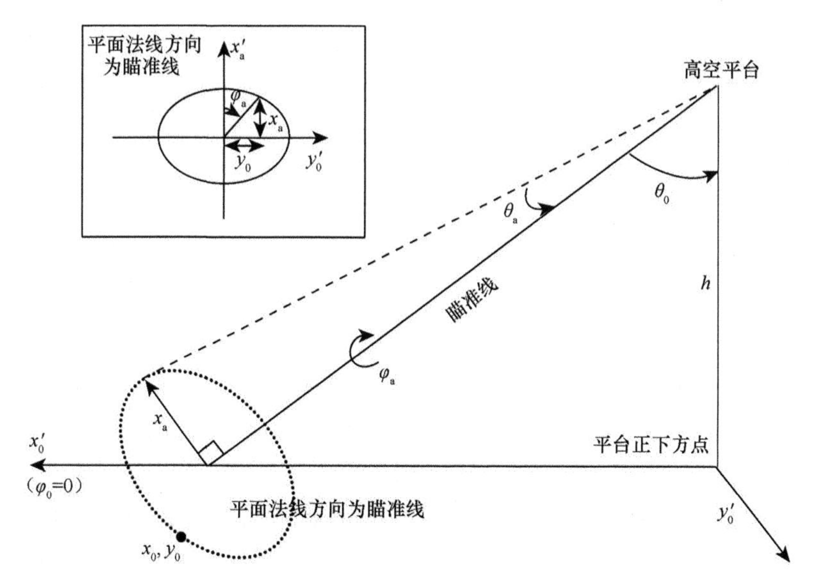

图 7-8　地面上某点天线指向性的推导（插图：φ_a 为平面法线到径向的角）

这样指向角就是一个小区坐标（n_r,n_c）的函数，变量只有 h、d，因此可以根据高空平台的 h、d 快速生成。用 n_θ、n_φ 表示适用于式（7-1）的椭圆波束曲线，分别适应于优化小区边缘方向性的 θ_{sub}、ϕ_{sub}，这样 $\{x,y\}$ 点的方向性系数为

$$D = D_{max}\{\cos(\theta_a \cos\phi_a)\}^{n_\theta}\{\cos(\theta_a \sin\phi_a)\}^{n_\phi} \tag{7-20}$$

同时，

$$D_{max} = \frac{32\log 2}{\left\{2\arccos\left(\sqrt[n_\theta]{\frac{1}{2}}\right)\right\}^2 + \left\{2\arccos\left(\sqrt[n_\phi]{\frac{1}{2}}\right)\right\}^2} \tag{7-21}$$

因此，我们可以得到一个 $\{x,y,power\}$ 的数据列，$power$ 表示在地面上 $\{x,y\}$ 点的天线方向性系数减去对于子平台额外的自由空间损耗。（因为 CIR 不是自由空间损耗的函数，包括功率源是非常有用的，它使得在服务区域的功率变化处于适当范围。）

根据空间解决方案，每个波束数据列的大小一般为 10^4。用这些得到的数据列可以计算同信道干扰的大小。

$$CIR(x,y) = \frac{P_{max}(x,y)}{-P_{max}(\mathrm{x},y) + \sum_{i=1}^{n_{cc}} P_i(x,y)} \tag{7-22}$$

其中，n_{cc} 表示同信道的小区数。在每个 $\{x,y\}$ 点，所有的数据列 $\{x,y,power\}$ 都会被检测来找出最大功率 $P_{max}(x,y)$，也就是有效载荷。上式中的分母是所有其他波束的功率和，也就是干扰。因此，对于每一个小区组，可以进一步得到新的序列 $\{x,y,CIR\}$，然后可以通过设置不同的 CIR 临界值来量化地理覆盖特征。下面通过一些代表性的结论，可以说明我们上面讨论的这种天线波束的效果。

7.2.3 121 小区结构的结果

先前致力于 HAP 蜂窝架构的研究[21]往往假设圆对称光束，我们在这里将展示椭圆波束可以产生更好的覆盖范围。在一些深入研究中，架构是传统的六角形单元布局，121 个直径 6.3 km 的小区可以服务直径 60 km 的覆盖范围[23]。选择 4 个信道传输时，相邻的小区都被编号为 1、2、3、4。我们将 121 小区分成 4 组，即 3 组 30 个小区群和一组 31 个小区群。31 个小区群的 CIR 模式如图 7-9 所示[16]，旁瓣被建模为一个平坦的 −40 dB 水平。HAP 高度为 20 km。

(a) 圆形波束

(b) 最优化的椭圆波束

图 7-9　四通道的 CIR 轮廓

在图 7-9 中，用等值线展示了圆波束和椭圆波束的 CIR 覆盖范围对比，间距为 10 dB。在前者，指向每一个 HAP 小区的方位角已被选择来获得 3 dB 圆形波束宽度。在这种情况下，波束比它在俯仰角平面所需要的更宽，因为指向 HAP 中每个小区的俯仰角比方位角小（除了位于中央的小区之外，因为它是直接位于 HAP 下方的）。由此产生的 CIR 模式显示了小区相当大的变形，这往往是放射性地远离他们所意图的位置。相反，当优化的椭圆波束被采用时，高 CIR 的区域将有更好的地理位置和表现出更高的 CIR。两种情况下的地理位置覆盖范围在图 7-10 中被量化为部分区域同信道小区群服务于给定的 CIR 临界值[16]。给定 CIR，优化的椭圆波束提供了明显的优势。在这个复用方案中，其他 3 个小区群紧密跟随同样的趋势。

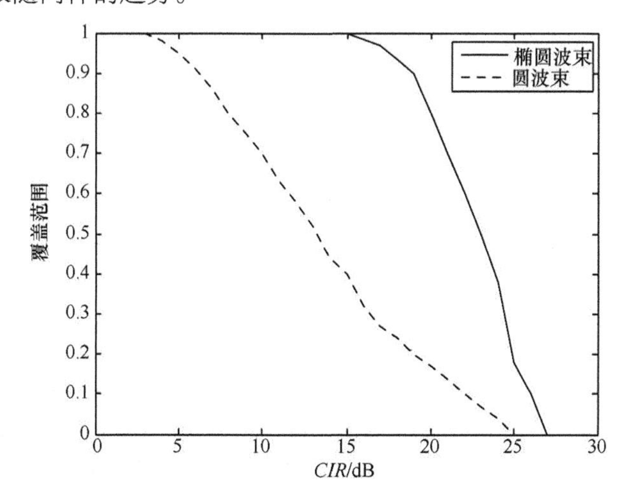

图 7-10　四通道的覆盖范围

通过数据组的进一步处理，4 个小区群的覆盖范围之间的地理关系可以被说明。覆盖的差异将在所选择的 CIR 临界值中显示。考虑地区的重叠时，当给定 CIR 临界值为 18 dB 和信道 1、2、3 之间的地理重叠为 10 dB 的临界值时，CIR 覆盖的趋势（即服务质量）在中心更糟，而且在超出预期的 60 km 直径圆之外仍存在覆盖。说明用一个固定的复用方案对控制地理覆盖的困难是有益的。

一个直观的结论是，小区的边缘倾向于接受多通道的覆盖。这对在小区的边缘增加信道容量是有用的，在小区边缘主通道的 CIR 和功率预算是最弱的。

7.2.4 结论

许多从 HAP 引出来的与宽带服务蜂窝计划有关的问题已经被探索过。一个关键因素是天线波束的形状及它们对能找到的 CIR 模式的影响。工作不是针对特定的任何射频频率，重点是 28 GHz 和 48 GHz 之间的带宽和孔径天线辐射模式近似使用曲线拟合方法。椭圆波束只要在小区的边缘优化功率就能提供优势，这对于临界的射频链路预算是最重要的。通过裁剪每个天线的波束宽度到其相应小区的指向角度，采用阵列天线来服务所选择的覆盖区域。虽然尚未用物理演示展示这些波束，但是为了蜂窝服务的描述，波束建模的形式既现实又易于处理。

7.3 空基波束赋形技术

在空基传输系统数学模型下，智能天线技术的应用是实现基于 HAP 通信系统的一种新颖的方法。首先，智能天线技术可以产生多路窄波束，将能量集中在限定的区域（小区），这个功能可以为提高频谱效率和减少通信设备提供空分复用接入。其次，智能天线抗干扰的能力可以减弱或消除同频干扰，因此可以提高信号质量并且允许降低发送功率。一种实现智能天线的方法基于数字波束赋形，将主波束指向目标用户方向（由方位估计指定），同时调节信号的无效部分或者电平很低的旁瓣指向其他用户或干扰源[24]。实现基于 HAP 通信系统数字波束赋形的主要挑战在于它需要大量的阵列单元（包括天线单元、放大器、I-Q 下变频器、AD 转换器），这些单元导致了系统的高复杂度和高成本。

为实现 HAP 通信系统，我们介绍一种数字波束赋形方案，能够显著地减少阵列单元的数目而没有任何性能损失。在这种方案下，系统的复杂度和成本得以降低，因此提高了 HAP 系统的适应性。此外，提议的数字波束赋形方案可以同时指定窄带主波束宽度和旁瓣的低电平。我们所提议的数字波束赋形器，即二维空间插值波束赋形器（2-D SIB）是文献 [25] 中对于均匀平面阵列的空间插值波束赋形器的延续。图 7-11 所示的 2-D SIB 由两个波束赋形器（或者两个空间滤波器）的级联结构组成。第一个波束赋形器被称作二维空间整形滤波器（2-D SSF），它是基于传统波束赋形器的表现（常规波束赋形或者锥形波束赋形[26]），其中内部单元间距用 Ld 代替，d 是传统波束赋形器内部单元间距，L 是一个整数，被称为扩展系数（Expansion Factor）。第二个波束赋形器叫作空间掩蔽滤波器（2-D SMF），在 2-D SMF 输出端用于衰减由于阵列间距改变而产生的栅瓣。因此，一个主波束宽度更窄（因为间距增大）、旁瓣电平更低（由于 2-D SMF 的衰减）的波束方向图可以在不增加阵列元素的情况下得到。换句话说，我们可以减少阵列元素的数目，同时仍然可以和需要更多阵列元素的传统波束赋形方法下获得的主波束宽度和旁瓣电平保持相同。

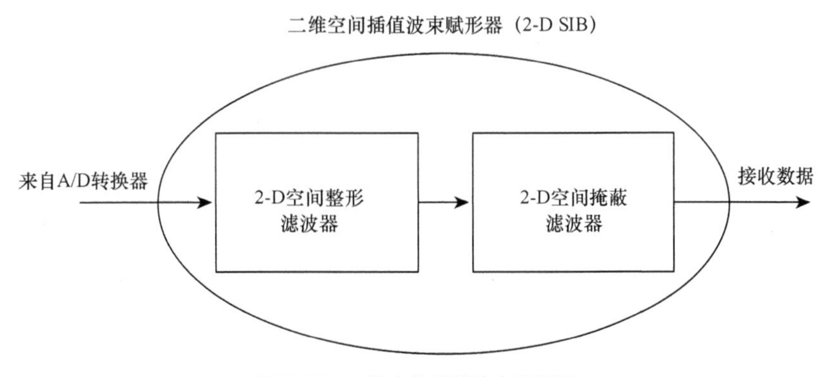

图 7-11　二维空间插值波束赋形器

本节将重点介绍基于二维滤波的波束赋形技术。

7.3.1　二维空间插值波束赋形器

1. 二维原型波束赋形器

考虑一个使用均匀矩形阵列的传统锥形波束赋形器，我们把这种波束赋形器称作二维原型波束赋形器，图 7-12 所示天线单元在 x-y 平面放置。考虑这样一种情形，入射波以俯仰角 θ（$-90° \leqslant \theta \leqslant 90°$）和方位角 ϕ（$0° \leqslant \theta \leqslant 360°$）的方向入射阵列，依据文献 [27]，矩形阵列可以认为是一个有 N 个相同元素 $w_{\mathrm{pr},m}^{(1)}$ 的线性阵列，每一个元素都是一个有 M 个元素的线性阵列（沿着 x 轴），远场条件

下阵因子可以表示为

$$F_{\mathrm{pr}}^{(1)}(\phi,\theta)=\sum_{m=0}^{M-1} w_{\mathrm{pr},m}^{(1)} \mathrm{e}^{-\mathrm{j}kmd_x \cos\phi \sin\theta} \tag{7-23}$$

其中，第 m 个元素带有幅度和相位的复数权重，定向于 x 轴。给出

$$w_{\mathrm{pr},m}^{(1)}=W_{\mathrm{pr},m}^{(1)} \mathrm{e}^{\mathrm{j}kmd_x \cos\phi_0 \sin\theta_0} \tag{7-24}$$

其中，$W_{\mathrm{pr},m}^{(1)}$ 是复数权重的幅度，$k=\frac{2\pi}{\lambda}$ 是相位传播因数，d_x 是 x 方向内部元素间距，ϕ_0 和 θ_0 分别是期望的方位角和俯仰角。从式（7-23）中可以得到

$$F_{\mathrm{pr}}^{(1)}(\phi,\theta)=\sum_{m=0}^{M-1} W_{\mathrm{pr},m}^{(1)} \mathrm{e}^{-\mathrm{j}kmd_x (\cos\phi \sin\theta-\cos\phi_0 \sin\theta_0)} \tag{7-25}$$

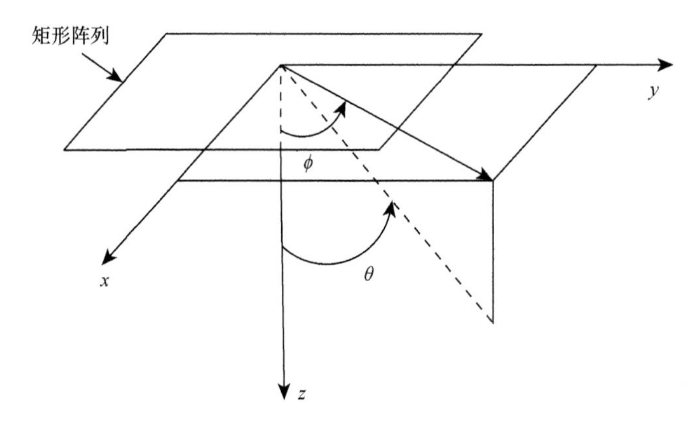

图 7-12　x-y 平面的矩形阵列

N 个元素线性阵列的阵因子为

$$F_{\mathrm{pr}}^{(2)}(\phi,\theta)=\sum_{n=0}^{N-1} w_{\mathrm{pr},n}^{(2)} \mathrm{e}^{-\mathrm{j}knd_y \cos\phi \sin\theta} \tag{7-26}$$

第 n 个元素的复数权重 $w_{\mathrm{pr},n}^{(2)}$ 定向于 y 轴，给出

$$w_{\mathrm{pr},n}^{(2)}=W_{\mathrm{pr},n}^{(2)} \mathrm{e}^{\mathrm{j}knd_y \cos\phi_0 \sin\theta_0} \tag{7-27}$$

d_y 是 y 方向内部元素间距。从式（7-26）中可以得到

$$F_{\mathrm{pr}}^{(2)}(\phi,\theta)=\sum_{m=0}^{N-1} W_{\mathrm{pr},n}^{(2)} \mathrm{e}^{-\mathrm{j}knd_y (\cos\phi \sin\theta-\cos\phi_0 \sin\theta_0)} \tag{7-28}$$

为表述方便起见，我们定义（归一化）空间频率为

$$\begin{aligned}\mu &= kd_x(\cos\phi\sin\theta - \cos\phi_0\sin\theta_0),\\ \nu &= kd_y(\cos\phi\sin\theta - \cos\phi_0\sin\theta_0)\end{aligned} \tag{7-29}$$

将式（7-25）和式（7-28）中的指数项分别替换为

$$\begin{aligned}z_x &= \mathrm{e}^{\mathrm{j}kd_x(\cos\phi\sin\theta-\cos\phi_0\sin\theta_0)} = \mathrm{e}^{\mathrm{j}\mu},\\ z_y &= \mathrm{e}^{\mathrm{j}kd_y(\cos\phi\sin\theta-\cos\phi_0\sin\theta_0)} = \mathrm{e}^{\mathrm{j}\nu}\end{aligned} \tag{7-30}$$

可以得到

$$\begin{aligned}F_{\mathrm{pr}}^{(1)}(\mu) &= \sum_{m=0}^{M-1} W_{\mathrm{pr},m}^{(1)} z_x^{-m},\\ F_{\mathrm{pr}}^{(2)}(\nu) &= \sum_{n=0}^{N-1} W_{\mathrm{pr},n}^{(2)} z_y^{-n}\end{aligned} \tag{7-31}$$

根据方向图相乘原理，2-D 原型波束赋形器完全的阵因子为

$$F_{\mathrm{pr}}(\mu,\nu) = F_{\mathrm{pr}}^{(1)}(\mu)F_{\mathrm{pr}}^{(2)}(\nu) \tag{7-32}$$

2. **二维空间成形滤波器（2-D SSF）和二维空间掩蔽滤波器（2-D SMF）**

二维空间成形滤波器是一个基于二维原型波束赋形器，将其中的内部元素间距 d_x 和 d_y 替换为 L_xd_x 和 L_yd_y，L_x 和 L_y 都是整数，分别被称为 x 方向和 y 方向的扩展系数。把式（7-31）和式（7-32）中的 z_x 和 z_y 替换为 z_x^{Lx} 和 z_y^{Ly}，可以得到 2-D SSF 的阵因子

$$\begin{aligned}F_{\mathrm{sh}}(\mu,\nu) = F_{\mathrm{sh}}^{(1)}(\mu)F_{\mathrm{sh}}^{(2)}(\nu) =\\ \sum_{m=0}^{M-1} W_{\mathrm{pr},m}^{(1)} z_x^{-mL_x} \sum_{n=0}^{N-1} W_{\mathrm{pr},n}^{(2)} z_y^{-nL_y}\end{aligned} \tag{7-33}$$

二维空间滤波器的设计主要考虑 3 个参数：①目标波束赋形器在 ϕ_0 和 θ_0 和方向上的 3 dB 主瓣宽度（相应的 3 dB 空间频率是 $\mu_{d\text{-}3}$ 和 $\nu_{d\text{-}3}$）；②目标波束赋形器在 ϕ_0 和 θ_0 和方向上的零点至零点的主瓣宽度（相应的零点至零点的空间频率是 $\mu_{d\text{-}0}$ 和 $\nu_{d\text{-}0}$）；③目标波束赋形器旁瓣电平值（SLL_d）。图 7-13 和图 7-14 分别显示了二维原型波束赋形器和 2-D SSF 关于空间频率 μ 的幅度响应和相应的设计参数。和预期的一样，空间间距 L_x 倍的扩展使得 2-D SSF 的方向图有 L_x 倍的压缩，如图 7-14 所示。但是滤波器中，栅瓣会在 μ 轴 $\frac{2\pi}{\lambda}$ 整数倍上出现。如果我们在 2-D SSF 后面接一个 2-D SMF（如图 7-15 所示），将栅瓣予以衰减，就可以得到一个频率响应如图 7-16 所示的波束赋形器[26]。

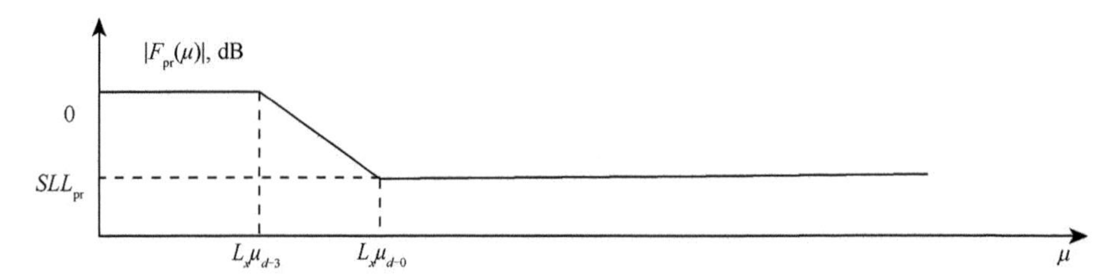

图 7-13　二维原型波束赋形器（$\boldsymbol{\mu}_{pr-3}=\boldsymbol{L}_x\boldsymbol{\mu}_{d-3}$, $\boldsymbol{\mu}_{d-0}=\boldsymbol{L}_x\boldsymbol{\mu}_{d-0}$, $\boldsymbol{SLL}_{pr}=\boldsymbol{SLL}_d$）

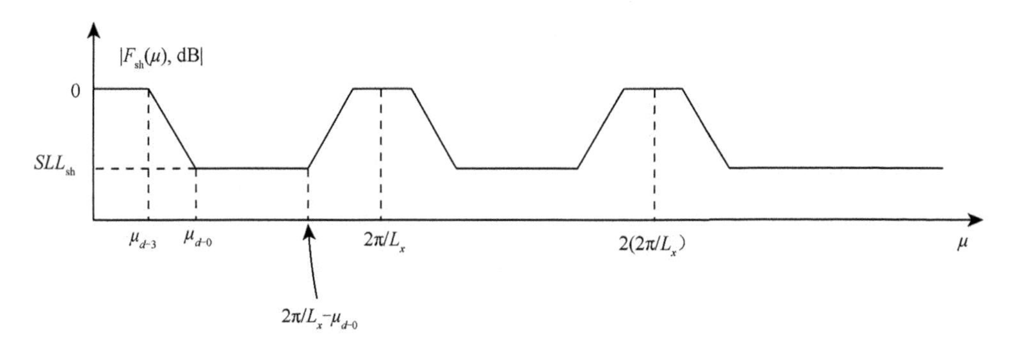

图 7-14　2-D SSF（$\boldsymbol{\mu}_{sh-3}=\boldsymbol{\mu}_{d-3}$, $\boldsymbol{\mu}_{sh-0}=\boldsymbol{\mu}_{d-0}$, $\boldsymbol{SLL}_{sh}=\boldsymbol{SLL}_d$）

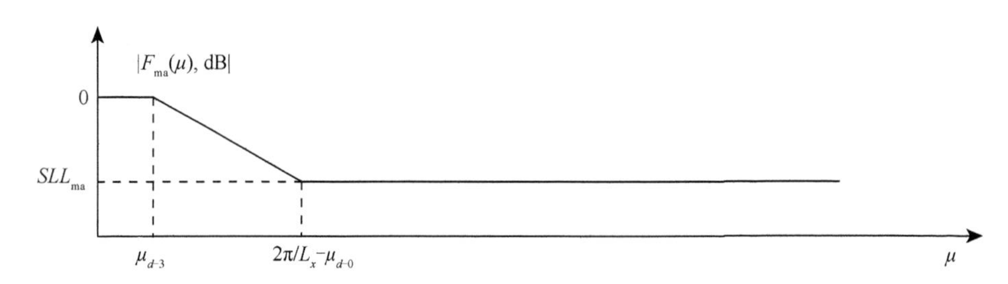

图 7-15　2-D SMF（$\boldsymbol{\mu}_{ma-3}=\boldsymbol{\mu}_{d-3}$, $\boldsymbol{\mu}_{ma-0}\leqslant((2\pi)/L-\boldsymbol{\mu}_{d-0}$, $\boldsymbol{SLL}_{ma}=\boldsymbol{SLL}_d$）

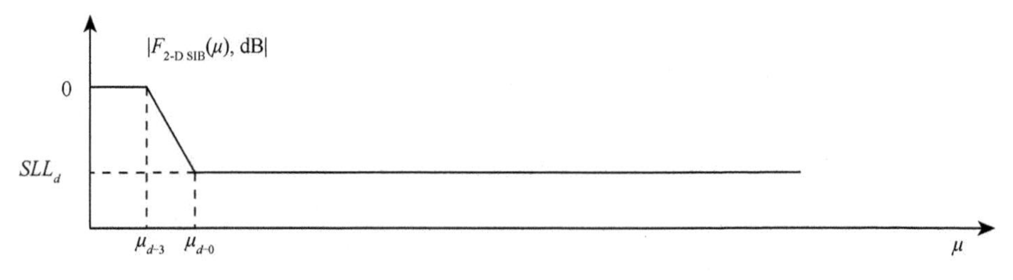

图 7-16　2-D SIB

关于空间频率 v，2-D SSF 和 2-D SMF 可以得到相同的结论，应用方向图相乘原理，可以得到 2-D SSF 和 2-D SMF 最终的阵因子。2-D SSF 和 2-D SMF 的级联结构被称作 2-D SIB，其方向图为

$$\left|F_{\text{2-D SIB}}(\mu,\nu)\right| = \left|F_{\text{ah}}(\mu,\nu)\right|\left|F_{\text{ma}}(\mu,\nu)\right| \tag{7-34}$$

其中，$\left|F_{\text{ah}}(\mu,\nu)\right|$是 2-D SSF 的幅度响应式（7-33），$\left|F_{\text{ma}}(\mu,\nu)\right|$是 2-D SMF 的幅度响应。

7.3.2　二维空间插值滤波器设计示例

作为示例，我们设计一个满足以下要求的窄带波束赋形器。

- 天线阵列增益 G 为 25 dB；
- 主瓣指向俯仰角为 30°、方位角为 45°的方向；
- 方位方向和垂直方向的 3 dB 主瓣宽度都是 8°，SLL 低于 –75 dB。主瓣宽度和 SLL 应该满足 ITU R-221 的要求。

我们首先设计一个二维原型波束赋形器，应用均匀矩形阵列，其阵列平面内部元素间距$d_x = d_y = \dfrac{\lambda}{2}$。为了获得方位方向和垂直方向的 8°的 3 dB 主瓣宽度，这样的二维原型波束赋形器在垂直方向上应该有 27.5°的 3 dB 主瓣宽度，在方位方向上应该有 21°的 3 dB 主瓣宽度。加多尔夫—切比雪夫窗，应该有 21 × 21 个元素。基于此，将间距 d_x 和 d_y 分别替换为 $L_x d_x$ 和 $L_y d_y$，就可以得到 2-D SSF。

接下来设计一个 2-D SMF，将 SSL 降至 –75 dB 用以衰减由于内部元素间距增加而在 $-90° \leqslant \theta \leqslant 90°$ 和 $0° \leqslant \theta \leqslant 360°$ 范围内出现的栅瓣。如同 2-D SSF 的设计，2-D SMF 主瓣仍然指向俯仰角 θ_0 为 30°方位角 ϕ_0 为 45°的方向，加多尔夫—切比雪夫窗，可以得到元素个数为 22 × 22 的 2-D SMF，此 2-D SMF 级联于 2-D SSF 之后形成一个 2-D SIB。

图 7-17 展示了一个垂直方向上 3 dB 主瓣宽度为 7.25°的 2-D SIB 波束方向图，方位方向上 3 dB 主瓣宽度为 8.75°的 2-D SIB 波束方向如图 7-18 所示。图 7-17 比较了 21 × 21 个元素的 2-D SIB 和传统的多尔夫—切比雪夫锥形波束赋形器（2-D DCTB）。为了获得和 21 × 21 个元素的 2-D SIB 相同的主波瓣宽度和 SSL 的值（低于 –75 dB），2-D DCTB 的元素总数应为 63 × 63。

因此，使用 2-D SIB 后，数字波束赋形器阵列元素（天线元素、接收模块、A/D 转换器等）的数目显著减少。依据上例，阵列元素的数目从 63 × 63 降至

21×21，仍然具有和传统锥形波束赋形器相同的性能。图 7-19 显示了 *x-y* 平面用作 2-D DCTB 的 63×63 个元素的均匀矩形阵列（点符号表示）和用作 2-D SIB 的 21×21 个元素的均匀矩形阵列（圆圈符号表示）。为比较明显起见，两个均匀矩形阵列重叠显示，点符号和圆圈符号表示两个均匀矩形阵列中天线元素的位置，2-D DCTB 的 URA 中内部元素间距为$\frac{\lambda}{2}$，2-D SIB 的 URA 中内部元素间距为$\frac{3\lambda}{2}$[26]。

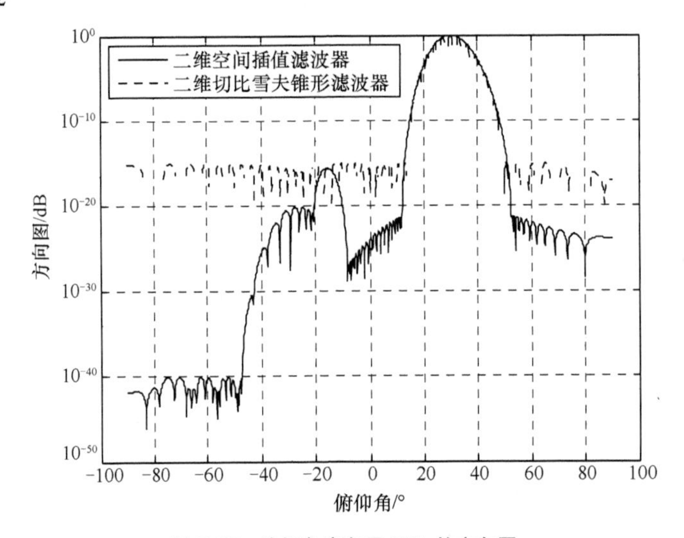

图 7-17　俯仰角定向于 30° 的方向图

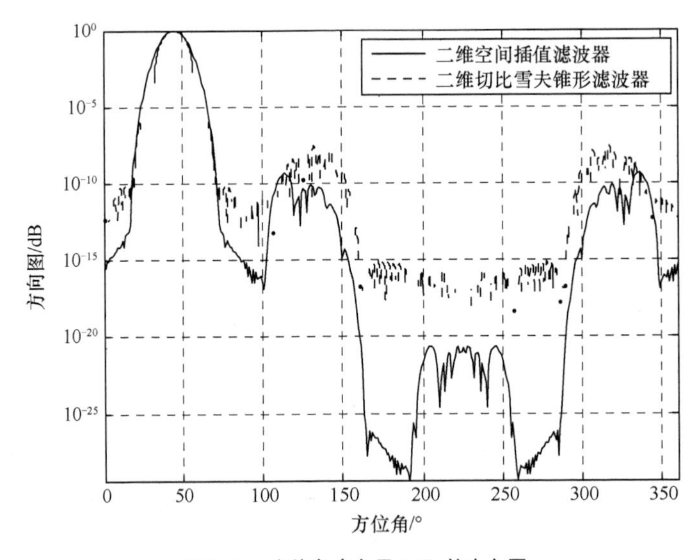

图 7-18　方位角定向于 45° 的方向图

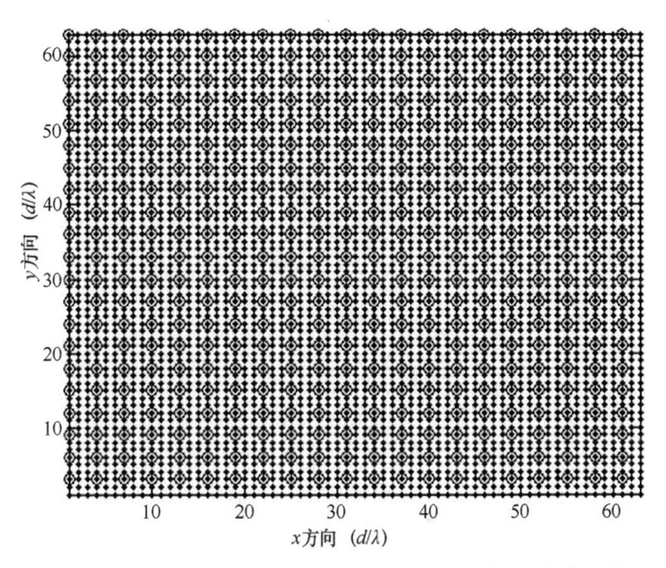

图 7-19　用作 2-D DCTB 的 63×63 个元素的均匀矩形阵列（点符号表示）和用作 2-D SIB 的 21×21 个元素的均匀矩形阵列（圆圈符号表示）

基于二维空间差值的数字波束赋形方案有诸多优势。首先，阵列元素（天线元素、接收模块、A/D 转换器等）的数目得以大幅削减，同时仍然可以和需要更多阵列元素的传统波束赋形方法下获得的主波束宽度和旁瓣电平保持相同，因此系统的复杂度和成本得以降低。其次，这一新的波束赋形方案可以产生非常窄的主瓣宽度和非常低的 SSL，主瓣宽度和 SSL 可以分别独立确定，并不需要在它们之间做出均衡。

7.4　高空平台小区规划

高空平台主要可以分为综合的陆地—HAP—卫星系统和陆地—HAP 系统，如图 7-20 所示。与传统的地面蜂窝通信系统一样，高空平台的小区规划也是十分关键的技术。本节将重点介绍 3 种不同通信场景下的小区规划策略，分析无线链路性能，进而为高空平台通信系统的工程实现提供一些理论依据。

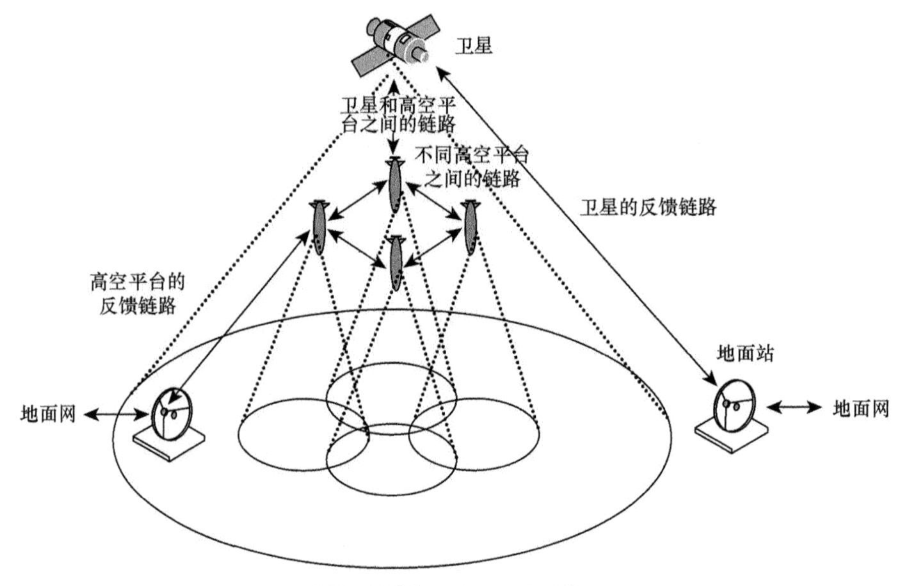

(a) 一个综合的陆地—HAP—卫星系统

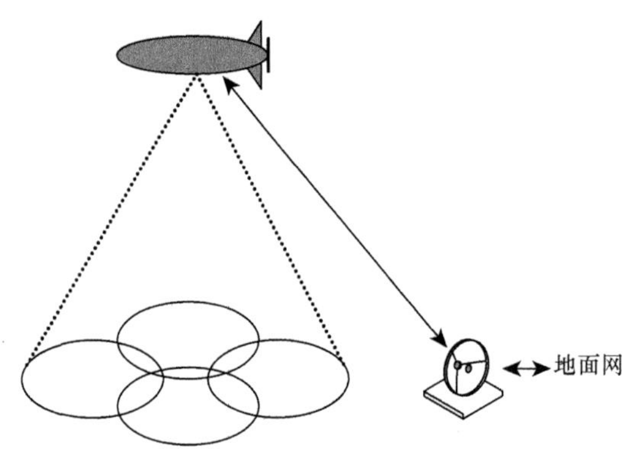

(b) 一个综合的陆地—HAP系统

图 7-20　HAPS 的通信系统结构

7.4.1　高空平台的覆盖和小区划分

1．高空平台的覆盖

高空平台的海拔和覆盖范围是成某种比例关系的。最小通信俯仰角 α 和覆盖范围的直径 d 可以由下式表示。

$$d = 2R\left(\cos^{-1}\left(\frac{R}{R+h}\cos(\alpha)\right) - \alpha\right) \tag{7-35}$$

其中，R 表示地球的半径。表 7-1 显示了当高空平台的高度是 22 km 时，最小通信俯仰角和覆盖范围的直径之间的关系[29]。

表 7-1　最小俯仰角、覆盖范围和最大通信距离

最小俯仰角 /°	覆盖范围的半径 /km	最大通信距离 /km
0	1 056	529
5	420	212
15	160	83
30	76	44

从表 7-1 中可知，在空中 22 km 高度的高空平台有一个 1 056 km 直径圆形覆盖区域。考虑到地形遮蔽，当最小通信俯仰角为 5° 时，通信的质量可以保证。我们还可以发现一个高空平台可以覆盖直径 420 km 的范围，条件是最低俯仰角是 5° 。为了覆盖广泛，将要用更多高空平台构成网络系统。例如，为了无缝覆盖一个直径 600 km 的圆形区域，图 7-21 显示了需要 4 个覆盖直径 430 km 的高空平台形成一个网络系统。

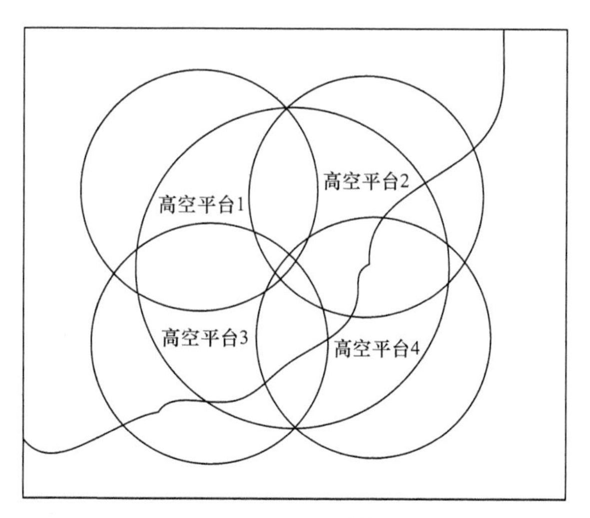

图 7-21　4 个 HAPS 的覆盖示意

2．小区划分

小区划分是高空平台通信的关键技术之一。下面提供 3 种小区划分方法[29]，并进行讨论。

以陆地的移动通信系统作为参考，第一种方法是分成相同大小的六边形小区。图 7-22 和图 7-23 说明分区为六边形小区的覆盖。第一种方法的优点是小区很容易管理。另外，它的缺点是天线的波束成形以及波束的干涉非常容易。

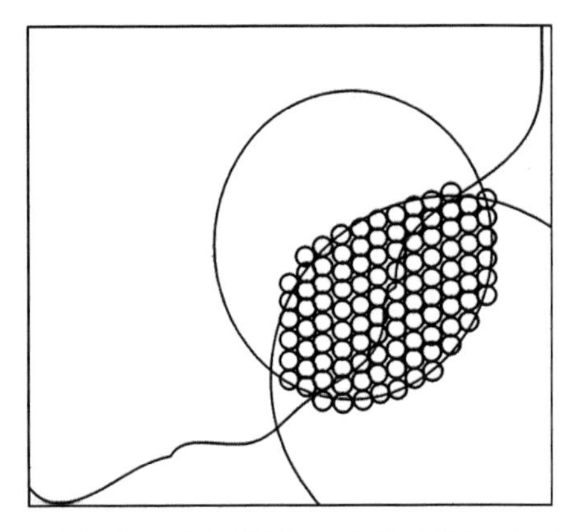

图 7-22　覆盖示意图（小区的半径为 2 km 和覆盖范围的直径为 43 km）

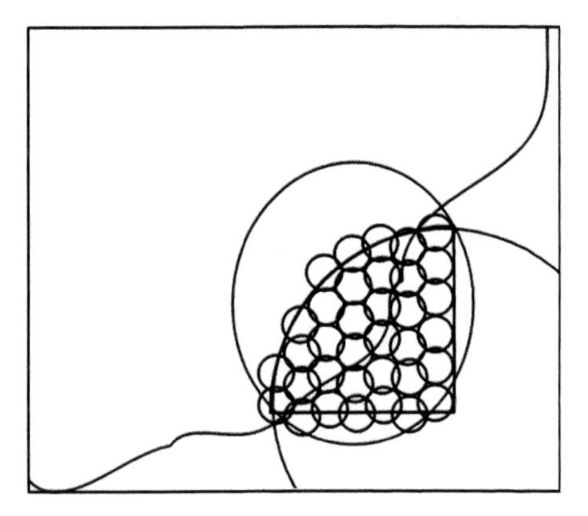

图 7-23　覆盖示意图（小区的半径为 3 km 和覆盖范围的直径为 43 km）

第二种方法是椭圆形小区。当天线的波束固定时，椭圆小区的形成来划分 HAP 的覆盖范围。第二种方法的优点是天线实现简单。大区域的外部椭圆小区和内部小面积椭圆小区的结果使信道容量容易缺乏。

作为上述两种方法的改进，我们给出第三种分区方法。通过增强内部椭圆小区和减少外部椭圆小区，结合了陆地和卫星通信系统的优点，同时在不同程度上避免了它们的缺点。图 7-24 和图 7-25 说明了第三种方法。例如，从外到内波束宽度的一半可以分别为 15°、15°、15°、10°、10°。波束的大小取决于信道的容量和天线的数量。

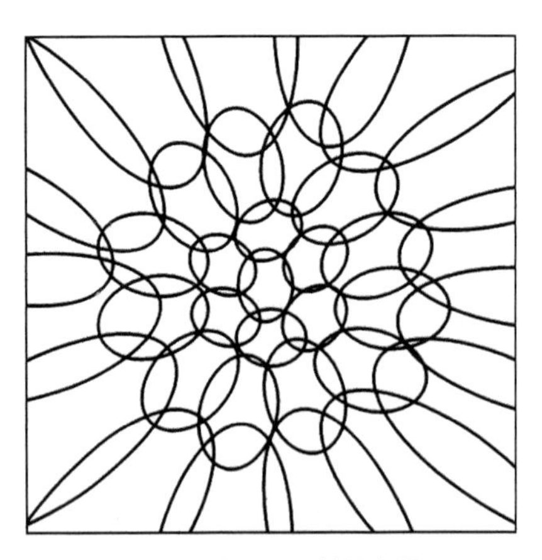

图 7-24　椭圆小区

图 7-25　5 层的椭圆小区

3. 无线连接的计算

通过计算 3 种分区方法的无线链路，可以比较 HAPS 无线链路的不同特征。HAPS 通信的信道特征与卫星通信有相似之处，都是 LOS 传播，具有较小的多路径效应和阴影的影响。例如，表 7-2 说明了 HAPS 通信的系统参数。

表 7-2　系统参数

参数	值
带宽 /MHz	3.84
数据率 /Mbit·s^{-1}	3.84
载波频率 /GHz	2
覆盖区域的直径 /km	43
终端传送的 EIRP/dBw	0.5
从地球上的最小传送距离 /km	22
从地球上的最大传送距离 /km	31

假设 HAPS 采用圆形孔径天线。天线的增益为

$$G=\eta\left(\frac{\pi D}{\lambda}\right)^2=\eta\left(\frac{\pi fD}{c}\right)^2 \tag{7-36}$$

其中，η、D、λ 分别为天线的效率、天线的直径和波长。半功率点波束宽度为

$$\theta=72.7\frac{\lambda}{D}=72.7\frac{c}{fD} \tag{7-37}$$

因此，天线增益和半功率点波束宽度之间的关系为

$$G=\eta\left(\frac{72.7\pi}{\theta}\right)^2 \tag{7-38}$$

在阳光之下，载波噪声比 C/N 为

$$\frac{C}{N}=\left(\frac{EIRP}{LI}\right)\left(\frac{G}{T}\right)\left(\frac{1}{kB}\right) \tag{7-39}$$

其中，$EIRP$ 为载波功率，L 是大气的损失，I 是自由空间的损失，G 为天线的增益。T 是系统噪声温度，k 是玻尔兹曼常数，B 是噪声的带宽。$EIRP$ 可以由下式计算。

$$EIRP=P\times G \tag{7-40}$$

载波噪声比 C/N 可以被写成 dB 的形式，即

$$\frac{C}{N} = EIRP(\text{dBW}) - L(\text{dB}) - I(\text{dB}) + \frac{G}{T}(\text{dB/K}) - k(\text{dBW/K-Hz}) - B(\text{dB-Hz}) \tag{7-41}$$

假设 HAP 的发射功率为 2 W，大气损失 L=1 dB。上行链路 3 种小区划分方法的 C/N 可以由表 7-3 ～表 7-6 得到。

表 7-3　上行链路半径 3 km 小区中心的 C/N

参数	EIRP	自由空间衰减	G/T	玻尔兹曼常数	噪声带宽	大气衰减	C/N
值	-3 dBW	125.3 dB	-14.4 dB/K	-228.6 dBW/K-Hz	66 dB-Hz	1 dB	18.9 dB
解释	P=0.5 W	d=22 km	T=300 K		B=3.84 MHz		

表 7-4　上行链路半径 3 km 小区边缘的 C/N

参数	EIRP	自由空间衰减	G/T	玻尔兹曼常数	噪声带宽	大气衰减	C/N
值	-3 dBW	128.3 dB	-14.4 dB/K	-228.6 dBW/K-Hz	66 dB-Hz	1 dB	15.9 dB
解释	P=0.5 W	d=31 km	T=300 K		B=3.84 MHz		

表 7-5　上行链路椭圆小区中心的 C/N

参数	EIRP	自由空间衰减	G/T	玻尔兹曼常数	噪声带宽	大气衰减	C/N
值	-3 dBW	125.3 dB	-3.4 dB/K	-228.6 dBW/K-Hz	66 dB-Hz	1 dB	29.9 dB
解释	P=0.5 W	d=22 km	T=300 K		B=3.84 MHz		

表 7-6　上行链路椭圆小区边缘的 C/N

参数	EIRP	自由空间衰减	G/T	玻尔兹曼常数	噪声带宽	大气衰减	C/N
值	-3 dBW	128.3 dB	0.2 dB/K	-228.6 dBW/K-Hz	66 dB-Hz	1 dB	13.5 dB
解释	P=0.5 W	d=31 km	T=300 K		B=3.84 MHz		

3 种小区划分方法的载波噪声比不同。中心载波噪声比与六边形小区边缘的相差 3 dB。因此第一小区划分方法将适用于区域平均服务负载。椭圆小区中心载波噪声比和边缘的相差 16 dB。由于巨大的外层覆盖区和小的内层覆盖区，第二种和第三种小区划分方法将适用于中心集中服务的负载（如城市）和较少服务的负载（如农村）。

7.4.2　结论

本节聚焦于覆盖性能、无线链路性能和 HAPS 多点波束小区分区方案，针

对高空平台通信系统的3种场景给出了3种小区的划分策略。通过数值计算和计算机仿真分析，我们给出了对于每种小区划分策略下的无线链路性能和适当的场景。依据高空平台通信系统的工程实现，本节的内容是很重要的。目前一系列技术正在使用和发展以满足不断增长的，对高数据率通信的需求。其中，2.5G和3G网络、无线局域网和卫星已经被广泛使用来提供通信服务。但是，在覆盖范围广阔的同时提供低传输延迟的带宽业务一直是一个发展无线网络系统的通信工程师的梦想。它们的一些突出特点，以及提供各种各样超出通信之外的服务的能力，HAPS似乎代表着那些工作在“理想无线系统”的通信工程师梦想的实现。拥有许多地面和卫星系统的优势和有潜力以成本有效的方式提供宽带通信，HAPS不会取代现有技术，而只是补充它们。希望接下来的几年会看到其中的一些项目实现，令人相信HAPS的有用性，第一个网络可能开始在空中构建。

7.5 高空平台传输机制

前几节内容中，我们讨论了高空平台和地面之间通信使用的关键技术，本节重点介绍高空平台之间的通信方式。就目前的技术手段而言，毫米波通信（MMWC）是高空平台之间比较合适的无线传播方式。在高空平台通信上方都配置毫米波阵列天线的情况下，两个平台之间实现高速连接的核心挑战就是相互对准，也就是如何设置波束赋形的向量。本节针对该问题进行详细讨论。

7.5.1 相关技术介绍

在高空平台之间的通信中，为了能补偿传播衰减，一般习惯采用相控阵天线波束赋形的方法来得到阵列增益[29-30]。为了能有效地得到高的阵列增益，在接收和发送端的天线权重向量（AWV*s*）需要在信号传输前进行正确的设置，这就是所谓的联合发送/接收波束赋形。如果信道状态信息（CSI）对于接收和发送端都是确知的，那么最好的AWV*s*就基于著名的信道性能评估准则直接得到，也就是最大接收SNR准则。不幸的是，由于天线的数目比较大，毫米波通信的信道估计将非常耗时。此外因为需要利用到矩阵分解，即SVD分解，计算复杂度将变得非常高。基于以上这些原因，波束赋形训练方法由于具有较低的计算复杂度，所以对于寻找天线权重向量非常有利[31-33]。通常有两种类型的联合波束赋形训练方法。一种是基于固定字典的切换波束赋形训练[34]。字典包括一系列预定义的 AWV*s*。在发送端和接收端进行的波束赋形训练需要按照一定的顺序进行检查，然后选取得到最大 SNR 的天线权重向量对。另一种是自适应波束赋形训练，这种方法不需要字典。接收端和发送端所期望的天线权重向量通过实时联合迭代训练来得到。从上述描述可以很明显地看出，切换波束赋形方法比较简单，而自适应方法比较复杂。

大多的自适应波束赋形训练采用了相同的最优方法。也就是在接收端和发送端都采用不带先验 CSI 的迭代训练方法找到最好的奇异向量[35-36]。这种基于奇异值向量的训练方法（SGV）要求天线权重向量的幅度和相位都能够调整。此外，在实际的毫米波通信中，相控阵列通常设计为只有相位是可以调整的，幅度则被设置为固定值。这样可以简化设计和降低能量损耗[31, 34-35]。事实上即使是在一般的 MIMO 系统中，也是采用增益固定而相位可调的方式，这样可以明显降低工程实践的复杂度[37-38]。在这些例子中，由于相控整列的增益固定，SGV 方法就不再适用了。文献 [37-38] 提出的训练方法也不适用于这种情形，因为这些方法仅仅需要在发送端发送的、完全的或者量化的先验 CSI 波束赋形，而对于联合波束赋形，不论是发送端还是接收端都不需要先验 CSI 信息。

在本节中，我们将介绍一种基于导向向量的联合波束赋形训练（STV）方法，这种方法利用了毫米波通信信道的方向特性。性能评估表明，对于 LOS 信道，STV 和 SGV 都具有快速的收敛率，并能达到理想的阵列增益。而对于非 LOS 信道，和 SGV 相比，STV 的收敛速度更快，但阵列增益也有所降低。当然，STV 仍然可以达到理想的阵列增益。总而言之，STV 能够在 LOS 和非 LOS 信道下得到较快的收敛率和接近理想的阵列增益，这使得它具有很高的工程实践价值。

7.5.2 系统和信道模型

不失一般性，我们认为高空平台通信系统的各个天线单元之间的归一化距离为半波长。发射端的阵列单元数目为 M，而接收方的阵列单元数目为 N。ULA 为相控阵列，也就是说只有相位是能够被控制的。单一的 RF 路径指连接接收端和发射端设备的路径。基于参考文献 [29,39] 的毫米波通信信道测试结果，由于毫米波波长比较小，多径单元（MPCs）中最主要的还是反射效应，散射和衍射效应是微不足道的。因而毫米波通信中的 MPCs 具有方向特性，即不同的 MPCs 具有不同的信号发射导向角度 ϕ_{tl} 和信号接收导向角度 ϕ_{rl}。因此，信道模型表达式如下[40-41]。

$$\boldsymbol{H}=\sqrt{NM}\sum_{l=0}^{L-1}\lambda_l\boldsymbol{g}_l\boldsymbol{h}_l^{\mathrm{H}} \tag{7-42}$$

其中，L 是多径单元数目，$(\cdot)^{\mathrm{H}}$ 则是共轭转置运算符，λ_l 是信道的系数，而 $\boldsymbol{g}_l$ 和 $\boldsymbol{h}_l$ 是接收端和发送端的导向向量[40-41]，表达式分别为 $\boldsymbol{g}_l=\{\mathrm{e}^{\mathrm{j}\pi(n-1)\Omega_{rl}}/\sqrt{N}\}_{n=1,2,\cdots,N}$ 和 $\boldsymbol{h}_l=\{\mathrm{e}^{(\mathrm{j}\pi(m-1)\Omega_{tl}}/\sqrt{M}\}_{m=1,2,\cdots,M}$，其中 Ω_{rl} 和 Ω_{tl} 代表了第 l 个 MPC 的发送和接收角的余弦。

假设发送的 AWV$\boldsymbol{t}$ 和接收的 AWV$\boldsymbol{r}$ 满足 $\|\boldsymbol{t}\|=\|\boldsymbol{r}\|=1$，接收信号 $\boldsymbol{y}$ 的表达式为 $\boldsymbol{y}=\boldsymbol{r}^{\mathrm{H}}\boldsymbol{H}\boldsymbol{t}\boldsymbol{s}+\boldsymbol{r}^{\mathrm{H}}\boldsymbol{n}$，其中 $\boldsymbol{s}$ 是发送的符号，$\boldsymbol{n}$ 是噪声向量，波束赋形的训练目的在于发现合适的发送和接收的 AWVs，从而可以得到高的接收信噪比。接收信噪比定义为 $\gamma=\left|\boldsymbol{r}^{\mathrm{H}}\boldsymbol{H}\boldsymbol{t}\right|^2/\sigma^2$，其中 σ^2 是噪声能量。

7.5.3 基于奇异向量的训练方法

首先介绍 SGV 方法。众所周知，为了能够最大化 γ 的理想的 AWVs 应该是信道矩阵 $\boldsymbol{H}$ 的最大奇异向量。将 $\boldsymbol{H}$ 进行 SVD 分解可以得到

$$\boldsymbol{H}=\boldsymbol{U\Sigma V}^{\mathrm{H}}=\sum_{k=1}^{K}\rho_k\boldsymbol{u}_k\boldsymbol{v}_k^{\mathrm{H}} \tag{7-43}$$

其中，$\boldsymbol{U}$ 和 $\boldsymbol{V}$ 是酉矩阵，其各列分别为 $\boldsymbol{u}_k$ 和 $\boldsymbol{v}_k$。$\boldsymbol{\Sigma}$ 是 $N\times M$ 的对角矩阵，其对角线上的元素是非负的实值 ρ_k，即 $\rho_1\geqslant\rho_2\geqslant\cdots\geqslant\rho_K\geqslant0$，$K=\min(\{M,N\})$。理想的 AWVs 是 $\boldsymbol{t}=\boldsymbol{v}_1$ 和 $\boldsymbol{r}=\boldsymbol{u}_1$。

一般而言，$\boldsymbol{H}$ 是不可得到的，所以需要利用迭代方法进行波束赋形训练来寻找理想的 AWVs。基于文献 [32-33]，$\boldsymbol{H}^{2m}\triangleq(\boldsymbol{H}^{\mathrm{H}}\boldsymbol{H})^m=\sum_{k=1}^{K}\rho_k^{2m}\boldsymbol{v}_k\boldsymbol{u}_k^{\mathrm{H}}$，这可以利用通信信道的方向性，采用 m 次迭代的方法得到。当 m 很大时，有 $\boldsymbol{H}^{2m}\approx\rho_1^{2m}\boldsymbol{v}_1\boldsymbol{v}_1^{\mathrm{H}}$。所以理想的发送和接收 AWVs 能够通过对 $\boldsymbol{H}^{2m}\boldsymbol{t}$ 和 $\boldsymbol{H}\times\boldsymbol{H}^{2m}\boldsymbol{t}$ 分别归一化得到。

SGVs 训练方法如下。

1. 初始化

在发送端选取一个初始的发送 AWV 向量 $\boldsymbol{t}$，这个 AWV 的选择可以是随机的。

2. 迭代

按照以下的方法迭代 ε 次，然后停止。

在 N 个槽位上采用相同的 AWV 向量 $\boldsymbol{t}$ 进行不停的发送。同时，采用单位矩阵 $\boldsymbol{I}_N$ 作为接收端的 AWV 向量，即 $\boldsymbol{I}_N$ 的第 n 列作为接收的 AWV 的第 n 个训

练槽位。从而可以得到接收向量$\boldsymbol{r}=\boldsymbol{I}_N^{\mathrm{H}}\boldsymbol{H}\boldsymbol{t}+\boldsymbol{I}_N^{\mathrm{H}}\boldsymbol{n}_r=\boldsymbol{H}\boldsymbol{t}+\boldsymbol{n}_r$，其中$\boldsymbol{n}_{\mathrm{r}}$是噪声向量，将$\boldsymbol{r}$进行归一化。

在接收端的M个槽位上按照相同的AWV向量$\boldsymbol{r}$不停地发送。同时采用单位向量$\boldsymbol{I}_M$作为发送端的接收AWV，从而可以得到一个新的接收向量$\boldsymbol{t}=\boldsymbol{I}_M^{\mathrm{H}}\boldsymbol{H}^{\mathrm{H}}\boldsymbol{r}+\boldsymbol{I}_M^{\mathrm{H}}\boldsymbol{n}_t=\boldsymbol{H}^{\mathrm{H}}\boldsymbol{t}+\boldsymbol{n}_t$，其中$\boldsymbol{n}_t$是噪声向量。

3. **结果**

$\boldsymbol{t}$就是发送端的AWV，$\boldsymbol{r}$就是接收端的AWV。

由此可见，迭代的次数ε基于实际的信道响应，这将在本节后面部分说明。很明显，尽管SGV训练方法很有效，但是它需要AWV$\boldsymbol{s}$的振幅和相位都进行调整。在恒幅的相控阵列中，这个条件是不能满足的。

7.5.4 基于导向向量的训练方法

事实上，SGV训练方法是一种对于任意信道都通用的方法。它没有利用毫米波通信信道的特性。在毫米波通信中，信道有方向特性，也就是$\boldsymbol{H}$很自然地能用式（7-44）表示，而式（7-44）和式（7-45）非常类似。两者的不同之处在于式（7-44）中的$\{\boldsymbol{g}_l\}$和$\{\boldsymbol{h}_l\}$都是恒幅的导向向量，而不是正交基。而式（7-45）中的$\{\boldsymbol{u}_k\}$和$\{\boldsymbol{v}_k\}$是严格的非增益固定的正交基。此外，基于文献[41]，如果$|\Omega_{tm}-\Omega_{tn}|\geqslant 1/N$且$|\Omega_{um}-\Omega_{un}|\geqslant 1/M$，那么$|\boldsymbol{g}_m^{\mathrm{H}}\boldsymbol{g}_n|$和$|\boldsymbol{h}_m^{\mathrm{H}}\boldsymbol{h}_n|$将近似等于0。也就是说，此时接收和发射角度能够被天线阵列分解，而这在毫米波通信中是非常常见的。从而作为一个次优的方法，最强方向的MPC的导向向量能够被用作发送端和接收端发送和接收的AWV$\boldsymbol{s}$。因此，我们给出了STV训练方法。STV的优点在于导向向量的元素具有固定的增益，这非常适用于具有恒幅的相控阵列。此外，尽管接收和发送角度都要求在之后的分析中可以被阵列分解，但是STV训练方法即使在角度不可分解时也能够使用，如果多个MPCs具有非常接近的角度以至于不能分辨，那么可以将它们看作一个MPC。

假设$\boldsymbol{H}$能够预先知道，那么对STV做如下推导。利用毫米波通信的方向特性，我们可以得到$\boldsymbol{H}^{2m}\approx\sum_{l=1}^{L}\left|\sqrt{MN}\lambda_l\right|^{2m}\boldsymbol{h}_l\boldsymbol{h}_l^{\mathrm{H}}$，其中$m$是正实数。假设第$k$个MPC是最强的，对于$l\neq k$，$|\lambda_l|^{2m}/|\lambda_k|^{2m}$是指数递减的。这意味着，其他的$L$–1个MPCs对于向量$\boldsymbol{H}^{2m}$的贡献与最强的那个MPC相比是指数递减的。从而可以得到，对于给定的足够大的m和任意的初始发送AWV$\boldsymbol{t}$，我们可以得

到 $\lim_{m\to\infty} \boldsymbol{H}^{2m} = \left|\sqrt{MN}\lambda_k\right|^{2m} \boldsymbol{h}_k \boldsymbol{h}_k^{\mathrm{H}}$，并能得到以下的表达式。

$$\boldsymbol{H}^{2m}\boldsymbol{t} = \left|\sqrt{MN}\lambda_k\right|^{2m} \boldsymbol{h}_k \boldsymbol{h}_k^{\mathrm{H}}\boldsymbol{t} = \left(\left|\sqrt{MN}\lambda_k\right|^{2m} \boldsymbol{h}_k^{\mathrm{H}}\boldsymbol{t}\right)\boldsymbol{h}_k \tag{7-44}$$

可以认为式（7-44）是 $\boldsymbol{h}_k$ 乘了一个复系数。注意到 $\boldsymbol{h}_k$ 是一个恒幅的导向向量，因而期望的发送 AWV 的估计为 $\boldsymbol{e}_t = \exp(\mathrm{j}\measuredangle(\boldsymbol{H}^{2m}\boldsymbol{t}))/\sqrt{M}$。这里的$\measuredangle$是角度向量的弧度值表示形式。事实上，估计是从对 $\boldsymbol{H}^{2m}\boldsymbol{t}$ 归一化得到的。

此外，可以得到

$$\boldsymbol{H} \times \boldsymbol{H}^{2m}\boldsymbol{t} = \left(\lambda_k\sqrt{MN}\left|\lambda_k\sqrt{MN}\right|^{2m} \boldsymbol{h}_k^{\mathrm{H}}\boldsymbol{t}\right)\boldsymbol{g}_k \tag{7-45}$$

从而可以利用估计$\boldsymbol{e}_t = \exp(\mathrm{j}\measuredangle(\boldsymbol{H}\times\boldsymbol{H}^{2m}\boldsymbol{t}))/\sqrt{M}$得到期望的接收 AWV。

很明显，对于给定的 CSI，AWV*s* 沿着收发端最强的 MPC 的方向是可以得到的。在实际的毫米波通信中，$\boldsymbol{H}$ 对于收发端基本上是未知的。从而，我们给出了 STV 联合迭代的波束赋形训练，详细过程如下。

1. **初始化**

在发送端选取一个初始的发送 AWV 向量 $\boldsymbol{t}$，这个 AWV 的选择可以是随机的。

2. **迭代**

按照以下的方法迭代 ε 次，然后停止。

在 N 个槽位上采用相同的 AWV 向量 $\boldsymbol{t}$ 进行不停的发送。同时，采用 DFT 矩阵 $\boldsymbol{F}_N$ 作为接收端的 AWV 向量，即 $\boldsymbol{F}_N$ 的第 n 列作为接收的 AWV 的第 n 个槽位。注意，这里不能使用单位矩阵 $\boldsymbol{I}_N$，因为它的每一项不具有恒定增益特性，但也是可以采用别的具有恒定增益的酉矩阵。从而得到接收向量为 $\boldsymbol{r} = \boldsymbol{F}_N^{\mathrm{H}}\boldsymbol{H}\boldsymbol{t} + \boldsymbol{F}_N^{\mathrm{H}}\boldsymbol{n}_r$，其中 $\boldsymbol{n}_r$ 是噪声向量。根据$\boldsymbol{e}_r = \exp\left(\mathrm{j}\measuredangle(\boldsymbol{F}_N\boldsymbol{r})\right)/\sqrt{N}$，将 $\boldsymbol{e}_r$ 赋值给 $\boldsymbol{r}$。

在接收端的 M 个槽位上按照相同的 AWV 向量 $\boldsymbol{r}$ 不停地发送。同时采用 DFT 矩阵 $\boldsymbol{F}_M$ 作为发送端的接收 AWV，从而可以得到接收向量$\boldsymbol{t} = \boldsymbol{F}_M^{\mathrm{H}}\boldsymbol{H}^{\mathrm{H}}\boldsymbol{r} + \boldsymbol{F}_M^{\mathrm{H}}\boldsymbol{n}_t$，其中 $\boldsymbol{n}_t$ 是噪声向量。根据$\boldsymbol{e}_t = \exp\left(\mathrm{j}\measuredangle(\boldsymbol{F}_M\boldsymbol{t})\right)/\sqrt{M}$对 $\boldsymbol{e}_t$ 进行估计，然后将 $\boldsymbol{e}_t$ 赋值给 $\boldsymbol{t}$。

3. **结果**

$\boldsymbol{t}$ 就是发送端的 AWV，$\boldsymbol{r}$ 就是接收端的 AWV。

实际中，迭代数目依赖于信道响应。基于本文第五部分的仿真结果，ε 取 2 和 3 就能保证收敛。注意，STV 是基于 SGV 的，是针对具有恒幅的相控阵列的毫米波通信而特别定制的方法。STV 和 SGV 具有相同的特性。比如，两个算法都需要迭代，然而它们的数学基础是不同的。SGV 在于发现信道矩阵 $\boldsymbol{H}$ 最大特征向量，它对于任意信道都是理想和可实现的。而 STV 则是用于发现最强 MPC 的、具有恒幅的导向向量，是利用毫米波通信的方向特性。这是一种次优的方法，同时也只在毫米波通信信道下可用。也就是说，在每次迭代中，STV 需要估计最强 MPC 的、具有恒幅的导向向量。同时，为了能让 STV 对于恒幅的相控阵列易于实现，它在收发端的训练中采用了 DFT 矩阵，因为 DFT 矩阵具有恒幅特性。

7.5.5 性能评估

在本段中，我们利用仿真手段，从阵列增益和收敛速率两个方面来评估 STV 的性能并和 SGV 相应性能进行对比。在所有的仿真中，信道都被归一化为$\mathrm{E}(\sum_{l=1}^{L}|\lambda_l|^2)=1$。发送序列的 SNR 为$\gamma_\mathrm{t}=1/\sigma^2$，而阵列增益是接收信噪比和发送信噪比的比值，即$\eta=\gamma/\gamma_\mathrm{t}=|\boldsymbol{r}^\mathrm{H}\boldsymbol{H}\boldsymbol{t}|^2$。初始的发送 AWV$\boldsymbol{s}$ 的选择规则是，保证发送能量能平均地投影到接收矩阵的 M 个基向量上，也就是 $\boldsymbol{I}_m$ 和 $\boldsymbol{F}_m$。对于 STV，则需要利用归一化的长度为 M 的恒幅零自相关码序列；对于 SGV，则是 $\boldsymbol{I}_M/\sqrt{M}$ 。

从经验上说，阵列增益是通过对接收信噪比和发送信噪比比值的 1 000 次实现得到的。进一步说，SVD 上界是从 1 000 次实现中最大奇异值的均方得到的。信道实现是瑞利和莱斯分布模型下的 LOS 和 NLOS 信道。对于 LOS 信道，LOS 的 MPC 能量是$|\lambda_k|^2=0.769\,2$，而 NLOS 的 MPC 的平均信道能量是$\mathrm{E}\left(\left\{|\lambda_l|^2\right\}_{l=1,2,3,4}\right)$=[0.076 9,0.076 9,0.076 9]。

对于 NLOS 信道，$\mathrm{E}\left(\left\{|\lambda_l|^2\right\}_{l=1,2,3,4}\right)$=[0.25,0.25,0.25,0.25]，每次实现时发送端和接收端的导向角度都是随机地分布在 [0.2π) 上的。

图 7-26 表明采用不同迭代数目的 LOS 和 NLOS 下的 SGV 和 STV 的阵列增益，其中 M=N=16。图 7-26（a）对比了采用较高 SNR（25 dB）的 SGV 和 STV 在 LOS 和 NLOS 信道下的收敛速率。此图分别比较了 M=N=16 和 M=N=32 时的结果。可以看出，在 LOS 信道下，两个训练方法都达到了很快的收敛速率和理想的阵列增益，即 SVD 的上界。在 NLOS 信道下，两个训练方法都具有较慢的收敛速率。而相比于 SGV，STV 在相对较低阵列增益的条件下，达到了较快的收敛速率。当然，STV 的增益最终也同样达到了 SVD 的上界。图 7-26 中的结论在天线阵列数目较大和较小时也是适用的。

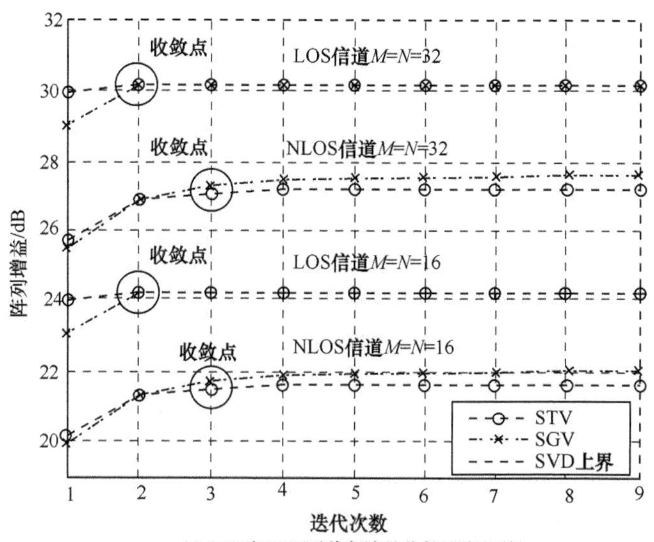

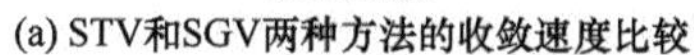
(a) STV和SGV两种方法的收敛速度比较

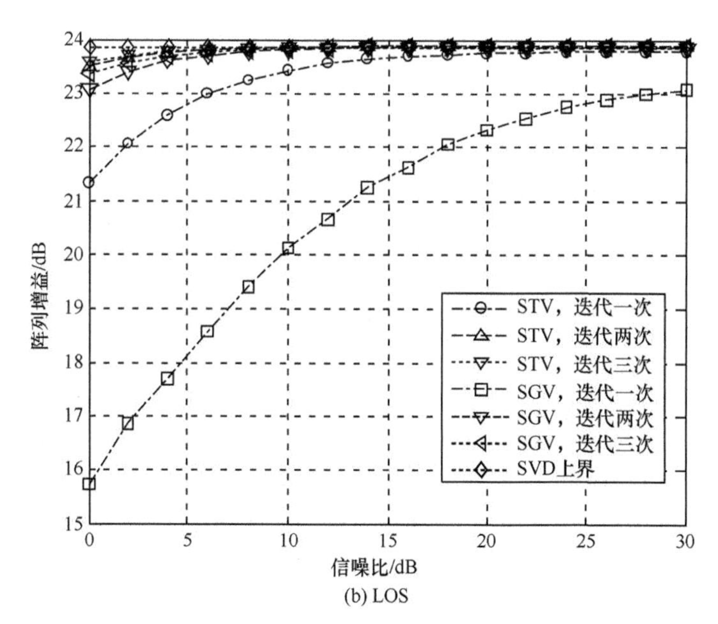

(b) LOS

图 7-26　对比在 LOS 和 NLOS 信道下，当收发阵列数目 $M=N=16$ 时，不同迭代次数对于 SGV 和 STV 阵列增益的影响，同时对比 SGV 和 STV 的收敛速率

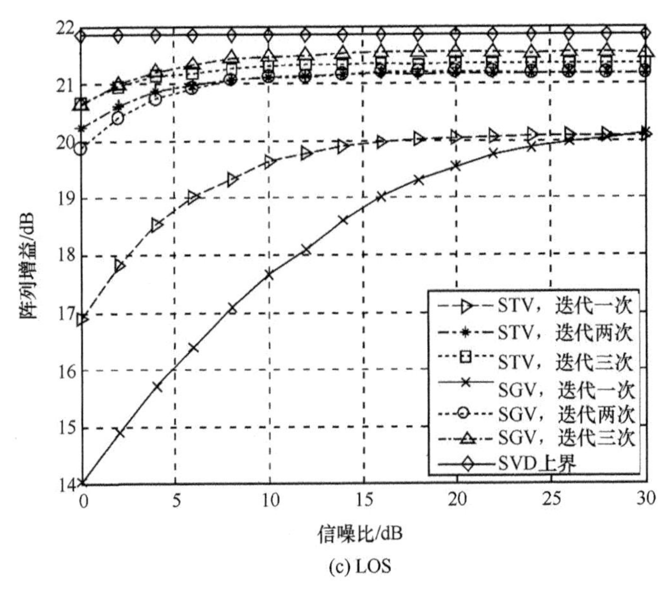

(c) LOS

图 7-26 对比在 LOS 和 NLOS 信道下，当收发阵列数目 M=N=16 时，不同迭代次数对于 SGV 和 STV 阵列增益的影响，同时对比 SGV 和 STV 的收敛速率（续）

这些结论的解释如下：在 LOS 信道中，只有一个强 MPC，它的导向向量几乎就是理想的 AWV*s*，从而使 STV 能够得到理想的阵列增益。但是在 NLOS 信道中，具有多个 MPCs 且具有不同的导向角度，STV 训练方法得到了它们中的某一个作为 AWV，但这个并不是最优的，从而使 STV 不能够达到理想的阵列增益。从另一方面说，由于 SGV 是基于最大奇异向量方法的，所以一旦能够收敛，它就一定能达到 SVD 上限。此外，STV 在 NLOS 信道中能够达到更快的收敛速率表明每次 STV 迭代中的顽健性更好，而 SGV 的 AWV 估计则对噪声更加敏感。

简而言之，尽管 STV 是针对具有恒幅的毫米波通信设备设计的，而 SGV 更具有通用性。STV SGV 在 LOS 及 NLOS 信道下具有近似的收敛速率和阵列增益。从另一方面说，需要注意单个迭代消耗 M+N 的训练槽位，这将显著地浪费系统效率，特别是当天线阵列比较大时。也就是没有恒定增益的限制时，STV 在迭代次数为 1 或者 2 时更为有效，因为 STV 在这种条件下达到了更高的阵列增益，这从图 7-26 中可以看出。

7.5.6 结论

本节介绍了一种 STV 训练方法，它有效地利用了毫米波的方向特性。性能评估表明在 LOS 信道下，两个训练方法都能达到较快的收敛速率和理想的阵列增益。而在 NLOS 信道下，相较于 SGV，STV 在略微牺牲了阵列增益的条件下达到了更快的收敛速率，当然此时 STV 也能得到理想的阵列增益。总而言之，STV 非常适用于具有恒幅的相控阵列的毫米波通信，STV 和 SGV 在 LOS 和 NLOS 信道下的收敛速率和阵列增益基本相同。

7.6　本章小结

无线通信服务提供两种业已成型的体系方法：地基系统和卫星系统。在地基系统中，由于信号的散射以及多径效应，信号发送和通信范围受到限制。此外，因为频谱资源十分有限，地基系统包含了大量散布在地面区域的天线塔、基站、微波链路。基于卫星的系统可以在地面设施较地基系统少得多的情况下提供大范围的通信覆盖面，但是由于通信距离很大，系统复杂度高，通信时延大，用户终端昂贵。

对于未来的无线通信系统，本章介绍的基于高空平台的系统是一个非常有潜力的可供替代的选择。HAP 系统优于地基系统和卫星系统，并且规避了它们的劣势。为了提供总体信道容量，HAP 系统使用蜂窝小区结构，伴随出现的同信道干扰是关于天线波束宽度、角间距和旁瓣电平的函数。第 7.2 节为椭圆波束的辐射模式给出了一种基于曲线拟合近似的预测同信道干扰的方法，它说明了正六边形布局的小区是实现小区边缘功率最优的一种方法。除正六边形小区布局模式之外，第 7.4 节中给出了其他的小区划分策略。

理想的天线波束在小区的上方用均匀的功率照射对应的小区，在小区之外零功率衰落，从这种意义上说天线起着空间滤波器的作用。第 7.3 节讨论的基于二维空间滤波器的数字波束赋形技术能够显著地减少天线单元和相应接收机模块（如 A/D 转换器等）的数目，而没有任何性能损失。因此，系统复杂度以及系统的成本可以降低，而且可以提高 HAP 系统的适应性。然而在实践中，毫米波频段的阵列波束合成技术是十分困难的。第 7.5 节中讨论的高空平台间基于导向向量的联合波束赋形训练方法（STV），利用了毫米波通信信道的方向特性，对于 LOS 信道，STV 具有快速的收敛率，并能达到理想的阵列增益。

参考文献

[1] MANSOOR S, HASHIMOTO H, UMEHIRA M, et al. Wireless communication in the twenty-first century: a perspective [J]. Proceeding of the IEEE, 1997, 85(10): 1622-1638.

[2] ITU-D/2/049-E. Operational and technical characteristics for a terrestrial imt-2000 system using high altitude platform stations (technical information document) [S]. 1998.

[3] CUSHMAN R, DERONCK H. Progress of regenerative fuel cell technology in the United States of America [C]// Proceedings of the second stratospheric platform systems workshop, 2000: 99-107.

[4] GRACE D, CAPSTICK M H, MOHORCIC M, et al. Integrating users into the broadband network via high altitude platforms [J]. IEEE Wireless Communications, 2005, 12(5): 98-105.

[5] WU G, MIURA R, HASE Y. A broadband wireless access system using stratospheric platform [C]// IEEE Global Telecommunications Conference , San Francisco, CA. 2000, 1: 225-30.

[6] KU B J, et al. Conceptual design of multibeam antennas (MBA) and user antenna for stratospheric communication system (SCS) [C]// Proceedings of the second stratospheric platform systems workshop, 2000: 163-170.

[7] LEE W C Y. Spectrum efficiency in cellular [J]. IEEE Transactions on Vehicular Technology, 1989, 38(2): 69-75.

[8] GRACE D, TOZER T C, BURR A G. Reducing call dropping in distributed dynamic channel assignment algorithms by incorporating power control in wireless ad hoc networks [J]. IEEE Journal on Selected Areas in Communications, 2000, 18(11): 2417-2428.

[9] CHENG M M, CHUANG J C. Performance evaluation of distributed measurement-ased dynamic channel assignment in local wireless communications [J]. IEEE Journal on Selected Areas in Communications, 1996, 14(4): 698-710.

[10] CHUANG J C. Performance issues and algorithms for dynamic channel assignment [J]. IEEE Journal on Selected Areas in Communications, 1993, 11(6): 955-963.

[11] CIMINI L J, FOSCHINI G J, CHIK-LIN I, et al. Call blocking performance of distributed algorithms for dynamic channel allocation in microcells [J]. IEEE Transactions on Communications, 1994, 42(8): 2600-2607.

[12] ZANDER J. Performance of optimum transmitter power control in cellular radio systems [J]. IEEE Transactions on Vehicular Technology, 1992, 41(1): 57-62.

[13] CHANG L F, NOERPAL A R, RANADE A. Performance of personal access communications system—unlicensed B [J]. IEEE Journal on Selected Areas in Communications, 1996, 14(4): 718-727.

[14] OLVER A D, CLARRICOATS P J B, KISHK A A, et al. Microwave horns and feeds [M]. IEE Press, 1994.

[15] El-JABU B, STEELE R. Cellular communications using aerial platforms [J]. IEEE Transactions on Vehicular Technology, 2001, 50(3): 686-700.

[16] THORNTON J, GRACE D. Optimizing an array of antennas for cellular coverage from a high altitude platform [J]. IEEE Transactions on Wireless Communications, 2003, 2(3): 484-492.

[17] BALANIS C A. Antenna theory, analysis and design [M].2nd ed. New York: Wiley, 1997: 812-813.

[18] Instruments and components catalogue[Z]. U.K.: Flann Microwave Instruments Ltd., 1998.

[19] BALANIS C A. Antenna theory, analysis and design [M]. 2nd ed. New York: Wiley, 1997: 48-49.

[20] ADATIA N, WATSON B K, GHOSH S. Dual polarized elliptical beam antenna for satellite application [C]// Antennas and Propagation Society International Symposium, 1981, 19: 488-491.

[21] GRACE D, THORNTON J, KONEFAL T, *et al.* Broadband communications from high altitude platforms—the HeliNet solution [C]// Wireless Personal Multimedia Communications, WPMC 2001, Aalborg, Denmark, 2001.

[22] DALY N E, TOZER T C, GRACE D, et al. Frequency reuse from high altitude platforms [C]// Wireless Personal Multimedia Communications (WPMC 2000), Bangkok, 2000.

[23] THORNTON J, GRACE D , SPILLARD C, et al. Broadband communications from high altitude platforms: the European HeliNet programme [J]. Electronics & Communication Engineering Journal, 2001, 13(3): 138-144.

[24] GODARA L C. Applications of antenna arrays to mobile communications, part I: performance improvement, feasibility, and system considerations [J]. Proceedings of the IEEE, 1997, 85(7): 1031-1060.

[25] DO-HONG T, RUSSER P. A new design method for digital beamforming using spatial interpolation [J]. IEEE Antennas and Wireless Propagation Letters, 2003, 2(1): 177-181.

[26] DO-HONG T, OLBRICH G, RUSSER P. Smart antenna technology for high-altitude-platform based wireless communication systems [C]// 15th International Microwaves, Radar and Wireless Communications, 2004, 2:645-648.

[27] LITVA I, KWOK-YEUNG LO T. Digital beamforming in wireless communications [M]. Anech House Publishers, 1999.

[28] Resolution 221 (WRC). Use of high altitude platform stations providing IMT-2000 in the bands 1885-1980 MHz, 2010-2025 MHz and 2110-2170 MHz in Regions 1 and 3 and 1885-1980 MHz and 2110-2160 MHz in Region Z[C]// The World Radio Communications Conference, Istanbul, 2000.

[29] GUAN M, YUAN F, GUO Q. Performance of coverage and wireless link for HAPS communication [C]// International Conference on Wireless Communications & Signal Processing (WCSP 2009), 2009: 1-4.

[30] XIAO Z. Suboptimal spatial diversity scheme for 60 GHz millimeter wave WLAN [J]. IEEE Communications Letters, 2013, 17(9): 1790-1793.

[31] WANG J, LAN Z, PYO C, et al. Beam codebook based beamforming protocol for multi-gbps millimeter-wave WPAN systems[J]. IEEE Journal on Selected Areas in Communications, 2009, 27(8): 1390-1399.

[32] XIA P, YONG S, OH J, et al. A practical SDMA protocol for 60 GHz millimeter wave communications [C]// 42nd Asilomar Conference on Signals, Systems and Computers, Pacific Grove, CA, 2008: 2019-2023.

[33] TANG Y, VUCETIC B, LI Y. An iterative singular vectors estimation scheme for beamforming transmission and detection in MIMO systems [J]. IEEE Communications Letters, 2005, 9(6): 505-507.

[34] VALDES-GARCIA A, NICOLSON S T, LAI J-W, et al. A fully integrated 16-element phased-array transmitter in SiGe BiCMOS for 60-GHz communications [J]. IEEE Journal of Solid-State Circuits, 2010, 45(12): 2757-2773.

[35] COHEN E, JAKOBSON C, RAVID S, et al. A thirty two element phased-

array transceiver at 60GHz with RF-IF conversion block in 90nm flip chip CMOS process [C]// 2010 IEEE Radio Frequency Integrated Circuits Symposium (RFIC), Anaheim, CA, 2010: 457-460.

[36] BAI L, CHOI J. Lattice reduction-based MIMO iterative receiver using randomized sampling [J]. IEEE Transactions on Wireless Communications, 2013, 12(5): 2160-2170.

[37] ZHENG X, XIE Y, LI J, et al. MIMO transmit beamforming under uniform elemental power constraint [J]. IEEE Transactions on Signal Processing, 2007, 55(11): 5395-5406.

[38] LEE J, NABAR R U, CHOI J P, et al. Generalized cophasing for multiple transmit and receive antennas [J]. IEEE Transactions on Wireless Communications, 2009, 8(4): 1649-1654.

[39] MALTSEV A, MASLENNIKOV R, SEVASTYANOV A, *et al.* Characteristics of indoor millimeter-wave channel at 60 GHz in application to perspective WLAN system [C]// Proceedings of the Fourth European Conference on Antennas and Propagation (EuCAP), Barcelona, 2010: 1-5.

[40] PARK M, PAN H. A spatial diversity technique for IEEE 802.11 ad WLAN in 60 GHz band [J]. IEEE Communications Letters, 2012, 16(8): 1260-1262.

[41] TSE D, VISWANATH P. Fundamentals of wireless communication [M]. Cambridge: Cambridge University Press, 2005.

第8章 天基协同传输系统

本章首先进行天基传输技术的概述，接着介绍星群系统多波束传输技术，传统的单星系统可作为星群协同的一种特例。随后，进行星群协同 MIMO 系统建模和系统信道容量的分析及优化，最后给出星群协同 MIMO 系统容量结果。

8.1 天基传输技术概述

随着航空航天技术的发展，以卫星为骨干网的空间平台种类和功能日趋完善。把空间中用于信息获取、传输、处理等功能的不同卫星系统有机地连接起来，从而建立起以卫星为核心的空间信息网络，这就是天基传输技术的由来。由于卫星网络具有组网灵活、覆盖面广、建网快、不受地理环境限制等优点，对远距离无线通信而言具有十分显著的优势，这一技术已经成为各国的研究热点。

在欧洲，法国、德国、意大利等国各自通过分布式卫星发展计划，积极推动对空间信息网络技术的研究。法国空间研究中心（Centre National d'Etudes Spatiales，CNES）提出了干涉车轮计划（Interferometric Cartwheel）[1]；德国宇航中心（Deutsches Zentrum für Luft-und Raumfahrt e.V.，DLR）提出了 TSX/TDX（TerraSAR-X/TanDEM-X）双星编队计划[2]；意大利则提出了 BISSAT 计划[3]。

在北美，空间信息网络技术同样引人注目。美国航空航天局（National Aeronautics and Space Administration，NASA）和美国空军（United States Air Force，USAF）利用先进极高频（Advanced Extremely High Frequency，AEHF）军用通信卫星和转型卫星通信系统（Transformational Satellite Communications System，TSAT）项目[4]发展空间信息网络技术，以实现全球范围内的快速信息获取；加拿大也提出了 RadarSat-2/3 计划[5]。

AEHF 项目[6-7]采用了波束成形网络技术和相控阵天线技术[8]。波束成形网

络技术可以在为合法用户提供服务的同时，利用生成零陷的方法抑制干扰信号的产生；相控阵天线技术可以通过电子手段改变射频波束的指向，使用户之间的波束产生快速捷变，从而有效地提高信道的传输效率和灵活性。由德国宇航中心研发的 TerraSAR-X/TanDEM-X 双星系统，同样使用了主动相控阵天线技术来形成灵活的波束指向，提供阵列增益。

虽然主动相控阵天线能够在一定程度上提升信号功率和传输效率，但是它们并不能大幅度提升卫星通信系统的信道容量；相反，它们对信道传输性能的提升很大程度上受制于卫星的载荷和功率[9]。为了满足人们对数据速率日益增长的需求，当前的卫星通信项目往往会使用更高功率的卫星平台以及更多的大带宽转发器。在这种情形下，生产、运营和维护这些强大而复杂的卫星平台和通信负载就变得非常昂贵[10]。因此，如果可以在不增加卫星发射功率的情况下提高频谱利用率，对卫星通信而言将是意义非凡的，即便是以增加地面站的设计成本为代价。

然而，受限于卫星载荷与功率承载能力，卫星通信系统难以如传统的地面通信系统一般，通过增加功率和天线尺寸等方法提高信息传输能力。迄今为止，完善卫星系统种类、提升卫星载荷以及增强卫星系统的通信能力仍然是各航天大国的下一步发展目标。此外，在同步卫星轨位匮乏、频谱资源短缺的当下，单星通信功率严重受限。因而，利用有限的轨位资源与卫星载荷最大限度地提升空间信息传输能力，就成为现阶段天基传输系统发展目标的重中之重。

另外，TSAT 计划[11]利用编队卫星星群协同通信组成的虚拟雷达阵列，完成被动无线电辐射测量、导航、通信等任务，借以验证编队星群能够通过协作通信的方式有效完成多项任务[12]。与此同时，美国约翰霍普金斯大学应用物理实验室和美国国家安全空间办公室提出了以分离模块的方式操控卫星在地球同步轨道执行军事任务的设想，即天基群组[13]。天基群组利用一颗主卫星为群组提供天地链路等核心服务，将协同工作的子卫星与主卫星组成协同星群，共同执行通信、侦查等任务。美国国防部先进研究项目局（Defense Advanced Research Projects Agency，DARPA）为了建立起面向未来的、灵活高效的航天器体系结构，提出了 F6 计划[14]。其思路是将传统的整体航天器分解成多个可组合的分离模块，不同的模块具有不同的任务和功能。这些互相分离的航天器模块在地面上可以批量制造并独立发射，于卫星轨道上正常运行时则通过编队飞行、无线数据传输和无线能量传输的方式协同工作，从而将分散的模块组合成为一个完整的虚拟航天系统。这种基于分离模块的方式协同工作完成任务的天基群组传输技术，为卫星通信系统的发展提供了新的思路。

在现今的无线通信领域中，一方面，人们对传输带宽的要求越来越高；另一方面，实际可以使用的频谱资源却越发紧张。作为除了时间、频带和编码以外的重要信道资源，空间维度的运用使得 MIMO 技术在无线通信领域有着十分广阔的前景。尤其是在卫星通信方面，相比于单输入单输出（Single Input Single Output，SISO）系统，它拥有更高的信息传输速率，有效地提高了频谱利用率却不需要增加发射功率或者分配额外的带宽，从而弥补了单星平台载荷与功率受限的短板。所以，为了提高数据速率和带宽效率，将 MIMO 技术应用到卫星通信系统中的效果十分显著。

已有的研究结果表明，合理地利用有源天线阵列可以在典型的卫星视距（LOS）信道上形成正交信道，从而在不增加卫星发射功率的前提下使得信道容量随天线数目成线性增长，实现空间复用增益[15]。因此，可以通过星群协同和阵列天线技术，配合地面站天线阵列，搭建出能够实现高效通信的有源天线阵列平台。

8.2 星群协同多波束传输技术

为了在不增加卫星发射功率的情况下更好地使用频谱，我们将 MIMO 技术应用于卫星通信系统。为实现这一点，一方面可以通过多星共轨技术实现星群协同，另一方面可以利用有源天线阵列实现多波束传输。

多星共轨技术可将多个功能相同或相似的卫星保持在同一轨位内，通过星间链路实现同步并交换数据，形成具有协同传输及转发能力的卫星星群，从而更加有效地利用有限的卫星轨道资源。

通过有源天线阵列的配置，卫星信道不仅可以实现协同多波束的高效传输机制，获得容量增益；同时也能够根据自身结构的不断变化，自适应地优化传输模式，提高能量效率。

这两者所提出的星群协同多波束传输技术，在提高信道容量、实现卫星通信的空间复用增益等方面已经得到了理论上的证明。

在卫星信道方面，频选 MIMO 卫星通信信道可以由它的信道矩阵 $\boldsymbol{H}(f)$ 来描述，它由一个 LOS 信号成分和众多的多径信号成分组成。考虑到卫星信道中信号远距离传输的条件，由于其低衰落特性，LOS 信号成为卫星无线电信道的主要成分，因而我们将信道矩阵仅表示为 $\boldsymbol{H}_{\mathrm{LOS}}(f)$。更进一步，我们可以假设信道是频率平稳的，从而忽略基带信号带来的频率依赖性。这意味着我们最终讨论的卫星通信过程是在一个无衰落、无阴影的 LOS 信道中进行的。

在地面无线通信系统中，我们已经证明了 LOS 信道中在天线数目相等的条件下，正交信道能够提供最优的复用增益[16]。满足正交信道对卫星天线排布和地面天线排布都有特殊的要求；而这种最优化的几何配置比随意排布的天线阵列提供了显著的容量增益[17]。考虑到许多环境下，地面站相对于卫星端的移动保持低速，短时间内收、发天线阵列的几何排布几乎是恒定不变的。也就是说，卫星信道是实现这种信道容量优化方案的极佳环境。通过星群协同多波束传输技术，我们能够实现理论上的天线最优化配置，从而提高卫星通信系统的容量增益。

8.3　星群协同 MIMO 系统建模

这一节里我们将基于有源天线阵列，考虑一个典型的卫星下行链路，分别在卫星端有、无阵列天线的环境下建立起 MIMO 卫星通信系统模型。

卫星通信系统可以使用任何类型的极化方式，并且同时使用两个极化方向。在信道容量的计算过程中，我们可以检测任意一个极化方向。由于信道亏损，我们并不将逆极化纳入考虑范围。当然，逆极化不仅在 SISO 中减少了信道容量，在 MIMO 传输中同样如此。然而，这种现象对预期中的最优值并没有太大影响，因为最优化判据并未因此改变。

如果两个正交极化同时使用，它们各自的独立信道将令它们各自的信道容量同时达到最优。两个正交极化和两个正交空间信道可以被视为一个提供了 4 个正交模式的 MIMO 系统，但这种观点并非本节讨论的重点。

最后，为了演示 MIMO 信号对下行链路的预处理过程，我们给卫星假设了一个再生的有效载荷。因此，通信链路得以通过高带宽光链路等方式在多卫星之间建立起来，从而实现星群协同。应当注意的是，再生的有效载荷对几何最优解来说并非是一个普遍假设；若是以增加复杂度为代价，透明化有效载荷同样可以完成以上设计[18]。

8.3.1　单天线星群

如图 8-1 所示，卫星下行链路建立在一个有着 M_E 根接收天线的地面接收端和一个由 M_S 颗卫星构成的协同星群之间，其中每颗卫星上各有 1 根发射天线。在更进一步的实际限定中，为了接收端设备的紧凑性，我们要求地面接收天线之间的距离尽量地小。

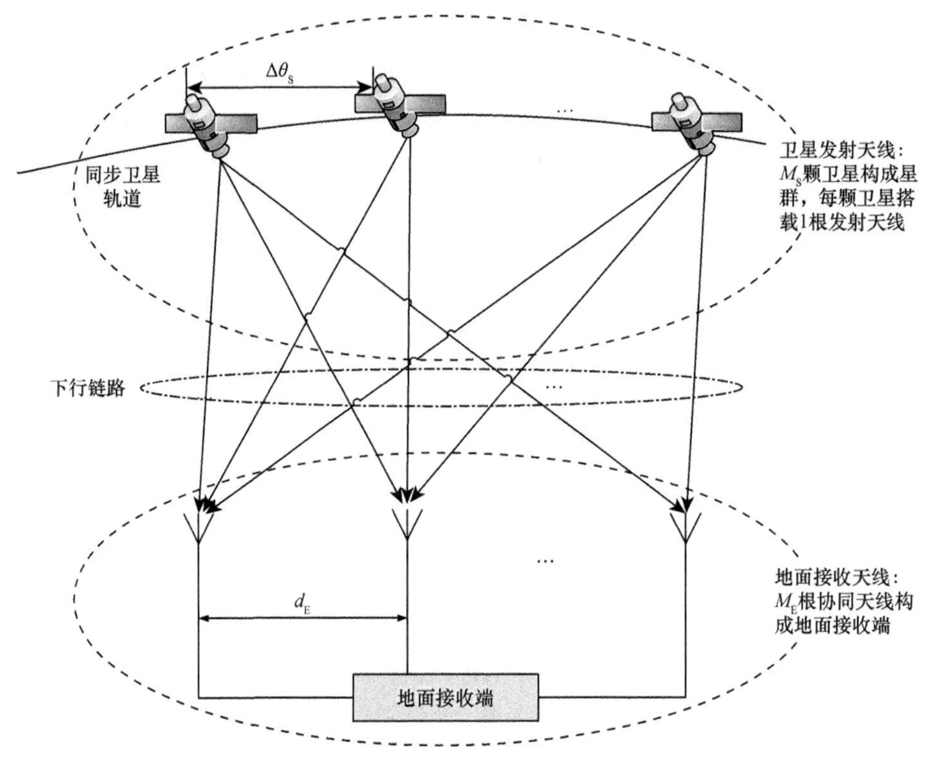

图 8-1　多卫星单天线 MIMO 通信系统模型（下行链路）

频率选择性 MIMO 信道可以由它的信道传递矩阵来描述，由一个 LOS 信号成分和另一个由多径信号构成的成分组成。

$$\boldsymbol{H}(f)=\boldsymbol{H}_{\text{LOS}}(f)+\boldsymbol{H}_{\text{NLOS}}(f) \tag{8-1}$$

在一个卫星无线通信信道中，由于 LOS 信道的低衰落特性，信号的主要成分是 LOS 信号。与地面移动环境相反，多径成分并不是最重要的；LOS 信号的功率比反射波和散射波的功率大得多[19]。因此，此处我们仅考虑 LOS 信号成分。

$$\boldsymbol{H}(f)=\boldsymbol{H}_{\text{LOS}}(f) \tag{8-2}$$

更进一步，我们假设卫星通信信道是一个频率平稳信道，如果传输频带的上边界 f_u 和下边界 f_l 在载波 f_c 的范围内，即 f_u、$f_l \approx f_c$，则这种情况下信道的频率依赖性可以忽略，即

$$\boldsymbol{H}(f)=\boldsymbol{H}_{\text{LOS}}(f_c) \tag{8-3}$$

这意味着，卫星通信是在无衰落、无阴影的 LOS 信道中进行的。实际上，因为在 LOS 信道和多径信道中，信号衰落同时产生，所以信道容量最优化结论对衰落环境也是有效的，尽管总的信道容量会有所减少。

不考虑信号传播过程中产生的噪声，从卫星星群发射出来的频率平稳信号在 MIMO 信道中的传播过程可以表示为

$$y = \boldsymbol{H}\boldsymbol{x} \tag{8-4}$$

其中，地面接收信号矢量 $\boldsymbol{y} = \left[y_1, \cdots, y_{m_E}\right]^{\mathrm{T}}$，星群发射信号矢量 $\boldsymbol{x} = \left[x_1, \cdots, x_{m_S}\right]^{\mathrm{T}}$。信道矩阵 $\boldsymbol{H} \in \mathbb{C}^{M_E \times M_S}$，记发射天线数目 $M_T=M_s$，接收天线数目 $M_R=M_E$，则 $\boldsymbol{H} \in \mathbb{C}^{M_R \times M_T}$。

由电磁波在自由空间中的传播原理可知，信道矩阵中第 m_R 行、第 m_T 列的矩阵元素 $[\boldsymbol{H}]_{m_R, m_T}$ 的等效基带表示为

$$H_{m_R, m_T} = a_{m_R, m_T} \exp\{-\mathrm{j}\frac{2\pi f_c}{c_0} r_{m_R, m_T}\} \tag{8-5}$$

其中，f_c 为载波频率，$c_0=3 \times 10^8$ m/s 为光在真空中的传播速度，r_{m_R, m_T} 为第 m_R 根地面接收天线到第 m_T 颗卫星上的发射天线之间的距离，其复包络为

$$a_{m_R, m_T} = \frac{c_0}{4\pi f_c r_{m_R, m_T}} \mathrm{e}^{\mathrm{j}\theta_0} \tag{8-6}$$

θ_0 为观察时刻的载波相角。该矩阵元素表示从第 $m_S=m_T$ 颗卫星上的发射天线发射到第 $m_E=m_R$ 根地面接收天线的信号的信道复增益。

容易验证，$\left|a_{m_R, m_T}\right| \approx |a| = \text{const}$，可近似于一常数。

8.3.2　阵列天线星群

如图 8-2 所示，卫星下行链路建立在一个有着 M_E 根接收天线的地面接收端和一个由 M_S 颗卫星构成的协同星群之间，其中每颗卫星上各有 M_L 根发射天线。

与第 8.3.1 节中的讨论类似，该卫星通信系统是在一个无衰落、无阴影的频率平稳 LOS 信道中运行的，于是该系统同样满足式（8-3）、式（8-4）和式（8-5）。

不同的是，信道矩阵 $\boldsymbol{H} \in \mathbb{C}^{M_R \times M_T}$，由于发射天线数目 $M_T=M_S \cdot M_L$，接收天线数目 $M_R=M_E$，因此 $\boldsymbol{H} \in \mathbb{C}^{M_E \times (M_S \cdot M_L)}$。相应地，信道矩阵中第 m_R 行、第 m_T 列的矩阵元素 $[\boldsymbol{H}]_{m_R, m_T}$ 则表示从第 m_S 颗卫星上的第 m_L 根发射天线发射到第 M_E（$m_E=m_R$）根地面接收天线的信号的信道复增益，其中 $m_S \cdot m_L=m_T$。

为了便于计算，记从第 m_S 颗卫星上发射天线发射到第 $m_E=m_R$ 根地面接收天线的信号的信道复增益为

$$H_{m_E, m_S\_m_L} = a_{m_E, m_S\_m_L} \exp\left\{-\mathrm{j}\frac{2\pi f_c}{c_0} r_{m_E, m_S\_m_L}\right\} \tag{8-7}$$

其中，$r_{m_{\mathrm{E}},m_{\mathrm{S}}\_m_L}$ 为第 m_{E} 根地面接收天线到第 m_{S} 颗卫星上的第 m_L 根发射天线之间的距离，$a_{m_{\mathrm{E}},m_{\mathrm{S}}\_m_L}=\dfrac{c_0}{4\pi f_{\mathrm{c}} r_{m_{\mathrm{E}},m_{\mathrm{S}}\_m_L}}\mathrm{e}^{\mathrm{j}\theta_0}$ 为信道增益的复包络。

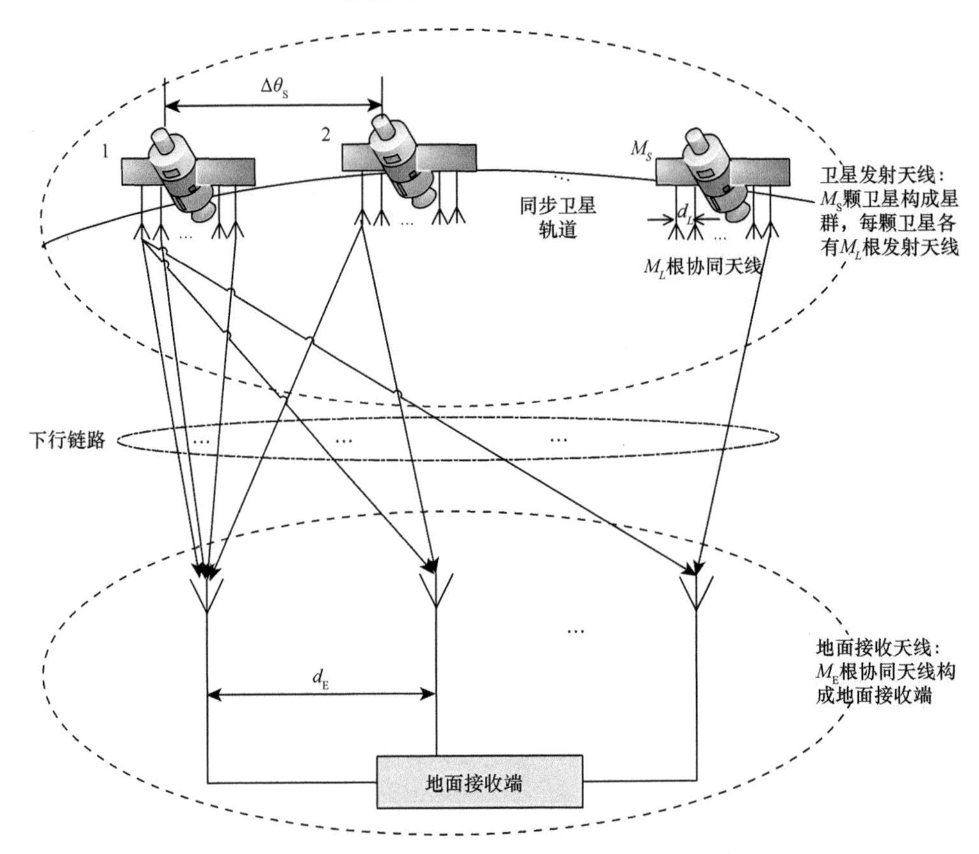

图 8-2　多卫星多天线 MIMO 通信系统模型（下行链路）

8.4　星群协同 MIMO 系统容量

在上一节建立起的系统模型和信道模型的基础上，我们可以推导出卫星和地面用户的位置、天线间距、阵列角度等与信道正交程度的关系，进而通过仿真得到其与信道容量的关系。

8.4.1 容量推导

对一个时不变 MIMO 系统而言，信道的最高频谱效率可由 Telatar 的著名公式来计算[20]。

$$C = \mathrm{lb}[\det(\boldsymbol{I}_{M_\mathrm{R}} + \rho \cdot \boldsymbol{H}\boldsymbol{H}^\mathrm{H})] \tag{8-8}$$

其中，$(\cdot)^\mathrm{H}$ 指矩阵的转置运算，ρ 为信道的线性信噪比。定义信道的对数信噪比 $SNR=10\lg(\rho)=EIRP+(G-T)-\kappa-\beta(\mathrm{dB})$，$EIRP$、$G-T$、$\kappa$ 和 β 分别为有效全向辐射功率、品质因数、玻尔兹曼常数和下行链路带宽的对数值[16]。

记矩阵

$$\boldsymbol{V} = \begin{cases} \boldsymbol{H}\boldsymbol{H}^\mathrm{H}, & M_\mathrm{R} < M_\mathrm{T} \\ \boldsymbol{H}^\mathrm{H}\boldsymbol{H}, & M_\mathrm{R} \geqslant M_\mathrm{T} \end{cases} \tag{8-9}$$

容易证明，只有当满足矩阵 $\boldsymbol{V}\left(\mathrm{rank}\left(\boldsymbol{V}\right) = \min\left(M_\mathrm{R}, M_\mathrm{T}\right)\right)$ 的每一个非零特征值 γ_i 都相等，即 $\gamma_1 = \gamma_2 = \cdots = \gamma_{\min\{M_\mathrm{R}, M_\mathrm{T}\}} = |a|^2 \cdot \max\{M_\mathrm{R}, M_\mathrm{T}\}$ 时，才能令 MIMO 信道获得最大的复用增益，其最大信道容量 $C_\mathrm{opt} = \min\{M_\mathrm{R}, M_\mathrm{T}\} \cdot \mathrm{lb}(1 + \rho|a|^2 \cdot \max\{M_\mathrm{R}, M_\mathrm{T}\})$。

因此，满足最大复用增益的 MIMO 信道的传递矩阵 $\boldsymbol{H}$ 是一个正交矩阵。换句话说，对于 $M_\mathrm{T}>M_\mathrm{R}$ 的系统，满足 $\boldsymbol{H}$ 的任意两行元素都正交；对于 $M_\mathrm{T} \leqslant M_\mathrm{R}$ 的系统，满足 H 的任意两列元素都正交。

在仿真过程中，本章节所选用的参量见表 8-1。

表 8-1　星群协同阵列天线 MIMO 系统各项参量

参量符号	参量值
卫星星群阵列中心经度 $\theta_{\mathrm{S,C}}$	11°E
地面协同接收天线阵列中心经度 θ	11°E
地面协同接收天线阵列中心纬度 Φ	48°E
地面协同接收天线阵列与东西方向夹角 δ	0°
MIMO 信道中的载波频率 f_0	18 GHz
MIMO 信道中的信噪比 ρ	$SNR=10\lg(\rho)=224$ dB
地球半径 R_E	6 378.1 km
同步卫星轨道半径 R_S	42 164.1 km
同一卫星上相邻两根发射天线间距 d_L	2 m
相邻两颗卫星经度差 $\Delta\theta_\mathrm{S}$	1°

8.4.2 单天线星群容量

文献 [15] 中通过数学方法推导出了建立正交 LOS 信道矩阵的充要条件。模仿这一过程，矩阵 $\boldsymbol{V}$ 的特征值可以由一个 $\min(M_{\mathrm{R}},M_{\mathrm{T}})$ 阶的多项式解得，该多项式的最优解是 $\min(M_{\mathrm{R}},M_{\mathrm{T}})$ 个相同的根。

1. **建立 LOS 正交信道**

在第 8.3.1 节中建立的系统模型的基础上，下面将以 $M_{\mathrm{R}}>M_{\mathrm{T}}$ 的系统为例，建立起一个正交 LOS 信道矩阵。

为使得系统满足 $\boldsymbol{H}$ 的任意两行元素都正交，已知 MIMO 系统的传递矩阵为

$$\boldsymbol{H}=\begin{bmatrix} H_{1,1} & H_{1,2} & \cdots & H_{1,M_{\mathrm{T}}} \\ H_{2,1} & H_{2,2} & \cdots & H_{2,M_{\mathrm{T}}} \\ \vdots & \vdots & & \vdots \\ H_{M_{\mathrm{R}},1} & H_{M_{\mathrm{R}},2} & \cdots & H_{M_{\mathrm{R}},M_{\mathrm{T}}} \end{bmatrix} \tag{8-10}$$

信道模型中已经给出，即

$$\begin{cases} H_{m_{\mathrm{R}},m_{\mathrm{T}}}=a_{m_{\mathrm{R}},m_{\mathrm{T}}}\exp\left\{-\mathrm{j}\dfrac{2\pi f_0}{c_0}r_{m_{\mathrm{R}},m_{\mathrm{T}}}\right\} \\ a_{m_{\mathrm{R}},m_{\mathrm{T}}}=\dfrac{c_0}{4\pi f_0 r_{m_{\mathrm{R}},m_{\mathrm{T}}}}\mathrm{e}^{\mathrm{j}\theta_0}\approx|a|\mathrm{e}^{\mathrm{j}\theta_0} \end{cases} \tag{8-11}$$

因此，

$$\begin{aligned} H_{m_{\mathrm{R}},m_{\mathrm{T}}}=&\frac{c_0}{4\pi f_0 r_{m_{\mathrm{R}},m_{\mathrm{T}}}}\exp\left\{-\mathrm{j}\left(\frac{2\pi f_0}{c_0}r_{m_{\mathrm{R}},m_{\mathrm{T}}}-\theta_0\right)\right\}\approx \\ &|a|\exp\left\{-\mathrm{j}\left(\frac{2\pi f_0}{c_0}r_{m_{\mathrm{R}},m_{\mathrm{T}}}-\theta_0\right)\right\} \end{aligned} \tag{8-12}$$

又因 $\forall k$、$l\in\{1,2,\cdots,M_{\mathrm{R}}\}$，$\boldsymbol{H}$ 的第 k 行和第 l 行都正交，故可以得到

$$\begin{cases} \displaystyle\sum_{i=1}^{M_{\mathrm{T}}}H_{k,i}\cdot H_{k,i}^{*}=\sum_{i=1}^{M_{\mathrm{T}}}H_{l,i}\cdot H_{l,i}^{*}=|a|^2\cdot M_{\mathrm{T}} \\ \displaystyle\sum_{i=1}^{M_{\mathrm{T}}}H_{k,i}\cdot H_{l,i}^{*}=0 \end{cases} \tag{8-13}$$

将$[H]_{m_R,m_T}$代入$\sum_{i=1}^{M_T} H_{k,i} \cdot H_{l,i}^* = 0$，得

$$\sum_{i=1}^{M_T} H_{k,i} \cdot H_{l,i}^* = \sum_{i=1}^{M_T} |a|^2 \exp\left\{+\mathrm{j}\left(\frac{2\pi f_0}{c_0} r_{k,i} - \theta_0\right) - \mathrm{j}\left(\frac{2\pi f_0}{c_0} r_{l,i} - \theta_0\right)\right\} = \\ |a|^2 \sum_{i=1}^{M_T} \exp\left\{+\mathrm{j}\left[\frac{2\pi f_0}{c_0}(r_{k,i} - r_{l,i})\right]\right\} = 0 \tag{8-14}$$

记$\phi_i = \frac{2\pi f_0}{c_0}\left(r_{k,i} - r_{l,i}\right)$，则

$$\sum_{i=1}^{M_T} \mathrm{e}^{\mathrm{j}\phi_i} = 0 \tag{8-15}$$

考虑此处的系统，容易证明，只要令$\sum_{i=1}^{M_T} \phi_i = 2\pi v, v \in \mathbb{Z}, M_T \nmid v$即可满足式（8-15）。

为此，我们提出一种解：$\arg\left[\phi_i - \phi_j\right] = \frac{2\pi}{M_T}(i-j)$（如图 8-3 所示）。在这种情况下，$\phi_i$成等间距分布，因而与$\phi_i$成线性关系的（$r_{k,i}-r_{l,i}$）同样有恒定的差分关系。

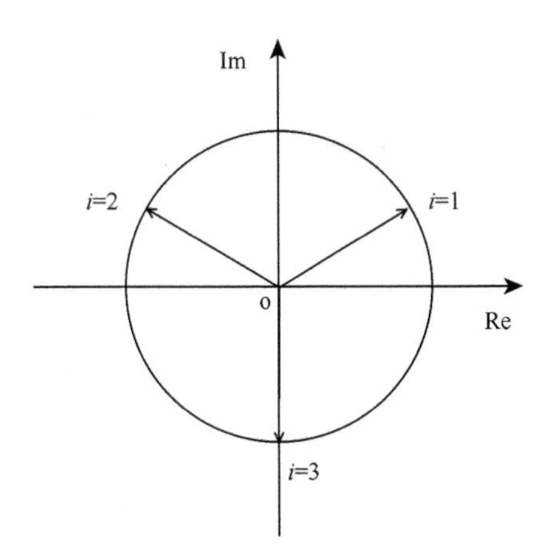

图 8-3　多卫星单天线系统计算式（8-15）

具体地说，任取两根地面天线和两根卫星天线，对第 k 根和第 l 根地面接收天线与第 i 颗卫星和第 j 颗卫星上的发射天线而言，代入得

$$(r_{k,i} - r_{l,i}) - (r_{k,j} - r_{l,j}) = \frac{c_0}{M_S f_0}(i-j) \cdot v, \quad v \in \mathbb{Z}, M_S \nmid v \tag{8-16}$$

类似地，对于 $M_T \leqslant M_R$ 的系统，应当满足

$$\left(r_{k,i}-r_{k,j}\right)-\left(r_{l,i}-r_{l,j}\right)=\frac{c_0}{M_E f_0}(k-l)\cdot v,\quad v\in\mathbb{Z},M_E \nmid v \tag{8-17}$$

只有分别满足式（8-16）和式（8-17）的系统，才能保证信道容量达到最大值。易知，满足这种优化解的几何分布形式，一种可能的实现方案是收、发天线均为均匀线性排布的阵列（Uniform Linear Array，ULA）。这也是目前卫星通信系统常用的天线排布方案。

2. **结合几何位置，优化天线排布**

接下来利用经纬度坐标对该系统进行具体分析。

（1）建立空间坐标系

将墨卡托投影的原理用于描述地面接收机和卫星星群的位置，位置坐标将由地理位置的经度 θ 和纬度 Φ 给出。地面接收机上的 M_E 根接收天线被安置成均匀线性阵列，由 M_S 颗卫星构成的星群同样在地球同步轨道上形成均匀排布。其中，地面天线阵列与东西方向的夹角为 δ（地面天线 ULA 方向角），相邻两根接收天线之间的间距为 d_E(m)；位于同步卫星轨道上的星群阵列中相邻两颗卫星之间的间距为 d_S(m)，记 $d_S=\frac{\pi\Delta\theta_S}{180}\cdot R_S$，$\Delta\theta_S$(°)为相邻两颗卫星之间的角间距。

接下来，我们利用三维坐标系表示收、发天线阵列的排布。

① 地面接收天线的位置坐标。接收机的位置由地理坐标表示，θ_E 表示经度，φ_E 表示纬度。笛卡尔位置矢量 $\boldsymbol{R}_x$ 是指从地心指向 ULA 中心的矢量，可表示为 $\boldsymbol{a}_E=[x_E,y_E,z_E]^T$。因此第 m_E 根天线的位置坐标 $\boldsymbol{a}_{m_E}^{(E)}$ 取决于 $\boldsymbol{R}_x$-ULA 的位置。

$$\boldsymbol{a}_{m_E}^{(E)}=\begin{pmatrix} x_E-p_{m_E}(\sin\theta_E\cdot\cos\delta+\sin\phi_E\cdot\cos\theta_E\cdot\sin\delta)\\ y_E-p_{m_E}(\cos\theta_E\cdot\cos\delta-\sin\phi_E\cdot\sin\theta_E\cdot\sin\delta)\\ z_E+p_{m_E}\cos\phi_E\cdot\sin\delta) \end{pmatrix} \tag{8-18}$$

其中，$p_{m_E}=\left(m_E-1-\frac{M_E-1}{2}\right)d_E$，$m_E\in\{1,2,\cdots,M_E\}$ 是第 m_E 根地面接收天线到地面天线 ULA 中心的距离。

② 卫星发射天线的位置坐标。地球同步卫星的位置由经度 $\theta_{S,i},i\in\{1,2,\cdots,M_S\}$ 来表示。星群中相邻卫星之间的角间距 $\Delta\theta_S=|\theta_{S,1}-\theta_{S,2}|$，$\theta_{S,C}$ 表示星群的中心点经度。由于卫星的尺寸相对于 $\Delta\theta_S$ 而言小得多，所以完全可以用卫星坐标来代指该卫星上单天线的位置。

因此，第 m_S 颗卫星上天线的位置坐标可以表示成

$$\boldsymbol{a}_{m_{\mathrm{S}}}^{(\mathrm{s})}=\begin{bmatrix}R_{\mathrm{S}}\cdot\cos\theta_{\mathrm{S},m_{\mathrm{S}}}\\R_{\mathrm{S}}\cdot\sin\theta_{\mathrm{S},m_{\mathrm{S}}}\\0\end{bmatrix}\tag{8-19}$$

其中，$\theta_{\mathrm{S},m_{\mathrm{S}}}=\left(m_{\mathrm{S}}-1-\dfrac{M_{\mathrm{S}}-1}{2}\right)\Delta\theta_{\mathrm{S}}+\theta_{\mathrm{S,C}}$，$m_{\mathrm{S}}\in\{1,2,\cdots,M_{\mathrm{S}}\}$

（2）优化天线的排布

为了将式（8-16）和式（8-17）应用于卫星场景中，路径长度必须由数学推导确定，因为它们决定了复信道矩阵系数的相位角度。一个正交信道矩阵 $\boldsymbol{H}$ 需要特定的相位角关系，这需要调整距离 $r_{m_{\mathrm{E}},m_{\mathrm{S}}}$。路径长度 $r_{m_{\mathrm{E}},m_{\mathrm{S}}}$ 被定义为 $\alpha_{m_{\mathrm{E}}}^{(\mathrm{E})}$ 和 $\alpha_{m_{\mathrm{S}}}^{(\mathrm{S})}$ 之间的距离，即

$$r_{m_{\mathrm{E}},m_{\mathrm{S}}}=\|\alpha_{m_{\mathrm{E}}}^{(\mathrm{E})}-\alpha_{m_{\mathrm{S}}}^{(\mathrm{S})}\|\tag{8-20}$$

其中，$\|\cdot\|$ 表示欧几里得范数。

不同路径的详细推导，取决于卫星天线的位置参数。考虑到实际因素，我们不妨取 $M_{\mathrm{S}}=2, M_{\mathrm{E}}=2$ 的系统，经过数学推导，解得

$$d_{\mathrm{E}}\left(\frac{c_1}{2s_1}-\frac{c_2}{2s_2}\right)=v\cdot\frac{c_0}{M_{\mathrm{E}}f_0},\ v\in\mathbb{Z},M_{\mathrm{E}}\nmid v\tag{8-21}$$

其中，

$$\begin{cases}s_{m_{\mathrm{S}}}^2=R_{\mathrm{S}}^2+R_{\mathrm{E}}^2-2R_{\mathrm{S}}R_{\mathrm{E}}\cdot\cos\phi_{\mathrm{E}}\cos(\theta_{\mathrm{E}}-\theta_{\mathrm{S},m_{\mathrm{S}}})\\c_{m_{\mathrm{S}}}=2R_{\mathrm{S}}\cdot[\cos\delta_{\mathrm{E}}\sin(\theta_{\mathrm{E}}-\theta_{\mathrm{S},m_{\mathrm{S}}})+\sin\delta_{\mathrm{E}}\cos(\theta_{\mathrm{E}}-\theta_{\mathrm{S},m_{\mathrm{S}}})\sin\phi_{\mathrm{E}}]\end{cases}\tag{8-22}$$

所以，此时能达到最大信道容量的地面天线阵列间距 d_{E} 为

$$d_{\mathrm{Eopt}}=v\frac{c_0}{M_{\mathrm{E}}f_0}\cdot\frac{1}{\dfrac{c_1}{2s_1}-\dfrac{c_2}{2s_2}}\geqslant\frac{c_0}{M_{\mathrm{E}}f_0}\cdot\frac{1}{\dfrac{c_1}{2s_1}-\dfrac{c_2}{2s_2}}\tag{8-23}$$

于是可以得出以下结论。

① 当 $d_{\mathrm{E}}=\dfrac{c_0}{M_{\mathrm{E}}f_0}\cdot\dfrac{1}{\dfrac{c_1}{2s_1}-\dfrac{c_2}{2s_2}}\cdot v$，$v\in\mathbb{Z}_+$，$M_{\mathrm{S}}\nmid v$ 时，信道容量可以取到最大值 $C_{\mathrm{opt}}=\min\{M_{\mathrm{R}},M_{\mathrm{T}}\}\cdot\mathrm{lb}(1+\rho|a|^2\max\{M_{\mathrm{R}},M_{\mathrm{T}}\})$。

② 信道容量曲线关于 d_{E} 呈周期性波动，其周期为 $D_{\mathrm{S}}=\dfrac{c_0h}{f_0\cos\delta\cdot d_{\mathrm{S}}}$。

3．**仿真对比**

以 M_{S}=2，M_{E}=2 的系统为例，不同的卫星角间距下，多卫星单天线 MIMO 系

统的信道容量随地面接收天线阵列相邻天线间距 d_E 的变化情况如图 8-4 所示。

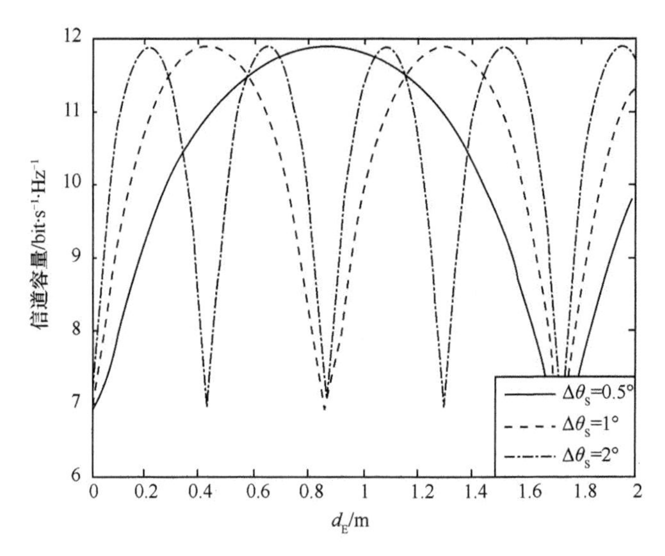

图 8-4　不同卫星角间距下多卫星单天线 MIMO 通信系统信道容量与地面天线间距的关系

仿真结果表明，信道容量是与 d_E 有关的周期函数，其周期随卫星间距增大而减小。能够达到最大信道容量的地面接收天线间距为 $d_E=\dfrac{c_0}{M_E f_0}\cdot\dfrac{1}{\dfrac{c_1}{2s_1}-\dfrac{c_2}{2s_2}}\cdot v$，$v\in\mathbb{Z}$，$M_S \nmid v$。

8.4.3 阵列天线星群容量

在第 8.3.2 节建立的系统模型的基础上，我们讨论多卫星多天线的星群协同阵列天线 MIMO 系统。

1. **建立 LOS 正交信道**

与上一节类似，下面将以 $M_T>M_R$ 的系统为例，建立一个正交 LOS 信道矩阵。同样，为了使得 $\boldsymbol{H}$ 成为一个正交矩阵，必须令 $\boldsymbol{H}$ 的任意两行元素都正交。

于是经过类似的数学推导，同样可以得到式（8-15）。

考虑此处的系统，发射天线数目 $M_T=M_S\cdot M_L$，接收天线数目 $M_R=M_E$，记 $r_{m_E,m_S_m_L}$为第 m_E 根地面接收天线到第 m_S 颗卫星上的第 m_L 根发射天线之间的距离。不妨给所有的 $e^{j\phi_i}$ 分组：令同一颗卫星上的所有天线为一组，记第 m 颗卫星上的第 n 根发射天线对应 $e^{j\phi_i}=e^{j\phi_{m\_n}}$，其中 $i=(m-1)M_L+n$，那么 $\phi_i=\phi_{m\_n}=\dfrac{2\pi f_0}{c_0}\left(r_{k,m\_n}-r_{l,m\_n}\right)$。于是一共分出了 M_S 组的 $e^{j\phi_i}$。

容易证明，只要令同组的相邻两个 $e^{j\phi_{m\_n}}$ 之间辐角之差 $\Delta\theta$ 保持一致，并且令

$\sum_{m=1}^{M_S}\phi_{m\_n}=2\pi v$，$v\in\mathbb{Z}$，$v\nmid M_S$即可满足式（8-15）（如图 8-5 所示）。

一种可能的解是

$$\begin{cases}\arg\left[\phi_{m_1\_1}-\phi_{m_2\_1}\right]=\dfrac{2\pi}{M_S}(m_1-m_2), & \forall m_1,m_2\in\{1,2,\cdots,M_S\}\\ \arg\left[\phi_{m\_n_1}-\phi_{m\_n_1}\right]=\Delta\theta(n_1-n_2), & \forall n_1,n_2\in\{1,2,\cdots,M_L\}\end{cases}\tag{8-24}$$

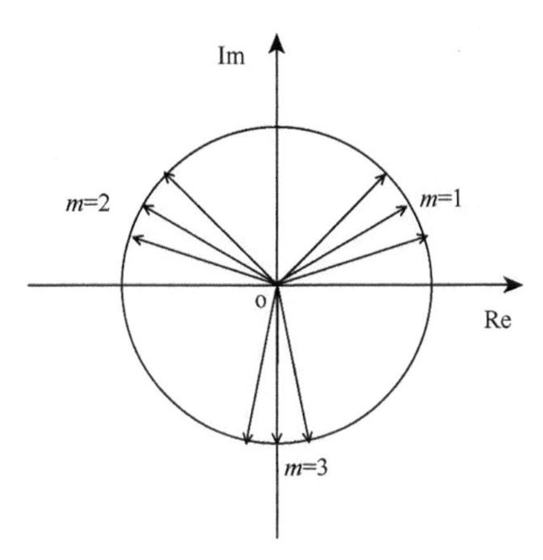

图 8-5 多卫星多天线系统计算式（8-15）

和上一节类似，与ϕ_{m_n}呈线性关系的$r_{k,m_n}-r_{l,m_n}$有着恒定的差分关系。

任取两根地面天线和两根卫星天线，对第 k 根和第 l 根地面接收天线，与第 c 颗卫星上的第 d 根天线和第 e 颗卫星上的第 f 根天线而言，代入得

$$(r_{k,c\_d}-r_{l,c\_d})-(r_{k,e\_f}-r_{l,e\_f})=\frac{c_0}{f_0}\left[\frac{c-e}{M_S}+\frac{\Delta\theta}{2\pi}(d-f)\right]\cdot v,\ v\in\mathbb{Z}\tag{8-25}$$

只有满足式（8-25），才能保证信道容量达到最大值。因此，接收天线和发射天线都是均匀排布的天线阵列，星群之间也是均匀排布的阵列。

2．**结合几何位置，优化天线排布**

在一个如图 8-6、图 8-7 所示的星群协同阵列天线的场景中讨论这个问题。地面接收机上的 M_E 根接收天线、每颗卫星上的 M_L 根接收天线均被安置成均匀线性阵列，由 M_S 颗卫星构成的星群同样在地球同步轨道上形成均匀排布。其中，地面天线阵列与东西方向的夹角为 δ（地面天线 ULA 方向角），相邻两根接收天线间距为 d_E（m）；卫星上的天线阵列保持东西方向，相邻两根发射天线间距为 d_L；星群阵列中相邻两颗卫星间距为 d_S（m），记$d_S=\dfrac{\pi\Delta\theta_S}{180°}\cdot R_S$，$\Delta\theta_S$(°)为相邻两颗卫星的角度间隔。

记卫星距离地面天线阵列中心的距离约为 h，卫星星群中心到地面天线阵列中心与地心连线的距离为 z。

为便于计算，假设星群的中心和接收天线阵列的中心位于同一经度。

由图 8-6 MIMO 卫星通信系统几何模型（a）、图 8-7 MIMO 卫星通信系统几何模型（b）中的几何模型可以计算出$r_{m_E,m_S_m_L}$。

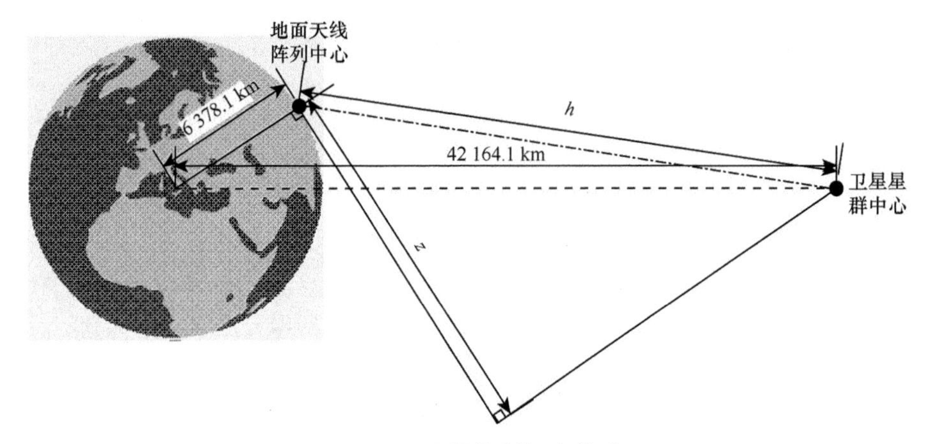

图 8-6 MIMO 卫星通信系统几何模型（a）

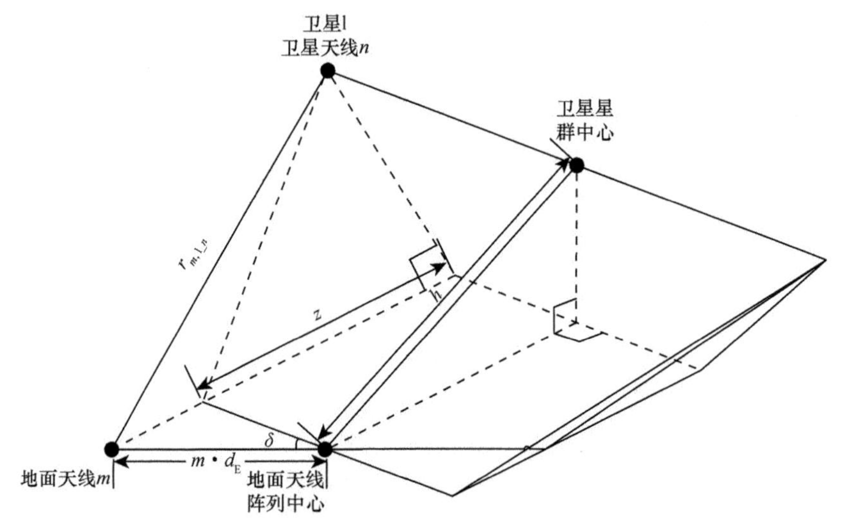

图 8-7 MIMO 卫星通信系统几何模型（b）

$$r_{m_E,m_S\_m_L}=\sqrt{\begin{aligned}&h^2+\left[\left(m_S-\frac{M_S}{2}-\frac{1}{2}\right)d_S+\left(m_L-\frac{M_L}{2}-\frac{1}{2}\right)d_L-\left(m_E-\frac{M_E}{2}-\frac{1}{2}\right)d_E\cos\delta\right]^2+\\&\left[\left(m_E-\frac{M_E}{2}-\frac{1}{2}\right)d_E\sin\delta\right]^2+2z\cdot\left(m_E-\frac{M_E}{2}-\frac{1}{2}\right)d_E\sin\delta\end{aligned}}\approx$$

$$h+\frac{\left[\left(m_S-\frac{M_S}{2}-\frac{1}{2}\right)d_S+\left(m_L-\frac{M_L}{2}-\frac{1}{2}\right)d_L-\left(m_E-\frac{M_E}{2}-\frac{1}{2}\right)d_E\right]^2}{2h}+ \tag{8-26}$$

$$\frac{\left(m_E-\frac{M_E}{2}-\frac{1}{2}\right)d_E}{h}\left\{(1-\cos\delta)\cdot\left[\left(m_S-\frac{M_S}{2}-\frac{1}{2}\right)d_S+\left(m_L-\frac{M_L}{2}-\frac{1}{2}\right)d_L\right]+\sin\delta\cdot z\right\}$$

代入式（8-25）左边可得

$$\begin{aligned}&(r_{k,c\_d}-r_{l,c\_d})-(r_{k,e\_f}-r_{l,e\_f})\approx\\&\frac{\cos\delta}{h}(k-l)\cdot d_E\left[(e-c)\cdot d_S+(f-d)\cdot d_L\right]\end{aligned} \tag{8-27}$$

因此式（8-25）可改写为

$$\begin{aligned}&\frac{\cos\delta}{h}(k-l)\cdot d_E\cdot d_S\left[(e-c)+(f-d)\cdot\frac{d_L}{d_S}\right]=\\&\frac{c_0}{f_0}\left[\frac{(c-e)}{M_S}+\frac{\Delta\theta}{2\pi}(d-f)\right]\cdot v,\ v\in\mathbb{Z},\ M_S\nmid v\end{aligned} \tag{8-28}$$

即

$$\frac{\cos\delta}{h}(k-l)d_E\cdot d_L=\frac{c_0\Delta\theta}{2\pi f_0}(-v) \tag{8-29}$$

$$\frac{\cos\delta}{h}(k-l)d_E\cdot d_S=\frac{c_0}{f_0M_S}(-v) \tag{8-30}$$

当 M_L=1 时，恰好是第 8.4.1 节中讨论的情况。

当 M_S、$M_L\neq 1$ 时，利用式（8-29）和式（8-30），此时能达到最大信道容量的地面天线阵列间距 d_E 为

$$d_{\rm Eopt}=\frac{c_0h}{M_Sf_0\cos\delta\cdot d_S}\cdot\frac{-v}{k-l}\geqslant\frac{c_0h}{M_Sf_0\cos\delta\cdot d_S} \tag{8-31}$$

并且满足

$$\Delta\theta = \frac{2\pi}{M_S} \cdot \frac{d_L}{d_S} \tag{8-32}$$

于是可以得出以下结论。

① 当 $d_E = \frac{c_0 h}{M_S f_0 \cos\delta \cdot d_S} \cdot u$，$u \in \mathbb{Z}_+$，$M_S \nmid u$时，信道容量可以取到最大值 $C_{opt} = \min\{M_R, M_T\} \cdot \mathrm{lb}\,(1 + \rho|a|^2 \max\{M_R, M_T\})$。

② 信道容量曲线关于 d_E 呈周期性波动，其周期性体现在：一是小数量级范围内的峰—谷波动（由多卫星引起），其谷—谷周期为$D_S = \frac{c_0 h}{f_0 \cos\delta \cdot d_S}$；二是大数量级范围内曲线的包络函数的周期性（由卫星上的多天线引起），其周期为 $D_L = \frac{c_0 h}{f_0 \cos\delta \cdot d_L}$。

3. 仿真对比

利用经纬度坐标对该系统进行一系列仿真对比。仿真中分别改变卫星数目、卫星天线数目和相邻卫星角间距，观察星群协同阵列天线通信系统的信道容量随地面天线阵列间距 d_E 的变化情况。

在 M_E=2，M_L=2 的多卫星多天线 MIMO 通信系统中，仿真结果如图 8-8 所示。

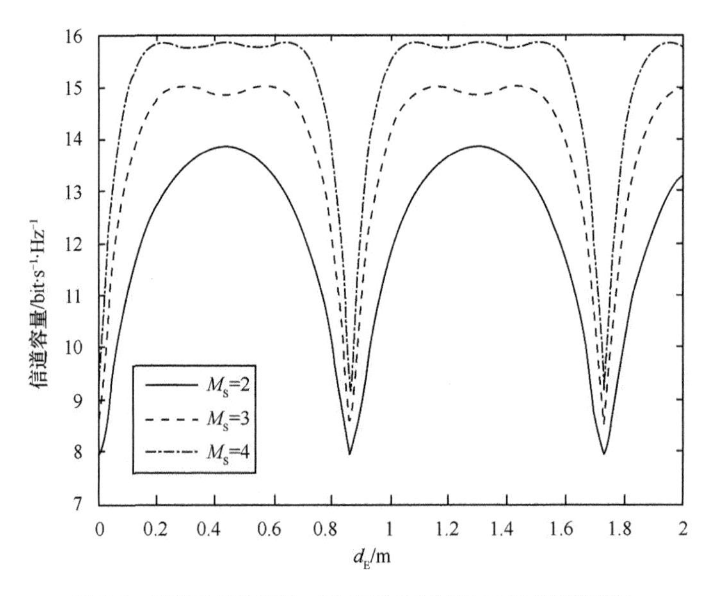

图 8-8　不同卫星数目下，多卫星多天线 MIMO 通信系统信道容量与地面天线间距的关系（小数量级）

在同样的系统中，考虑 d_E 处于大数量级的情况，仿真结果如图 8-9 所示。

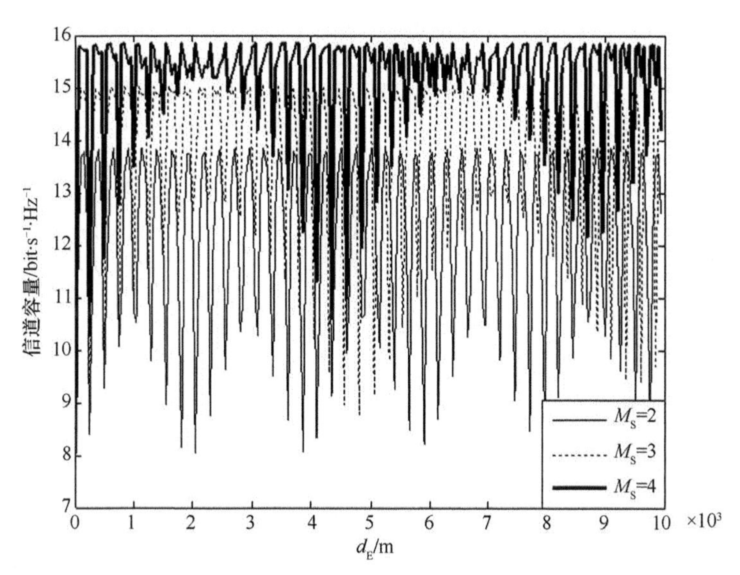

图 8-9　不同卫星数目下，多卫星多天线 MIMO 通信系统信道容量与地面天线间距的关系（大数量级）

在 M_S=2，M_E=2 的多卫星多天线 MIMO 通信系统中，改变卫星上天线的数目，仿真结果如图 8-10 所示。

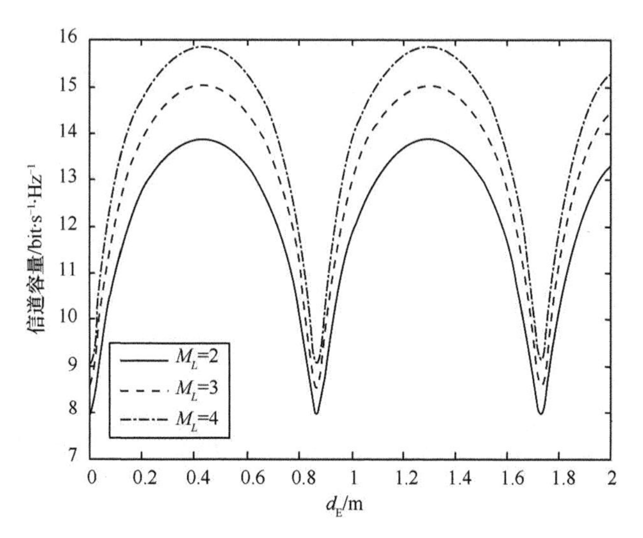

图 8-10　不同卫星天线数目下，多卫星多天线 MIMO 通信系统信道容量与地面天线间距的关系

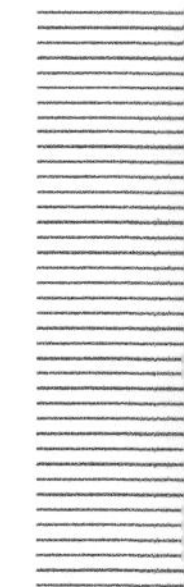

在 M_S=2，M_E=2，M_L=2 的多卫星多天线 MIMO 通信系统中，改变相邻两颗卫星之间的角间距，仿真结果如图 8-11 所示。

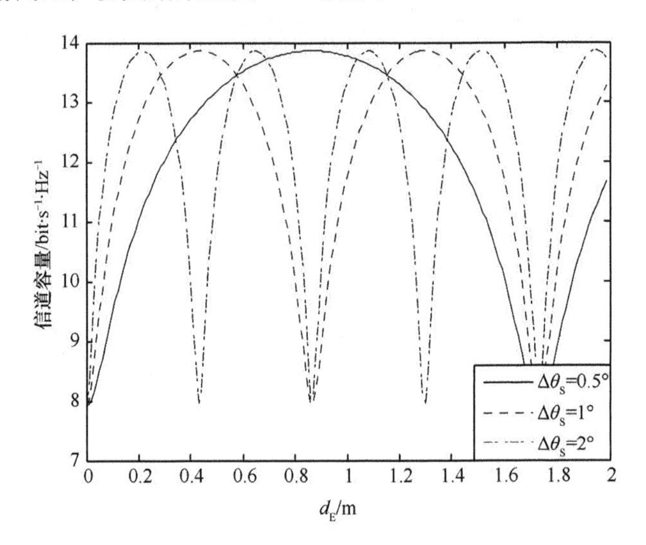

图 8-11　不同卫星角间距下，多卫星多天线 MIMO 通信系统信道容量与地面天线间距的关系

仿真结果表明，当 d_E 处于小数量级范围内时，信道容量随 d_E 的变化趋势与第 8.4.1 节中的情况类似：增加卫星数目、增大相邻卫星的角间距，都会导致首次达到最大信道容量的 d_{Eopt} 减小。

而当 d_E 处于大数量级范围内时，可以看出信道容量随着 d_E 将会发生以 $D_L=\dfrac{c_0h}{f_0\cos\delta\cdot d_L}$ 为周期的周期性波动。在一个周期内，由于 $d_E=\dfrac{c_0h}{M_Sf_0\cos\delta\cdot d_S}\cdot u$，$u\in\mathbb{Z}_+$，$M_S\nmid u$ 的周期性，信道容量在两侧会出现快速的抖动波纹。这一情况将在 $\dfrac{c_0h}{M_Lf_0\cdot d_L}\cdot p$（$p\in\{1,2,\cdots,M_L-1\}$）附近得到改善，$d_E$ 越接近 $\dfrac{c_0h}{M_Lf_0\cdot d_L}\cdot p$，信道容量抖动的峰—谷差值越小，波纹也趋于平缓。

| 8.5　星群协同 MIMO 系统容量影响因素分析 |

MIMO 卫星通信系统信道容量的最优化设计，关键在于产生正交的上行和下行链路，这就要求卫星及地面终端的均匀线性天线阵列满足特定的结构和布局。

搭载窄间距天线的单卫星在地面上的天线间距会非常大，所以就设计尺寸

的精确度而言，单卫星对地面最优天线间距的偏移有着较好的抗性。在进一步的分析中，MIMO 系统信道容量的影响因素不仅仅包括地面天线间距的误差，地面天线 ULA 方位角 δ 的偏差同样应当纳入考虑，这些不利因素很可能会逐渐叠加到一个较大的程度，所以我们有必要找到一个可以实际上便于操控的最优化设置。

对小尺寸的地面终端而言，比如便携式或者移动式卫星通信终端，小尺寸的地面端天线孔径的设计很有必要。在多卫星 MIMO 系统的条件下，具有较大容量增益的同时，在地面终端有满足小尺寸天线孔径信道的设计，理论上是可以实现的。

由于 MIMO 对再生有效载荷利用充分，所以设计过程中的主要工作都在于地面工作站。只要上、下行链路保持正交，卫星载荷的设计复杂度就会得到降低，这也是 MIMO 卫星通信系统的优势所在。然而在实际应用中，有时需要为此付出相当大的工作量，不仅需要确定合适的天线阵列排布，还需要考虑实际因素的限制，例如通信环境的变化、卫星本身机动性的影响等。这些限制在一定程度上为保持信道的正交性增加了难度，这是我们在卫星通信系统的设计工作中所极力避免的。

因此，我们有必要在信道设计复杂度与信道容量优化之间采取某种折中的策略。我们将在这一节分析并量化实际因素在 MIMO 卫星通信系统中引起的信道容量衰减，并进一步提出针对这一情形可以采取的合理改进措施。

8.5.1　单天线星群

我们采用 8.3.1 节所建立的星群协同系统模型。前文中已经对该系统的信道容量与收、发天线排布之间的关系做了初步探讨。

根据第 8.4 节的推导，我们已经得出了卫星通信系统的信道容量随着地面阵列天线间距 d_{E} 变化的关系即

$$d_{\mathrm{Eopt}}=\frac{c_0 h}{M_{\mathrm{S}} f_0 \cos\delta\cdot d_{\mathrm{S}}}\cdot u\geqslant\frac{c_0 h}{M_{\mathrm{S}} f_0 \cos\delta\cdot d_{\mathrm{S}}},\ u\in\mathbb{Z}_{+},\ M_{\mathrm{S}}\nmid u \tag{8-33}$$

对于多颗协同卫星搭载单天线的系统，式（8-33）同样成立，它与多颗协同卫星搭载阵列天线系统的区别仅仅在于，单天线系统的信道容量峰—谷值稳定，不会发生信道容量包络上下波动的状况。作为星群协同阵列天线系统的特殊情况，多卫星单天线通信系统受实际因素影响的讨论要相对简单一些。

因为一根典型的基站天线不可能让不同的卫星同时接收信号，与单颗卫星应用相比，搭载了不同 MIMO 天线单元的多颗在轨卫星系统中，卫星层面天线间距明显变大。因此，地面终端的天线间距相应变小。当 u=1 时，最优值 d_{Eopt}（u=1）是可计算的；当选取$u\in\mathbb{Z}_{+}$，$M_S\nmid u$时最优值 d_{Eopt}（u>1）依然可以

由计算得出，但数值略微变大。地面终端最优的阵列天线间距随 u 的改变呈现周期性变化。信道容量是关于 d_E 的周期函数，周期为 $D_S = \dfrac{c_0 h}{f_0 \cos\delta \cdot d_S}$，峰值位于 $d_E = \dfrac{c_0 h}{M_S f_0 \cos\delta \cdot d_S} \cdot u$，$u \in \mathbb{Z}_+$，$M_S \nmid u$。

综合以上因素，有关天线的最优几何排布，可以观察到以下 3 种现象。

① 在轨卫星的间距与地面终端的天线间距成反比；

② 随着地面天线 ULA 方向角 δ 的增加，地面终端或者卫星的天线最优距离也相应增加；

③ 地面终端最优的天线距离随 u 值的改变呈周期性变化。

在 f_c=18 GHz，M_S=M_E=2，u=1 的多卫星单天线 MIMO 通信系统中，最优几何排布的仿真结果如图 8-12 所示。

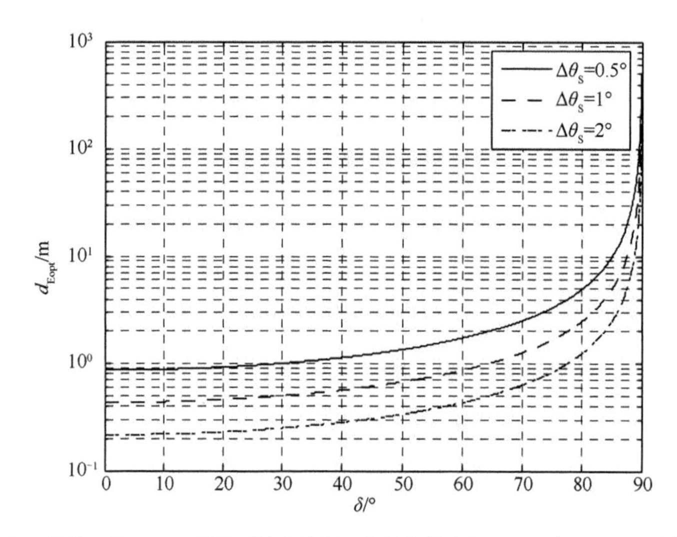

图 8-12 多卫星单天线 MIMO 通信系统中地面天线最优排布间距 d_{Eopt} 与 ULA 方位角 δ 的关系

实际因素引起的信道容量衰落，大多是由这几个方面影响了信道矩阵的正交性而造成的。接下来，我们对实际因素造成的影响进行量化分析。

1. 影响信道衰落因素的描述与分类

我们要描述的是在实际 MIMO 系统信道中显现出来的信道容量衰落，是由天线阵列偏离了最佳几何排布所造成的。为便于描述，这种情况在后文中表述为位置误差（Miss-Positioning）。

信道衰落的实际原因归纳如下。

（1）地面端最优天线参数的设置偏差

- 地理位置 θ_E、ϕ_E；

- 内部天线间距 ϕ_E；
- 均匀线性阵列（ULA）的方向角 δ。

（2）星群端最优参数的偏差

- 卫星姿态的变动；
- 卫星位置保持机动所造成的信道衰落。

2. **地面终端可能的影响因素**

（1）最优地理位置的偏差

实际结果是，经过 ULA 方向角 δ 和天线间距 d_E 的修正，地理位置的影响（经度 θ_E 和纬度 ϕ_E 的偏差）可以忽略不计。正是这样稳定的表现，才使得前文讨论过的 MIMO 系统在不同场景下的应用有了一般性的意义。

（2）最优地面终端天线间距的偏差

在图 8-13 中，与最优值相比，信道容量作为位置误差 Δd_E 的函数，在本节多卫星单天线的下行链路系统中以实例形式展现。

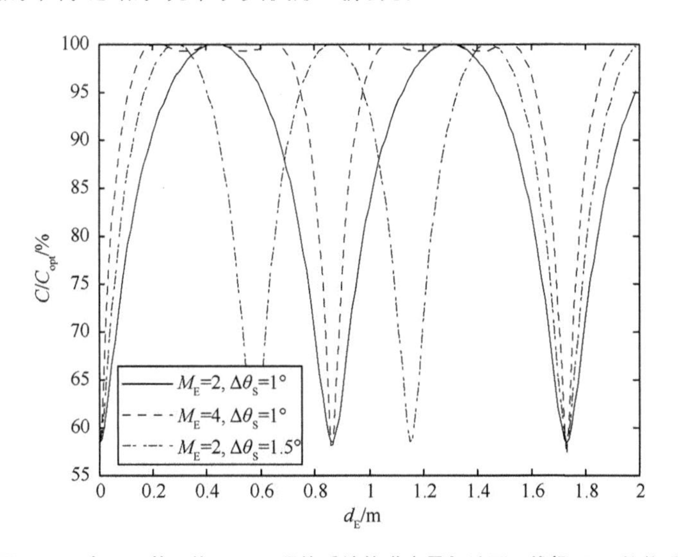

图 8-13 多卫星单天线 MIMO 通信系统信道容量与地面天线间距 d_E 的关系

可以看出，对于 M_S=2，M_E=2 的系统而言，为了保证至少达到 90%C_{opt}，首先，必须要求位置准确度 Δd_E(≥90%C_{opt})=±23 cm；其次，随着卫星角间距 $\Delta\theta_S$ 的增大，允许的 d_E 误差降低，要求的位置准确度增加；最后，随着地面终端天线数目的增加，信道容量的衰落也相对减小，在相同条件下，如果地面终端天线数目由 2 根增加至 4 根，仍然要求信道容量达到 90%C_{opt}，则允许误差范围增至 ±35.5 cm，要求的位置精确度有所下降。

因此，为了降低与实际工作量正相关的位置精确度的要求，应当尽量满足以下结论。

① 地面阵列天线最小间距 $d_{Eopt}|_{u=1}$ 应尽可能大；

② 轨道卫星的角间距不能过大；

③ 地面终端尽量采用更多的阵列天线。

因此，对于一个星群协同通信系统而言，为了保证达到 90%C_{opt} 所要求的地面天线间距 d_E 的位置精确度，设计者必须付出相当大的工作量。对于单卫星多天线系统来说，要求的位置精确度（±20 km）很容易维持，但在多星的情况下对 d_{Eopt} 的偏差要求却异常严格。

在 M_S=2 的多卫星单天线 MIMO 通信系统中，仿真结果如图 8-13 所示。

（3）最优 ULA 方向角 δ 的偏差

由已知结论容易证明，图 8-14 中信道容量作为 ULA 方向角 δ 的函数，再一次体现了地面终端多天线的优势，因为天线数目的增多有利于 C_{opt} 的稳定。当 δ 增加时，d_E–δ 曲线斜率增加，$d_{Eopt}(u=1)$ 迅速增大，对 δ 的精确度要求更高。例如，在图 8-14 所示的多卫星单天线系统（M_S=2，M_E=2）中，若要求信道容量达到 90%C_{opt}，δ 允许的误差必须维持在 ±90° 范围内。这比单卫星多天线时大约 ±10° 的情况好得多，说明多卫星单天线的情况下对于 δ 的精确度要求有所降低。最后，通信系统所要求的 d_E 精确度与所选参数 u 直接相关，这一点可以从仿真图中得到。对于更高的 u 值，地面天线间距 $d_{Eopt}(u>1)$，$u \in \mathbb{Z}_+$，$M_S \nmid u$ 相对于最小值 $d_{Eopt}(u=1)$ 而言，在偏离 d_{opt} 的情形下会引起 C_{opt} 更严重的衰落。

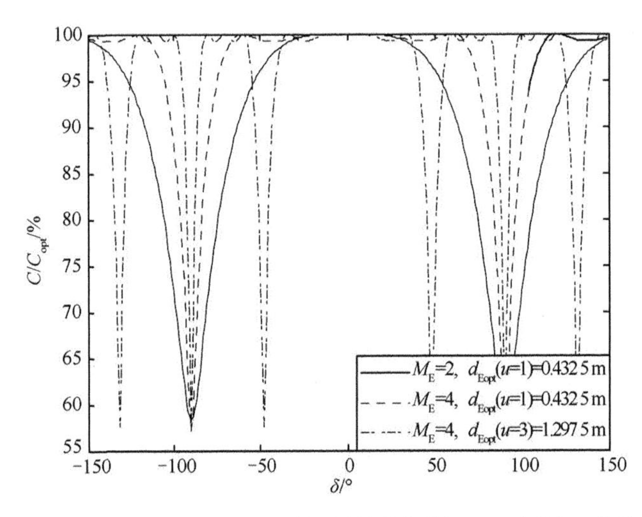

图 8-14 多卫星单天线 MIMO 通信系统信道容量与 ULA 方位角 δ 的关系

在前文陈述结论的基础上，为进一步减小对 δ 的精确度要求，应当满足以下条件。

① ULA 方位角 δ 应尽量地小。

② 设计参数 u（$u \in \mathbb{Z}_+$，$M_S \nmid u$）应尽可能选择较小的值。

③ 地面终端尽量采用更多的阵列天线。

在 M_S=2 的多卫星单天线 MIMO 通信系统中，仿真结果如图 8-14 所示。

3．卫星机动感应产生的信道衰落

文献 [21] 探讨了卫星运动影响通信系统的相关知识。

图 8-15 列举了可能发生的卫星动作。卫星的姿态可以用局部坐标系来描述，其质心局部坐标系的原点，向 3 个方向分别延伸出垂直轴、翻滚轴和偏航轴。卫星将通过翻滚、平移和离心向心运动，在经度、纬度和径向 3 方面发生偏移。

（1）卫星姿态的改变

幸运的是，卫星姿态的偏移对 MIMO 信道正交性的影响可以忽略不计。当然，在图 8-15 中列举的范围内卫星姿态发生改变的话会导致覆盖区域的漂移，甚至可能是接收功率的降低。这会降低总体的数据传输速率，但不会影响最优化的 MIMO 卫星信道的正交性，所以并不是实际调查研究的重点。

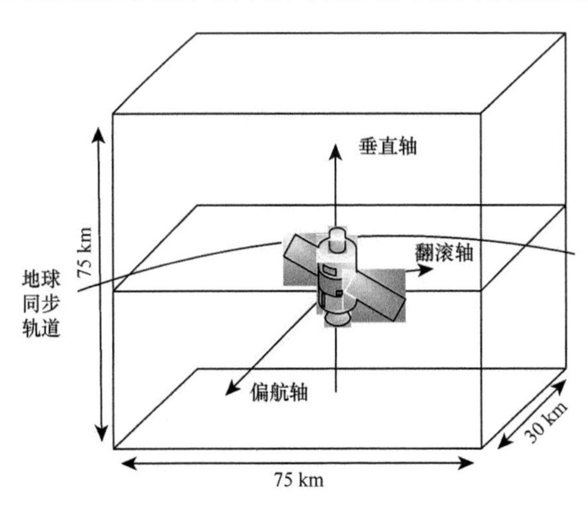

图 8-15　地球同步卫星轨道上可能发生的卫星动作

（2）卫星的位置保持机动

最后我们讨论由于独立运动产生的轨道偏移对信道衰落的影响。这种现象在单卫星情形下的影响可以忽略不计，但在多颗卫星情形下对信道强加了额外的限制。结果再一次表明，信道容量的衰落和实际天线间距 $d_E=u \cdot d_{Eopt}|_{u=1}$ 密切相关，因此信道容量的稳定性依赖于 u 的选择。与图 8-13 的结果类似，信道容量

的衰落是地面终端天线间距的函数。具体的推导可以参考下一节。

为了获得任何想要的 C_{opt} 值，这一部分的结论总结如下。

地面终端最优天线间距 d_{Eopt} 根据地面基站所使用的天线数目被限制在一个特殊的极大值，但这与实际的卫星间距无关。

8.5.2 阵列天线星群

我们采用第 8.3.2 节所建立的星群协同阵列天线系统模型，对理论结果进行进一步讨论。前文中已经对该系统的信道容量与收、发天线排布之间的关系做了初步探讨。

根据第 8.4 节的推导，我们已经得出了多卫星多天线卫星通信系统的信道容量随着地面阵列天线间距 d_{E} 变化的关系，即

$$d_{\text{Eopt}}=\frac{c_0 h}{M_{\text{S}} f_0 \cos\delta \cdot d_{\text{S}}}\cdot u \geqslant \frac{c_0 h}{M_{\text{S}} f_0 \cos\delta \cdot d_{\text{S}}},\ u\in\mathbb{Z}_+,\ M_{\text{S}} \nmid u \tag{8-34}$$

在第 8.4.2 节中，我们得出了简单的结论：对于多颗协同卫星搭载多天线的系统，信道容量在 d_{E} 处于小数量级范围内时是随着 d_{E} 变化的周期函数；而当 d_{E} 处于大数量级范围内时，信道容量将出现快速抖动，其峰—谷值的包络随着 d_{E} 的变化出现周期性的上下波动。在一个周期内，由于$d_{\text{Eopt}}=\frac{c_0 h}{M_{\text{S}} f_0 \cos\delta \cdot d_{\text{S}}}\cdot u$，$u\in\mathbb{Z}_+$，$M_{\text{S}} \nmid u$的周期性，信道容量在两侧会出现快速的抖动波纹。这一情况将在 $\frac{c_0 h}{M_L f_0 \cdot d_L}\cdot p\ (p\in\{1,2,\cdots,M_L-1\})$ 附近得到改善，d_{E} 越接近 $\frac{c_0 h}{M_L f_0 \cdot d_L}\cdot p$，信道容量抖动的峰—谷差值越小。

当 d_{E} 处于小数量级范围内时，信道容量随 d_{E} 的变化与多卫星单天线的 MIMO 系统情形类似，因此由数学表达式推导出的结论也是类似的。

① 在轨卫星之间的间距与地面终端的天线间距成反比。

② 随着地面天线 ULA 方向角的增加，地面终端或者卫星的天线最优距离也相应增加。

③ 地面终端最优的天线距离随 u 值改变而呈周期性变化。

当 d_{E} 处于大数量级范围内时，信道容量随 d_{E} 的变化出现特殊的关系：在一个周期的两侧，信道容量曲线会出现快速的抖动波纹。这一情况将在 $\frac{c_0 h}{M_L f_0 \cdot d_L}\cdot p\ (p\in\{1,2,\cdots,M_L-1\})$ 附近得到改善。

图 8-16 展示了一个 f_{c}=18 GHz，M_{S}=M_{E}=M_L=2，u=1 的多卫星多天线 MIMO

通信系统中，信道容量最优化时地面天线间距 d_E 与地面接收天线 ULA 方位角 δ 的相互关系。

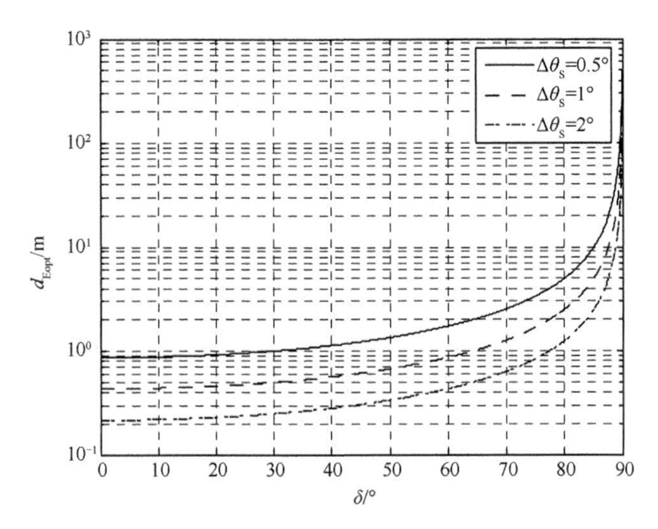

图 8-16 多卫星单天线 MIMO 通信系统地面天线最优排布间距 d_{Eopt} 与 ULA 方位角 δ 的关系

接下来，我们就实际因素对信道容量衰落造成的影响进行量化分析。

1．影响信道衰落因素的描述与分类

在实际星群协同阵列天线 MIMO 系统信道中显现出来的信道容量衰落，同样是由天线阵列偏离最佳几何排布所造成的位置误差导致的。

与第 8.5.1 小节类似，信道衰落的实际原因归纳如下。

（1）地面端最优天线参数的设置偏差

- 地理位置 θ_E、ϕ_E；
- 内部天线间距 d_E；
- 均匀线性阵列（ULA）的方向角 δ。

（2）星群端最优参数的偏差

- 卫星姿态的变动；
- 卫星位置保持机动所造成的信道衰落。

2．地面终端可能的影响因素

（1）最优地理位置的偏差

事实上，经过 ULA 方向角 δ 和天线间距 d_E 的修正，地理位置的影响（经度 θ_E 和纬度 ϕ_E 的偏差）可以忽略不计，这与多卫星单天线 MIMO 系统是类似的。因此，在典型的理想位置条件下提出的有关信道容量与天线排布方式的结论同样具有普遍性。

（2）最优地面终端天线间距的偏差

在多卫星多天线的下行链路系统中，与最优值相比，信道容量随位置误差 Δd_E 变化的仿真情况如图 8-17 所示。

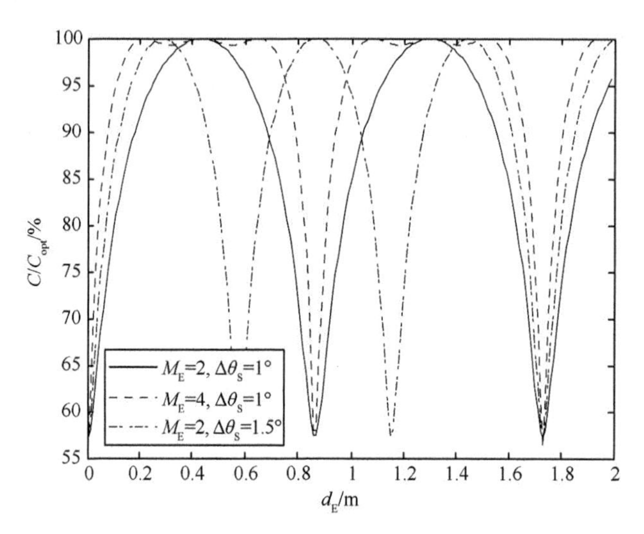

图 8-17　多卫星多天线 MIMO 通信系统信道容量与地面天线间距 d_E 的关系

此处给出与第 8.4.1 节类似的分析。

为了保证信道容量至少达到 C_{opt} 的 90%，首先，必须要求位置准确度 $\Delta d_E(\geq 90\%C_{opt})=\pm 25$ cm；其次，随着卫星角间距 $\Delta\theta_S$ 的增大，允许的 d_E 误差降低，要求的位置准确度增加；最后，随着地面终端天线数目的增加，信道容量的衰落也相对减小，例如，在相同条件下，如果地面终端天线数目增加至 M_E=4 根，仍然要求信道容量达到 90%C_{opt}，则允许误差范围增至 ±35.5 cm，相比 M_E=2 的情况，要求的位置精确度有所下降。

为了降低与实际工作量正相关的位置精确度的要求，我们得出的结论也是类似的。

① 地面阵列天线最小间距 $d_{Eopt}|_{u=1}$ 应尽可能地大；

② 轨道卫星的角间距不能过大；

③ 地面终端尽量采用更多的阵列天线。

在多卫星多天线 MIMO 通信系统的情况下，信道容量对 d_{Eopt} 的偏差要求非常严格。

在 M_S=2，M_L=2 的多卫星多天线 MIMO 通信系统中，信道容量的仿真结果如图 8-17 所示。

（3）最优 ULA 方向角 δ 的偏差

同样地，图 8-18 中信道容量作为 ULA 方向角 δ 的函数再一次表明，因为天线数目的增多有利于 C_{opt} 的稳定，多天线系统有利于加强信道增益。当 δ 增加时，d_{E}–δ 曲线斜率增加，$d_{\mathrm{Eopt}}(u=1)$ 迅速增大，对 δ 所要求的精确度更高。与多卫星单天线 MIMO 系统类似，对于较大的 u 值，在偏离 d_{opt} 的情形下会引起 C_{opt} 更加快速地衰落。

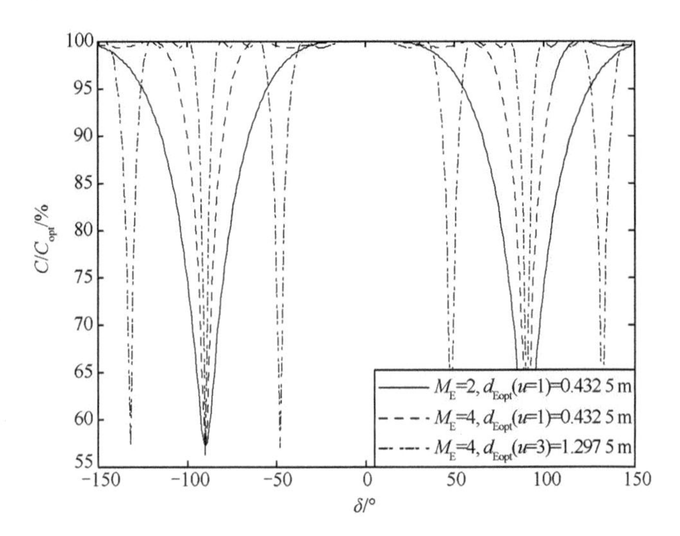

图 8-18 多卫星多天线 MIMO 通信系统信道容量与 ULA 方位角 δ 的关系

为进一步减小对 δ 的精确度要求，多卫星多天线 MIMO 系统应当满足以下条件。

① ULA 方位角 δ 应尽量地小，尽管允许的误差相比多卫星单天线 MIMO 系统而言有所放宽；

② 设计参数 u（$u\in\mathbb{Z}_+$，$M_{\mathrm{S}}\nmid u$）应该尽可能选择较小的值；

③ 地面终端尽量采用更多的阵列天线。

在 $M_{\mathrm{S}}=2$，$M_L=2$ 的多卫星多天线 MIMO 通信系统中，信道容量的仿真结果如图 8-18 所示。

（4）地面天线间距处于大数量级范围时信道容量抖动带来的影响

由于 u 引起的包络函数的周期性，在大数量级的范围内，信道容量是关于 d_{E} 的、以 $D_L=\dfrac{c_0 h}{f_0\cos\delta\cdot d_L}$ 为周期的周期函数，如图 8-19 所示。

与第 8.5.1 节讨论的情形不同的是，在一个周期内，由于 $d_{\mathrm{Eopt}}=\dfrac{c_0 h}{M_{\mathrm{S}} f_0\cos\delta\cdot d_{\mathrm{S}}}\cdot u$，

$u \in \mathbb{Z}_+$，$M_S \nmid u$ 的周期性，信道容量在周期的两侧会出现快速的抖动波纹。这一情况将在 $\frac{c_0 h}{M_L f_0 \cdot d_L} \cdot p$（$p \in \{1,2,\cdots,M_L-1\}$）附近得到改善，$d_E$ 越接近 $\frac{c_0 h}{M_L f_0 \cdot d_L} \cdot p$，信道容量抖动的峰—谷差值越小。我们不妨将这些改善的点称为抖动平缓点。

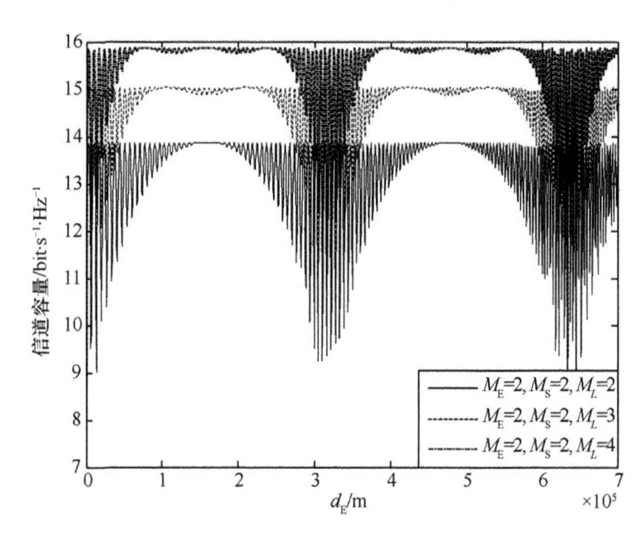

图 8-19　多卫星多天线 MIMO 通信系统信道容量在大数量级 d_E 处产生的抖动波纹

这提示我们，适当地提高 u 值、靠近抖动平缓点，将使信道容量的抖动趋于平缓，对 d_E 的误差造成的容量波动也会越发宽容。

现在以 M_S=2，M_E=2，M_L=2 的 MIMO 系统为例研究其第一个周期。

可以将信道容量曲线视作在上、下界包络之间的波纹曲线。其中，上界是一条与 x 轴平行的直线，y 值满足信道容量等于最大值 C_{opt}；下界是一条以 $\frac{c_0 h}{M_L f_0 \cdot d_L}$ 为对称轴的轴对称上凸曲线。

从图 8-20 可以看出，当 $d_E \in [0.67, 2.54] \times 10^5$（m）时，无论 d_E 的误差有多大，信道容量都不会低于最大值的 90%。这时完全可以不再严格要求 d_E 满足最优条件，也可以保证即便是由误差导致的最差情况下，系统也能够达到足够的信道容量。

因此，我们可以得到结论：适当地增加 u 值，能够有效地保证多卫星多天线 MIMO 系统的信道容量即便在误差很大的情况下，也能够达到所要求的最低值。

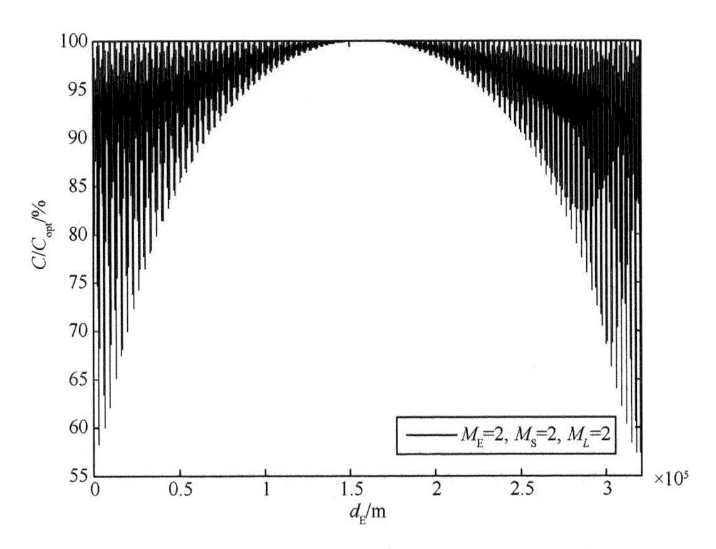

图 8-20 M_S=2，M_E=2，M_L=2 的 MIMO 通信系统信道容量在大数量级 d_E 处的抖动波纹

3. 卫星机动感应产生的信道衰落

参考第 8.5.1 节图 8-15 中列举的地球同步卫星轨道中，可能发生的卫星动作：卫星的质心位于垂直轴、翻滚轴和偏航轴的原点；卫星将通过翻滚、平移和离心向心运动，在经度、纬度和径向 3 方面发生偏移。

（1）卫星姿态的改变

与多卫星单天线 MIMO 系统类似，卫星姿态的偏移对 MIMO 信道正交性的影响可以忽略不计，即便是卫星姿态发生改变而导致的覆盖区域的漂移乃至接收功率的降低，在降低总体数据传输速率的同时也不会影响最优化的 MIMO 卫星信道的正交性。因此，在本系统中这同样不是实际调查研究的重点。

（2）卫星的位置保持机动

最后，我们讨论由于独立运动产生的轨道偏移对信道衰落的影响。这种现象在单卫星情形下的影响可以忽略不计，但在多颗卫星情形下强加了额外的限制。结果再一次表明，信道容量的衰落和实际天线间距 $d_E = u \cdot d_{\text{Eopt}}\big|_{u=1}$ 密切相关，因此信道容量的稳定性依赖于 u 的选择。

与图 8-17 的结果类似，信道容量的衰落是地面终端天线间距的函数。

图 8-21 是 M_S=2，M_L=2 的多卫星多天线 MIMO 系统中，在蒙特卡罗仿真的最坏情况下，将卫星轨道偏移考虑在内之后，信道容量与地面天线间距 d_E 的函数。横坐标包含了通过增加 $u \in \mathbb{Z}_+$ 获得的离散值，每个坐标值 $C\left(u \cdot d_{\text{Eopt}}\big|_{u=1}\right)$ 是代表了最坏情形下的信道容量的蒙特卡罗仿真结果。

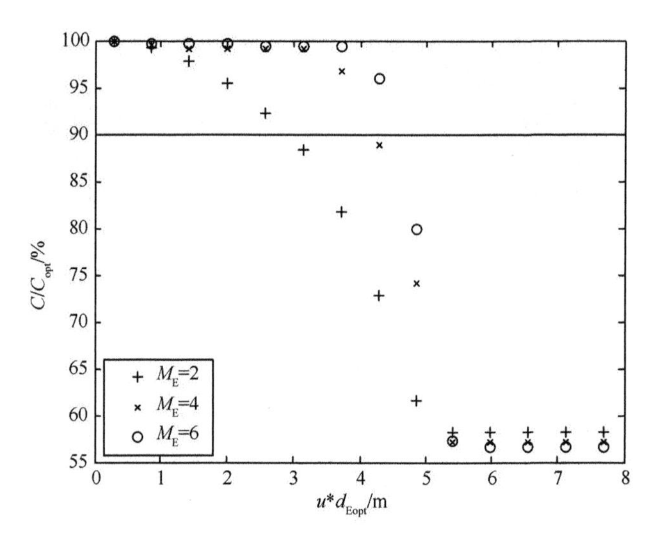

图 8-21 多卫星多天线 MIMO 通信系统中，蒙特卡罗仿真的最坏情况下，卫星轨道偏移被考虑在内之后，信道容量作为地面天线间距的函数

我们发现，如果接收天线的数目足够多，卫星轨道偏移就不会造成显著的信道容量衰落，最重要的是此时 u 的值依然相对较小。换句话说，如果地面终端选择了较大的天线间距，即使是发生轻微的卫星位置的改变，系统也会对此异常敏感。对于较大的 u 值（如曲线所示），这意味着信道容量可能会降至很小。例如，在本节采用的通信系统背景下，对 M_E=2 的系统来说，为了保证达到 90%C_{opt}，最大内部天线间距必须保证低于 $d_{Eopt}\approx 2.5$ m。如果条件允许，M_E=4 会是一个比较理想的选择，在这种情况下，$d_{Eopt}\approx 4$ m。

为了获得任何想要的 C_{opt} 值，我们得出以下结论：地面终端最优天线间距 d_{Eopt} 根据地面基站所使用的天线数目被限制在一个特殊的极大值，但这与实际的卫星间距无关。

8.6 本章小结

由于空间维度的应用，MIMO 技术是提高卫星通信平台信道容量的一种行之有效的方法。通过卫星端和地面终端天线的适当排布以形成正交的上、下行链路，就可以获得最佳复用增益。

卫星通信 MIMO 系统达到最大信道容量的关键在于产生正交的上、下行链路信道，这要求收、发天线阵列满足一定的排布规律。星群协同多波束传输技术为搭建满足最优化条件的天基传输平台提供了技术支持。对于星群协同阵列天线而言，这一排布需要综合考虑地面天线阵列的间距与 ULA 方向角、星群阵列的间距与星上阵列天线的排布。仿真证实，星群 MIMO 系统中满足比例关系的地面天线排布方案可以达到最大信道容量，它综合了多天线单卫星和单天线多卫星系统的优势。

尽管这些要求对系统设计强加了许多实际限制，多数情况下必须付出的工作量还是在可以接受的范围之内。搭载窄间距天线的单卫星在地面上的天线间距会非常大，所以单卫星对地面最优天线间距的偏移有较好的抗性。多卫星多天线的 MIMO 技术，理论上可以让地面终端天线拥有较小的、切合实际情况的间距，同时降低了对地面天线 ULA 方向角精度的要求。在采取一定的措施之后，这种技术还可以保证在尽量减小地面天线间距的同时，有相当大的概率能达到很高的信道容量，而且即便在误差导致的最差情况下，其信道容量也不至过低。最优化的链路把用户对系统设计的自由度限制为一系列参数的组合。卫星的轨道偏移并不容易控制，它们在单卫星情形下几乎不相关，而在多卫星情形下却是一个关键的误差源。

此外，最优化的信道容量和星群 MIMO 系统还受到实际衰落误差源的影响。就天线间距精确度而言，以当下的技术水平，天线指向精确度和跟踪性能可以同时被满足，卫星、地面基站和优良性能的信道在合适的工作量下是可以实现的。

参考文献

[1] AMIOT T, DOUCHIN F, THOUVENOT E, et al. The interferometric cartwheel: a multi-purpose formation of passive radar microsatellites[C]// IEEE International Geoscience and Remote Sensing Symposium, 2002, 1: 435-437.

[2] KRIEGER G, MOREIRA A, FIEDLER H, et al. TanDEM-X: a satellite formation for high-resolution SAR interferometry [J]. IEEE Transactions on Geoscience and Remote Sensing, 2007, 45(11): 3317-3341.

[3] D'ERRICO M, MOCCIA A. The BISSAT mission: a bistatic SAR operating information with COSMO/SkyMed X-band radar[C]// IEEE Aerospace Conference Proceedings, 2002, 2: 809-818.

[4] BURNS R, MCLAUGHLIN C A, LEITNER J, et al. TechSat 21: formation design, control, and simulation[C]// IEEE Aerospace Conference Proceedings , 2000, 7: 19-25.

[5] GIRARD R, LEE P F, JAMES K. The RADARSAT-2&3 topographic mission: an overview[C]// IEEE International Geoscience and Remote Sensing Symposium, 2002, 3: 1477-1479.

[6] 杨海平 , 胡向辉 , 李毅 . 先进极高频（AEHF）[J]. 数字通信世界 , 2008, (6): 84-87.

[7] 杭观荣 , 康小录 . 美国 AEHF 军事通信卫星推进系统及其在首发星上的应用 [J]. 火箭推进 , 2011, 37(6): 1-8.

[8] 吴学智 , 武兵 , 何如龙 . 外军新一代卫星通信系统及关键技术研究 [J]. 通信技术 , 2012, 45(9): 7-12.

[9] ARAPOGLOU P-D, LIOLIS K, BERTINELLI M, et al. MIMO over satellite: a review [J]. IEEE Communications Surveys & Tutorials, 2011, 13(1): 27-51.

[10] ALAGOZ F, GUR G. Energy efficiency and satellite networking: a holistic overview [J]. Proceedings of the IEEE, 2011, 99(11): 1954-1979.

[11] STEYSKAL H, SCHINDLER J K, FRANCHI P, et al. Pattern synthesis for TechSat21-A distributed spacebased radar system[J]. IEEE Antennas and Propagation Magazine, 2003, 45(4): 19-25.

[2] 冯少栋 , 张卫锋 , 张建幸 . 美军下一代转型卫星运控系统设计 [J]. 数字通信世界 , 2009, (9): 59-63.

[13] 荀亮 , 魏迎军 , 申振 , 等 . 分离模块航天器研究综述 [J]. 飞行器测控学报 , 2012, 31(2): 7-12.

[14] 刘豪 , 梁巍 . 美国国防高级研究计划局 F6 项目发展研究 [J]. 航天器工程 , 2010, 19(2): 92-98.

[15] SCHWARZ R T, KNOPP A, OGERMANN D, et al. Optimum-capacity MIMO satellite link for fixed and mobile services[C]//2008 International ITG Workshop on Smart Antennas (WSA’08), Vienna, 2008: 209-216.

[16] TELATAR E. et al. Capacity of multi-antenna Gaussian channels [J]. AT&TBell Technical Memorandum, 1995, 10(6): 585-595.

[17] KNOPP A, SCHWARZ R T, HOFMANN C A, et al. Measurements on the impact of sparse multipath components on the LOS MIMO channel capacity [C]// 4th International Symposium on Wireless Communication Systems, Trondheim, 2007: 55-60.

[18] KNOPP A, SCHWARZ R T, OGERMANN D, et al. Satellite system design examples for maximum MIMO spectral efficiency in LOS channels[C]// IEEE Global Telecommunications Conference, New Orleans, LO. 2008: 1-6.
[19] MARAL G. Satellite communications systems [M]. Wiley&Sons, 2006.
[20] MARAL G, BOUSQUET M. Satellite communications systems: systems, techniques and technology [M]. Wiley, 2002.
[21] SCHWARZ R T, KNOPP A, OGERMANN D. On the prospects of MIMO SatCom systems: the tradeoff between capacity and practical effort [C]// 6th International Multi-Conference on Systems, Signals and Devices, Djerba. 2009: 1-6.

结束语

空间多维协同传输技术是未来天空地一体化移动通信系统的关键组成部分。本书由浅入深，从空间多维信号传输以及多天线系统的原理出发，介绍了如何最大限度地利用空间维度资源提升系统性能以及频谱效率，并分别针对地基、空基以及天基通信系统讨论了其实际应用以及相应关键技术。

本书首先概述了移动通信发展历史以及地基、空基和天基协同通信系统的特点，并围绕多天线技术，针对空间多维信号与系统建模展开讨论，介绍了阵列天线方向图与 MIMO 多天线系统的原理与基础理论。随后针对自适应天线阵列技术，详细讨论了如何通过控制天线波束，灵活、高效地利用空间资源，以实现对抗衰落和干扰，提高频谱利用率，并在保证通信质量的前提下扩大系统容量；而针对 MIMO 多天线技术，分析了 MIMO 系统对信道容量的提升，介绍以空时格形码、空时分组码和分层空时码为代表的 MIMO 空时编码技术，并讨论了 MIMO 波束成形技术与 MIMO 收发天线设计。此外，为了进一步达到 MIMO 系统的理论信道容量，针对实际应用中的编码系统，本书还介绍了 BICM 系统迭代解码的基本原理及多种迭代信号处理检测方法，包括最优 MAP、基于随机采样和比特滤波的低复杂度高性能检测方法。

在介绍了空间多维协同传输理论的基础上，本书接下来围绕天空地一体化协同传输系统展开讨论。针对地基传输系统，重点介绍了新一代地基协同传输系统中的多维联合资源调度、多用户协作传输、多小区协同传输与抗干扰方法等关键技术。针对空基协同传输系统，介绍了以谷歌 Project Loon 为代表的高空平台通信系统，并基于二维滤波的空基波束赋形技术，讨论了阵列空基传输系统与高空平台之间的高效传输机制。最后，针对天基协同传输系统，介绍了星群系统多波束传输技术，并围绕星群协同 MIMO 系统建模和系统信道容量进行分析及优化，以通过收发天线的适当排布所形成的正交链路获得最佳复用增益。

展望通信技术的发展前沿，世界各国在推动 4G 移动通信产业化工作的同时，已着眼于 5G 无线移动通信技术的研究，力求使无线移动通信系统的性能和产业规模实现新的飞跃。而以空基、天基为新平台的天空地一体化移动互联网也在逐渐成形。随着高空平台技术的逐渐完善，它将会在各个方面为人类提供高质量的通信服务，并将成为地基通信系统的重要补充。大规模阵列天线的应用将能够保证高空平台在存在随机飘动情况下实现多小区的稳定覆盖，而基于天线阵列的多波束动态波束赋形与快速跟踪、多小区动态规划及小区间的协作干扰管理等将是高空平台的核心关键技术，存在广阔的研究空间。与此同时，基于 LOS-MIMO 技术的天基协同传输系统被认为是提高卫星通信平台信道容量的一种行之有效的方案。然而，考虑卫星系统实际运行误差，如测控误差、协同误差、卫星摄动等，如何设计更为切实可行的天基协同传输系统，对于研究者来说不仅是难得的机遇，也带来了巨大的挑战。随着天空地一体化移动互联网的飞速发展，这些具有广阔前景的新技术必将为人们的生活带来更加美好的明天。

通用符号表

1. $\boldsymbol{A}$ 和 $\boldsymbol{a}$ 分别表示矩阵和复值向量。
2. 对于矩阵 $\boldsymbol{A}$，矩阵 $\boldsymbol{A}^{\mathrm{T}}$、$\boldsymbol{A}^{\mathrm{H}}$、$\boldsymbol{A}^{-1}$ 和 $\boldsymbol{A}^{*}$ 分别代表其转置、共轭转置、矩阵的逆和共轭矩阵。
3. $[\boldsymbol{A}]_{i,j}$ 表示矩阵 $\boldsymbol{A}$ 的第 i 行第 j 列的元素。
4. $\boldsymbol{A}(a{:}b,c{:}d)$ 表示矩阵 $\boldsymbol{A}$ 的一个子阵，其元素为矩阵 $\boldsymbol{A}$ 的 $a,\cdots,b$ 行，$c,\cdots,d$ 列。
5. $\boldsymbol{A}(:,n)$ 和 $\boldsymbol{A}(,:n)$ 分别代表矩阵 $\boldsymbol{A}$ 的第 n 列和第 n 行。
6. $\Re(z)$和$\Im(z)$分别代表复数 z 的实部和虚部。
7. $\|\cdot\|$表示向量或矩阵的 2 范数，$\|\cdot\|_{\mathrm{F}}$表示向量或矩阵的 Frobenius 范数。
8. $\lfloor\alpha\rfloor$表示小于 α 的最大整数，而$\lceil\alpha\rfloor$表示与 α 最接近的整数。
9. $|\alpha|$表示 α 的绝对值。
10. \ 表示集合减法。
11. $\boldsymbol{I}_n$ 表示 $n\times n$ 的单位矩阵。
12. $\mathcal{K}=\{k_{(1)},k_{(2)},\cdots\}$表示包含元素 $k_{(1)},k_{(2)},\cdots$的集合。
13. $\mathrm{tr}(\boldsymbol{A})$ 表示矩阵 $\boldsymbol{A}$ 的迹。
14. $\det(\boldsymbol{A})$ 表示矩阵 $\boldsymbol{A}$ 的行列式。
15. $\mathcal{D}(\boldsymbol{A})$表示矩阵 $\boldsymbol{A}$ 生成的格基中最短非零向量的长度。
16. $\mathcal{OD}_M(\boldsymbol{A})$表示具有 M 个列向量的矩阵 $\boldsymbol{A}$ 的正交分离度。
17. $\lambda(\boldsymbol{A})$ 和 $\lambda_{\min}(\boldsymbol{A})$ 分别表示矩阵 $\boldsymbol{A}$ 的特征值和矩阵 $\boldsymbol{A}$ 的最小特征值。
18. $\mathcal{L}(\boldsymbol{A})$表示由矩阵 $\boldsymbol{A}$ 生成的格基。
19. $\mathrm{E}[\cdot]$表示统计期望。

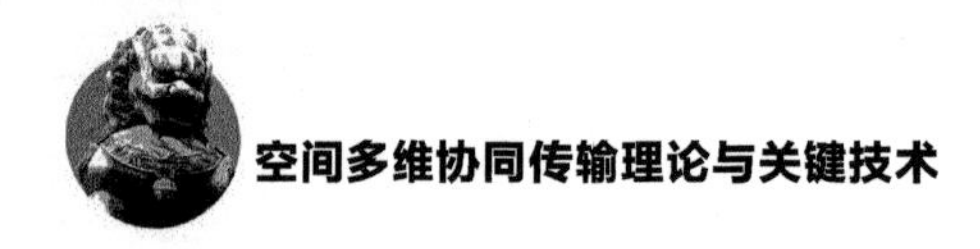

20. $\langle \boldsymbol{a},\boldsymbol{b} \rangle$表示向量 $\boldsymbol{a}$ 和 $\boldsymbol{b}$ 的内积。
21. $\mathcal{CN}(m,C)$表示均值为 m、方差为 C 的复高斯向量。
22. $\log(\cdot)$表示自然对数。
23. $\boldsymbol{0}$ 表示元素全为 0 的矩阵。
24. $\mathbb{Z}$表示整数集合。
25. $\boldsymbol{A} \otimes \boldsymbol{B}$表示矩阵 $\boldsymbol{A}$ 和 $\boldsymbol{B}$ 的克罗内克积。

中英文对照表

缩　写	英 文 全 拼	中 文 释 义
2-D SMF	two-dimensional space masking filter	二维空间掩蔽滤波器
2-D SSF	two-dimensional space shaping filter	二维空间成形滤波器
2-D SIB	two-dimensional space interpolation beam former	二维空间插值波束赋形器
3GPP	3rd generation partnership project	第三代移动通信合作计划
AEHF	the advanced extremely high frequency	先进极高频
AMPS	advanced mobile service	高级移动电话业务
AOA	angle of arrival	达到角度
API	a priori information	先验信息
APP	a posteriori probability	后验概率
APRP	a priori probability	先验概率
ARRM	advanced radio resource management	高级无线资源管理
AWGN	additive white Gaussian noise	加性高斯白噪声
AWV	antenna weight vector	天线权重向量
BER	bit error rate	误比特率
BICM	bit-interleaved coded modulation	比特交织编码调制
BP	back propagation	反向传播
BPSK	binary phase shift keying	二进制相位键控
CDMA	code division multiple access	码分多址

（续表）

缩 写	英文全拼	中文释义
CE	cognitive engine	认知引擎
CGM	conjugate gradient method	共轭梯度算法
CMA	constant modulus algorithm	恒模算法
CoMP	coordinated multipoint	协作多点技术
CR	cognitive radio	认知无线电
CSCG	circular symmetric complex Gaussian	球对称复高斯
DB	data base	数据库
DFT	discrete Fourier transform	离散傅里叶变换
DMI	direct matrix inversion	直接矩阵求逆
DOA	direction of arrival	波达方向
DOCSIS	data over cable service interface specification	数据业务接口规范标准
DPC	dirty paper coding	脏纸编码
DSTC	differential space-time coding	差分空时编码
DVB	digital video broadcasting	数字视频广播
ESPRIT	estimating sign parameters via rotational invariant technique	旋转不变子空间
EXIT	extrinsic information transfer	外信息交换
FDD	frequency division duplexing	频分双工
FDMA	frequency division multiple access	频分多址
flops	floating-point operations per second	浮点运算次数
FPLMTS	future public land mobile telecommunications system	未来公共陆地移动通信系统
GEO	geostationary earth orbit	地球同步轨道
GSDC	generalized SD combining	一般化 SD 组合
GSM	global system for mobile communications	全球移动通信系统
HAPS	high altitude platform station	高空平台
ICE	information collection and extraction	信息采集与提取
IDD	iterative decoding and detection	迭代解码检测
IMT-2000	international mobile telecommunications 2000	国际移动通信 -2000
IMT-Advanced	international mobile telecommunications-advanced	高级国际移动通信

（续表）

缩 写	英文全拼	中文释义
ITE	long term evolution	长期演进技术
ITS	iterative tree search	迭代树搜索
ITU	international telecommunication union	国际电信联盟
JP	joint processing	联合处理
JT	joint transmission	联合传输
KB	knowledge base	知识库
LAPP	log-ratio of a posteriori probability	对数后验概率
LAPRP	log-ratio of a priori probability	对数先验概率
LLR	log-likelihood ratio	对数似然比例
LMDS	local multipoint distribution service	本地多点分布式业务
LMS	least mean square	最小均方
LNA	low noise amplifier	低噪声放大器
LOS	line of sight	视距
LR	lattice reduction	格基规约
LRG	lattice reduction based greedy	基于 LR 的贪婪用户选择
LRRM	local radio resource management	本地无线资源管理
MAP	maximum a posterior probability	最大后验概率
Massive MIMO	massive multiple input multiple output	大规模多输入多输出
MDist	max-min distance	最大化最小距离
MEM	maximum entropy method	最大熵谱估计
MIMO	multiple input multiple output	多输入多输出
MISO	multiple input single output	多输入单输出
ML	maximum likelihood	最大似然
MMDS	multichannel microware distribution system	多路微波分配系统
MMSE	minimum mean square error	最小均方误差
MMSE-DFE	minimum mean square error decision feedback equalizer	最小均方差反馈判决均衡器
MMWC	millimeter wave communication	毫米波通信
MPC	multipath cell	多径单元
MRC	maximal ratio combining	最大比值组合
MSE	mean square error	均方误差

（续表）

缩　写	英 文 全 拼	中 文 释 义
MSNR	maximum SNR	最大信噪比
MUSIC	mutiple signal classification	多重信号分类
MV	minimum variance	最小方差
OD	orthogonal deficiency	正交分离度
OFDM	orthogonal frequency division multiplexing	正交频分复用
OFDMA	orthogonal frequency division multiple access	正交频分多址接入
OODA	observe-orient-decide-act	观察—定位—决策—行动
OOPDA-L	observe-orient-plan-decide-act-learn	观察—定位—计划—决策—行动—学习
PAD	policy assembly derivation	策略集生成
PB	policy base	策略库
PEE	policy efficiency evaluation	策略效果评估
PSTN	public switched telephone network	公用电话交换网
QAM	quadrature amplitude modulation	正交幅度调制
QoE	quality of experience	用户体验
QoS	quality of service	业务质量
RANM	radio access network measurement	接入网测量
RANS	radio access network selection	接入网选择
RAT	radio access technology	无线接入技术
RF	radio frequency	射频
RLS	recursive least square	迭代最小二乘
RRA	radio resource allocation	无线资源分配
SADRC	sense-analyze-decide-reconfigure-communicate	感知—分析—决策—重配置—通信
SCA	software communication architecture	软件通信架构
SD	selection diversity	选择分集
SER	symbol error rate	误符号率
SIC	successive interference cancellation	串行干扰消除
SIMO	single input multiple output	单输入多输出
SINR	signal to interference and noise ratio	信干噪比
SISO	single input single output	单输入单输出
SMI	sample matrix inversion	采用矩阵求逆

（续表）

缩　写	英文全拼	中文释义
SNR	signal to noise ratio	信噪比
SOA	service-oriented architecture	面向服务架构
SORA	service-oriented radio architecture	面向服务的无线电架构
SPDALP	sense-plan-decide-act-learn-policy	认知—计划—决策—行动—学习—策略
STTC	space-time trellis code	空时格形码
SVD	singular value decomposition	奇异值分解
TDD	time division duplexing	时分双工
TDM	terminal decision management	终端决策管理
TDMA	time division multiple access	时分多址
TD-SCDMA	time division-synchronous code division multiple access	时分同步码分多址
TIC	terminal information collection	终端信息采集
TR	terminal reconfiguration	终端重构
TSAT	transformation satellite communications system	转型卫星通信系统
UBLR	updated basis lattice reduction	LR 基底迭代更新法
ULA	uniform linear array	均匀线性排布的阵列
USTC	unitary space-time coding	酉空时编码
WiMax	worldwide interoperability for microwave access	全球微波互联接入系统
ZF	zero forcing	迫零
ZF-DFE	zero forcing decision feedback equalizer	迫零反馈判决均衡器
	receive diversity gain	接收分集增益
	beamforming	波束成形
	antenna array	天线阵列
	pre-processing	信号预处理
	space domain	空间域
	Karhunen-Loeve expansion	卡忽南—拉维展开式
	MMSE estimator	最小均方差估计
	mid-amble	中置训练序列
	pre-amble	前置训练序列
	forgetting factor	遗忘因子

（续表）

缩　写	英文全拼	中文释义
	rank criterion	秩准则
	determinant criterion	行列式准则
	electromagnetic band gap	电磁带隙
	basis	基底
	lattice	格基
	miss-positioning	位置误差
	lattice points	格基点
	normalized	归一化
	baseband	基带
	achievable rate	可达速率
	spatialsignature vector	空间签名向量
	greedy	贪婪算法
	zero-forcing beamforming	迫零波束成形技术
	carrier frequency	载波频率
	carrier phase	载波相位
	array beamforming	阵列波束成形
	array signal processing	阵列信号处理

名词索引